高等教育建筑装饰装修专业系列教材

# 装饰装修材料

## （第 4 版）

杨金铎　李洪岐　主编

中国建材工业出版社

**图书在版编目（CIP）数据**

装饰装修材料 / 杨金铎，李洪岐主编. —4 版. —
北京：中国建材工业出版社，2020.6（2023.1 重印）
ISBN 978-7-5160-2722-6

Ⅰ.①装… Ⅱ.①杨… ②李… Ⅲ.①建筑材料-装
饰材料-高等学校-教材 Ⅳ.①TU56

中国版本图书馆 CIP 数据核字（2019）第 258305 号

## 内 容 简 介

　　本书按照"新、快、全、精"的原则，全面、准确地介绍当前建筑装
饰装修所用的建筑材料类型、技术性能、选用要点、污染防治，为建筑院
校装饰装修专业提供一本专业教学用书。本书亦可作为从事装饰装修的设
计人员及施工人员的参考用书。

**装饰装修材料（第 4 版）**
**Zhuangshi Zhuangxiu Cailiao（Disiban）**
杨金铎　李洪岐　主编

出版发行：中国建材工业出版社
地　　址：北京市海淀区三里河路 11 号
邮　　编：100831
经　　销：全国各地新华书店
印　　刷：北京雁林吉兆印刷有限公司
开　　本：787mm×1092mm　　1/16
印　　张：19.5
字　　数：470 千字
版　　次：2020 年 6 月第 4 版
印　　次：2023 年 1 月第 3 次
定　　价：**58.00 元**

# 前　言

　　《装饰装修材料》是高等学校建筑装饰装修专业的系列教材之一，该书最早问世于 2002 年，出版发行后深受广大读者、尤其是建筑类院校装饰装修专业师生的青睐与欢迎。由于建筑装饰装修行业中新材料、新构造、新技术的发展过快，2006 年、2010 年曾两次对本书进行了全面修订，增加了大量新的内容，出版了第二版及第二版修订版。

　　本次修订是在近年来我国强调节约能源、保护资源、维护生态环境、发展绿色建材等一系列技术经济政策的大环境下进行的。本着体现"新、快、全、精"的编写理念，对新材料、新技术、新规范进行了较为全面的介绍。在新规范中全面介绍了《自流平地面工程技术标准》JGJ/T 175—2018、《住宅建筑室内装修污染控制技术标准》JGJ/T 436—2018、《建筑涂饰工程施工及验收规程》JGJ/T 29—2015、《建筑内部装修设计防火规范》GB 50222—2017、《建筑玻璃应用技术规程》JGJ 113—2015 等众多内容；在新材料方面突出介绍了建筑陶瓷薄板、干拌砂浆、断桥铝型材、防火玻璃等众多新型材料的特点与应用；在新技术方面全面介绍了人造板材幕墙、自流平地面等新技术的发展与应用。

　　本次修订在保证原有教材的系统性、逻辑性、全面性不变的前提下，本着"删繁就简、不断更新"的原则，删除了原有书中介绍过细、重复繁琐的内容，补充了众多新的素材，以适应教学的需要。为帮助学生理解教材内容，掌握知识重点，在教材每个章节的最后提供了复习题。并对书中的主要参考文献进行了修订与补充。

杨金铎　李洪岐

2019 年 6 月

# 目　　录

# 第一章　绪　　论

## 第一节　建筑装饰装修的定义和应满足的要求

### 一、建筑装饰装修的定义

根据建筑物室外表面和室内空间的使用性质、所处环境，运行物质技术手段并结合视觉艺术，达到功能合理、舒适美观、安全卫生，以满足人们物质和精神生活需要的设计与施工的过程。满足上述要求使用的建筑材料称为"装饰装修材料"。

### 二、建筑装饰装修应满足的要求

（一）室内外建筑装饰装修严禁破坏建筑物结构的安全性。

1. 室外装修

（1）外墙装修必须与主体结构有牢靠地连接；

（2）外墙外保温使用的材料应与主体结构和外墙饰面有可靠地连接，并应满足防开裂、防水、防冻、防腐蚀、防风化和防脱落要求；装饰装修的施工过程中不得破坏建筑保温；

（3）外墙装修应选用防止污染环境和避免产生强烈反光的材料。

2. 室内装修

（1）室内装饰装修不得遮挡消防设施标志、疏散指示标志及安全出口，并不得影响消防设施和疏散通道的正常使用；

（2）室内装饰装修，不得随意改变原有的设施、设备及管线系统；

（3）民用建筑工程室内不得使用国家禁止使用、限制使用的建筑材料。

（二）室内外装饰装修应采用节能、环保型的建筑材料。

（三）室内外装饰装修工程应根据不同使用要求，采用防火、防污染、防潮、防水和控制有害物质限量的装饰装修主要材料和辅助材料。

（四）对保护性建筑的内外装饰装修应符合国家对原有建筑进行保护的规定。

### 三、建筑装饰装修的作用

（一）保护建筑物的主体

建筑物主体包括梁、板、柱、墙等部位，是建筑物承受荷载保证建筑物稳定、安全的主要部件，在这些部件的表面，根据需要进行的抹面、涂刷、裱糊、镶嵌等装饰装修，以防止或减少主体受到不利因素的损伤，从而达到延长主体承重、稳定、安全寿命的目的，如抵抗风雨和大气化学污染的侵蚀，防止或减轻外力撞击、防灼热高温、防摩擦以及辐射等损伤。这些都可以利用相应的装饰装修材料来得以实现。

（二）增强和弥补建筑主体功能的不足

建筑物主体各部位也应具有一定的遮蔽风雨、隔声、保温、防水、防渗漏、防火、防辐射的能力。尽管可以在主体施工中通过加入外加剂以提高使用功能的标准，但却不能完全满足建筑物各种使用功能的要求标准，必需通过装饰装修材料来增强或弥补主体功能之不足。如楼面、内墙面抹重晶石砂浆，可防止射线；楼地面抹水泥砂浆可增强地面耐摩擦能力；抹保温砂浆、防水砂浆可增加外墙保温、防水能力；幕墙采用镀膜玻璃达到夏季隔热、冬季保温的效果，达到节能目的；室内粉刷白色涂料可增强室内亮度，绿色可以减轻视疲劳等都是根据使用功能，采取相应的装饰装修层，以求得增强主体功能或弥补主体功能之不足。

（三）改善室内外环境

利用装饰装修材料表面的装饰性，可以创造室内的工作、学习、休息、会客等舒适的环境，提高工作效率，还可以取得具有表现主人的文化素养和个性的气氛。

利用绿化、雕塑、小品、水池、灯光营造的室内、室外和建筑物周围的艺术空间，既净化大气污染、增强空气含氧量、改变小区气候，又极大地改善了人们的居住和工作环境。

（四）装饰作用

建筑装饰是一种艺术，它也是创造和改变环境的技术。这种环境应该是自然环境与人造环境的高度统一与和谐，各种装饰材料的色彩、质感、光泽、耐久性等的正确运用将在很大程度上影响装饰效果。

建筑物的室内外墙体、楼地面、顶棚等部位通过装修装饰材料的质感、线条、色彩以及正确的运用和搭配，可以使建筑物增加其艺术魅力，更能体现建筑的个性和主题。装饰装修与美化的效果，由于区域不同、民族习俗不同、文化传统不同、历史不同、环境不同、时间不同、个人的审美观不同等诸多因素的差异，人们对于美没有统一的标准。但是长期以来，人们认识到这样一条规律——协调中的变化和变化中的协调即为美。变化存在于时间和空间，协调主要存在于空间，因此变化是绝对的，协调是相对的。美学功能比较抽象，含有理念性概念，一般难以量化表示，只能从以下三个方面来展现，即通过色彩、质感、肌理进行简单的表述。

1. 材料的色彩

材料的色彩是构成环境的重要内容。运用色彩是中国古建筑形式美的突出表现，现代建筑中的色彩处理也日趋丰富多彩。

建筑物外部色彩的选择，更考虑它的规模、环境和功能等因素。浓淡不同的色块在一起对比可产生不同的效果，淡色使人感到庞大和肥胖，深色感到瘦小和苗条。因此，庞大的高层建筑宜采用稍深的色调，使之在蓝天的衬托下显得庄重和深远；小型民用建筑宜采用淡色调，使人不致感觉矮小和零散，同时使建筑物显得素雅、宁静，与居住环境所要求的气氛相协调。

室内宽敞的房间宜采用深色调和较大图案，不致使人有空旷感而显得亲切；房间小的墙面要利用色彩的远近感来扩展空间感。

各种色彩能使人产生不同的感觉。虽然色彩本身没有温度差别，但是红、橙、黄色使人感觉温暖，因此称为暖色；绿、蓝、紫罗兰色使人感到凉爽，因而称为冷色。暖色使人感到热烈、兴奋、灼热，冷色使人感到宁静、幽雅、清凉。因此夏天的冷饮店一般应用冷色调；地下室和冷库就要用暖色调；幼儿园的活动室宜用中黄、淡黄、橙黄、粉红的暖色调，再配以新颖活泼的图案，以适合儿童天真活泼的心理；医院病房宜采用浅绿、淡蓝、淡黄的浅色调，使病人感到宁静、舒适和安全。

总之，合理而艺术地运用色彩，选择装饰材料，可把建筑物点缀得丰富多彩、情趣盎然。

2. 材料的质感

质感是通过材料质地、光泽等表现出对装饰材料的感觉。主要表现在装饰线条的粗细、材料表面凹凸深浅、材料对光线的反射程度不同所产生的观感效果。

材料质地给人的感受也是不相同的。例如，质地粗糙的材料，使人感到淳厚稳重；相反，质地细腻的材料，使人感觉精致、轻巧，而且其表面光泽宜于反射光线，从而使人有一种明亮洁净的感观效果。

在建筑装饰中，可以通过选用性质不同的装修材料或对同一种材料采用不同的做法以达到某种效果。

3. 材料的肌理

肌理包括尺度、线形、纹理三个方面。就尺度而言，要特别注意材料尺度对装饰效果的影响。如大理石条板，用于厅堂外墙可以取得很好的效果，但对于居室，则由于尺度太大而失去了其魅力。就纹理而言，可充分利用材料本身固有的天然纹理图案及底色的装饰效果或人工仿制天然材料的各种纹路与图样，以求在装饰中能够获得或朴素淡雅、或华丽高贵的装饰效果。

装饰材料可供选择的品种很多，因此必须根据材料的色彩、质感、光泽、纹理性能等方面综合考虑，使其与建筑艺术达到完美的统一。

# 第二节　建筑材料的分类及对材料的基本要求

## 一、建筑材料的分类

建筑材料分为建筑结构材料和建筑装饰装修材料两大类。

（一）建筑结构材料

建筑结构材料包括无机材料（非金属材料、金属材料）、有机材料（植物质材料、沥青材料、合成高分子材料）、复合材料（金属材料与非金属材料的复合、无机非金属材料与有机材料的复合、金属材料与有机材料的复合、有机涂料与无机涂料的复合）三大类。

各类建筑材料的品种示例见表 1-1。

表 1-1　各类建筑材料的品种示例

| 分类 | | | 示例 |
|---|---|---|---|
| 无机材料 | 非金属材料 | 天然石材 | 毛石、料石、石板、碎石、卵石、砂 |
| | | 烧土制品 | 黏土砖、黏土瓦、陶器、炻器、瓷器 |
| | | 玻璃及熔融制品 | 玻璃、玻璃棉、矿棉、铸石 |

| 分类 | | | 示例 |
|---|---|---|---|
| 无机材料 | 非金属材料 | 胶凝材料 | 石膏、石灰、菱苦土、水玻璃、水泥 |
| | | 砂浆 | 砌筑砂浆、抹面砂浆 |
| | | 混凝土 | 普通混凝土、轻骨料混凝土 |
| | | 硅酸盐制品 | 灰砂砖、硅酸盐制品 |
| | | 涂料 | 无机涂料（JH80-1、JH80-2） |
| | 金属材料 | 黑色金属 | 铁、钢 |
| | | 有色金属 | 铝、铜及其合金 |
| 有机材料 | 植物质材料 | | 木材、竹材 |
| | 沥青材料 | | 石油沥青、煤沥青 |
| | 合成高分子材料 | | 塑料、合成橡胶、胶黏剂、有机涂料、乳胶漆 |
| 复合材料 | 金属材料-非金属材料 | | 钢纤维混凝土、钢筋混凝土 |
| | 无机非金属材料-有机材料 | | 玻纤增强塑料、聚合物混凝土、沥青混凝土、人造石 |
| | 金属材料-有机材料 | | PVC涂层钢板、轻质金属夹芯板、铝塑板 |
| | 有机涂料-无机涂料 | | 复合涂料 |

（二）建筑装饰装修材料

1.《建筑内部装修设计防火规范》（GB 50222—2017）对建筑装饰装修材料的划分为：

（1）顶棚装修材料

包括顶棚涂饰、吊顶装饰等。

（2）墙面装修材料

包括涂饰、贴面、镶嵌、裱糊、玻璃、各种装饰等。

（3）地面装修材料

包括天然石材、人造石材、铺地砖、地板（木地板、塑料地板）、地毯（纯毛地毯、人造地毯）等。

（4）隔断装修材料

包括固定隔断、活动隔断等。

（5）固定家具

一般指装修时固定在墙壁上或地面上的家具。

（6）装饰织物

指起装饰与美化作用的纺织产品。

（7）其他装修装饰材料（包括楼梯扶手、挂镜线、踢脚板、窗帘盒、暖气罩等）

2.《建筑材料及制品燃烧性能分级》（GB 8624—2012）对建筑装饰装修材料的划分为：

（1）抹灰工程材料：包括各类砂浆等。

（2）外墙防水工程材料：包括防水卷材、防水涂料、防水砂浆等。

（3）门窗工程材料：包括木门窗、铝合金门窗、塑料门窗（断桥铝）等。

（4）吊顶工程材料：包括顶棚涂饰、顶棚装饰等。

（5）轻质隔墙工程材料：包括固定隔断、活动隔断等。

（6）饰面板工程材料：包括各类饰面板材等。

（7）饰面砖工程材料：包括炻质材料、瓷质材料、固定隔断、活动隔断、建筑陶瓷薄板等。

（8）幕墙工程材料：包括玻璃幕墙、金属幕墙、石材幕墙、各类人造板材幕墙等。

（9）涂饰工程材料：包括各类涂料（内墙、外墙、顶棚、地面）等。

（10）裱糊与软包工程材料：包括壁纸、壁布等。

（11）细部工程材料：包括踢脚、挂镜线、扶手、窗帘盒、暖气罩等。

## 二、选择建筑装饰装修材料的标准

建筑装饰装修的设计标准通常分为高级标准、中级标准、一般标准三个等级。各个等级装饰装修材料选用标准见表1-2。

表 1-2　建筑装饰装修选用标准

| 装饰装修等级 | 房间名称 | 部位 | 内装饰装修材料及设备 | 外装饰装修材料 |
|---|---|---|---|---|
| 高级标准 | 全部房间 | 墙面 | 塑料墙纸（布）、织物墙面、大理石、装饰板、木墙裙、面砖、涂料 | 花岗石、面砖、涂料、幕墙（玻璃、金属、石材、人造板材） |
| | | 楼面、地面 | 木地板、橡胶地板、花岗石、大理石、人造石、地毯 | — |
| | | 顶棚 | 各类石膏板、塑料板、金属板、各类吸声板、玻璃、 | 雨罩下部、悬挑板下部 |
| | | 门窗 | 夹板木门、玻璃门、木门套、窗帘盒 | 铝合金门窗、木门窗、玻璃门、遮阳板、卷帘 |
| | | 其他设施 | 花格（金属、竹木）、电梯、扶梯、各种花饰、玻璃栏板、各式灯具、暖气罩、高档卫生设备 | 屋顶（局部屋檐）选用瓦材、各种装饰 |
| 中级标准 | 门厅、楼梯、走道、房间 | 地面、楼面 | 水磨石、大理石、花岗石、塑料、木地板、 | — |
| | | 墙面 | 内墙涂料、装饰抹灰、窗帘盒、暖气罩 | 主要部位采用面砖、涂料；局部部位采用花岗石、大理石、幕墙 |
| | | 顶棚 | 砂浆、涂料、石膏板、胶合板、吸声板 | |
| | | 门窗 | — | 塑钢门窗、断桥铝门窗、夹板木门、局部铝合金门窗 |
| | 厕所、盥洗室 | 地面、楼面 | 水泥砂浆、普通水磨石、陶瓷锦砖 | — |
| | | 墙面 | 水泥砂浆、瓷砖（至少1.8m高） | — |
| | | 顶棚 | 砂浆、涂料 | — |
| | | 门窗 | | 普通门窗（塑钢窗、断桥铝门窗） |

| 装饰装修等级 | 房间名称 | 部位 | 内装饰装修材料及设备 | 外装饰装修材料 |
|---|---|---|---|---|
| 一般标准 | 房间 | 地面、楼面 | 水泥砂浆、局部水磨石 | — |
| | | 墙面 | 混合砂浆抹面、涂料 | — |
| | | 顶棚 | 混合砂浆抹面、涂料 | — |
| | | 门窗 | — | 普通门窗（塑钢窗、断桥铝门窗） |
| | | 禁用 | 一般不得采用木地板、暖气罩、大理石、花岗石、钢构件、铝合金门窗、墙纸 | |
| | 门厅、楼梯、走道 | — | 同一般房间。楼梯应采用金属栏杆、木扶手或塑料扶手 | — |
| | 厕所、盥洗室 | — | 水泥砂浆抹面、墙裙 | — |

注：上表一般指公共建筑的装修，仅供参考。居住建筑装修应由产权人自主决定。

### 三、建筑装饰装修材料应满足的基本要求

（一）耐久性

1. 大气污染与材质的抵抗力

空气的污染介质有酸、碱、盐等化学因素和灰尘微粒，这些介质在外墙装饰上会产生沉积、黏附和化学反应，从而导致墙面的污染，其机理是：

（1）沉积性污染

空气中微粒附着在凹凸不平的墙面上形成积灰，影响建筑物的色泽和外观。

（2）黏附性污染

空气中的微粒与墙面接近到一定程度，会靠吸引力而黏附在墙面上。黏附性污染与墙面装饰材料的软硬程度、光洁度有关。柔软的材料表面容易黏附微粒，表面光泽的材料黏附性则较差。另外，空气中的微粒一般都带电荷，某些高分子装饰材料经摩擦产生静电积累作用而吸附微粒，会产生静电污染。静电污染一般可以通过对装饰材料的改性处理而消除。通常聚合物涂料产生的静电值比聚乙烯板少得很多，故静电吸尘对聚合物涂料而言就不是主要污染源。

（3）化学反应污染

大气中的酸碱成分与装饰材料的中和反应，交通工具排出的废气，如二氧化碳、二氧化硫和大气中的臭氧等对装饰材料产生的化学侵蚀，均会导致材料表面变色、变性、剥蚀风化、粉化等损失，降低了原有的装饰效果。

（4）菌性污染

菌性污染主要是发霉，多发生在潮湿、阴暗部位。在霉雨季节，由于雨多、日照少，容易造成细菌繁衍而影响表面的装饰效果，严重者会产生腐烂、粉化、剥落等现象。为防止霉变的发生，装饰材料应加入适当的防腐剂来克服菌性污染。

2. 自然气候变化与材质的适应性

自然界中的阳光、水分、温度、湿度、风雨侵蚀和冻融交替等均会对外墙装饰产生不同

程度的危害。

（1）干湿温度的变化

温度高低、湿度大小变化会带来材料的胀缩变形而产生内应力，当内应力超过材料结构自身内力时就产生裂纹，这就是材料面层的"龟裂"现象。此外，由于湿度产生的胀缩变形造成装饰面层和基层的错位，进而会出现空鼓、脱落、剥离等现象。

（2）冻融作用

外墙装饰表面容易受冻与解冻，因而装饰材料比主体材料的冻融程度与冻融循环次数都多。材料表面的空隙入浸的一些水分以及材料本身具有的含水率，一般在－15℃时就可产生冻结。当冻融膨胀率要达到10％时，就可以造成材料内部结构的破坏。所以，含水率的大小、低温程度、循环次数的多少，均直接影响材料的冻融破坏。作为外墙装饰的面层材料，其冻融循环次数要达到25次以上时，才能满足耐久性的要求。

据观察分析，水泥砂浆抹面压光不如粗抹毛面耐冻，这是因为压光表面的水分渗入后呈封闭结构空间，而粗毛面为开放性结构空间，冻胀后可以自由膨胀，因此破坏性较小，其冻融循环次数可达25次以上，故外墙采用水泥砂浆抹面时，不宜压光，若在粗面上刷涂料更具有保护作用。

3．机械损伤与材质强度的选择

人的活动、大自然的运动产生的外部力量，往往也会对外墙装饰起破坏作用，如撞击、摩擦、振动、地震或风力所产生的位移、不均匀沉降、温度应力的变形等。上述的外界因素会使外墙装饰出现龟裂、剥落等现象。为防止这些问题的发生，必须做好面层与基层的连接及自身材质的选择，在易撞击的部位宜选用高强度材料或做好防护设施。

4．色变与材质色彩保持度

阳光中的紫外线、热辐射，空气中的各种有害气体作用于外墙装饰的一些建筑材料时，会使材料的某些成分发生化学反应和分子结构的变化，造成表面变色、失去光泽。其中较为突出的材料有水泥砂浆、天然石料、颜料等，选用上述材料时，应注意采取相应措施，以减少色变的出现。

（1）水泥制品的"泛黄"与"析白"现象

水泥制品的"泛黄"与"析白"是水泥在水化过程中的反应，白水泥在水化过程中会产生含有铁铝酸钙与氢氧化钙的生成物，这种生成物在大气的作用下会逐渐外移至制品表面，呈现黄色，俗称"泛黄"；普通水泥在水化过程中产生氢氧化钙，逐渐析出表面经碳化后呈白色，俗称"析白"。"泛黄"或"析白"均可以使水泥制品表面形成"花脸"。究其原因，主要是水灰比使用不当和养护期温度不均匀造成的。试验表明，在水泥制品脱模后立即用1：10磷酸溶液擦洗3min，再用清水洗净或在聚合物水泥砂浆中掺入适量的六偏磷酸钙等分散剂，均有助于消除"泛黄""析白"现象。

（2）天然石料的色变

一般来说硅酸盐类石材有良好的大气稳定性，色泽变化小；碳酸盐类石材的大气稳定性差，色泽变化大。天然石材的颜色是由矿物质中的有色离子（如铁、铜、镍、钴等重金属离子）的存在而呈现的。这些重金属离子在水、空气中有害物质的作用下，会产生色变而带来石材的变色。如铁离子在水分作用下会生成氧化铁与氢氧化铁，其色彩为黄色，能使石材变黄；又如铜离子和二氧化碳、水生成碱式碳酸铜，其色彩为绿色，使石材表面显得暗淡，失去光泽。所以碳酸盐类石材一般不宜用于耐久性要求较高和历史性、纪念性建筑物的装饰。

水刷石、水磨石等装饰面层的色变，也是由于其中石碴的色变而产生的（当然也有由于掺入的颜料造成的）。绿色水刷石因其绿色石碴色素离子稳定性差，使用几年后就褪色，再加上表面积灰而失去装饰效果。色彩较稳定的石渣有松香石、白石子等，因此，选用石碴时要注意选择色泽稳定的品种。

天然石材的色变还与石材的材质与结构有关。花岗石等属硅酸盐类，其晶体结构紧密，在大气作用下色泽变化小；大理石、青石板等属碳酸盐类，晶体结构松散，在大气作用下色泽变化大，如空气中的二氧化硫遇水生成亚硫酸，与大理石的主要成分——方解石形成强度低、易溶于水的石膏，从而使磨光的大理石表面变得粗糙、多孔、变色并失去光泽。

（3）颜料的色变

外墙装饰材料多为碱性材料，掺入装饰材料中的颜料必须耐碱，才能保持装饰材料颜色的鲜艳与不褪色。如铁蓝不耐碱，掺入水泥后会立即失色。此外，颜料在光照下（特别是短波光）容易产生光合化学反应，使颜色变暗。如锌钡白、铬黄在阳光作用下分别生成金属锌和亚铬酸铝而变暗。大气中的有害气体的化学作用也干扰色泽的鲜艳，如铬黄遇空气中的硫化物而变得灰绿。从以上几点可以看出，用于外墙装饰的颜料必须是耐碱、耐光、抗化学侵蚀的颜料，这样才能保证色彩的稳定性和耐久性。

5. 老化现象

外墙装饰材料的老化现象是常见的，一些高分子饰面材料表现得尤为突出。这些材料在使用过程中，由于光、热、臭氧及各种化学气体的影响，经过一段时期使用后，材料内部产生化学反应，使聚合物的结构发生降解或交联变化，这种现象称为老化现象。其表现是材料发生发黏、变软、变硬、变脆、出现斑点、失去光泽、颜色改变、物理和化学性能变异等现象。

避免装饰材料老化现象的发生可以通过两条途径来实现。其一是在外墙装饰材料的生产过程中掺入相应的添加剂，以提高抗污染、抗老化的性能；其二是在施工中喷涂防污染、防老化的保护层。

（二）安全牢固性

牢固性包括外墙装饰的面层与基层连接方法的牢固和装饰材料本身应具有足够的强度及力学性能。

面层材料与基层的连接分为黏结和镶嵌两大类。

1. 黏结类

黏结类做法指用水泥砂浆、水泥浆、聚合物水泥砂浆、各种类型的黏结剂，将外墙装饰的面层与基层连接在一起。黏结材料的选择，必须根据面层与基层材料的特性、黏结材料的可粘性来确定。此外，基层表面的处理，黏结面积的大与小，提高黏结强度的措施以及养护的方法，养护时间的长短等，均为影响黏结牢固性的因素。只有选用恰当地黏结材料及按合理的施工程序进行操作，才能收到好的效果。

2. 镶嵌类

镶嵌类做法是采用紧固件将面层材料与基层材料连接在一起（可直接固定或利用过渡件

间接固定）。常见的有龙骨贴板类、螺栓挂板类等。镶嵌类连接方式的牢固性主要靠紧固件与基层的锚固强度以及被镶嵌板材的自身强度来保证。此外，紧固件的防锈蚀也是很关键的一环，只有恰当地选择紧固方法和保证紧固件的耐久使用，才能保证装饰材料的安全牢固。

在选择外墙装饰的施工方法时，应以安装方便、操作简单、省工省料为原则，这对减轻工人的劳动强度、提高施工效率很关键。传统的装饰做法有的简单、有的复杂，但都是根据装饰的面层材料决定的。当一种新的装饰材料出现时，连接方法也会随着改进，但都以施工方便为前提。如传统镶贴大理石，大多以挂贴方法为主，这种方法劳动强度大，灌注的水泥砂浆需进行养护，工期长，而且水泥砂浆对大理石表面有"析白"作用，易造成大理石变色，影响装饰效果。近年来，大理石的干挂施工法（去掉砂浆结合层），已广泛应用于石材幕墙中，它极大地提高了安装速度，保证了装饰工程质量。

又如在钢筋混凝土基层上做饰面，传统的做法是采用预埋木砖、预埋钢板和预埋螺栓的方法，由于预埋件数量多，安装位置又必须准确，显然这种方法既浪费材料，施工也比较困难，给饰面安装带来不便。现在采用胀管螺栓、射钉枪、拉铆螺栓等连接手段，极大地简化了饰面的安装工序，既牢固又简便，基本上消除了钢筋混凝土构件上的预埋件。

（三）经济性

装饰工程的造价往往占土建工程总造价的 30％～50％，个别装饰要求较高的工程可达 60％～65％。除了通过简化施工、缩短工期取得经济效益外，装饰装修材料的经济性选择是取得经济效益的关键。选择材料的原则包括材料的经济性和节约性。

1. 选择材料的经济性

（1）根据建筑物的使用要求和装饰装修等级，要恰当地选择材料。建筑装饰材料的用料标准见表 1-2；

（2）在不影响装饰质量的前提下，尽量用普通材料代替高档材料；

（3）选择工效快、安装简便的材料；

（4）选择耐久性好、耐老化、不易损伤、维修方便的材料。

2. 使用材料的节约性

（1）加强材料管理，实行限额领料；

（2）加强施工的计划性，实行搭配切割、套裁，降低消耗，防止大材小用；

（3）考虑用材的综合经济效益，和维修结合起来，和简化施工、提高速度、提高安装技巧结合起来。

# 第三节　传统建筑材料的禁用与传统做法的更新

随着建筑材料的不断更新、建筑施工方法和施工机具的改进、技术手段的完善，致使一些传统建筑材料逐渐被限制使用和禁止使用，同时也推进了传统做法的改变。

## 一、当前限制使用和禁止使用的建筑材料与装饰装修材料

综合相关技术资料和文件，当前限制使用和禁止使用的建筑材料与建筑装饰装修材料见表 1-3、表 1-4。

1. 当前限制使用的建筑材料与建筑装饰装修材料（表 1-3）

表 1-3　当前限制使用的建筑材料与建筑装饰装修材料

| 序号 | 类型 | 品种 | 限制使用的原因 |
|---|---|---|---|
| 1 | 混凝土及其制品 | 袋装水泥（特种水泥除外） | 浪费资源、污染环境 |
| | | 立窑水泥 | 浪费资源、污染环境、质量不稳定 |
| | | 现场搅拌混凝土 | 浪费资源、污染环境 |
| | | 现场搅拌砂浆 | 储存和搅拌过程中污染环境 |
| | | 氯离子含量＞0.1％的混凝土防冻剂 | 容易造成钢筋锈蚀、危害混凝土寿命 |
| 2 | 墙体材料 | ±0.000 以上部位限制使用实心砖 | 浪费资源、能源消耗大 |
| | | 60mm 及以下厚度的隔墙板 | 隔声和抗冲击性能差 |
| 3 | 建筑保温材料 | 聚苯颗粒、玻化微珠等颗粒保温材料 | 单独使用达不到节能指标 |
| | | 水泥聚苯板 | 保温性能不稳定 |
| | | 墙体内保温浆料（膨胀珍珠岩等） | 热工性能差、手工湿作业、不易控制质量 |
| | | 以膨胀珍珠岩-海泡石-有机硅复合的保温浆料 | 热工性能差、手工湿作业、不易控制质量 |
| | | 模塑聚苯乙烯保温板 | 燃烧性能只有 $B_2$ 级，达不到 A 级指标 |
| | | 传统的金属面聚苯夹芯板 | 芯材达不到燃烧性能的要求 |
| | | 传统的金属面硬质聚氨酯板 | 芯材达不到燃烧性能的要求 |
| | | 非耐减性玻纤网格布 | 容易造成外表面层砂浆开裂 |
| | | 树脂岩棉 | 生产工程耗能大，对健康不利 |
| 4 | 建筑门窗幕墙及附件 | 普通平板玻璃和简易双玻外开窗 | 气密、水密、保温隔热性能差 |
| | | 普通推拉铝合金外窗 | 气密、水密、保温隔热性能差 |
| | | 单层普通铝合金外窗 | 气密、水密、保温隔热性能差 |
| | | 实腹、空腹钢窗 | 气密、水密、保温隔热性能差 |
| | | 单腔结构塑料型材 | 气密、水密、保温隔热性能差 |
| | | PVC 隔热条-密封胶条 | 强度低、不耐老化、密封功能差 |
| 5 | 防水材料 | 使用汽油喷灯法热熔施工的沥青类防水卷材 | 易发生火灾 |
| | | 石油沥青纸胎油毡 | 不能保证质量，污染环境 |
| | | 溶剂型建筑防水涂料（冷底子油） | 易发生火灾，施工过程中污染环境 |
| | | 厚度≤2mm 的改性沥青防水卷材 | 热熔后易形成渗漏点，影响防水质量 |
| 6 | 装饰装修材料 | 以聚乙烯醇为基料的仿瓷内墙涂料 | 耐水性能差，污染物超标 |
| | | 聚丙烯酰胺类建筑胶黏剂 | 耐温性能差，耐久性差，易脱落 |
| | | 不耐水石膏类刮墙腻子 | 耐水性能差，强度低 |
| | | 聚乙烯醇缩甲醛胶黏剂（107 胶） | 黏结性能差，污染物排放超标 |

## 2. 当前禁止使用的建筑材料与建筑装饰装修材料（表1-4）

**表1-4　禁止使用的建筑材料与建筑装饰装修材料**

| 序号 | 类型 | 品种 | 禁止使用的原因 |
|---|---|---|---|
| 1 | 混凝土及其制品 | 多功能复合型混凝土膨胀剂 | 质量难控制 |
| | | 氯化镁类混凝土膨胀剂 | 生产工艺落后，易造成混凝土开裂 |
| 2 | 墙体材料 | 黏土砖（包括掺和其他原料，但黏土用量超过20%的实心砖、多孔砖、空心砖） | 破坏耕地、污染环境 |
| | | 黏土和页岩陶粒及以黏土和页岩陶粒为原料的建材制品 | 破坏耕地、污染环境 |
| | | 手工成型的GRC轻质隔墙板 | 质量难控制、功能不稳定 |
| | | 以角闪石石棉（蓝石棉）为原料的石棉瓦等建材制品 | 危害人体健康 |
| 3 | 建筑保温材料 | 未用玻纤网增强的水泥（石膏）聚苯保温板 | 强度低、易开裂 |
| | | 充气石膏板 | 保温性能差 |
| | | 菱镁类复合保温板、踢脚板 | 性能差、容易翘曲、产品易返卤、维修困难 |
| 4 | 建筑门窗、幕墙及附件 | 80mm及以下普通推拉塑料外窗 | 强度低、易出轨、有安全隐患 |
| | | 改性聚氯乙烯（PVC）弹性密封胶条 | 弹性差、易龟裂 |
| | | 幕墙T形挂件系统 | 单元板块不可独立拆装、维修困难 |
| 5 | 防水材料 | 沥青复合胎柔性防水卷材 | 拉力和低温柔度指标低，耐久性差 |
| | | 焦油聚氨酯防水涂料 | 施工过程污染环境 |
| | | 焦油型冷底子油（JG-1型防水冷底子油涂料） | 施工质量差，生产和施工过程污染环境 |
| | | 焦油聚氯乙烯油膏（PVC塑料油膏聚氯乙烯胶泥煤焦油油膏） | 施工质量差，生产和施工过程污染环境 |
| | | S形聚氯乙烯防水卷材 | 耐老化性能差、防水功能差 |
| | | 采用二次加工复合成型工艺再生原料生产的聚乙烯丙纶等复合防水卷材 | 耐老化性能差、防水功能差 |
| 6 | 建筑装饰装修材料 | 聚醋酸乙烯乳液类（含BVA乳液）、聚乙烯醇及聚乙烯醇缩醛类、氯乙烯-偏氯乙烯共聚乳液内外墙涂料 | 耐老化、耐玷污、耐水性差 |
| | | 以聚乙烯醇-纤维素-淀粉-聚丙烯酰胺为主要胶黏剂的内墙涂料 | 耐擦洗性能差，易发霉、起粉 |
| | | 以聚乙烯醇缩甲醛为胶结材料的水溶性涂料 | 施工质量差、挥发有害气体 |
| | | 聚乙烯醇水玻璃内墙涂料（106内墙涂料） | 施工质量差、挥发有害气体 |
| | | 多彩内墙涂料（树脂以硝化纤维素为主，溶剂以二甲苯为主的O/W型涂料） | 施工质量差、施工过程中挥发有害气体 |

## 二、传统装饰装修做法的发展

### (一) 以水泥、石灰、石膏类为主的饰面做法

传统的装饰装修做法以水泥拉毛、石灰拉毛等为主。20世纪70年代中期出现了聚合物水泥砂浆喷涂、滚涂做法和聚合物水泥浆弹涂等饰面做法，同时也出现了一些新做法。

1. 假面砖

在水泥砂浆中掺入氧化铁黄或氧化铁红等颜料，通过手工操作达到模仿面砖装饰效果的一种做法。

2. 线条抹灰

采用模具或工具，先在面层砂浆上做出横竖线条的装饰抹灰，再刷涂料的一种做法，其线形可有半圆形、波纹形、梯形、长方形等。

3. 扫毛抹灰

采用竹丝笤帚按设计图纸的风格，将面层砂浆扫出不同方向条纹的装饰抹灰做法，一般采用一横一纵交错排列。

4. 喷涂、滚涂

采用聚合物水泥砂浆，通过挤压式砂浆泵及喷枪（喷斗）将砂浆喷涂于墙体表面的为喷涂；通过橡皮辊子将抹在墙体表面的聚合物水泥砂浆滚出花纹的为滚涂。为提高其材质和耐久性，应采用甲基硅醇钠罩面。

5. 弹涂

采用白水泥，加入适当颜料和水泥用量10%～15%的建筑胶为主要原料，利用手动或电动弹涂器分几道将不同色彩的聚合物水泥浆弹涂在基层上，厚度只有3～5mm的扁圆形花点，再喷罩聚乙烯醇缩丁醛饰面。

6. 聚合物水泥地面

在水泥地面的基层上刮涂聚合物水泥腻子，硬化后形成的一种地面涂层。其原料为普通水泥、建筑胶及颜料。

### (二) 石碴类装饰装修做法的改进与提高

石碴类的传统做法是干粘石、水刷石、斩假石和水磨石等，这些做法大部分为手工操作。20世纪70年代后期出现了机喷石屑的做法，这种做法比干粘石工效高，且节约原材料，20世纪80年代初又出现了彩色喷砂的做法使石碴类做法有了新的发展。

1. 干粘石做法的改进

在水泥砂浆中加入建筑胶，可提高黏结力，减少砂浆厚度，亦采用了压缩空气带动喷斗喷射石碴，使石碴黏结更为牢固。

2. 机喷石屑

又称机喷干粘石，它是以水泥砂浆为胶结材料，机喷石屑的粒径为1.2～3mm，砂浆厚度只需3mm左右。这种做法省工、省料、自重轻、造价低。

3. 胶粘砂

黏结层采用黏结涂料取代黏结砂浆，机喷大径粒彩砂后，喷涂罩面剂。黏结及罩面涂料均以乳液为主。

4. 水磨石外用

水磨石是室内的常用装修做法，其效果接近磨光的天然花岗石，但外用的不多。近年来，一些地区的工程采用预制水磨石板作外墙饰面、阳台栏杆等，取得了较好的效果。

5. 斩假石施工机械化

斩假石是一种模拟天然石材的装修做法，但长期以来均采用手工操作，劳动强度大，工作效率低，因而应用面较窄。20 世纪 80 年代以来，一些地区采用了抛丸机和气动剁斧，即用铁球撞击混凝土表面，使其露出骨料和石碴。采用这种方法可以做预制构件，现场进行拼装。

（三）陶瓷类装饰材料的发展

1. 锦砖的外用

陶瓷锦砖俗称马赛克，它分为挂釉与不挂釉两种，一般多用于地面。近年来，一些工程为了保证色彩稳定和耐污染，也开始应用于外墙装修。为防止色彩单一，多采用在浅色中加入不同的深色，取得了丰富质感的效果。

2. 陶瓷彩釉装饰砖

这种建筑材料具有强度高、耐磨损、化学稳定性好等优点，目前已有几百个品种，生产厂家也遍及全国各地。这种材料可以应用于墙面和地面的施工中。

3. 大型陶瓷饰面板

主要用于宾馆、机场、车站、影剧院等建筑中的预制装饰板，其单块面积为 0.9～3.6m²，厚度为 4～8mm，抗压强度约 100MPa，表面可做成平滑、凹凸、布纹、网纹等多种图案。

4. 琉璃釉面砖

在陶质坯体上涂一层琉璃彩釉，经 1000℃ 烧制而成。这种材料光亮夺目，色彩鲜艳，具有民族特色。采用建筑胶水泥砂浆（聚合物水泥砂浆）粘贴，可以不掉落。

5. 劈离砖

以重黏土为主要原料，经混料、真空练泥、挤压成型、自动切割、烘干焙烧等工序制成。成型时背靠背，烧制后劈裂而成。劈离砖表面粗糙，可以防滑。此外还具有较高的强度和硬度，亦耐酸碱，外形古朴典雅，广泛应用于地面和外墙装饰中。

（四）天然石材装饰材料

1. 薄板型大理石

薄板型大理石，其厚度仅有 7～10mm，约为常规板厚的 1/2～1/3。由于石材厚度较薄，连接方法多采用粘贴。

2. 磨光花岗石

把开采的天然花岗石荒料（通常为 1m³）切割成薄片，表面再磨平、抛光而成。其厚度为 20mm 左右，多用于墙面或地面。

3. 青石板

采用水成岩材料，利用其纹理清晰、容易加工等特点而制成薄板。过去较多用于屋面材料，近年来也开始应用于地面和墙面，其效果与装饰性面砖类似，连接方法以粘贴为主。

## 第四节　新型建筑装修材料的发展和建筑装饰装修材料的更新

### 一、新型建筑装饰装修材料的发展与应用

改革开放初期，在我国建造的一些高档宾馆、高档写字楼的装饰装修大多采用国外的材料和施工方法。随着改革开放步伐的加快，促使和推动了我国建筑材料行业的迅猛发展，研制与生产了许多新型的装饰装修材料与制品，促使装饰装修构造做法和施工方法不断更新、改变，出现了一片欣欣向荣的繁荣景象。

（一）装饰混凝土（清水混凝土）

装饰混凝土是具有一定颜色、质感、线形或花饰的结构与饰面结合的墙体或构件。装饰混凝土常见做法有以下几种：

1. 壁板反打工艺

壁板反打工艺是一种外面朝下生产的工艺，即在模板底面采取一定的措施（凹凸纹、蘑菇纹等），使一次浇筑的混凝土构件具有凹凸感或其他质感。这种构件安装于建筑物后，只作表面喷涂即可。

2. 壁板正打印花、压花工艺

这种板材为正面朝上生产。印花工艺是将有图案刻孔的橡胶或塑料膜片铺在准备作饰面的1∶2水泥砂浆面层上，并用抹子拍打、抹压，使砂浆从图案的刻孔中挤出，然后揭去膜片；压花工艺是用角钢或钢盘焊成具有一定线形、花饰的工具，在浇筑并抹平的混凝土或砂浆表面压花。

3. 现浇装饰混凝土

现浇装饰混凝土是在模板上做局部修改或做金属模、或做其他衬模，使浇筑出来的混凝土具有与衬模相反的图形。

（二）新型建筑涂料

新型建筑涂料一般具有以下特点：材质方面主要是以合成树脂为主要原料的水溶性涂料、乳液涂料、溶剂性涂料和无机建筑涂料；施工方法多采用喷涂、滚涂、弹涂、抹涂等方法；装饰效果方面可以呈现砂粒状、平滑状，颜色为多种色彩。

新型建筑涂料的类型很多，应用也比较广泛。当前在外墙涂料中以合成树脂外墙涂料、溶剂型外墙涂料、真石漆、闪光金属漆、水性金属漆居多；在内墙涂料中则大量选用合成树脂乳液涂料、无机涂料、有机-无机复合涂料、水性氟碳涂料、水性金属漆、彩（真）石漆、仿瓷涂料、浮雕涂料、砂艺艺术涂料等。

（三）玻璃装饰

玻璃用于建筑装饰，在室内多采用刻花玻璃和各种颜色的压花玻璃等；在室外主要有玻璃马赛克、玻璃面砖、玻璃幕墙等。

1. 玻璃马赛克

由石英砂、石灰石、长石为主要原料，经1400℃高温熔炼制成，具有质轻、耐腐蚀、不变色等特点。玻璃马赛克一般采用专用黏结剂或掺乳胶的水泥粘贴。

2. 彩色玻璃贴面砖

由厚玻璃制成的面砖具有质轻、强度高、热稳定性好等优点，价格也便宜。彩色玻璃贴面砖有不同图案、不同颜色、光彩夺目、粘贴方便等特点。

3. 不透明饰面玻璃

将5～6mm厚的平板玻璃，经切割、冲洗、喷涂彩色釉、干燥、钢化、焙烧退火等工序制成，一般多用于内外墙及门窗装饰，其特点是耐腐蚀、抗冲刷、易清洗。

4. 玻璃幕墙

玻璃幕墙所用玻璃有钢化玻璃、夹层玻璃、中空玻璃、镀膜玻璃、着色玻璃等。由于玻璃幕墙有反射附近景物的独特效果，并有金、银等多种颜色，装饰效果很好。

（四）金属装饰

用金属板做建筑装饰，应用较多的有不锈钢装饰墙板、粘贴镀金属的陶瓷面砖等。我国一般仅在大型建筑中采用。

1. 铝质装饰板

铝质装饰板包括铝合金压型板、铝合金波纹板、铝质浅花纹板等。表面色彩有橘皮、豆点等多种颜色。通过氧化或表面喷涂着色后，具有质轻、耐腐蚀、可回收、美观、耐久等特点。

2. 铜浮雕艺术装饰板

用紫铜箔为面材，树脂浸渍材为芯材，经浮雕模具聚合压制而成，是一种古朴华丽的装饰材料。

3. 不锈钢

不锈钢镀铜呈金色，不锈钢镀铬呈银白色，多用于门厅柱子的外包装修，可以使大厅华丽辉煌。

4. 彩色压型钢板

以镀铁钢板为基材，表面敷以耐腐蚀涂层及彩色烤漆制成的彩色压型钢板，为我国的围护结构提供了一条新的思路。我国冶金部建筑研究总院开发的双面贴塑彩色保温压型钢板是在双层钢板内夹聚苯乙烯泡沫塑料，形成具有质轻、施工速度快、能冲击加工和防酸碱的新型板材。

5. 铁艺饰件

用低碳钢型材加工或用铸铁浇注而成，表面刷漆或烤漆，多用于阳台栏杆、楼梯栏杆、围墙花饰、草坪花饰等。

（五）塑料类装饰材料

塑料类建材又称化工建材，它是以合成树脂为主要原材料，添加各种添加剂形成的建筑材料，常见的类型有：

1. 塑料壁纸

塑料壁纸装饰效果好，容易更换、施工方便，是20世纪70年代以来发展较快的一种室内墙面装饰材料。塑料壁纸包括涂塑壁纸和压塑壁纸等多种。涂塑壁纸是以木浆原纸为基层，涂布氯乙烯-醋酸乙烯共聚乳液与钛白、瓷土、颜料、助剂等配成的乳胶涂料烘干后再印花而成。压塑壁纸是聚氯乙烯树脂与增塑剂、稳定剂、颜料、填料经混炼、压延成薄膜，然后与纸基热压复合，再印花、压纹而成。涂塑壁纸和压塑壁纸均具有耐擦洗、透气好的特点。

2. 玻璃纤维墙布

以中碱玻璃纤维织成的坯布为基材，以聚丙烯酸甲、乙酯、增塑剂、着色颜料进行染色处理，形成彩色坯布，再以醋酸乙酯、醋酸丁酯、环乙酮、聚醋酸乙烯酯及聚氯乙烯树脂，配适量色浆作印花处理而成。这种墙布有布纹质感、耐火性好。

3. 塑料地板

以聚氯乙烯塑料为基材制成的块材或卷材地板。这种板材（卷材）具有弹性、耐磨、保温、隔声等特性。这种地板多采用挤出、压延成型。塑料地板的黏结剂为特制黏结剂。

4. 塑料贴面板

在普通胶合板的表面贴塑料薄膜制成。主要用于厅堂内部装饰。这种板材具有美观、耐磨、耐用等优点。

5. 钙塑板

以高压聚乙烯为基材，加入大量轻质碳酸钙及少量助剂，经塑炼、热压、发泡等工艺过程制成。这种板材质轻、隔声、隔热、防潮，主要用于吊顶面材。

6. 铝塑板

与钙塑板不同的地方是填料中含有大量的氢氧化铝和适量阻燃剂。这种板具有难燃的特点，主要用于吊顶面材和墙面板材。

7. 玻璃钢

以不饱和聚酯树脂为黏结剂，玻璃纤维布为增强材料，通过带有图案的阴模成型。玻璃钢质轻、高强、耐腐蚀、装饰效果好。

8. 树脂型合成石

合成石又名人工石。它是以石碴、石粉为主要原材料，以树脂为黏结剂，经配料、振捣成型、固化、表面处理、抛光等工序制成。这种材料制成板材后，主要用做墙面、柱面的饰面材料以及梳妆台面、卫生洁具等。

9. 化纤地毯

由面层织物、防松涂层、初级背衬和次级背衬构成。当前的主要品种有腈纶、涤纶、丙纶、丙腈纶等多种类型。铺贴方式可以采用固定或不固定式。

（六）木、棉、麻、草装饰材料

这些材料大多由植物性原料加工而成，常见的类型有：

1. 微薄木贴面装饰板

用天然珍贵木材刨切或旋切成厚 0.2～1mm 的薄片，经拼花后粘贴在胶合板、纤维板、刨花板等基材上制成。这种材料纹理清晰、色泽自然，是一种较高级的装饰材料。

2. 装饰壁布

由纯棉布制成。色调、纹样丰富多彩，无光，产生静电小，耐擦洗，有一定的韧性，但价格较贵。

3. 天然麻壁纸

由编织的天然麻和纸基复合而成。这种材料可以阻燃、吸声，对环境无污染，耐久性较好。

## 二、当前推广使用的建筑材料与建筑装饰装修材料

当前推广使用的建筑材料与建筑装饰装修材料见表1-5。

表1-5 当前推广使用的建筑材料与建筑装饰装修材料

| 序号 | 类型 | 品种 | 推广使用的原因 |
|---|---|---|---|
| 1 | 钢材 | 冷轧带肋钢筋焊接网 | 可以替代人工绑扎钢筋、保证施工质量、提高工效 |
| 2 | 混凝土及其制品 | 新型干法散装水泥 | 质量稳定、能耗低、可以节约资源、保护环境，是我国推广了近30年的产业政策 |
| | | 普通预拌砂浆 | 质量稳定，并可以使用各种外加剂，可提高施工质量。是我国近年推广的产业政策 |
| | | 再生混凝土骨料 | 具有循环利用、节约、环保的特点 |
| | | 轻质泡沫混凝土 | 具有保温、质轻、低弹减震性、施工简单等特点 |
| | | 聚竣酸系高效减水剂 | 具的掺量低、保塑性好的特点 |
| 3 | 墙体材料 | B04级、B05级加气混凝土砌块和板材 | 具有质轻、保温性能好的特点 |
| | | 保温、结构、装饰一体化外墙板 | 具有节能、防火、装饰层牢固的特点 |
| | | 石膏空心墙板和砌块 | 具有轻质、隔声、节能、防火、利用工业废弃物的特点 |
| | | 保温混凝土空心砌块 | 具有保温、隔热的特点 |
| | | 井壁用混凝土砌体模块 | 具有坚固、耐久、密闭性好、有利于保护水质的特点 |
| | | 浮石 | 具有轻质、保温的特点、是黏土和页岩的替代材料之一 |
| 4 | 建筑保温材料 | 岩棉防火板、条 | 可以提高保温系统的防火能力 |
| 5 | 建筑门窗、幕墙及附件 | 传热系数 $K$ 值优于2.5以下的高性能建筑外窗 | 提高建筑物的节能水平 |
| | | 低辐射镀膜（Low-E）玻璃 | 具有允许可见光透过、阻断红外线透过的特点 |
| | | 石材用建筑密封胶 | 具有耐腐蚀、不污染石材的效果 |
| 6 | 防水材料 | 自黏聚合物改性沥青防水卷材 | 非明火施工、具有适应基层变形能力强的特点 |
| | | 挤塑聚烯烃（TPO）防水卷材 | 具有耐候性、耐腐蚀性、耐微生物性强的特点 |
| | | 钠基膨润土防水毯 | 具有防渗性强、耐久性好、柔韧性好、价格便宜、不受环境温度影响等特点 |
| | | 喷涂聚脲防水材料 | 具有涂膜无毒、无味、抗拉强度高、耐磨、耐高低温、阻燃、厚度均匀的特点 |

| 序号 | 类型 | 品种 | 推广使用的原因 |
|---|---|---|---|
| 7 | 建筑装饰装修材料 | 瓷砖黏结胶粉 | 具有质量稳定、使用方便、节约资源、减少污染的特点 |
| | | 装饰混凝土轻型挂板 | 具有装饰效果好、利用废渣、施工效率高的特点 |
| | | 超薄石材复合板 | 可以减少天然石材使用、减轻建筑物的负荷 |
| | | 弹性聚氨酯地面材料 | 具有耐磨、耐老化、自洁性好的特点 |
| | | 水泥基自流平砂浆 | 具有施工速度快、不开裂、强度好的特点 |
| | | 柔性饰面砖 | 具有体薄质轻、防水、透气、柔韧性好、施工简便的特点 |
| 8 | 市政材料 | 砂基透水砖、透水沟构件、透水沥青混凝土 | 有利于收集雨水、补充地下水 |

# 第五节 装饰装修材料的主要品种和应用范围

**一、选择装饰装修材料的原则**

1. 功能要求：根据建筑物不同的使用性质、结构材料特点，确定饰面做法。

2. 确定质量等级：根据建筑物的使用性质、所处规划位置及所控制的造价，确定饰面处理的等级。

3. 合理确定耐久性：装饰装修做法与结构相比，其寿命要短，但也不宜维修过勤。维修周期一般应控制在 10 年左右。

4. 确定现场制作与预制：现场制作与预制做法会直接影响造价与工期，此外还与饰面做法有直接关系。如涂料一般均以现场施工为主，水磨石虽可预制与现磨，但应以预制为主。

5. 充分考虑施工因素：工期长短、施工手段、现场作业面的大小以及施工季节、管理水平、技术水平都对装修做法有一定的影响。

**二、各部位装饰装修材料的主要品种**

**（一）外墙装饰装修材料**

外墙装饰装修材料的种类和品种见表 1-6。

表 1-6 外墙装饰装修材料的种类和品种

| 种类 | 品种 |
|---|---|
| 天然石材 | 花岗石板 |
| 人造石材 | 水磨石板 |
| 陶瓷 | 外墙釉面砖、陶瓷锦砖、陶瓷饰面板 |

| 种类 | 品种 |
|---|---|
| 装饰混凝土 | 彩色混凝土、清水混凝土、露骨料混凝土 |
| 装饰砂浆 | 水刷石、干粘石、斩假石 |
| 玻璃 | 彩色玻璃、吸热玻璃、热反射玻璃、压花玻璃、夹丝玻璃、夹层玻璃、镭射玻璃、中空玻璃、玻璃锦砖、玻璃空心砖 |
| 金属材料 | 普通与彩色不锈钢制品、彩色钢板、铝合金花纹板（波纹板）、铝合金门窗（花格）、铜及铜合金制品 |
| 建筑塑料 | 塑料门窗、塑料护面板、玻璃钢装饰板、聚碳酸酯装饰板 |
| 涂料 | 有机涂料（丙烯酸系、聚氨酯系、乳液涂料、砂壁状涂料、复层涂料）、无机涂料 |

注：材料性能和应用范围在相关章节中详细叙述。

（二）内墙装饰装修材料

内墙装饰装修材料的种类和品种见表1-7。

表1-7　内墙装饰装修材料的种类和品种

| 种类 | 品种 |
|---|---|
| 天然石材 | 大理石板及其制品 |
| 人造石材 | 水磨石板 |
| 陶瓷 | 陶质砖、炻质釉面砖、陶瓷饰面板 |
| 石膏板 | 装饰石膏板、纸面石膏板、石膏吸声板 |
| 矿棉板、膨胀珍珠岩板 | 岩棉装饰吸声板、玻璃棉装饰吸声板、膨胀珍珠岩装饰吸声板 |
| 装饰砂浆 | 拉毛、甩毛、扫毛、拉条 |
| 玻璃 | 磨砂玻璃、彩色玻璃、压花玻璃、夹丝玻璃、镭射玻璃、玻璃空心砖、玻璃锦砖 |
| 金属材料 | 普通（彩色）不锈钢制品、彩色涂层（压型）钢板、铝合金花纹板（波纹板）、铝合金门窗（花格）、铜及铜合金制品 |
| 木制品 | 护臂板（线条）、胶合板、纤维板、花格、塑料贴面板、不饱和聚酯树脂胶合板 |
| 塑料 | 护面板、有机玻璃、玻璃钢 |
| 墙纸 | 塑料墙纸、纸基织物墙纸、麻草墙纸、无纺贴墙布、化纤装饰贴墙布 |
| 装饰织物 | 锦缎、丝绒 |
| 涂料 | 聚氨酯涂料、丙烯酸酯涂料、有机硅-丙烯酸酯复合涂料、多彩涂料、仿瓷涂料、幻彩涂料、纤维状涂料 |

注：材料性能和应用范围在相关章节中详细叙述。

（三）地面装饰装修材料

地面装饰装修材料的种类和品种见表1-8。

表 1-8　地面装饰装修材料的种类和品种

| 种类 | 品种 |
|---|---|
| 天然石材 | 花岗石板、料石 |
| 人造石材 | 水磨石板、水泥花砖 |
| 陶瓷 | 地砖（釉面砖、劈离砖、无釉面砖）、陶瓷饰面转、陶瓷锦砖 |
| 木材 | 实木地板、浸渍纸层压木地板（强化木地板）、实木复合地板、竹地板、软木地板 |
| 塑料 | 块状地板、卷材地板 |
| 地毯 | 纯毛地毯、化纤地毯 |

注：材料性能和应用范围在相关章节中详细叙述。

（四）顶棚装饰装修材料

顶棚装饰装修材料的种类和品种见表 1-9。

表 1-9　顶棚装饰装修材料的种类和品种

| 种类 | 品种 |
|---|---|
| 石膏板 | 石膏板（平板、穿孔板、浮雕板、防潮板）、纸面石膏板（普通板、防火板、耐水板）、装饰石膏板、吸声穿孔石膏板 |
| 矿棉板 | 矿棉装饰吸声板、玻璃棉装饰吸声板 |
| 膨胀珍珠岩板 | 膨胀珍珠岩装饰吸声板 |
| 金属装饰材料 | 铝合金穿孔板、不锈钢板、彩色压型（涂层）钢板 |
| 木材 | 胶合板、纤维板、不饱和聚酯树脂装饰胶合板 |
| 壁纸、壁布 | 内墙面使用的各类壁纸、壁布 |
| 涂料 | 内墙面使用的各类涂料 |

注：材料性能和应用范围在相关章节中详细叙述。

# 第六节　建筑装饰装修材料的防火分级

## 一、建筑装饰装修材料的防火分级

（一）《建筑内部装修设计防火规范》的规定

《建筑内部装修设计防火规范》（GB 50222—2017）的燃烧性能等级，见表 1-10。

表 1-10　装修材料燃烧性能等级

| 等级 | 装修材料燃烧性能 |
|---|---|
| A | 不燃性 |
| $B_1$ | 难燃性 |
| $B_2$ | 可燃性 |
| $B_3$ | 易燃性 |

（二）《建筑材料及制品燃烧性能分级》的规定

该规范早期执行欧盟标准（CEN），将建筑材料（平板状建筑材料、铺地材料、管状绝热材料）的燃烧性能等级划分为 A1、A2、B、C、D、E、F 七个等级，2006 年该规范修订时明确了建筑材料和建筑用制品统一采用 A、$B_1$、$B_2$、$B_3$ 的划分标准。建筑材料包括 A、$B_1$、$B_2$、$B_3$ 四个等级。软质家具和硬质家具包括 $B_1$、$B_2$、$B_3$ 三个等级。

建筑材料的对应关系为：A1、A2 级对应为 A 级；B、C 级对应为 $B_1$ 级；D、E 级对应为 $B_2$ 级；F 级对应为 $B_3$ 级。

建筑材料及制品的燃烧性能等级的具体划分见表 1-11。

表 1-11　建筑材料及制品的燃烧性能等级划分

| 燃烧性能等级 | 名称 |
|---|---|
| A | 不燃材料（制品） |
| $B_1$ | 难燃材料（制品） |
| $B_2$ | 可燃材料（制品） |
| $B_3$ | 易燃材料（制品） |

（三）常用建筑内部装饰装修材料燃烧性能的等级划分

《建筑内部装修设计防火规范》（GB 50222—2017）规定的常用建筑内部装修材料燃烧性能等级划分，见表 1-12。

表 1-12　常用建筑内部装修材料燃烧性能等级划分

| 材料类别 | 级别 | 材料举例 |
|---|---|---|
| 各部位材料 | A | 花岗石、大理石、水磨石、水泥制品、混凝土制品、石膏板、石灰制品、黏土制品、玻璃、瓷砖、马赛克、钢铁、铝、铜合金、金属复合板、玻镁板、硅酸钙板等 |
| 顶棚材料 | $B_1$ | 纸面石膏板、纤维石膏板、水泥刨花板、矿棉板、玻璃棉装饰吸声板、珍珠岩装饰吸声板、难燃胶合板、难燃中密度纤维板、岩棉装饰板、难燃木材、铝箔复合材料、难燃酚醛胶合板、铝箔玻璃钢复合材料、复合铝箔玻璃面板等 |
| 墙面材料 | $B_1$ | 纸面石膏板、纤维石膏板、水泥刨花板、矿棉板、玻璃棉板、珍珠岩板、难燃胶合板、难燃中密度纤维板、防火塑料装饰板、难燃双面刨花板、多彩涂料、难燃墙纸、难燃墙布、难燃仿花岗岩装饰板、氯氧镁水泥装配式墙板、难燃玻璃钢平板、PVC 塑料护墙板、阻燃模压木质复合板材、彩色阻燃人造板、难燃玻璃钢、复合铝箔玻璃面板等 |
| | $B_2$ | 各类天然木材、木质人造板、竹材、纸制装饰板、装饰微薄木贴面板、印刷木纹人造板、塑料贴面装饰板、聚酯装饰板、覆塑装饰板、塑纤板、胶合板、塑料壁纸、无纺贴墙布、墙布、覆合壁纸、天然材料壁纸、人造革、实木饰面装饰板、胶合竹夹板等 |
| 地面材料 | $B_1$ | 硬 PVC 塑料地板、水泥刨花板、水泥木丝板、氯丁橡胶地板、难燃羊毛地毯等 |
| | $B_2$ | 半硬质 PVC 塑料地板、PVC 卷材地板等 |
| 装饰织物 | $B_1$ | 经阻燃处理的各类难燃织物等 |
| | $B_2$ | 纯毛装饰布、经阻燃处理的其他织物等 |
| 其他装饰材料 | $B_1$ | 难燃聚氯乙烯塑料、难燃酚醛塑料、聚四氟乙烯塑料、难燃脲醛塑料、硅树脂塑料装饰型材、经阻燃处理的各类织物等 |
| | $B_2$ | 经阻燃处理的聚乙烯、聚丙烯、聚氨酯、聚苯乙烯、玻璃钢、化纤织物、木制品等 |

（四）可以提高建筑内部装修材料耐火等级的做法

《建筑内部装修设计防火规范》（GB 50222—2017）规定下列做法可以提高 1 个等级使用。

1. 安装在金属龙骨上的燃烧性能达到 $B_1$ 级的纸面石膏板、矿棉吸声板可作为 A 级装修材料使用。

2. 单位面积质量小于 $300g/m^2$ 的纸质、布质壁纸，当直接粘贴在 A 级基材上时，可作为 $B_1$ 级装修材料使用。

3. 施涂于 A 级基材上的无机装饰涂料，可作为 A 级装修材料使用；施涂于 A 级基材上，湿涂覆比小于 $1.5kg/m^2$ 的有机装饰涂料，且涂层干膜厚度不大于 1.0mm 的有机装修涂料可作为 $B_1$ 级装修材料使用。

4. 当使用多层装修材料时，各层装修材料的燃烧性能等级均应符合本规范的规定。复合型装修材料的燃烧性能等级应进行整体检测确定。

### 二、对特别场所装饰装修的规定

《建筑内部装修设计防火规范》（GB 50222—2017）规定：

（一）建筑内部装修不应擅自减少、改动、拆除、遮挡消防设施、疏散指示标志、安全出口、疏散走道和防火分区、防烟分区等。

（二）建筑内部消火栓箱门不应被装饰物遮掩，消火栓箱门四周的装修材料的颜色应与消火栓箱门的颜色有明显区别或在消火栓箱门表面设置发光标志。

（三）疏散走道和安全出口的顶棚、墙面不应采用影响安全疏散的镜面反光材料。

（四）地上建筑的水平疏散走道和安全出口的门厅，其顶棚应采用 A 级装修材料，其他部位应采用不低于 $B_1$ 级的装修材料；地下民用建筑的疏散走道和安全出口的门厅，其顶棚、墙面和地面均应采用 A 级装修材料。

（五）疏散楼梯间和前室的顶棚、墙面和地面均应采用 A 级装修材料。

（六）建筑物内没有上下层相连通的中庭、走马廊、开敞楼梯、自动扶梯时。其连通部位的顶棚、墙面应采用 A 级装修材料，其他部位应采用不低于 $B_1$ 级的装修材料。

（七）建筑内部变形缝（包括沉降缝、伸缩缝、抗震缝等）两侧基层的表面装修应采用不低于 $B_1$ 级的装修材料。

（八）无窗房间内部装修材料的燃烧性能等级除 A 级外，应在单层、多层民用建筑，高层民用建筑，地下民用建筑内部各部位装修材料的燃烧性能等级规定的基础上提高一级。

（九）消防水泵房、机械加压送风排烟机房、固定灭火系统钢瓶间、配电室、变压器室、发电机房、通风和空调机房等，其内部所有装修均应采用 A 级装修材料。

（十）消防控制室等重要房间，其顶棚和墙面应采用 A 级装修材料，地面及其他装修应采用不低于 $B_1$ 级的装修材料。

（十一）建筑物内的厨房，其顶棚、墙面、地面均应采用 A 级装修材料。

（十二）经常使用明火器具的餐厅、科研试验室，其装修材料的燃烧性能等级除 A 级外，应在单层、多层民用建筑，高层民用建筑，地下民用建筑内部各部位装修材料的燃烧性能等级规定的基础上提高一级。

（十三）民用建筑内的库房或储藏间，其内部所有装修除应符合相应场所规定外，且应采用不低于 B₁ 级的装修材料。

（十四）展览型场所装修设计应符合下列规定：

1. 展台材料应采用不低于 B₁ 级的装修材料。

2. 在展台设置电加热设备的餐饮操作区内，与电加热设备贴邻的墙面、操作台均应采用 A 级装修材料。

3. 展台与卤钨灯等高温照明灯具贴邻部位的材料应采用 A 级装修材料。

（十五）住宅建筑装修设计尚应符合下列规定：

1. 不应改动住宅内部的烟道、通风道。

2. 厨房内的固定厨柜宜采用不低于 B₁ 级的装修材料。

3. 卫生间顶棚宜采用 A 级装修材料。

4. 阳台装修宜采用不低于 B₁ 级的装修材料。

（十六）照明灯具及电气设备、线路的高温部位，当靠近非 A 级装修材料或构件时，应采用隔热、散热等防火保护措施，与窗帘、帷幕、软包等装修材料的距离不应小于 500mm；灯饰应采用不低于 B₁ 级的材料。

（十七）建筑内部的配电箱、控制面板、接线盒、开关、插座等不应直接安装在低于 B₁ 级的装修材料上；用于顶棚和墙面装修的木质类板材，其内部含有电器、电线等物体时，应采用不低于 B₁ 级的材料。

（十八）当室内顶棚、墙面、地面和隔断装修材料内部安装电加热供暖系统时，室内采用的装修材料和绝热材料的燃烧性能等级应为 A 级。当室内顶棚、墙面、地面和隔断装修材料内部安装水暖（或蒸汽）供暖系统时，其顶棚采用的装修材料和绝热材料的燃烧性能等级应为 A 级，其他部位的装修材料和绝热材料的燃烧性能等级不应低于 B₁ 级，且尚应符合有关公共场所的规定。

（十九）建筑内部不宜设置采用 B₁ 级的装饰材料制成的壁挂、布艺等，当需要设置时，不应靠近电气线路、火源或热源，或采取隔离措施。

（二十）未明确规定的场所，其内部装修应按有关规定执行。

### 三、民用建筑内部装修的规定

单层、多层民用建筑，高层民用建筑，地下民用建筑，厂房、仓库建筑的装饰装修的具体规定可查阅《建筑内部装修设计防火规范》（GB 50222—2017）的有关内容。

# 第七节　建筑装饰装修材料的污染与防治

## 一、室内空气污染物的控制要求

（一）基本要求

（1）《民用建筑工程室内环境污染控制规范》（GB 50325—2010，2013 年版）、《住宅建筑规范》（GB 50368—2005）、《住宅设计规范》（GB 50096—2011）、《住宅装饰装修工程施工规范》（GB 50327—2001）、《旅馆建筑设计规范》（JGJ 62—2014）等规范规定的室内环境污染物浓度限制见表 1-13。

表 1-13 中所述的Ⅰ类民用建筑工程指住宅、医院、老年建筑、幼儿园、学校教室等工程；Ⅱ类民用建筑工程指办公楼、商店、旅馆、文化娱乐场所、书店、图书馆、展览馆、体育馆、公共交通等候室、餐厅、理发店等。

表 1-13　民用建筑工程室内环境污染物浓度限量

| 污染物 | Ⅰ类民用建筑工程 | Ⅱ类民用建筑工程 |
|---|---|---|
| 氡（Bq/m³） | ≤200 | ≤400 |
| 甲醛（mg/m³） | ≤0.08 | ≤0.10 |
| 苯（mg/m³） | ≤0.09 | ≤0.09 |
| 氨（mg/m³） | ≤0.20 | ≤0.20 |
| TVOC（mg/m³） | ≤0.50 | ≤0.60 |

注：1. 表中污染物浓度测量值，除氡外均指室内测量值扣除同步测定的室外上风向空气测量值（本底值）后的测量值。
　　2. 表中污染物浓度测量值的极限值判定，采用全数值比较法。
　　3. TVOC 是总挥发性有机化合物的简称。

（2）《宿舍建筑设计规范》（JGJ 36—2016）、《老年人照料设施建筑设计标准》（JGJ 450—2018）均指出：室内环境污染物的浓度限量应符合表 1-14 的规定：

表 1-14　室内环境污染物的浓度限量

| 污染物 | 浓度限值 |
|---|---|
| 氡（Bq/m³） | ≤200 |
| 甲醛（mg/m³） | ≤0.08 |
| 苯（mg/m³） | ≤0.09 |
| 氨（mg/m³） | ≤0.20 |
| TVOC（mg/m³） | ≤0.50 |

（3）《住宅建筑室内装修污染控制技术标准》（JGJ/T 436—2018）规定：

住宅室内装修应控制的室内空气污染物应主要包括甲醛、苯、甲苯、二甲苯、总挥发性有机化合物（简称 TVOC）。

（二）室内空气质量的控制要求

（1）室内空气污染物浓度应分为Ⅰ级、Ⅱ级、Ⅲ级，污染物浓度分级应符合表 1-15 的规定。室内空气质量应按污染物中最差的等级进行评定。

表 1-15　污染物浓度分级　　　　　　　　　　　　单位：mg/m³

| 污染物 | 浓度 | | |
|---|---|---|---|
| | Ⅰ级 | Ⅱ级 | Ⅲ级 |
| 甲醛 | $C \leqslant 0.03$ | $0.03 < C \leqslant 0.05$ | $0.05 < C \leqslant 0.08$ |
| 苯 | $C \leqslant 0.02$ | $0.02 < C \leqslant 0.05$ | $0.05 < C \leqslant 0.09$ |
| 甲苯 | $C \leqslant 0.10$ | $0.10 < C \leqslant 0.15$ | $0.15 < C \leqslant 0.20$ |
| 二甲苯 | $C \leqslant 0.10$ | $0.10 < C \leqslant 0.15$ | $0.15 < C \leqslant 0.20$ |
| TVOC | $C \leqslant 0.20$ | $0.20 < C \leqslant 0.35$ | $0.35 < C \leqslant 0.50$ |

（2）室内空气质量控制应符合下列规定：

① 室内空气污染物浓度不应高于Ⅲ级的限量；

② 不含活动家具的装饰装修工程室内空气污染物浓度不应高于Ⅱ级的限量。

（三）装饰装修材料污染物的释放率分级

（1）材料污染物释放应以168h对应的污染物释放率进行分级。

（2）材料的甲醛、苯、甲苯、二甲苯、TVOC释放率应符合国家现行相关标准的规定，合格产品的污染物释放率及对应等级的确定应符合表1-16的规定。

表 1-16　污染物释放率及对应限量　　　　　　单位：mg/（m² · h）

| 等级<br>污染物 | F1 | F2 | F3 | F4 |
|---|---|---|---|---|
| 甲醛 | $E{\leqslant}0.01$ | $0.01{<}E{\leqslant}0.03$ | $0.03{<}E{\leqslant}0.06$ | $0.06{<}E{\leqslant}0.12$ |
| 苯 | $E{\leqslant}0.01$ | $0.01{<}E{\leqslant}0.03$ | $0.03{<}E{\leqslant}0.06$ | $0.06{<}E{\leqslant}0.12$ |
| 甲苯 | $E{\leqslant}0.01$ | $0.01{<}E{\leqslant}0.05$ | $0.05{<}E{\leqslant}0.10$ | $0.10{<}E{\leqslant}0.20$ |
| 二甲苯 | $E{\leqslant}0.01$ | $0.01{<}E{\leqslant}0.05$ | $0.05{<}E{\leqslant}0.10$ | $0.10{<}E{\leqslant}0.20$ |
| TVOC | $E{\leqslant}0.04$ | $0.01{<}E{\leqslant}0.20$ | $0.20{<}E{\leqslant}0.40$ | $0.40{<}E{\leqslant}0.80$ |

## 二、室内空气污染物的来源与防治

（一）必须控制污染物指标的装饰装修材料

必须控制污染物指标的装饰装修材料见表1-17。

表 1-17　必须控制污染物指标的装饰装修材料

| 污染物<br>类型 | 甲醛 | 苯 | 甲苯 | 二甲苯 | TVOC |
|---|---|---|---|---|---|
| 木地板 | ●○ | — | — | — | ●○ |
| 人造板及饰面人造板 | ●○ | — | — | — | ●○ |
| 木制家具 | ●○ | ● | ● | ● | ● |
| 卷材地板 | — | — | — | — | ●○ |
| 墙纸 | ●○ | — | — | — | — |
| 地毯 | ●○ | ● | ● | ● | ●○ |
| 水性涂料 | ●○ | ● | ● | ● | ●○ |
| 溶剂型涂料 | — | ● | ● | ● | ●○ |
| 水性胶黏剂 | ●○ | ● | ● | ● | ●○ |
| 溶剂型胶黏剂 | — | ● | ● | ● | ●○ |

注：1. ●表示型式检测项目；

　　2. ○表示现场复检项目；

　　3. 一表示不需要

（二）各种污染物的特点

1. 氡

氡是由镭衰变产生的自然界中的一种天然放射性气体，它没有颜色，也没有任何气味。

氡在空气中的氡原子的衰变产物被称为氡子体。常温下氡及氡气体在空气中能形成放射性气溶胶而污染空气，很容易被呼吸系统存留，并在局部区域不断积累，长期吸入高浓度氡而诱发肺癌。

（1）氡的来源

1）从房基土壤中析出的氡；氡主要产于岩石中，它通过地层断裂带进入土壤和大气层。

2）从建筑材料中析出的氡；氡主要来源于花岗岩、砖、砂、水泥、石膏，特别是含有放射性元素的天然石材。

3）从户外空气中进入室内的氡；在室外氡的浓度很低，对人体不构成威胁，而进入室内会大量地积累。

4）从供水及用于取暖和厨房设备的天然气释放出来的氡；这方面只有氡的含量很高时，才会产生危害。

（2）消除室内氡气采取的措施

1）购房时进行氡气检测，从源头上控制预防；

2）尽可能封闭地面、墙体的缝隙，降低氡气的析出量；

3）经常保持室内通风；

4）尽量减少使用石材、瓷砖等容易产生辐射和氡气的材料，必须使用时应索取放射性检测合格的证明；

5）已经入住的房屋，如果认为氡气超标，可委托检测部门进行检测。

2. 游离甲醛

游离甲醛是一种无色易溶的刺激性气体，甲醛可经呼吸道吸收，其水溶液"福尔玛林"可经消化道吸收。现代科学研究表明，当甲醛室内含量为 $0.1mg/m^3$ 时，就会有异味和不适感；当达到 $0.5mg/m^3$ 时，可刺激眼睛引起流泪；达到 $0.6mg/m^3$ 时，会产生咽喉不适或疼痛；浓度再高时会引起呕吐、恶心、咳嗽、胸闷、气喘甚至肺气肿；当达到 $20mg/m^3$ 时，可当即引起死亡。

（1）游离甲醛的来源

1）用作室内装饰的胶合板、细木工板、中密度板和刨花板中的脲醛树脂所挥发出来的。

2）人造板制作的家具的面材用胶所散发出来的。

3）含有甲醛成分并有可能向外散发的其他各类装饰材料，如壁胶、化纤地毯、泡沫塑料、油漆和涂料等。

4）燃烧后会散发甲醛的某些材料如纸烟及一些有机材料。

（2）消除游离甲醛的方法

1）游离甲醛主要来源于胶黏剂及其关联的制品，如人造板材（胶合板、纤维板、细木工板、大芯板、中密度板、刨花板等）、家具、壁纸（壁布）、化纤地毯、油漆、涂料，有些服装、箱包和鞋类以及化学烟雾等。胶黏剂多采用脲醛树脂、酚醛树脂或三聚氰胺甲醛树脂。

2）注意游离甲醛的含量检测。

3）注意板材的不超标使用，例如环保型大芯板，对 $20m^2$ 的房间用量最好不超过 $20m^2$。

4）切勿采用游离甲醛超标的大芯板做复合木地板的衬垫。

5）"游离甲醛释放期3～15年"的提法不妥。它与温度、湿度、气压、风力、深度、密闭性、密度、外加力等关系密切。应为二三十天到数年。

6）抓好绿色装修五环节：科学设计、环保建材、规范施工、绿色监理（检测）、适量花卉。

7）采购复合木地板和家具等，一定要先闻味（有刺鼻味即为超标）和看安全证书。

8）室内装修竣工后，大约要经过三个星期通风换气，无异味才可入住。否则应请权威的检测单位进行检测。通风换气可降低游离甲醛50%～70%；由于游离甲醛可溶于水，亦可用湿布擦拭；适量摆放一些能吸收游离甲醛等有害物质的花卉：如吊兰、铁树、天门冬、芦荟和仙人球等。

3. 苯、甲苯、二甲苯

苯主要来源于胶黏剂、合成纤维、塑料、燃料、橡胶等，它可以抑制人体的造血机能，致使白血球、红血球和血小板减少。

甲苯属于无色澄清液体，有苯样异味。主要来源于橡胶和各类溶剂中。对人的皮肤、黏膜有刺激性，对中枢神经系统有麻醉作用。

二甲苯属于无色透明液体，有芳香烃的特殊气味。主要来源于塑料、橡胶、燃料、各种涂料的添加剂中，可以刺激人体的食道和胃，并容易引起呕吐。

装修时必须选用合格的建筑材料，减少苯、甲苯、二甲苯的来源。

4. TVOC

（1）什么是TVOC

VOC表示为挥发性有机化合物，无论是涂料还是油漆，都会释放表示为VOC。香水里亦有VOC，对人体亦有危害。

TVOC表示为总挥发性有机化合物，其是常温下能够挥发成气体的各种有机化合物的统称。其中主要气体成分有烷、芳烃（ting——碳氢化合物的简称）、烯、卤、酯、醛等。刺激眼睛和呼吸道，伤害人的肝、肾、大脑和神经系统。

（2）TVOC的防治

1）选用优质材料，特别是油漆、涂料必须是达标产品。

2）加强通风换气，装修后不得立即入住。

5. 氨、酯和三氯乙烯

氨、酯和三氯乙烯主要来源于塑料制品、油漆干洗剂、黏结剂等，它们对人体的粘膜有很大的刺激，可引起结膜炎、咽喉炎等疾病。

（三）污染物的防治

1. 大力发展"绿色建筑材料"，减少装饰装修材料中的污染源。

2. 消费者在进行装饰装修时应选择污染物达标的建材。

3. 注意室内空气流通，降低有毒物质的浓度，装饰装修工程完毕后最好3～4周后入住。

4. 用植物治理室内污染，不同的花卉植物可以吸收和清除不同的污染物，如常春藤和铁树可以吸收苯，万年青和雏菊可以清除三氯乙烯等。

# 复 习 题

1. 建筑装饰装修的定义？
2. 建筑装饰装修的设计原则？
3. 建筑装饰装修如何进行分类？
4. 建筑装饰装修的基本要求是什么？
5. 建筑装饰装修材料的防火等级是如何划分的？
6. 建筑装饰装修材料中释放的有害物质有哪些？应如何进行防治？

# 第二章　建筑装饰装修材料的基本性能

## 第一节　装饰装修材料的内在结构与表观参数

### 一、内在结构的组合形式

世界上的所有物质都是由很小的粒子（原子或分子）构成的，材料粒子间的相互结合的方式称为材料的微观结构。微观结构是区别材料最根本的依据，也是决定材料化学性质的基本因素。构成微观结构的要素是微观粒子和粒子间的结合能力（也称化学键）。

构成材料分子团或微晶体之间的连接方式称为材料的亚微观结构。决定材料亚微观结构的特征因素是亚微观粒子的性质及其相互间的结合方式。材料的力学性、物理性、电学性等多取决于亚微观的结构形态。

人们直接看到的组织结构称为宏观结构，它是指构成材料的宏观元素间相互组合与结合的方式。这些方式不仅决定材料的外观（表面组织或质感），而且还能影响材料的物理力学性能，特别是对材料的应用有重要影响。

在宏观状态下材料的结构形式有多种，其外观示例见图 2-1。

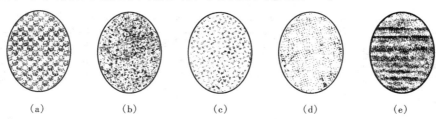

图 2-1　材料的宏观结构示例图

（a）散粒状结构；（b）堆聚结构；（c）多孔结构；（d）纤维结构；（e）层状结构

### 二、基本性能与相关参数

（一）体积、质量

体积是物体占有的空间尺寸。由于材料的物理状态不同，同一种材料可以表现出不同的体积。

1. 绝对密实体积（$V$）：材料的绝对密实体积是指材料内部没有孔隙时的体积，也就是不包括内部孔隙的材料体积。材料自然状态下并非绝对密实，所以绝对密实体积一般难以直接测定，只有玻璃等材料可以近似地直接测定其密实体积。

2. 表观体积（$V_0$）：材料的表观体积是指整体材料的外观体积，它包括材料的内部孔隙。外形规则材料的表观体积，可以直接用尺度量后计算求得；外形不规则材料的表观体积，必须用排水法或排油法测定。

3. 堆积体积（$V'$）：材料的堆积体积是指散粒状材料堆积状态下的总体外观体积。根据其堆积状态不同，同一材料表现的体积大小可能不同，松散堆积下的体积较大，密实堆积状态下的体积较小。材料的堆积体积，常以材料填充容器的容积大小来测量。

体积的度量单位通常以 $cm^3$ 或 $m^3$ 表示。

4. 质量（$M$）：质量是指材料内所含物质的多少，单位是 g 或 kg。实际工程中常以重量多少来衡量质量的大小，但二者有根本的区别。重量是指地球对材料吸引力大小的度量，它所指的是力。物质越多，其重量就越大。

（二）密度

密度包括绝对密度（$\rho$）、表观密度（$\rho_0$）和堆积密度（$\rho'$）。

1. 绝对密度 $\rho$：绝对密度是指材料所具有的质量（$M$）与其绝对密实体积（$V$）之比。

材料的密度通常以 $\rho$ 表示，其计算公式为：

$$\rho = M/V \qquad (式 2-1)$$

式中　$\rho$——密度，$g/cm^3$；

　　$M$——质量，g；

　　$V$——绝对密实体积，$cm^3$。

建筑材料中多含有内部孔隙，除钢材、玻璃及沥青等外，绝大多数材料不能直接测定其密度（必要时须将材料磨成细粉后测定）。因为材料的密度仅由其微观结构和组成所决定，与其所处的环境或状态无关。建筑工程常用材料的密度、表观密度、堆积密度见表 2-1。

表 2-1　建筑工程常用材料的密度、表观密度、堆积密度

| 材 料 名 称 | 密度（$g/cm^3$） | 表观密度（$kg/cm^3$） | 堆积密度（$kg/cm^3$） |
|---|---|---|---|
| 钢材 | 7.85 | 7800～7850 | — |
| 石灰石（碎石） | 2.48～2.76 | 2300～2700 | 1400～1700 |
| 砂 | 2.5～2.6 | — | 1500～1700 |
| 水泥 | 2.8～3.1 | — | 1600～1800 |
| 粉煤灰（气干） | 1.95～2.40 | — | 550～800 |
| 烧结普通砖 | 2.6～2.7 | 1600～1900 | — |
| 普通水泥混凝土 | — | 2000～2800（常取 2500） | — |
| 红松木 | 1.55～1.60 | 400～600 | — |
| 普通玻璃 | 2.45～2.55 | 2450～2550 | — |
| 铝合金 | 2.7～2.9 | 2700～2900 | — |

2. 表观密度 $\rho_0$：表观密度是指材料所具有的质量（$M$）与其表观体积（$V_0$）之比。其度量单位是 $kg/m^3$，计算公式为：

$$\rho_0 = M/V_0 \qquad (式 2-2)$$

式中　$\rho_0$——表观密度，$kg/m^3$；

$M$——质量，kg；

$V_0$——表观体积，$m^3$。

因为大多数材料的表观体积 $V_0$ 中包含有内部孔隙，其孔隙的多少、孔隙中是否含有水、以及含水的多少，都可能影响其总质量（有时还影响其表观体积）。因此，材料的表观密度除了与其微观结构和组成有关外，还与其内部构成状态及含水状态有关。同一种材料在不同的状态或环境下，表观密度的大小可能不同，但一般都在某一范围以内（建筑工程常用材料的表观密度见表 2-1）。

3. 堆积密度（$\rho'$）：堆积密度是指材料所具有的质量（$M$）与其堆积体积（$V'$）之比。其度量单位是 $kg/m^3$，计算公式为：

$$\rho' = M/V' \qquad （式 2-3）$$

式中　$\rho'$——堆积密度，$kg/m^3$；

$M$——质量，kg；

$V'$——堆积体积，$m^3$。

散粒状堆积材料的堆积体积 $V'$ 中，既包括了材料颗粒内部的孔隙，也包括了颗粒间的空隙；除了颗粒内孔隙的多少及其含水多少外，颗粒间空隙的大小也影响堆积体积的大小。因此，材料的堆积密度与散粒状材料自然堆积时的颗粒间空隙，颗粒内部结构、含水状态，颗粒间被压实的程度等因素有关（建筑工程常用材料的堆积密度见表 2-1）。

（三）内部孔隙结构

多数建筑材料内部含有孔隙，这些孔隙的存在会影响材料的性能。反映材料内部孔隙结构的参数有孔隙率（$P$）、密实度（$D$）和孔结构特征等。

孔隙率（$P$）是指材料内部孔隙的体积占材料总体积的百分率（图 2-2）。孔隙率 $P$ 的计算公式为：

$$P = \frac{V_0 - V}{V_0} \times 100\% = (1 - \rho_0/\rho) \times 100\% \qquad （式 2-4）$$

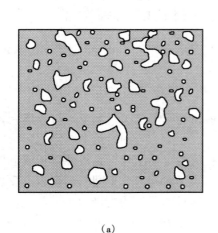

（a）

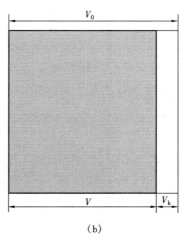

（b）

图 2-2　含孔材料体积组成图

（a）材料含孔结构图；（b）材料的孔隙比率示意图

孔隙率反映了材料内部孔隙的多少，它直接影响材料的多种性质。

与材料孔隙率相对应的另一个概念是材料的密实度。密实度（$D$）表示材料内部被固体所填充的程度，它在量上反映了材料内部固体的含量，它对材料性质的影响正好与孔隙率的影响相反。其计算公式为

$$D = \frac{V}{V_0} = 1 - P = \rho_0/\rho \qquad\text{（式 2-5）}$$

内部孔隙结构对性能的影响，除了孔隙的多少这个因素以外，孔隙的特征状态也是影响其性质的重要因素之一。

孔隙特征表现为：孔隙是在材料内部被封闭，还是在表面与外界连通，前者为闭口孔，后者为开口孔。有的孔隙在材料内部是相互独立的，还有的孔隙在材料内部相互连通的。此外，单个孔隙尺寸的大小、分布的均匀程度等都是孔隙的特征表现。这些孔特征对材料的性质有重要影响，材料的各种性质经常受到这些孔特征的影响。

（四）颗粒状材料间的堆积状态

颗粒状材料间的堆积状态是指包括颗粒间相互填充的情况，它包括颗粒材料间的空隙率（$P'$）、颗粒的大小及颗粒级配、颗粒间的相互联结状况等。

空隙率（$P'$）是指散粒状材料堆积在某一体积（$V'$）中，颗粒间空隙体积所占的百分率，它以 $P'$ 表示。空隙率考虑的是材料颗粒间的空隙，这对研究散粒状材料的空隙结构和计算胶结材料的需要量十分重要。

空隙率 $P'$ 的计算公式为：

$$P' = \frac{V' - V_0}{V'} \times 100\% = (1 - \rho'/\rho_0) \times 100\% \qquad\text{（式 2-6）}$$

空隙率反映了材料体积内被固体颗粒填充的程度。当空隙率较大时，表明内部颗粒间空隙较多，材料本身的结构稳定性就较差，强度较低，但表观密度会较小，保温绝热性可能较好。

# 第二节　建筑装饰装修材料的物理性能

## 一、装饰装修材料的物理性能

（一）亲水性与憎水性

与水接触时，有些材料能被水润湿，而有些材料则不能被水润湿。前者具有亲水性，后者具有憎水性。

材料具有亲水性或憎水性的根本原因在于材料的分子结构（是极性分子或非极性分子）。亲水性材料的分子与水分子之间的分子亲合力，大于水本身分子间的内聚力；反之，憎水性材料的分子与水分子之间的亲合力，小于水分子本身分子间的内聚力。

工程实际中，材料是否具有亲水性或憎水性，通常以润湿角的大小划分，见图 2-3。润湿角 $\theta$ 愈小，表明材料愈易被水润湿。当材料的润湿角 $\theta \leqslant 90°$ 时，称为亲水性材料；当材料的润湿角 $\theta > 90°$ 时，称为憎水性材料。水在亲水性材料表面可以铺展开，且能通过毛细管作用自动将水吸入材料内部。水在憎水性材料表面不仅不能铺展开，而且水分不能渗入材料的毛细管中，见图 2-4。

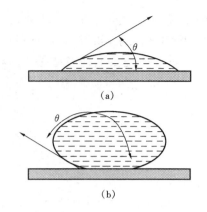

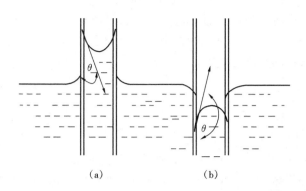

图 2-3　材料润湿示意图　　　　　　　　图 2-4　材料毛细管吸水性示意图
(a) 亲水性材料；(b) 憎水性材料　　　　　(a) 亲水性毛细管；(b) 憎水性毛细管

**（二）吸水性**

亲水性材料在水中吸收水分的能力称为吸水性，并以吸水率表示吸水能力的大小。吸水率的表达方式有两种：

1. 质量吸水率

质量吸水率是指材料在吸水饱和时，所吸水量占材料干质量的百分率，并以 $W_m$ 表示。质量吸水率 $W_m$ 的计算公式为：

$$W_m = \frac{M_b - M}{M} \times 100\%$$ （式 2-7）

式中　$M_b$——吸水饱和状态下的质量，g 或 kg；

　　　$M$——在干燥状态下的质量，g 或 kg。

2. 体积吸水率

体积吸水率是指材料在吸水饱和时，所吸水的体积占材料自然体积的百分率，并以 $W_v$ 表示。体积吸水率 $W_v$ 的计算公式为：

$$W_v = \frac{M_b - M}{V_0} \times \frac{1}{\rho_w} \times 100\%$$ （式 2-8）

式中　$M_b$——吸水饱和状态下的质量，g 或 kg；

　　　$M$——干燥状态下的质量，g 或 kg；

　　　$V_0$——自然状态下的体积，$cm^3$；

　　　$\rho_w$——水的密度，$g/cm^3$；常温下取 $\rho_w = 1.0 g/cm^3$。

质量吸水率与体积吸水率之间的关系为：

$$W_m = W_v \times \rho_0$$ （式 2-9）

式中　$\rho_0$——干燥状态下的表观密度，$g/cm^3$。

吸水率与其孔隙率有关，更与其孔的特征有关。因为水分是通过材料的开口孔吸入，并经过连通孔渗入内部的。材料内部与外界连通的孔隙愈多，吸水就愈容易，其吸水率也就愈大。

**（三）吸湿性**

吸湿性是指材料吸收潮湿空气中水分的性质。当较干燥的材料处在较潮湿的空气中时，便会吸收空气中的水分；而当较潮湿的材料处在较干燥的空气中时，便会向空气中释放水分。前者是材料的吸湿过程，后者是材料的干燥过程（此性质叫材料的还湿性）。由此可见，在空气中，某一材料的含水多少是随空气的湿度而变化的。材料在任意条件下含水的多少称为材料的含水率，并以 $W_h$ 表示，其计算公式为：

$$W_h = \frac{M_s - M_g}{M_g} \times 100\%$$ （式 2-10）

式中　$W_h$——含水率，%；

　　　$M_s$——吸湿状态下的质量，g 或 kg；

　　　$M_g$——干燥状态下的质量，g 或 kg。

显然，含水率受所处环境中空气湿度的影响。当空气中湿度在较长时间内稳定不变时，吸湿和干燥过程处于平衡状态，此时含水率保持不变，其含水率被称为平衡含水率。在某一湿度下，平衡含水率只与其本身的性质有关。一般亲水性强的材料、含有开口孔隙多的材料，其平衡含水率高，它在空气中的质量变化也大。

材料吸水或吸湿后，除了本身的质量增加外，还会降低其绝热性、强度及耐久性，造成体积的增减和变形，还会产生对工程不利的影响。

（四）耐水性

耐水性是指材料长期在水的作用下不破坏、强度也不显著降低的性质。通常情况下，衡量材料耐水性的指标是材料的软化系数，并以 $K_R$ 表示：

$$K_R = \frac{f_b}{f_g}$$ （式 2-11）

式中　$K_R$——软化系数；

　　　$f_b$——饱水状态下的抗压强度，MPa；

　　　$f_g$——干燥状态下的抗压强度，MPa。

软化系数反映了材料饱水后强度降低的程度，是材料吸水后性质变化的重要特征之一。其实，许多材料吸水（或吸湿）后，即使未达到饱和状态，其强度及其他性质也会有明显的变化。这是因为材料吸水后，水分会分散在材料内部微粒的表面，这样会削弱微粒间的结合力，强度就会产生不同程度的降低。当材料内含有可溶性物质时（如石膏、石灰等），吸入的水还可能溶解该部分物质，造成强度的严重降低。

耐水性限制了材料的使用环境，软化系数小的材料耐水性差，其使用环境尤其受到限制。工程中通常将 $K_R > 0.85$ 的材料称为耐水性材料，可以用于水中或潮湿环境中的重要结构。用于受潮较轻或次要结构时，材料的 $K_R$ 值也不得小于 0.75。

耐水性与材料的亲水性、可溶性、孔隙率、孔特征等均有关，工程中常从这几个方面改善材料的耐水性。

（五）防水性

防水性是指材料具有憎水性并能抵抗压力水透过的能力。建筑工程中许多材料常含有孔隙、孔洞或其他缺陷。当材料两侧的水压差较高时，水可能从高压侧通过内部的孔隙、孔洞或其他缺陷渗透到低压侧。这种压力水的渗透，可能会造成材料失去使用功能，而且渗入的水还可能带入能够腐蚀材料的介质，或将材料内的某些成分带出，造成材料的破坏。因此，应用于有防水性要求的工程部位时，防水性也是决定工程使用寿命的重要因素之一。材料的防水性可以用如下指标表示：

1. 渗透系数

按照达西定律，在一定的时间 $t$ 内，透过的水量 $W$，与材料垂直于渗水方向的渗水面积 $A$ 和材料两侧的水压差 $H$ 成正比，与渗透距离（材料的厚度）$d$ 成反比，以公式表示为：

$$W = K_s \frac{A \cdot t \cdot H}{d} \qquad \text{（式 2-12）}$$

式中　$K_s$——材料的渗透系数，cm/h；通过试件的试验可求得：

$$K_s = \frac{W \cdot d}{A \cdot t \cdot H} \qquad \text{（式 2-13）}$$

式中　$W$——时间 $t$ 内的渗水总量，cm³；

　　　　$A$——垂直于渗水方向的渗水面积，cm²；

　　　　$H$——两侧的水压差，cm；

　　　　$t$——渗水时间，h；

　　　　$d$——厚度，cm。

材料的 $K_s$ 值愈小，则其抗渗能力愈强。工程中一些材料的防水能力就是用渗透系数表示的。

2. 不透水性和抗渗等级

建筑工程中，为直接反映材料适应环境的能力（防水），对一些常用材料（如混凝土、砂浆等）的抗渗能力（防水）常用不透水性或抗渗等级来表示。

不透水性是指材料在一定水压作用下能够保持一定时间内不透水的能力。如某防水材料的不透水性可以表示为：在 0.3MPa 的水压差作用下保持 30min 不透水。

材料的抗渗等级是指材料用标准方法进行透水试验时，规定的试件在透水前所能承受的最大水压，并以符号"P"及可承受的水压力值（以 0.1MPa 为单位）表示。如防水混凝土的抗渗等级为 P6、P8、P10、P12 表示其分别能够承受 0.6MPa、0.8MPa、1.0MPa、1.2MPa 的水压而不渗水。材料的抗渗等级愈高，其抗渗性愈强。

防水性与其亲水性、孔隙率、孔特征、裂缝缺陷等有关。在其内部孔隙中，开口孔、连通孔是材料渗水的主要通道。工程中一般采用对材料进行憎水处理、减少孔隙率、改善孔特征（减少开口孔和连通孔）、防止产生裂缝及其他缺陷等方法来增强防水性。

（六）材料的抗冻性

抗冻性是指材料在饱水状态下，能经受多次冻融循环作用不破坏、强度也不严重降低的性质。

有些工程常接触水、经常处于饱水状态。在冬天寒冷的季节，材料由表及里会逐渐结冰，同时阻止了内部水分的外溢；当内部水分结冰时，产生的体积膨胀（约增大 9%）受到材料的约束，会造成冰对材料内孔壁的静水压力（即冰晶压力）。此压力可能很大，往往使孔壁胀裂。当温度回升，冰被融化时，不仅孔隙还会充满水，而且某些被冻胀的裂缝中还可能再渗入水分；再次受冻结冰时，材料会受到更严重的冻胀，并产生裂缝扩张。如此反复冻融循环，最终会导致材料的破坏。

工程中通常按规定的方法对材料试件进行冻融循环试验，并以其结果确定材料的抗冻能力。我们用试件质量损失不超过 5%、强度下降不超过 25% 时，材料所能承受的最多冻融循环次数来确定混凝土的抗冻性，并用抗冻等级表示。材料的抗冻等级，以字符"F"及材料可承受的最多冻融循环次数表示，如 F25、F50、F100 等，分别表示此材料可承受 25 次、50 次、100 次的冻融循环。通常根据工程的使用环境和要求，确定对材料抗冻等级的要求。

材料的抗冻性主要与其孔隙率、孔特征、吸水性及抵抗胀裂的强度有关，工程中常从这些方面改善材料的抗冻性。

### 二、装饰装修材料的热物理性能

（一）热容性

热容性是指材料受热时吸收热量或冷却时放出热量的能力，它以材料升温或降温时热量的变化来表示，也称热容量。其计算公式为：

$$Q = M \cdot C \cdot (t_1 - t_2) \qquad\text{（式 2-14）}$$

式中　　$Q$——材料的热容量，kJ；

　　　　$M$——材料的质量，kg；

　　$t_1 - t_2$——材料受热或冷却前后的温度差，K；

　　　　$C$——材料的比热，kJ/（kg·K）。

其中比热（$C$）值是真正反映不同材料间热容性差别的参数。可以在实验室条件下检测材料在温度变化时的热量释放值，再由下式求出：

$$C = \frac{Q}{M \cdot (t_1 - t_2)} \qquad\text{（式 2-15）}$$

$C$ 值的物理意义是：质量为 1kg 的材料，在温度每改变 1K 时所吸收或放出热量的多少。

比热值的大小与其组成和结构有关，比热值大的材料对缓冲建（构）筑物的温度变化有利，工程中常优先选择热容量大的材料。水的比热值最大，当材料含水率增高时，比热值增大。通常所说材料的比热值是指干燥状态下的比热值。

（二）导热性与导温性

导热性是指材料两侧有温差时，热量由温度高的一侧向温度低的一侧传递的能力，也就是传导热的能力。

导热性以导热系数 $\lambda$ 表示，其含义是：当材料两侧的温差为 1K 时，在单位时间（1h）内，通过单位面积（1m²），并透过单位厚度（1m）的材料所传导的热量（J）。以公式表示为：

$$\lambda = \frac{Q \cdot a}{(t_1 - t_2) \cdot A \cdot Z} \qquad\text{（式 2-16）}$$

式中　　$\lambda$——导热系数，W/（m·K）；

　　　　$Q$——传导的热量，J；

　　　　$a$——厚度，m；

　　　　$A$——传热面积，m²；

　　　　$Z$——传热时间，h；

　　$(t_1 - t_2)$——两侧的温度差，K。

导热系数大，则导热性强，绝热性差。不同材料的导热性差别很大，通常把 $\lambda <$

0.23W/（m·K）的材料称为绝热性材料。

导热性与结构组成、含水率、孔隙率及孔特征、表观密度等有关，一般非金属材料的绝热性优于金属材料。材料的表观密度小、孔隙率大、闭口孔多、孔分布均匀、孔尺寸小、材料含水率小时，则表现出导热性差、绝热性好的特性。通常所说的材料导热系数是指干燥状态下的导热系数。当材料吸水或受潮时，导热系数会显著增大，绝热性明显变差。通常材料含水时的导热性 $\lambda_w$ 可以用下式估算：

$$\lambda_w = \lambda + \delta_w \cdot W_m \qquad \text{（式 2-17）}$$

式中　$\delta_w$——含水率每增加 1% 时的导热系数增值。

与材料导热性相近的另一个参数是导温性，它是指在冷却或加热过程中，材料内各点达到同样温度的速度。材料的导温系数越大时，各点达到同样温度所需要的时间越短。材料的导温性与导热性有关，也有所区别。

导温性用导温系数 $\alpha$ 表示，材料的导温系数 $\alpha$ 与导热系数 $\lambda$ 成正比，与材料的比热 $c$、表观密度 $\rho_0$ 成反比：

$$\alpha = \lambda / (c \cdot \rho_0) \qquad \text{（式 2-18）}$$

导温系数 $\alpha$ 的单位为 $m^2/h$，表明单位时间内温度扩散的面积。显然导温系数更能全面地反映材料的保温能力，当建筑材料的导温系数较低时，才具有更强的保温效果。导温系数很小时也有不利的一面，如玻璃、花岗岩等材料因为导温系数很小，当局部受热时很容易产生炸裂现象。

（三）材料的热阻与传热性

为计算已知材料的传热能力，常利用热阻和传热系数的概念。

热阻是指材料对热穿透的阻碍能力，并以 $R$ 表示。热阻值大小与其厚度成正比，与其导热系数成反比：

$$R = \delta / \lambda \qquad \text{（式 2-19）}$$

式中　$R$——热阻；

　　　$\delta$——厚度；

　　　$\lambda$——导热系数。

传热性是指具体材料的传热能力，并以传热系数 $K$ 表示。传热系数的大小与材料的热阻总和成反比。

$$K = 1 / R \qquad \text{（式 2-20）}$$

当沿传热方向为非同一种材料时（如层状复合材料热阻计算见图 2-5），材料的总热阻为各部分材料热阻之和：

$$R = R_1 + R_2 + \cdots + R_i + \cdots + R_n \qquad \text{（式 2-21）}$$

式中　$R_i$——第 $i$ 层材料的热阻值，且 $R_i = \delta_i / \lambda_i$。

此时总传热系数为：

$$K = 1/R = 1 (R_1 + R_2 + \cdots + R_i + \cdots + R_n) \qquad \text{（式 2-22）}$$

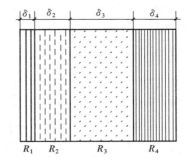

图 2-5　层状复合材料的
热阻计算示意图

（四）温度变形性

温度变形性是指温度升高或降低时材料的体积变化程度。

除个别材料（如 277K 以下的水）以外，多数材料在温度升高时体积膨胀，温度下降时体积收缩。这种变化在单向尺寸上表现为线膨胀或线收缩，相应的技术指标为线膨胀系数（$\beta$）。材料的单向线膨胀量或线收缩量计算公式为：

$$\Delta L = (t_1 - t_2) \cdot \beta \cdot L \qquad (式2\text{-}23)$$

式中　$\Delta L$——线膨胀或线收缩量，mm；

　　　$t_1 - t_2$——升（降）温前后的温度差，K；

　　　　$\beta$——常温下的平均线膨胀系数，1/K；

　　　　$L$——原来的长度，mm。

线膨胀系数与材料的组成和结构有关。建筑工程中，对材料的温度变形的关注大多集中在某一单向尺寸的变化上。因此，研究其平均线膨胀系数具有实际意义，通常选择合适的材料来满足工程对温度变形的要求。几种常见建筑材料的热物理参数见表2-2。

表 2-2　几种常见建筑材料的热物理参数

| 材料名称 | 干密度 $\rho_0$（kg/m³） | 计算参数 | | | | |
|---|---|---|---|---|---|---|
| | | 导热系数 [W/(m·K)] | 蓄热系数 $S$（周期24h）[W/(m²·K)] | 比热容 $C$ [kJ/kg·K] | 蒸汽渗透系数 $\mu$ [g/(m·h·Pa)] | 线膨胀系数（×$10^{-6}$/K） |
| 钢材 | 7850 | 203 | 126 | 0.92 | — | 10～20 |
| 混凝土 | 2300 | 1.28～1.51 | 15.36 | 0.92 | 0.173 | 5.3～15 |
| 普通砖 | 1800 | 0.81 | 10.63 | 1.05 | 1.050 | 5～7 |
| 木材 | 700 | 0.17 | 4.90 | 2.51 | 0.562 | — |
| 花岗岩 | 2800 | 3.49 | 25.49 | 0.92 | 0.113 | 5.5～8.5 |
| 沥清混凝土 | 2100 | 1.05 | 16.39 | 1.68 | 0.075 | （负温下）20 |
| 加气混凝土 | 700 | 0.18 | 3.10 | 1.05 | 0.998 | — |
| 水泥砂浆 | 1800 | 0.93 | 11.37 | 1.05 | 0.210 | — |
| 矿棉板 | 80～180 | 0.050 | 0.60～0.80 | 1.22 | 4.880 | — |
| 水泥膨胀珍珠岩 | 800 | 0.26 | 4.37 | 1.17 | 0.420 | — |
| 挤塑型泡沫塑料 | 35 | 0.030（带表皮）0.032（不代表皮） | 0.34 | 1.38 | — | — |
| 胶合板 | 600 | 0.17 | 4.57 | 2.51 | 0.225 | — |
| 膨胀珍珠岩 | 120 | 0.070 | 0.84 | 1.17 | — | — |
| 夯实黏土 | 2000 | 1.16 | 12.99 | 1.01 | — | — |
| 平板玻璃 | 2500 | 0.76 | 10.69 | 0.84 | — | — |
| 玻璃钢 | 1800 | 0.52 | 9.25 | 1.26 | — | — |
| 铝 | 2700 | 203 | 191 | 0.92 | — | — |
| 木屑 | 250 | 0.093 | 1.84 | 2.01 | 2.630 | — |

注：上述资料取材于《民用建筑热工设计规范》（GB 50176—2016）。

（五）热稳定性

热稳定性是指材料抵抗高温或低温的能力，包括耐热性与耐低温性。

耐热性是指材料在较高温度下，使用性能保持稳定的能力。耐低温性是指材料在较低环境温度下，能基本保持其使用性能的能力。大部分建筑材料在常温下具有良好的使用性能，但当环境温度过高或过低时，有些性能就会产生恶化，甚至会丧失使用性能。为确保材料使用性能的可靠、稳定，要求材料必须具备适应环境温度的热稳定性能。

大部分有机材料在温度达到一定高度时，容易产生某些物理变化或化学变化。如起泡、变软、变形、变色、起层、流淌、脱落、分解或分离等现象，从而使材料丧失其使用功能。材料的耐热指标，就是指在不产生上述变化的条件下材料可以承受的最高温度（℃）。

有些材料在低温下容易变脆，并且产生收缩变形，这不仅会影响外观，而且可能出现开裂、脆断、脱落等性能恶化现象。反映材料耐低温性的技术指标，就是在不产生这些性能恶化现象的前提下，材料可以承受的最低温度（℃）。

对于有些材料还要求其抵抗高、低温循环的能力。此时，以不产生上述性能恶化现象为前提，用材料可以承受的高、低温循环次数来表示材料的抗高、低温的能力。

（六）耐火性

耐火性是指材料抵抗火焰侵袭的能力。对于普通材料，其耐火性可用燃烧性、氧指数和耐火极限等指标来表示。

材料的燃烧性指标分为三类：

1. 非燃烧类：在大气环境中材料受到火焰或高温作用时，不燃烧、也不碳化。大多数无机材料为非燃烧类材料。

2. 难燃烧类：在大气环境中材料受到火焰或高温作用时，难点燃、难碳化，即使着火后，一旦火源离开，就会立即自动熄火。许多有机－无机复合材料、部分有机材料属于难燃烧类材料。

3. 可燃烧类：在大气环境中材料受到火焰或高温作用时，容易起火燃烧，即使火源离开，材料仍能继续燃烧。许多有机材料为可燃烧类材料。

可燃烧类材料的耐火性能参数以氧指数来表示。氧指数是指在规定条件下，材料试样在氧氮混合气体中维持平稳燃烧的最低氧浓度。其中氧浓度以氧气所占体积百分数来表示。氧指数较高时，说明材料可持续燃烧所需要的氧浓度较高，其耐火性就较强。如对普通建筑，室内装饰材料的氧指数应大于40%。

非燃烧类材料耐火性指标用耐火极限来表示。耐火极限是指材料试样在耐火试验时失去支撑能力、产生穿透裂缝或孔洞、或背面温度达到220℃时所需的时间。

# 第三节　建筑装饰装修材料的力学性能

力学性能是指材料在外力作用下的表现或抵抗外力的能力。它主要是材料在外力作用下所表现的强度和变形性。

### 一、强度与比强度

**（一）强度**

强度是指材料在外力作用下抵抗破坏的能力。从本质上来说，材料的强度应是其内部质点间结合力强弱的表现。

受外力作用时，在材料内部便产生应力，此应力随外力的增大而增大；当应力增大到材料内部质点间结合力所能承受的极限时，应力再增加便会导致内部质点间的断开，此极限应力值就是材料的极限强度，通常简称为强度。工程实际中建（构）筑物的受力破坏，往往被认为是材料的断裂。此时材料的极限强度就是确定建（构）筑物承载能力的依据。但是，也有些工程的破坏并非是材料的断裂。例如：在工程实际中，受力的钢材使内部质点间产生明显的滑移，表现为材料的塑性变形时，就认为建筑物已失去使用性能，此时尽管材料尚未断裂，也被认为已经破坏，其破坏时的强度并非极限强度，而是屈服强度。

根据所受外力的作用形式不同，材料的强度可分为抗压强度、抗拉强度、抗弯强度、抗剪强度等。这里将不同受力形式的强度计算公式列于表 2-3。

表 2-3　不同受力形式的强度计算公式

| 作 用 形 式 | 强 度 计 算 公 式 |
| --- | --- |
| 抗　压<br>抗　拉<br>或抗剪 | $$f=\frac{P}{A}$$<br>式中　$f$——材料的抗压或抗拉强度，MPa<br>　　　$P$——材料能承受的最大荷载，N<br>　　　$A$——材料的受力面积，$mm^2$ |
| 抗　弯<br>（抗折） | $$f=\frac{3PL}{2bh^2}$$<br>式中　$f$——材料的抗弯（抗折）强度，MPa<br>　　　$P$——最大荷载，N<br>　　　$L$——两支点间距，mm<br>　　　$b$、$h$——材料截面的宽度和高度，mm |

强度与其组成及结构有密切的关系。即使材料的组分相同，若构造不同，强度可能差别很大。其主要原因在于其内部质点间的结合键、孔隙率、孔特征及内部缺陷等的差别。材料内质点间的结合键愈强、孔隙率愈小、各孔隙的尺寸愈小且分布均匀、内部缺陷愈少时，则材料的强度愈高。

对于内部构造非匀质的材料，其不同方向的强度，或抵抗不同形式外力作用时的强度也不同。例如木材内部为纤维状结构时，其顺纹方向的抗拉强度很高，横纹方向的抗拉强度很低。水泥混凝土、砂浆、砖、石材等非匀质材料的抗压强度较高，而抗拉、抗折强度却很低。工程中为弥补非匀质材料的某些强度不足，常利用多种材料复合的方法来满足工程的需要。建筑工程常用材料的强度值范围见表 2-4。

表 2-4　建筑工程常用材料的强度值范围　　　　　　　　　　单位：MPa

| 材　　料 | 抗压强度 | 抗拉强度 | 抗弯（折）强度 | 抗剪强度 |
|---|---|---|---|---|
| 钢材 | 215～1600 | 215～1600 | 215～1600 | 200～355 |
| 普通混凝土 | 7.5～60 | 1～4 | 0.7～9 | 2.5～3.5 |
| 烧结普通砖 | 5～30 | — | 1.8～4.0 | 1.8～4.0 |
| 花岗岩 | 100～250 | 7～25 | 10～40 | 13～19 |
| 石灰岩 | 30～250 | 5～25 | 2～20 | 7～14 |
| 玄武岩 | 150～300 | 10～30 | — | 20～60 |
| 松木（顺纹） | 30～50 | 80～120 | 60～100 | 6.3～6.9 |

**（二）比强度**

反映材料轻质高强的力学参数是比强度。比强度是指按单位体积质量计算的材料强度，即材料的强度与其表观密度之比（$f/\rho_0$）。在高层建筑及大跨度结构工程中常采用比强度较高的材料。这类轻质高强的材料，也是建筑材料发展的主要方向。几种材料的参考比强度值见表 2-5。

表 2-5　几种材料的参考比强度值

| 材料（受力状态） | 强度（MPa） | 表观密度（kg/m³） | 比　强　度 |
|---|---|---|---|
| 玻璃钢（抗弯） | 450 | 2000 | 0.225 |
| 低碳钢 | 420 | 7850 | 0.054 |
| 铝材 | 170 | 2700 | 0.063 |
| 铝合金 | 450 | 2800 | 0.160 |
| 花岗岩（抗压） | 175 | 2550 | 0.069 |
| 石灰岩（抗压） | 140 | 2500 | 0.056 |
| 松木（顺纹抗拉） | 10 | 500 | 0.200 |
| 普通混凝土（抗压） | 40 | 2400 | 0.017 |
| 烧结普通砖（抗压） | 10 | 1700 | 0.006 |

## 二、弹性与塑性

材料在外力作用下会产生变形，不同的材料或同一种材料所受外力的大小不同时，就会表现出不同的变形。材料的两种最基本力学变形是弹性变形和塑性变形，此外还有黏性流动变形和徐变变形等。

**（一）弹性与弹性变形**

材料在外力作用下产生变形，外力去除后能恢复为原来形状和大小的性质就是弹性，这种可恢复的变形称为弹性变形。

弹性变形的大小与其所受外力的大小成正比，其比率系数对某种理想的弹性材料来说为一常数，这个常数被称为该材料的弹性模量，并以符号"$E$"表示，其计算公式为：

$$E = \frac{\sigma}{\varepsilon}$$

（式 2-24）

式中 $\sigma$——材料所受的应力，MPa；

$\varepsilon$——在应力 $\sigma$ 作用下的应变。

弹性模量 $E$ 是反映材料抵抗变形能力的指标。$E$ 值愈大，表明材料的刚度愈强，外力作用下的变形愈小。$E$ 值是建筑工程中各种结构设计和变形验算所依据的的主要参数之一。几种常用建筑材料的弹性模量（$E$）值见表 2-6。

表 2-6 几种常用建筑材料的弹性模量值 $E$ 单位：MPa

| 材料 | 低碳钢 | 普通混凝土 | 烧结普通砖 | 木材 | 花岗石 | 石灰岩 | 玄武岩 |
|---|---|---|---|---|---|---|---|
| 弹性模量 $\times 10^4$ | 21 | 1.45～360 | 0.3～0.5 | 0.6～1.2 | 200～600 | 600～1000 | 100～800 |

（二）塑性与塑性变形

材料在外力作用下产生非破坏性变形，外力去除后不能恢复到原来形状和大小的性质就是塑性，这种不可恢复的变形称为塑性变形。一般认为，材料的塑性变形是因内部质点间产生受剪应力作用，使某些质点间产生相对滑移所致。当所受外力很小时，理想的塑性材料应是不变形的；只有当外力的大小使材料内质点间的剪应力超过某些质点间相对滑移所需要的应力时，才会产生塑性变形。而且，只要该外力不去除，塑性变形会继续发展。在建筑工程的施工和材料的加工过程中，经常利用塑性变形使材料获得所需要的形状。

工程实际中，理想的弹性材料或塑性材料很少见，大多数材料的力学变形既有弹性变形，也有塑性变形。不同的材料，或同一材料的不同受力阶段，是以弹性变形为主还是以塑性变形为主，其主要区别就是看变形能否恢复。

三、脆性与韧性

外力作用下，材料未产生明显的塑性变形而发生突然破坏的性质称为脆性，具有这种性质的材料为脆性材料。一般脆性材料的抗静压强度很高，但抗冲击能力、抗振动、抗拉及抗折（弯）强度很差，因此使用范围受到限制。建筑工程中常用的脆性材料有天然石材、玻璃、普通混凝土、砂浆、普通砖及陶瓷等。

材料在振动或冲击等荷载作用下，能吸收较多的能量，并产生较大的变形而不突然破坏的性质称为韧性。材料韧性的主要特点是破坏时能吸收较大的能量，其主要表现是荷载作用下能产生较大的变形。衡量材料韧性的指标是材料的冲击韧性值，即破坏时单位断面所能吸收能量的能力，并以符号"$\alpha_k$"表示，其计算公式：

$$\alpha_k = \frac{A_k}{A} \qquad\qquad （式 2-25）$$

式中 $\alpha_k$——冲击韧性值，$J/mm^2$；

$A_k$——破坏时所吸收的能量，J；

$A$——受力截面积，$mm^2$。

建筑工程中对用于各种可能受振、受冲击的结构或部位，应选用韧性较好的材料。常用的韧性材料有低碳钢、低合金钢、铝材、橡胶、木材、竹材、玻璃钢及其他复合材料等。

#### 四、硬度与耐磨性

**（一）硬度**

硬度是指材料表面抵抗硬物压入或刻划的能力。建筑装饰与装修工程中为保持建筑物的使用性能或外观，常要求材料具有一定的硬度，以防止其他物体对装饰材料磕碰、刻划造成材料表面破损或外观缺陷。

工程中用于表示材料硬度的指标有多种，对金属、木材等具有可塑性的材料以压入法检测其硬度。其方法分别有洛氏硬度（HRA、HRB、HRC，以金刚石圆锥或圆球的压痕深度计算求得）、布氏硬度（HB，以压痕直径计算求得）等。天然矿物等脆性材料的硬度常用摩氏硬度表示，它是以两种矿物相互对刻的方法确定矿物的相对硬度，并非材料绝对硬度的等级。其硬度的对比标准分为十级，由软到硬依次分别为：滑石、石膏、方解石、萤石、磷灰石、正长石、石英、黄玉、刚玉、金刚石。混凝土等材料的硬度常用肖氏硬度表示。

**（二）耐磨性**

耐磨性是指材料表面抵抗磨损的能力。建筑工程中有些部位经常受到磨损的作用，如路面、地面等。选择这些部位的材料时，其耐磨性应满足工程的使用寿命要求。材料的耐磨性可用磨损率（$G$）表示，其实验计算公式为：

$$G = \frac{M_1 - M_2}{A} \qquad （式 2-26）$$

式中　$G$——磨损率，$g/cm^2$；

$M_1 - M_2$——磨损前后的质量损失，g；

　　$A$——试件受磨面积，$cm^2$。

磨损率 $G$ 值越低，表明该材料的耐磨性越好。一般硬度较高的材料，耐磨性也较好。工程实际中也可通过选择硬度合适的材料来满足耐磨性的要求。

硬度与耐磨性都与其内部结构、组成、孔隙率、孔特征、表面缺陷等有关。

# 第四节　装饰装修材料的声学性能

#### 一、声学性能

声音是靠振动的声波来传播的，当声波到达材料表面时会产生三种现象，声波传波的方式见图 2-6：

1. 反射：声波在材料表面按照一定规律被反射，使声音又返回到声源一侧；
2. 透射：声波穿过材料继续向另一侧传播；
3. 吸收：声波到达材料表面后，其振动能量被材料所吸收形成其他能量，而不再存在声波。

反射容易使建筑物室内产生噪（杂）声，影响室内音响效果；声音透射后，容易对相邻空间产生噪声干扰，影响室内环境的安静。因此，在建筑装修与装饰工程中，应特别注意材料的声学性能。

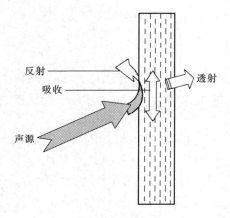

图 2-6 声波传播的方式

## 二、隔声性能

隔声性是指材料阻止声波透射的能力。常以声波的透射系数来表示隔声性。

$$\tau = E_t/E_o \qquad \text{(式 2-27)}$$

式中　$\tau$——透射系数；

　　　　$E_t$——透过材料的声能，J；

　　　　$E_o$——入射的总声能，J。

隔声能力与材料的面密度（单位面积上的质量）、弹性模量等有关。面密度大、弹性模量大的材料，隔声能力就强。显然材料的面密度与厚度有关，材料越厚，面密度就越大，相应地隔声性就越好。因此，实际工程中，在材料确定的情况下，多以增大厚度来保证结构的隔声能力。

### 三、吸声性能

吸声性是指材料吸收声波的能力。当声波沿一定角度投射到含有开口孔材料的表面时，便有一部分声波顺着微孔进入材料内部，引起内部孔隙中空气的振动。由于微孔表面对空气运动的摩擦与黏滞阻尼作用，使部分振动能量转化为热能，即声波被材料所吸收。

当材料表面一定深度范围内含有大量开口的连通孔时，就具有较强的吸声能力。有些材料虽然含有大量的孔隙，但是孔隙间不连通、或不是表面开口孔，这种材料的吸声能力就较弱。因此，工程中常采用较多开口孔隙的材料表面来增加吸声能力。

不同的声音是由不同频率或波长的声波组成的，材料表面不同尺寸的孔隙对不同波长声波的吸收能力也是不同的。当材料表面只有一种尺寸的孔隙时只能吸收波长在某一范围内的声波。因此，工程实际中常使用材料表面产生孔径不同的孔隙，以便增强对各种波长声波的吸收能力。

为评定材料对声波吸收的能力，工程中通常将材料吸收频率为 125Hz、500Hz、1000Hz、2000Hz、4000Hz 声波的能力来表示其吸声特性。针对不同频率的声波，可以采用不同的材料来达到更好的吸声效果。

为减少环境中的噪声，在各种装饰工程中应尽可能采用吸声性良好的材料，可防止声音的透射与反射。

## 第五节　装饰装修材料的光学性能

与声音相似，光是由光波构成的，其传播原理与声波相同。当光线照射在材料表面上时，会产生反射、吸收与透过材料的折射。材料对光波产生的这些效应，在建筑装饰中会带来不同的装饰效果。

### 一、光的反射与材料的光泽

光线照射在材料光滑的表面上时，会遵守"反射角等于入射角"这一反射规律，见图

2-7。这种反射称为规则反射或镜面反射，所以只能在特殊部位采用这类材料进行装饰。

当光线照射在并不光滑的表面上时，折射的光线就会沿不同的方向传播，使反射光线呈现无序传播，这种现象称之为漫反射，见图2-8。其实，漫反射仍然遵守"反射角等于入射角"这一规律。因为在材料表面的极小区域内为光滑的平面，光线在该区域内为规则的反射，但其他区域光的反射方向可能不同，由此造成反射光线被分散，其亮度也随之减弱。

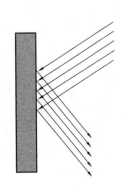

图 2-7　光的反射

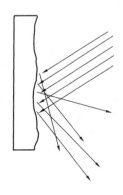

图 2-8　光的漫反射

材料表面对光反射的能力用反射系数表示：

$$R = \Phi_r / \Phi_o \qquad \text{（式 2-28）}$$

其中　$R$——光的反射系数，%；

　　　$\Phi_r$——被反射的光通量，lm；

　　　$\Phi_o$——入射的光通量，lm。

光泽是指人对从材料表面所反射光亮度的感觉反应。当材料表面光滑时，表现出较强的光泽；表面粗糙的材料，由于对光的漫反射而表现出较弱的光泽。

在装饰工程中往往采用光泽较强的材料，利用材料对光的反射效果，使建筑外观显得光亮和绚丽多彩，使室内显得宽敞明亮。

## 二、光的折射

光穿透材料而继续传播的性质称为折射。折射实质上是光的透射，在透过材料的前后，在材料表面处产生了传播方向的规则转折。

光线经过折射后的强度会有所减弱，毕竟已有部分光线被反射或吸收。这种强度降低的程度取决于材料的透光性。材料的透光性用透光度表示：

$$C = \Phi_c / \Phi_o \qquad \text{（式 2-29）}$$

式中　$C$——材料透光度，%；

　　　$\Phi_c$——折射光的光通量，lm；

　　　$\Phi_o$——入射光的光通量，lm。

显然，材料的透光度越大，表明材料的透光性越好。

当材料光滑且两表面为平行面时，光线束被折射前后只产生整体转折，不会产生各部分光线间的相对位移。此时，材料一侧景物所散发的光线在到达另一侧时不会产生畸变，使景象完整地透过材料，这种现象称之为透视。大多数建筑玻璃属于透视玻璃。

当透光性材料内部密度不均匀、表面不平滑或两表面不平行时，入射光束在透过材料后就会产生相对位移，使材料一侧景物的光线到达另一侧后不能正确地反映出原景象，这种现象称为透光不透视。表面状态不同材料的透光折射性质见图2-9。在建筑装饰工程中也经常应用透光不透视的材料。如毛玻璃、彩色玻璃、压花玻璃等。

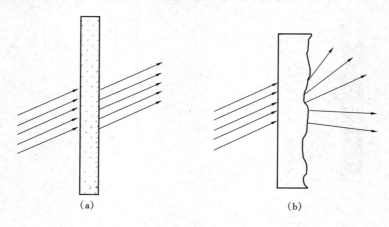

图 2-9　表面状态不同材料的透光折射性质

(a) 材料的透视原理；(b) 材料的透光不透视原理

### 三、光的吸收

光线在透过材料的过程中，材料能够有选择地吸收部分波长的能量，这称为光的吸收。

材料对光吸收的性能在建筑装饰等方面具有广阔的应用前景。例如：吸热玻璃就是通过添加某些特殊氧化物，使其选择吸收阳光中的携带热量最多的红外线，并将这些热量向外散发，可保持室内既有充足的光线，又不会产生大量的热量。

当希望室内吸热升温时，可以利用特殊吸热材料将大量光能转化为热能，并将热能储蓄在材料内部。如太阳能热水器就是利用吸热涂料等材料的吸热效果来使水温升高的。

有些特殊玻璃还会将阳光转变为电能、化学能或变形能，来吸收大量光能。

## 第六节　装饰装修材料的装饰性能

### 一、装饰性能反映的效果

不同的地域、民族、文化背景、历史时期，人们的审美观不同，对装饰装修效果很难有一定的标准。通过装饰装修可以达到以下几点效果：

1. 利用装饰装修材料的特殊性能可以起到防菌、防虫、防霉、防辐射等效果；

2. 可以增强建筑造型的艺术魅力，突出建筑物的主题，表达出的严肃、庄重、亲切、大方、豪华、平实或妩媚、欢快、活泼等效果；

3. 可以创造舒适优美的工作、学习、生活的环境和情趣；

4. 可以表达主人的个性和文化修养。

## 二、装饰性能涉及环境艺术与美学领域

不同的工程及使用环境对装饰材料性能的要求差别很大，难以用具体的参数反映其装饰性的优劣。建筑物对材料装饰效果的要求主要体现在材料的颜色、质感、光泽、外观造型等方面。这些要求往往与建筑的类型、所处环境、立体和空间尺寸等有关。

### （一）装饰材料的色彩

色彩本质上属于材料对光反射所产生的一种效果，它是由材料本身及其所接收光谱共同决定的。通常所说的材料的色彩是指在普通阳光照射下所产生的效果，它可以是一种颜色，也可以是几种颜色的相互搭配。有时为获得灯光照射下的某种装饰效果，应考虑材料在灯光下的色彩。从与建筑物的相关因素来看，建筑色彩是由颜色的基调、色相（暖色或冷色）、明度、彩度等相互结合的结果。色彩可以从不同方面影响装饰效果。

色彩对建筑物的装饰效果实质上是人的视觉对颜色的生理反应，这种反应能够对人的生理和心理产生影响。装饰材料的色彩就是利用这种影响达到所期望的艺术效果。因此，对同一种装饰材料来说，不同的颜色、甚至同种颜色在深浅不同时也可以产生不同的艺术效果。

### （二）材料的表面组织与质感

表面组织是指材料表面可以被人的视觉所分辨的宏观组织形态。常见的表面组织形式有细腻与粗糙、致密与疏松、平滑与凹凸等。

材料表面组织往往能够遮盖某些缺陷和弱点，产生与环境相协调的装饰效果。

材料本身所具有的本质特征作用于人的眼睛所产生的感觉称为质感。

质感对人心理和生理也有一定的影响，这些影响往往与人们对某些典型材料表面质感的第一印象有关。如仿花岗岩表面给人以坚硬的感觉；仿木纹表面给人以温暖和富于弹性的感觉；仿丝棉花纹给人以松软的感觉。

### （三）材料的形状与尺寸

材料的形状与尺寸是指单块材料的表面尺寸与形状，这些块状材料之间的连接线和点构成了建筑物表面的组织形状。表面尺寸与形状对人的视觉也具有一定的引导作用，或产生规则整齐的感觉，或产生动态起伏的感觉、或产生流畅自然的感觉、或产生对称协调的感觉等。

# 第七节  装饰装修材料的化学性能

建筑材料的化学变化，主要是指材料在生产（加工）、施工或使用过程中所产生的化学变化。这些化学变化，可能使材料的内部组成或结构发生显著的改变，并导致其他性质产生不同程度的变化。例如石灰的煅烧、消化与碳化；水泥的水化与凝结；防水材料的结膜与固化等。这些多是通过材料发生化学变化实现的。我们可以通过"纳米"技术改变材料的一些性能，扩大其使用性能或形成所需要的性能。

在建筑装修工程中，材料的某些化学变化是人们所不期望发生的。因为这些化学变化可能使材料的性质变差，降低材料的使用性能，所以要求材料对化学变化有较强的抵抗能力。

材料的化学稳定性，是指在工程所处的环境条件下，材料的化学组成与结构能够保持稳定的性质。建筑工程在使用环境中可能受到（水、阳光、空气、温度等）各种因素的影响，

这些因素的作用会使材料的某些组成或结构产生变化。有些变化会降低工程的使用功能，例如：金属的腐蚀；水泥及混凝土的酸类或盐类腐蚀；涂料、塑料等有机材料的老化等。为保证材料具有良好的化学稳定性，许多材料标准都对其组成与结构进行了限制规定。

材料的某些化学性能还能直接影响其在装饰工程中的使用。例如对某些具有放射性材料（天然矿石或工业废料）对环境的污染，应限制其放射性强度（居里 Ci）；对于含有有害成分（金属、石棉、微生物等）的材料应避免在居住用建筑物中应用；对可释放有害气体的材料，如含挥发性物质的涂料及塑料、可分解出有害物质的材料应限制其总挥发性有机物 TVOC 的含量，如住宅的含量不得高于 $0.5mg/m^3$；对其他可能产生污染环境或直接对人体有危害的材料必须限制使用。

为营造健康的生活环境，应大力发展和推广绿色建筑材料。绿色建筑材料是指在生产与使用中不污染环境、不用或少用自然资源，并且能再生使用的材料。其意义除了有益于人类社会的可持续发展外，主要就是对人们生活环境不会产生有害的污染。考虑对人体健康和对环境的影响，在建筑装饰与装修工程中应优先选择绿色建筑装饰装修材料。

# 第八节　装饰装修材料的耐久性能

耐久性能是指材料抵抗各种自然因素及有害介质侵蚀，能够长期保持原有性能的能力。

对材料耐久性指标的要求，是根据所处工程环境来决定的。例如：处于冻融环境的工程，要求材料具有良好的抗冻性；当有机材料处于暴露环境时，要求材料有较强的抗老化能力。

装饰材料在任何方面的变化都可能影响其使用性能，对耐久性要求必须严格执行。耐久性能主要表现在装饰材料对环境条件的抵抗能力；其次是对主体结构保护作用的持久性。装饰材料的耐久性主要体现在其力学性能、物理性能、化学性能等多方面的综合性能上，其力学性能表现为抗变形能力、变形恢复能力。此外，还应考虑装饰材料与环境的协调性、与主体材料的相互匹配性、可维修性与翻新性等。

对不同类别的装饰材料有不同的技术要求。对于无机类装饰材料，常要求具有一定的抗风化能力、抗裂能力、强度、耐腐蚀性、耐水性、耐磨性、加工性与表面致密程度。对于有机类装饰材料，常要求具有良好的化学稳定性（抗老化能力）、色彩稳定性、阻燃或耐热性、抗污染性、强度或刚度、耐磨性、耐擦洗能力、抗冲击疲劳能力等。

影响材料耐久性的内在因素主要有：材料的组成与结构、强度、孔隙率、孔特征、表面状态等。工程中改善材料耐久性的主要措施有：根据使用环境选择材料的品种；采取各种方法控制材料的孔隙率与孔特征；改善材料的表面状态，增强抵抗环境作用的能力。

# 复　习　题

1. 简述建筑装饰装修材料的各种性能的基本概念。
2. 简述建筑装饰装修材料的各种性能对使用有哪些影响？

# 第三章　建筑工程的基本材料

## 第一节　砌体材料

### 一、块体材料

#### （一）砖

1. 烧结砖

（1）烧结普通砖

指由煤矸石、页岩、粉煤灰、黏土为主要原料，经过焙烧而成的无孔洞或孔洞率小于25％的砖。分为烧结煤矸石砖、烧结页岩砖、烧结粉煤灰砖或烧结黏土砖等。基本尺寸为240mm×115mm×53mm。强度等级有 MU30、MU25、MU20、MU15 和 MU10 等几种。用于砌体结构的最低强度等级为 MU10。砌筑时除地下工程应采用水泥砂浆外，其他工程均采用普通砂浆（混合砂浆），普通砂浆的强度等级有 M15、M10、M7.5、M5.0 和 M2.5。

（2）烧结多孔砖

指由煤矸石、页岩、粉煤灰或黏土为主要原料，经过焙烧而成的、孔洞率不少于25％，孔的尺寸小而数量多，主要用于承重部位的砖。强度等级有 MU30、MU25、MU20、MU15 和 MU10 等几种。用于砌体结构的最低强度等级为 MU10。砌筑时采用普通砂浆，强度等级有 M15、M10、M7.5、M5.0 和 M2.5。

多孔砖依据强度等级、尺寸偏差、外观质量、耐久性指标将产品划分为优质品（A级）、一等品（B级）和合格品（C级），不同产品等级烧结多孔砖的强度等级符合表 3-1 的规定；其外形尺寸如图 3-1 所示。

表 3-1　不同产品等级烧结多孔砖的强度等级

| 产品等级 | 强度等级 | 抗压强度（kPa） | | 抗折强度（kPa） | |
| --- | --- | --- | --- | --- | --- |
| | | 5块平均值不小于 | 5块平均值不小于 | 5块平均值不小于 | 5块平均值不小于 |
| 优等品 | MU30 | 30 | 22 | 13.5 | 9.0 |
| | MU25 | 25 | 18 | 11.5 | 7.5 |
| | MU20 | 20 | 14 | 9.5 | 6.0 |
| 一等品 | MU15 | 15 | 10 | 7.5 | 4.5 |
| | MU10 | 10 | 6 | 5.5 | 3.0 |
| 合格品 | MU7.5 | 7.5 | 4.5 | 4.5 | 2.5 |

（3）烧结空心砖

指以黏土、页岩、煤矸石等为主要原材料，经成型、干燥和焙烧而成，孔隙率为40％

的砖。用于非承重结构的空心砖。黏土空心砖外形与尺寸见图 3-1。

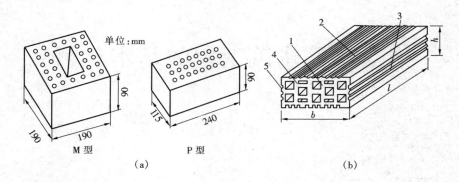

图 3-1　黏土多孔砖与空心砖的尺寸与外形
（a）黏土多孔砖；（b）黏土空心砖
1—顶面；2—大面；3—条面；4—肋；5—凹线槽

　　烧结空心砖多为直角六面体的水平孔空心砖，在砖的外壁上设有深度 1mm 以上的凹槽以增加与建筑胶结材料的结合力，砖的壁厚应大于 10mm，肋厚应大于 7mm。
　　常用烧结空心砖的尺寸长度为 200mm、240mm；宽度为 240mm、190mm、180mm、140mm、115mm；高度为 115mm、90mm，单向或多向尺寸符合上述限值时称为砌块。
　　2. 蒸压砖
　　（1）蒸压灰砂普通砖
　　以石灰和砂为主要原材料，允许掺入颜料和外加剂，经坯料制备，压制成型、蒸压养护而成的实心砖。基本尺寸为 240mm×115mm×53mm。强度等级有 MU25、MU20、MU15。用于砌体结构的最低强度等级为 MU15。砌筑时采用专用砂浆，强度等级有 Ms15、Ms10、Ms7.5、Ms5.0。
　　（2）蒸压粉煤灰普通砖
　　以石灰、消石灰（如电石渣）和水泥等钙质材料与粉煤灰等硅质材料及骨料（砂等）为主要原料，掺加适量石膏，经坯料制备、压制排气成型、高压蒸汽养护而成的无孔洞的实心砖。基本尺寸为 240mm×115mm×53mm。强度等级有 MU25、MU20、MU15。用于砌体结构的最低强度等级为 MU15。砌筑时采用专用砂浆，强度等级有 Ms15、Ms10、Ms7.5、Ms5。
　　3. 混凝土砖
　　（1）混凝土普通砖
　　以水泥、骨料和水等为主要原材料，也可加入外加剂和矿物掺合料，经搅拌、成型、养护制成的实心砖。强度等级有 MU30、MU25、MU20、MU15。主规格尺寸为 240mm×115mm×53mm、240mm×115mm×90mm。用于砌体结构的最低强度等级为 MU15。砌筑时采用专用砂浆，强度等级有 Mb20、Mb15、Mb10、Mb7.5 和 Mb5。
　　（2）混凝土多孔砖
　　以水泥、骨料和水等为主要原材料，经搅拌、成型、养护制成多排孔的砖。主规格尺寸为 240mm×115mm×90mm、240mm×190mm×90mm、190mm×190mm×90mm。强度等级有

MU30、MU25、MU20、MU15。用于砌体结构的最低强度等级为 MU15。砌筑时采用专用砂浆，强度等级有 Mb20、Mb15、Mb10、Mb7.5 和 Mb5.0。选用时最低强度等级为 Mb5。

（二）砌块

砌块的外形主要为直角六面体。主规格的长度、宽度和高度至少一项分别大于 365mm、240mm 和 115mm，且高度不宜大于长度或宽度的 6 倍，长度不超过高度的 3 倍。

常见的砌块有普通混凝土小型空心砌块、轻骨料混凝土小型空心砌块、粉煤灰混凝土小型空心砌块、装饰混凝土砌块、加气混凝土砌块和石膏砌块等多种。空心砌块的空心率应不小于 25%。按砌块规格大小可以分为大型砌块（主规格高度尺寸大于 980mm）、中型砌块（主规格高度为 380mm～800mm）和小型砌块（主规格高度在 115～380mm 之间）。

1. 普通混凝土小型空心砌块

以水泥、矿物掺合料、轻骨料（或部分轻骨料）、水等为原材料，经搅拌、压振成型、养护等工艺制成的砌块。主规格尺寸为 390mm×190mm×190mm。其他规格尺寸宽度不变，只是在长度、厚度上有一定变化。普通混凝土小型空心砌块分为承重、非承重两大类型。有单排孔、多排孔两种形式。砌块的外壁厚度应不小于 30mm、肋厚度应不小于 25mm。强度等级有 MU20、MU15、MU10、MU7.5 和 MU5。用于砌体结构时的最低强度等级为 MU7.5。普通混凝土小型空心砌块应采用专用砂浆砌筑，砌筑砂浆的强度等级有：Mb20、Mb15、Mb10、Mb7.5 和 Mb5.0。普通混凝土小型空心砌块的形状尺寸见图 3-2。

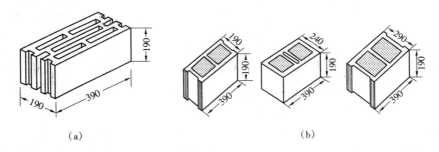

图 3-2　普通混凝土小型空心砌块形状尺寸图
（a）多排孔空心砌块；（b）单排孔空心砌块

小型空心砌块可用于多层建筑的墙体，使用灵活，砌筑方便。砌筑时一般不宜浇水，采用反砌（砌块底面朝上）。在寒冷地区，砌块还应具有一定的保温性能。

2. 轻骨料混凝土小型空心砌块

指以水泥、矿物掺合料、砂、石、水等为原材料，经搅拌、压振成型、养护等工艺制成的轻骨料混凝土小型空心砌块，主规格尺寸为 390mm×190mm×190mm。强度等级有 MU15、MU10、MU7.5、MU5 和 MU3.5。用于砌体结构的最低强度等级为 MU3.5。砌筑时采用专用砂浆，强度等级：Mb20、Mb15、Mb10、Mb7.5 和 Mb5.0。

3. 石膏砌块

以建筑石膏为主要原材料，经加水搅拌、浇筑成型和干燥等工艺制成的砌块。属于轻质建筑石膏制品。在生产中还可以加入各种轻骨料、填充料、纤维增强材料、发泡剂等辅助材料。有时亦可用高强石膏代替建筑石膏。石膏砌块实质上是一种石膏复合材料。石膏砌块的推荐规格为长度 600mm、高度 500mm、厚度分别为 60mm、70mm、80mm、100mm。石膏砌块主要应用于框架结构和其他结构的非承重墙体，一般做内隔墙使用。

石膏砌块在应用时应注意以下几点：

（1）石膏砌块砌体不得应用于防潮层以下部位、长期处于浸水或化学侵蚀的环境；

（2）石膏砌块砌体的底部应加设墙垫，其高度应不小于200mm，可以采用现浇混凝土、预制混凝土块、烧结实心砖砌筑等方法制作；

（3）厨房、卫生间砌体应采用防潮实心砌块。

4. 植物纤维工业灰渣混凝土砌块

以水泥基材料为主要原料，以工业废渣为主要骨料，并加入植物纤维，经搅拌、振动、加压成型的砌块。按承重方式分为承重砌块和非承重砌块。

（1）承重砌块：强度等级为 MU5.0 及以上的单排孔砌块，主规格尺寸为 390mm×190mm×190mm。强度等级为 MU10.0、MU7.5、MU5.0，用于抗震设防地区砌块的强度等级不应低于 MU7.5；

（2）非承重砌块：强度等级为 MU5.0 以下，有单排孔和双排孔之分，主规格有390mm×190mm×190mm、390mm×140mm×190mm 和 390mm×90mm×190mm。

植物纤维工业灰渣混凝土砌块的禁用部位：

（1）长期与土壤接触、浸水的部位；

（2）经常受干湿交替或经常受冻融循环的部位；

（3）受酸碱化学物质侵蚀的部位；

（4）表面温度高于 80℃ 以上的承重墙；

（5）承重砌块不得用于安全等级为一级或设计使用年限大于 50 年的砌体建筑；

（6）不得用于基础或地下室外墙；

（7）首层地面以下的地下室内墙，5 层及 5 层以上砌体建筑的底层砌体和受较大振动或层高大于 6.00m 的墙和柱。

5. 蒸压加气混凝土砌块

以硅质材料和钙质材料为主要原材料，掺加发气剂，经加水搅拌发泡、浇筑成型、预养切割、蒸压养护等工艺制成的含泡沫状孔的砌块。

（1）蒸压加气混凝土砌块的特点

蒸压加气混凝土制成的砌块，可用作承重墙体、非承重墙体和保温隔热材料。蒸压加气混凝土砌块的强度等级代号为 A，用于承重墙时强度等级不应低于 A5.0。蒸压加气混凝土砌块采用专用砂浆砌筑，砂浆代号为 Ma。

（2）蒸压加气混凝土砌块不应在下列部位采用

1）建筑物防潮层以下的外墙；

2）长期处于浸水和化学侵蚀的环境；

3）承重制品表面温度经常处于 80℃ 以上的部位。

6. 粉煤灰混凝土小型空心砌块

指以粉煤灰、水泥、各种轻重骨料、水等为原材料，经搅拌、压振成型、养护等工艺制成的、主规格尺寸为 390mm×190mm×190mm 的小型空心砌块。其中粉煤灰用量不应低于原材料质量的 20%，水泥用量不应低于原材料质量的 10%。粉煤灰混凝土小型空心砌块主要应用于非承重和承受自重的墙体中。

7. 装饰混凝土砌块

装饰混凝土砌块指在表面加工成不同装饰面的混凝土砌块，包括劈离砌块、凿毛砌块、条纹砌块、磨光砌块、坍陷砌块、雕塑砌块、骨料砌块等，装饰混凝土砌块示意见图3-3。

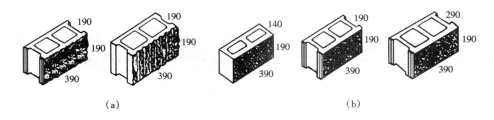

图 3-3　装饰混凝土砌块

(a) 劈离砌块；(b) 磨光砌块

(1) 劈离砌块是用劈离机将原来相联的两砌块沿特定面劈开，使砌块表面带有纹理，并呈凹凸形貌。

(2) 凿毛砌块是使用高速喷砂或机械冲击砌块表面，使水泥砂浆脱落后呈现出一个个小坑，使砌块表面呈现类似火焰烧毛的装饰效果。

(3) 条纹砌块是利用机械在砌块表面铣出横、竖或交叉的细纹，使其表面类似剁斧石。

(4) 磨光砌块是用研磨机将表面砂浆磨掉，使表面光滑，使砌块具有类似水磨石或天然石材的花纹效果。

(5) 坍陷砌块是在未硬化混凝土砌块上下加适当的力，使砌块被压塌成鼓胀状的外形。

装饰砌块分为实心装饰砌块（$S_q$）、空心装饰砌块（$K_q$）、贴面装饰砌块（$T_q$）等。抗压强度等级有1.5、2.5、3.5、5.0、7.5、10.0、15.0、20.0、25.0、30.0十个等级。根据抗渗性与相对含水率分为普通型（P）和防水型（F）。

依据砌块的外观质量分为一等品（Ⅰ）、二等品（Ⅱ）。基本规格尺寸见表3-2。

表 3-2　混凝土装饰砌块的基本尺寸及允许偏差　　　　单位：mm

| 长　度 | | 590±4　490±4　390±3　290±3　190±2 | |
|---|---|---|---|
| 高　度 | | 290±3　240±3　190±2 | |
| 宽　度 | 砌体装饰砌块 $S_q$、$K_q$ | | 240±3　190±2 |
| | 贴面装饰砌块 $T_q$ | | 70±1　30±1 |

对受冻地区使用的混凝土砌块，还应进行抗冻融试验，且经F25循环后的质量损失不得大于5%，强度损失不得大于25%。

(三) 天然石材

天然石材的强度等级有MU100、MU80、MU60、MU50、MU40、MU30和MU20等。用于砌体结构的最低强度等级为MU30。采用普通砂浆砌筑，强度等级有M15、M10、M7.5、M5.0和M2.5。

## 二、板状材料

（一）类型

1. 用于外围护结构的板材

（1）蒸压加气混凝土板材

以硅质材料和钙质材料为主要原材料，以铝粉为发泡剂，配以经防腐处理的钢筋网片，经加水搅拌、浇筑成型、预养切割、蒸压养护制成的多孔板材。可分为屋面板、外墙板、内隔墙板和楼板。

（2）泡沫混凝土板材

1）以水泥为主要胶凝材料，并在骨料、外加剂和水等组分共同制成的砂浆中引入气泡，经混合搅拌、浇筑成型、养护而成的具有闭孔结构的轻质多孔混凝土。可以现浇、制成板材或块材。适用于建筑工程的非承重墙体，外墙、屋面、楼（地）面的保温隔热层和回填等。用于墙体工程的泡沫混凝土保温板分为Ⅰ型和Ⅱ型，Ⅰ型干密度不应大于 $180kg/m^3$，Ⅱ型干密度不应大于 $250kg/m^3$。

2）泡沫混凝土板材的禁用范围

① 建筑物防潮层以下部位；

② 长期浸水或经常干湿交替的部位；

③ 受化学侵蚀的环境；

④ 墙体表面经常处于 80℃ 以上的高温环境。

（3）金属面夹芯板

以彩色涂层钢板为面材，以阻燃型聚苯乙烯塑料、聚氨酯泡沫塑料或岩棉为芯材，用胶黏剂复合而成的夹芯板。

（4）纤维增强水泥装饰条板

以水泥、矿物掺合料、增强纤维等为主要原材料，经搅拌、挤出成型、蒸压养护等工序制成的非承重装饰墙板。

（5）轻骨料混凝土外墙板

采用钢筋轻骨料混凝土制作的，也可在中层复合绝热材料的外墙板。

2. 用于隔墙的板材

（1）轻质隔墙条板

采用轻质材料或轻型构造制作，长宽比不小于 2.5，用于非承重内隔墙的预制条板。

（2）石膏空心条板

以建筑石膏为基材，无机纤维为增强材料，可掺加轻骨料制成的空心条板。

（3）玻璃纤维增强水泥轻质隔墙板

以低碱水泥、耐碱玻璃纤维、轻骨料和水为主要原材料，经搅拌、成型、养护等工序制成的具有若干个圆孔的条板。

（4）充气石膏板

以建筑石膏、无机填料、气泡分散稳定剂等为原材料，经搅拌、充气发泡、浇筑成板芯，然后再浇筑石膏面层而复合制成的条板。

（5）灰渣混凝土空心隔墙板

以水泥、纤维或钢筋、工业废渣（质量掺量占 40％以上）为主要原料制作的，构造断面为多孔，长宽比不小于 2.5，用于非承重内隔墙的条板。

3. 用于隔断的板材

（1）水泥木屑板

以水泥和木屑制成的各类建筑板材的统称。

（2）纤维水泥板

以有机合成纤维、无机矿物纤维或纤维素纤维为增强塑料，以水泥或水泥中添加硅质、钙质材料为胶凝材料，经成型、蒸汽或蒸压养护制成的板材。

（3）硅钙板

以钙质材料、硅质材料及增强纤维等为主要原材料，经搅拌、成型、蒸压养护而成的板材。

（4）纸面石膏板

以建筑石膏为主要原材料，掺入纤维增强材料和外加剂等辅助材料，经搅拌、成型并粘贴护面纸而制成的板材。

（5）木丝水泥板

以普通硅酸盐水泥、白色硅酸盐水泥或矿渣硅酸盐水泥为胶凝材料，木丝板为加筋材料，加水搅拌后经铺装成型、保压养护、调湿处理等工艺制成的板材。

木丝水泥板可以作为免拆模保温板、木丝水泥预制自承重保温板等。

（二）新型复合板材

为满足工程对材料多种性能的要求，利用复合材料已成为当今发展的必然趋势。目前，工程中已经开始大量应用各种复合板材。

1. 钢丝网水泥夹芯复合板材

钢丝网水泥夹芯复合板材又称为"泰柏板"，是轻质板材的一种。

它是以两片钢丝网将聚氨酯、聚苯乙烯泡沫塑料、脲醛树脂等泡沫塑料、轻质岩棉或玻璃棉等芯材夹在中间，两片钢丝网间以斜穿过芯材的之字形钢丝相互连接，形成稳定的三维网架结构，然后再用水泥砂浆在两侧抹面，或进行其他饰面装饰。

钢丝网水泥夹芯复合板材具有芯材的保温隔热和轻质的特点，两侧又具有混凝土的性能。因此，在工程施工中具有木结构的灵活性和混凝土的表面质量。

常用的钢丝网夹芯板材有多种类型，图 3-4 为钢丝网水泥夹芯复合板材的结构示意图。

这种板材抹灰后的自重约为 $90kg/m^2$，其热阻约为 24cm 普通砖墙的两倍，并具有良好的保温功能；这类板材还具有隔声性好、抗冻融性能好、抗震能力强和建造能耗低等优点。为改善这种板材的耐高温性，可用矿棉代替泡沫塑料，制成纯无机材料的复合板材，使其耐火极限达到 2.5h 以上。它可用作墙板、屋面板、各种保温板，适当加筋后具有一定的承载能力，可用于屋面保温、防水和自承重的场合。

2. 彩钢夹芯板材

彩钢夹芯板材是由压型彩色钢板和夹芯保温材料复合而成的特种板材，可以直接用于墙面或屋面，是轻体房屋的首选材料。

彩钢夹芯板材是以硬质聚苯乙烯泡沫塑料、聚氨酯或岩棉为芯材，在两侧粘上彩色压型（或平面）镀锌钢板，外露的彩色钢板表面涂以高级彩色塑料涂层，使其具有良好的耐候性

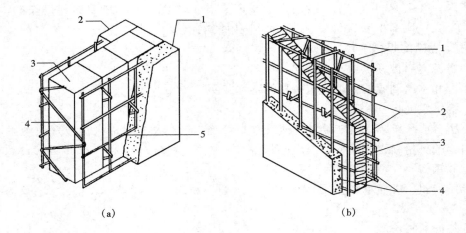

图 3-4　钢丝网水泥夹芯复合板材结构示意图

（a）水泥砂浆泡沫塑料复合板：1—外侧砂浆层；2—内侧砂浆层；3—泡沫塑料层；4—连接钢丝；5—钢丝网

（b）水泥砂浆矿棉复合板：1—横穿钢丝；2—钢丝网片；3—矿棉板；4—内外砂浆层

和抗腐蚀能力。其结构示意见图 3-5。

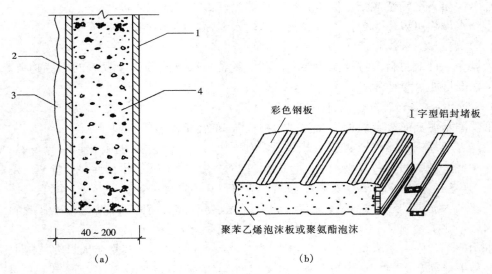

图 3-5　彩钢夹芯板材结构示意

（a）彩钢夹芯平型复合板；（b）彩钢夹芯压型复合板

1、2—彩色镀锌钢板；3—涂层；4—硬质泡沫塑料或结构岩棉

　　这种板材质量轻，一般每 $1m^2$ 15～25kg；导热系数低，约为 0.010～0.033W/(m・K)；使用温度范围为 −50℃～120℃。由于它加工精确、结构合理、板间连接密封良好，所以消除了冷桥，具有良好的隔声和密封效果，还具有良好的防潮、防水、防结露和装饰效果。当采用岩棉为芯材时，还有良好的耐火性能。彩钢夹芯板材还具有安装和移动容易的优点，适用于大型公共建筑的墙体、原有楼房的接层、各种厂房和办公用房的墙体和屋面。

# 第二节　水　泥

## 一、概述

### (一) 定义

凡细磨成粉末状，加入适量水后，可成为塑性浆体，既能在空气中硬化，又能在水中硬化，并能把砂、石等材料牢固地胶结在一起的水硬性胶凝材料叫水泥。水泥是一种应用非常广泛的建筑材料，可以用于地上、地下和水中的建筑物和构筑物。

### (二) 沿革

古罗马人将石灰和火山灰或黏土瓦块放在一起磨细，形成了一种水硬性材料，这就是最初的"火山灰水泥"。18世纪末，英国人派克用黏土质石灰岩磨细后制成料球，并放在高温下煅烧，然后磨细制成水泥，称为"罗马水泥"。后来，由于采用了美国俄勒岗州的波特兰石（呈黄白色的石灰石）制成的水泥，所以称为波特兰水泥。按水泥的化学成分则定名为"硅酸盐水泥"。硅酸盐水泥具有强度高、耐久性好、使用方便、成本低廉等优点，是应用最为广泛的建筑材料。

### (三) 水泥的生产过程（以硅酸盐水泥为例） 见图3-6。

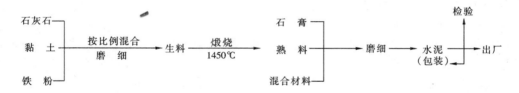

图 3-6　硅酸盐水泥基本生产过程

## 二、水泥的种类

### (一) 按水硬性物质区分

1. 硅酸盐类水泥

(1) 硅酸盐水泥

由硅酸盐水泥熟料、不大于5％的石灰石或粒化高炉矿渣以及适量石膏磨细制成的水硬性胶凝材料。

(2) 普通硅酸盐水泥

由硅酸盐水泥熟料、大于5％且不大于20％的混合材料和适量石膏磨细制成的水硬性胶凝材料，代号 P·O。

(3) 矿渣硅酸盐水泥

由硅酸盐水泥熟料、大于20％且不大于70％的粒化高炉矿渣和适量石膏磨细制成的水硬性胶凝材料，代号 P·S。

(4) 火山灰质硅酸盐水泥

由硅酸盐水泥熟料、大于20％且不大于40％的火山灰质混合材料和适量石膏磨细制成的水硬性胶凝材料，代号P·P。

（5）粉煤灰硅酸盐水泥

由硅酸盐水泥熟料、大于20％且不大于40％的粉煤灰质和适量石膏磨细制成的水硬性胶凝材料，代号P·F。

对比矿渣水泥、火山灰水泥、粉煤灰水泥，三者有许多共性。首先是它们混合材料掺量都较高，其次是性能方面也有许多相似之处：

（1）它们都有明显的二次水化（火山灰反应）的特点。即水泥的混合材料能与水泥熟料水化后形成的氢氧化钙及掺入的石膏发生二次反应，生成水化硅酸钙、水化硫铝酸钙等新的产物。

（2）它们的早期水化速度较慢、水化热低、凝结时间要比硅酸盐水泥长，早期强度较低，后期强度发展潜力大，可通过加热、加湿、掺外加剂等手段促进其早期强度的发展。

（3）在它们凝结硬化过程中，大量的氢氧化钙和水化铝酸钙被混合材料所结合，形成了稳定的矿物。因此，凝结后的氢氧化钙和水化铝酸钙含量低，相应的碱度也较低。

（4）复合硅酸盐水泥

由硅酸盐水泥熟料、大于20％且不大于50％两种或两种以上规定的混合材料、适量石膏磨细制成的水硬性胶凝材料，代号P·C。

（5）砌筑水泥

以活性混合材料或具有水硬性的工业废渣为主，加入适量硅酸盐水泥熟料和石膏经磨细制成的水硬性胶凝材料，代号M。

（6）中热硅酸盐水泥

由适当成分硅酸盐水泥熟料，加入适量石膏，磨细制成的具有中等水化热水硬性胶凝材料，代号P·MH。

2. 硫酸铝类水泥

（1）快硬硫酸铝水泥　由适当成分的硫铝酸盐水泥熟料和少量石灰石、适量石膏，共同磨细制成的具有高早期强度的水硬性胶凝材料。

（2）自应力硫酸铝水泥　由适当成分的硫铝酸盐水泥熟料加入适量石膏磨细制成的具有膨胀性能的水硬性胶凝材料。

3. 氯酸钙类水泥

以石灰石和矾土为主要原材料，配制成适当成分的生料，经熔融或烧结，制得以氯酸钙为主要矿物的熟料，再经磨细而成的水硬性胶凝材料，又称为高铝水泥。

（二）特种水泥

以氧化铁含量低的石灰石、白泥、硅石为主要原材料，经烧结得到的以硅酸钙为主要成分，氧化铁含量低的熟料，加入适量石膏，共同磨细制成的白色水硬性胶凝材料，又称为白色硅酸盐水泥。

### 三、硅酸盐水泥的矿物组成及其化学成分

硅酸盐系水泥是以适当成分的生料烧至部分熔融，得到硅酸钙为主要成分的硅酸盐水泥熟料，加入适量的石膏及混合材料磨细制成的水硬性胶凝材料。

（一）硅酸盐水泥熟料

水泥熟料是由生料锻烧而成的。生料是由含适当比率的氧化钙、氧化硅、氧化铝及氧化

铁的石灰石、黏土和铁粉按比率混合组成的。生料经混合磨细，再经锻烧至部分熔融，使其中的各种成分产生一系列的物理、化学变化，形成了以下矿物成分：

1. 硅酸三钙

硅酸三钙的化学成分为 $3CaO \cdot SiO_2$，其缩写为 $C_3S$。它是硅酸盐水泥熟料中最主要的矿物成分，约占水泥熟料总量的 $36\%\sim60\%$。硅酸三钙遇水后能够很快地与水产生化学反应（即水化反应），并产生较多的水化热。它对促进水泥的凝结硬化，特别是对水泥 $3\sim7d$ 内的早期强度起主要作用。

2. 硅酸二钙

硅酸二钙的化学成分为 $2CaO \cdot SiO_2$，其缩写为 $C_2S$。它约占水泥熟料总量的 $15\%\sim37\%$。硅酸二钙遇水后反应较慢，水化热也较低。它不影响水泥的凝结，对水泥的后期强度起主要作用。

3. 铝酸三钙

铝酸三钙的化学成分为 $3CaO \cdot Al_2O_3$，其缩写为 $C_3A$。它约占水泥熟料总量的 $7\%\sim15\%$。铝酸三钙遇水后反应极快，产生的热量大而且集中。铝酸三钙水化反应对水泥的凝结起主导作用，但其水化产物强度较低，主要对水泥的早期强度有贡献。

4. 铁铝酸四钙

铁铝酸四钙的化学成分为 $4CaO \cdot Al_2O_3 \cdot Fe_3O_4$，其缩写为 $C_4AF$。它约占水泥熟料总量的 $10\%\sim18\%$。铁铝酸四钙遇水时水化反应也很快、水化热较低、水化产物的强度不高、对水泥的抗压强度贡献不大，但对抗折强度贡献较大。

以上四种主要矿物成分和水化、凝结硬化过程中的主要特点见表3-3。

水泥熟料中除上述四种主要矿物成分外，还有少量其他成分，如游离氧化钙（f-CaO）和氧化镁（MgO）、硫酸盐及硫化物等。它们对水泥性能会产生不利影响。

表 3-3　水泥熟料四种主要矿物的水化、凝结硬化性质

| 性　　质 | $C_3S$ | $C_2S$ | $C_3A$ | $C_4AF$ |
|---|---|---|---|---|
| 水化速度 | 快 | 慢 | 最快 | 很快（仅次于 $C_3A$） |
| 凝结硬化速度 | 快 | 慢 | 最快 | 较快 |
| 28d 水化热 | 大 | 小 | 最大 | 中 |
| 早期强度 | 高 | 低 | 低 | 中 |
| 后期强度 | 高 | 高 | 低 | 低 |

水泥原料中的石膏多为生石膏（$CaSO_4 \cdot 2H_2O$），也可以是其他石膏，其掺量约为总量的 $3\%$ 左右。适量的石膏在水泥中主要起调节凝结时间的作用。

（二）混合材料

混合材料是指在水泥生产的过程中，为改善水泥性能、调节水泥强度等级而掺加的矿物质材料。混合材料分为活性混合材料与非活性混合材料两种。

1. 活性混合材料

能与水泥熟料的水化产物发生化学反应，具有显著潜在水硬性的矿物质材料。这种矿物质能与氢氧化钙等物质反应，并形成水硬性的胶凝材料，这种性能称为活性混合材料的火山灰性。水泥中掺有活性混合材料时，可影响早期强度的发展速度，但后期强度的发展潜力更

大。常用的活性混合材料有粒化高炉矿渣、火山灰质混合材料（火山灰、凝灰岩、硅藻石、沸石、自燃煤矸石、煤炉渣及烧黏土）、粉煤灰、硅灰、回收窑灰等。

2. 非活性混合材料

在水泥中主要起填充作用，与水泥不起或仅起微弱化学反应的矿物质材料。水泥中掺入非活性混合材料的目的，主要是为了调节水泥强度等级、增加水泥产量、降低水化热并起到改善某些性能的作用。常用的非活性混合材料主要有磨细的石英砂、石灰石、干黏土、慢冷矿渣及炉灰等。

混合材料在水泥中可能发挥的作用除了与其化学成分和结构有关外，还与其颗粒粗细、形状及级配等有关。水泥中掺加部分经过优化的细混合材料后，可显著改善水泥的某些性能。此外，利用工业废料混合材料可以节约天然资源，符合环保建材的发展方向。

### 四、硅酸盐系水泥的水化、凝结与硬化机理

#### （一）硅酸盐系水泥的凝结硬化概念

硅酸盐系水泥为干粉状物，加适量的水并拌和后便形成可塑性的水泥浆体。这种浆体在常温下会逐渐变稠直到开始失去塑性，这一现象称为水泥的初凝；随着塑性的消失，水泥浆开始产生强度，此时称为水泥的终凝。水泥浆由初凝到终凝的过程称为水泥的凝结。水泥浆终凝后，其强度会随着时间的延长而不断增长，最终形成坚硬的水泥石，这一过程称为水泥的硬化。水泥的凝结硬化过程划分见图3-7。

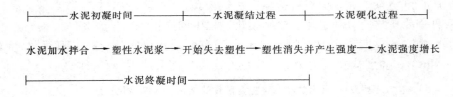

图 3-7　水泥的凝结硬化过程划分

上述水泥的凝结硬化过程是人为划分的，实际上它们都是对水泥化学反应产物积累过程中宏观表现的描述。工程实际中，从水泥加水拌和起直到初凝这一段时间，常被称为水泥的初凝时间。从水泥加水起直到终凝这一段时间，被称为水泥的终凝时间。自水泥加水拌和到水泥硬化后的任一时刻称为水泥的硬化龄期。多数硅酸盐系水泥自终凝到3～7d龄期的这一段时间内强度发展较快，此后的强度增长速度逐渐下降。只要条件适宜，随着时间的延长，水泥的强度值一般处于增长的状态。

#### （二）硅酸盐系水泥的水化、凝结、硬化

1. 水化

硅酸盐水泥中的各种矿物成分遇水后，会很快发生一系列的化学反应，生成各种水化物。如水化硅酸钙（$3CaO \cdot 2SiO_2 \cdot 3H_2O$）、氢氧化钙[$3Ca(OH)_2$]、水化铝酸三钙（$3CaO \cdot Al_2O_3 \cdot 6H_2O$）、水化铁酸一钙（$CaO \cdot Fe_2O_3 \cdot H_2O$）等。

其中铝酸三钙水化反应极快，会很快生成大量的水化铝酸三钙。然后与水泥中的石膏很快反应，生成难溶的水化硫铝酸钙，该产物为针状结晶体，也称为钙矾石晶体（$3CaO \cdot Al_2O_3 \cdot 3CaSO_4 \cdot 31H_2O$）。

经过上述水化反应后，水泥浆中不断增加的水化产物主要有：水化硅酸钙、氢氧化钙、水化铝酸钙、水化铁酸钙及水化硫铝酸钙等新生矿物。

2. 凝结

水泥加水拌和后的剧烈水化反应，一方面使水泥浆中起润滑作用的自由水分逐渐减少；另一方面，由于结晶和析出的水化产物逐渐增多，水泥颗粒表面的新生物厚度逐渐增大，使水泥浆中固体颗粒间的间距逐渐减小，越来越多的颗粒相互连接形成了骨架结构。此时，水泥浆便开始慢慢失去可塑性，表现为水泥的初凝。

由于铝酸三钙水化极快，会使水泥很快凝结，使得工程中缺少足够的操作时间，为此，水泥中加入了适量的石膏。水泥加入石膏后，一旦铝酸三钙开始水化，石膏会与水化铝酸三钙反应生成针状的钙矾石。当钙矾石的数量达到一定量时，会形成一层保护膜覆盖在水泥颗粒的表面，阻止水泥颗粒表面水化产物的向外扩散，从而降低了水泥的水化速度，也就延缓了水泥颗粒相互靠近的速度，使水泥的初凝时间得以延缓。

当掺入水泥的石膏消耗殆尽时，水泥颗粒表面的钙矾石覆盖层一旦被水泥水化物的积聚所胀破，铝酸三钙等矿物的再次快速水化得以继续进行，水泥颗粒会逐渐相互靠近，直至连接形成骨架，此过程表现为水泥浆的塑性逐渐消失，直到终凝。

3. 硬化

随着水泥水化的不断进行，凝结后的水泥浆结构内部的孔隙不断被新生水化物填充和加固，使其结构的强度不断增长。即使已经形成坚硬的水泥石，其强度仍在缓慢增长。因此，只要条件适宜，硅酸盐系水泥的硬化在长时期内是一个无休止的过程。

水泥的水化速度表现为早期快后期慢，特别是在最初的 3～7d 内，水泥的水化速度最快，水泥的早期强度发展也最快。

（三）影响水泥凝结硬化的主要因素

1. 水泥细度

水泥磨得愈细，水化速度愈快，相应地水泥凝结硬化速度就愈快，早期强度就愈高。

2. 水泥浆的水灰比

水泥浆的水灰比是指水泥浆中水与水泥的质量之比。当水泥浆中加水较多时，水灰比较大，此时水泥的初期水化反应得以充分进行。但是水泥颗粒间原来被水隔开的距离较远，颗粒间相互连接形成骨架结构所需的凝结时间较长，所以水泥浆凝结速度较慢。

3. 石膏的掺量

石膏的掺量过多或过少对水泥的凝结都不利。

4. 环境温度和湿度

水泥水化反应的速度与环境的温度有关，只有处于适当的温度下，水泥的水化、凝结和硬化才能进行。通常温度较高时，水泥的水化、凝结和硬化速度就较快；当环境温度低于 0℃ 时，水泥水化趋于停止，凝结硬化难于进行。

水泥水化是水泥与水之间的反应，必须在水泥颗粒表面保持有足够的水分时，水泥的水化、凝结硬化才能充分进行。为保证水泥的硬化速度，促使水泥强度不断增长，所采取的保持水泥浆温度和湿度的措施，称为水泥的养护。

5. 龄期

水泥浆随着时间的延长，水化物增多，内部结构逐渐密实和牢固，强度不断增长，在水泥硬化早期这种增长更为明显。因此，龄期愈长，水泥浆的强度就愈高。为比较各种水泥间的强度高低，常以28d强度值作为标准强度值，简称标准强度。

### 五、水泥的主要技术性能

为保证水泥的使用性能，国家标准对硅酸盐系水泥的某些技术性能指标制定了强制性的标准。对各种水泥的各项技术指标都进行了相应的规定，见表3-4。

**表3-4 常用硅酸盐系水泥技术性能标准**

| 要求指标 | 硅酸盐水泥 | | 普通硅酸盐水泥 P·O 复合硅酸盐水泥 P·C | 矿渣硅酸盐水泥 P·S 火山灰质硅酸盐水泥 P·P 粉煤灰硅酸盐水泥 P·F |
|---|---|---|---|---|
| | P·Ⅰ | P·Ⅱ | | |
| 烧失量 | <3% | <3.5% | <5%（复合水泥不要求） | — |
| 细度 | 比表面积>300m²/kg | | 80μm方孔筛的筛余量<10% | |
| 终凝时间 | <390min | | <10h | |
| 初凝时间 | >45min | | | |
| MgO含量 | <5.0%（如经压蒸安定性合格，可允许放宽到6%） | | | |
| SO₃含量 | <3.5%（矿渣水泥可放宽到<4.0%） | | | |
| 安定性 | 合格 | | | |
| 碱含量 | 按Na₂O+0.658K₂O计算的碱量不得大于水泥质量的0.6% | | | |

| 水泥 强度等级 | | 硅酸盐系水泥要求的各龄期强度值（MPa） | | | | | |
|---|---|---|---|---|---|---|---|
| | | 抗压强度 | 抗折强度 | 抗压强度 | 抗折强度 | 抗压强度 | 抗折强度 |
| 32.5 | 3d | | | 11.0 | 2.5 | 10.0 | 2.5 |
| | 28d | | | 32.5 | 5.5 | 32.5 | 5.5 |
| 32.5R | 3d | | | 16.0 | 3.5 | 15.0 | 3.5 |
| | 28d | | | 32.5 | 5.5 | 32.5 | 5.5 |
| 42.5 | 3d | 17.0 | 3.5 | 16.0 | 3.5 | 15.0 | 3.5 |
| | 28d | 42.5 | 6.5 | 42.5 | 6.5 | 42.5 | 6.5 |
| 42.5R | 3d | 22.0 | 4.0 | 21.0 | 4.0 | 19.0 | 4.0 |
| | 28d | 42.5 | 6.5 | 42.5 | 6.5 | 42.5 | 6.5 |
| 52.5 | 3d | 23.0 | 4.0 | 22.0 | 4.0 | 21.0 | 4.0 |
| | 28d | 52.5 | 7.0 | 52.5 | 7.0 | 52.5 | 7.0 |
| 52.5R | 3d | 27.0 | 5.0 | 26.0 | 5.0 | 23.0 | 4.5 |
| | 28d | 52.5 | 7.0 | 52.5 | 7.0 | 52.5 | 7.0 |
| 62.5 | 3d | 28.0 | 5.0 | | | | |
| | 28d | 62.5 | 8.0 | | | | |
| 62.5R | 3d | 32.0 | 5.5 | | | | |
| | 28d | 62.5 | 8.0 | | | | |

表中几个主要指标的含义分别为：

（一）体积安定性

体积安定性是表征水泥硬化过程中体积变化均匀性的物理性能指标。安定性是关系水泥是否合格的决定性指标。体积安定性不良是指水泥硬化后产生不均匀的体积变化。使用体积安定性不良的水泥，会使构件产生膨胀性裂缝，降低工程质量，甚至引起严重质量事故。因此在工程中，体积安定性不良的水泥应严禁使用。

体积安定性不良的主要原因是水泥中所含的游离 $CaO$、$MgO$ 或 $SO_3$ 过多，或水泥粉磨时掺入的石膏过量。

为防止体积安定性的不良反应，国家标准中对通用硅酸盐系水泥中的 $MgO$ 及硫酸盐含量有严格的要求。一般要求 $MgO$ 含量不得超过 5%，$SO_3$ 含量不得超过 3.5%。

检验水泥安定性的方法有沸煮法和蒸压法两大类，沸煮法中又分为试饼法和雷氏法。

（二）强度及强度等级

按标准规定，水泥与标准砂以 1∶3（质量比）混合，加入规定量的水，按标准方法制成 4cm×4cm×16cm 的标准试件，在标准温度（20℃±1℃）和湿度（相对湿度大于 90%）的环境中养护，分别测定其 3d 和 28d 的抗压强度和抗折强度。

硅酸盐水泥是按强度等级来划分的，硅酸盐水泥强度等级分别为 42.5，42.5R，52.5，52.5R，62.5，62.5R，其中代号 R 者为早强水泥，早强型水泥的 3d 强度要高于非早强型水泥。不同品种和强度等级水泥的不同龄期强度不得大于表 3-4 中规定的强度值。

必须指出的是，水泥完全水化所需的水灰比（水的质量与水泥质量之比）约为 0.15～0.25，而工程实际中往往加入更多的水，以便利用水的润滑作用取得较好的塑性。当水泥浆的水灰比较大时，多余水分蒸发后形成的孔隙较多，会造成水泥石的强度较低。因此水泥浆的水灰比过大时，会明显降低水泥石的强度。

（三）凝结时间

为保证水泥浆在工程施工中有足够的时间处于塑性状态，以便于操作使用，国家标准规定了水泥的最短初凝时间。要求各种水泥的初凝时间不得短于规定的时间。

为使已形成工程结构形状的水泥浆尽早取得强度、尽早能够承受荷载，国家标准也规定水泥的终凝时间。终凝时间过长时，会影响工程的施工进度。

（四）碱含量

水泥中含有较多的强碱物质时（如 $Na_2O$ 或 $K_2O$），容易对水泥混凝土结构造成危害。为此，国家标准规定：水泥中的碱含量按 $Na_2O + 0.658K_2O$ 计算值表示时，水泥中的总碱含量不得大于 0.6%。

（五）细度

细度是指水泥颗粒的粗细程度。水泥越细，遇水后水泥颗粒与水的接触面积就大，因此水化速度快、凝结硬化快、早期强度高。否则，会影响水泥的水化速度和早期强度的发展。国家标准规定，以 $80\mu m$ 方孔筛的筛余量不得超过规定的限值，或者水泥的比表面积不得小于规定的限值。

硅酸盐系水泥中凡氧化镁、三氧化硫、初凝时间、安定性中任一项不符合规定时，则视为废品，不得用于任何工程。凡细度或终凝时间不符合规定、混合材料掺量超标、或强度低于商标指示值、或包装及其标志不符合规定的，也应视为不合格品。

## 六、白色与彩色硅酸盐水泥

### （一）白色硅酸盐水泥（简称白色水泥）

白色水泥与硅酸盐水泥的主要区别在于氧化铁含量小，因而颜色白色。生产时原料的铁含量应严加控制，在煅烧、粉磨及运输时均应防止着色物质混入。

白色水泥的技术性质与产品等级

1. 细度、凝结时间、安定性及强度

白色水泥细度要求 0.080mm 方孔筛筛余量不超过 10%；凝结时间中初凝时间不早于45min，终凝时间不迟于 10h；体积安定性用沸煮法检验必须合格，同时熟料中氧化镁含量不得超过 5.0%；按 3d、28d 的抗折强度与抗压强度分为 32.5、42.5、52.5 三个强度等级。见表 3-5。

表 3-5　白色硅酸盐水泥强度要求

| 强度等级 | 抗压强度（MPa） | | 抗折强度（MPa） | |
|---|---|---|---|---|
| | 3d | 28d | 3d | 28d |
| 32.5 | 12.0 | 32.5 | 3.0 | 6.0 |
| 42.5 | 17.0 | 42.5 | 3.5 | 6.5 |
| 52.5 | 22.0 | 52.5 | 4.0 | 7.0 |

2. 白度

将白色水泥样品装入压样器中压成表面平整的白板，置于白度仪中测定白度，以其表面对红、绿、蓝三原色光的反射率与氧化镁标准白板的反射率比较，用相对反射百分率表示。白水泥按白度分为特级、一级、二级、三级四个等级，见表 3-6。

表 3-6　白水泥白度要求

| 白度级别 | 特　级 | 一　级 | 二　级 | 三　级 |
|---|---|---|---|---|
| 白度（%） | 86 | 84 | 80 | 75 |

3. 白色硅酸盐水泥以强度等级和白度划为优等品、一等品及合格品，具体划分见表3-7。

表 3-7　白色硅酸盐水泥的产品等级要求

| 白水泥等级 | 白度级别 | 水泥强度等级 |
|---|---|---|
| 优等品 | 特　级 | 62.5、52.5 |
| 一等品 | 一级 | 52.5、42.5 |
| | 二级 | 52.5、42.5 |
| 合格品 | 二级 | 42.5、32.5 |
| | 三级 | 32.5 |

## （二）彩色硅酸盐水泥（简称彩色水泥）

彩色水泥的生产方法是将硅酸盐水泥熟料（白色水泥熟料或普通水泥熟料）、适量石膏与碱性矿物颜料共同磨细，也可用颜料与水泥粉直接混合制成，但后一种方法的颜料用量大，水泥色泽也不易均匀。要求所用颜料有不溶于水，分散性好，耐碱性强，抗大气稳定性好，不影响水泥的硬化，着色力强等性能。

彩色水泥主要用于建筑物内外表面的装饰，如地面、墙、台阶等。

# 第三节  砂  浆

以胶凝材料、细骨料、掺加剂（可以是矿物掺合料、石灰膏、电石膏、黏土膏等一种或多种）和水等为主要原料进行拌和，硬化后具有一定强度的工程材料称为砂浆。砂浆包括水泥砂浆、水泥混合砂浆、石灰砂浆、特种砂浆、预拌砂浆等。

## 一、砂浆的技术性能

### （一）新拌砂浆的工作性能

#### 1. 流动性（稠度）

流动性是指砂浆在自重或外力作用下是否易于流动的性能。其大小用沉入度（或稠度值）（mm）表示。即砂浆稠度测定仪的圆锥体沉入砂浆深度的毫米数。

砂浆流动性的选择与砌体材料、施工方法及天气情况有关。可参考表3-8选用。

砂浆流动性与胶凝材料品种的用量、用水量、砂子粗细及级配等有关。常通过改变胶凝材料的数量与品种来控制砂浆的流动性。

表 3-8  砂浆流动性选择表（稠度）　　　　　　　　　　单位：mm

| 砌体种类 | 砌 筑 砂 浆 | | 抹 灰 砂 浆 | | |
| --- | --- | --- | --- | --- | --- |
| | 干燥气候或多孔砌块 | 寒冷气候或密实砌块 | 抹灰工程 | 机械施工 | 手工操作 |
| 砖砌体 | 80～100 | 60～80 | 准备层 | 80～90 | 110～120 |
| 普通毛石砌体 | 60～70 | 40～50 | 底层 | 70～80 | 70～80 |
| 振捣毛石砌体 | 20～30 | 10～20 | 面层 | 70～80 | 90～100 |
| 炉渣混凝土砌块 | 70～90 | 50～70 | 含石膏的面层 | | 90～120 |

#### 2. 保水性

新拌砂浆保存水分的能力称为保水性。保水性也指砂浆中各项组成材料不易分离的性质。保水性差的砂浆会影响胶凝材料的正常硬化，从而降低砌体质量。

砂浆保水性常用分层度（mm）表示。将搅拌均匀的砂浆，先测其沉入量，然后装入分层度测定仪，静置30min后，取底部1/3砂浆再测沉入量，先后两次沉入量的差值称为分层度。分层度大，表明砂浆易产生分层离析，保水性差。砂浆分层度以10～20mm为宜。若分层度过小，则砂浆干缩较大，影响黏结力。

为改善砂浆保水性，常掺入石灰膏、粉煤灰或微沫剂、塑化剂等材料。

（二）抗压强度等级

以边长为 70.7mm 的 6 个立方体试块按规定方法成型并养护至 28d 后测定的抗压强度平均值（MPa），砂浆强度等级有 M2.5、M5.0、M7.5、M10.0 和 M15.0　5 个级别。

影响砂浆抗压强度的主要因素：

1. 基层为不吸水材料（如致密的石材）时，影响强度的因素主要是水泥强度和水灰比，水泥强度选择不当，水灰比偏大时，则强度降低。

2. 基层为吸水材料（如砖）时，因砂浆有一定的保水性，经基层吸水后，保留在砂浆中的水分几乎相同，因此，影响砂浆强度的因素主要是水泥强度与水泥用量，与水灰比无关。强度公式如下：

$$f_{m,o} = \frac{\alpha \cdot f_{ce} \cdot Q_c}{1000} + \beta \qquad （式 3-1）$$

式中　$Q_c$——每 1m³ 砂浆的水泥用量，kg；

　　　$\alpha$、$\beta$——经验系数，参照表 3-9 选用；

　　　$f_{ce}$——水泥强度，MPa。

表 3-9　$\alpha$、$\beta$ 系数选用表

| 砂 浆 品 种 | $\alpha$ | $\beta$ |
|---|---|---|
| 水泥混合砂浆 | 3.03 | −15.09 |

（三）黏结力

由于砖石等砌体是靠砂浆黏结成坚固整体的，因此要求砂浆与基层之间有一定的黏结力。一般，砂浆的抗压强度越高，则其与基层之间的黏结力越强。此外，黏结力也与基层材料的表面状态、清洁程度、润湿状况及施工养护条件等有关。

**二、砌筑砂浆的配合比设计**

砌筑砂浆用来砌筑砖、石或砌块，使之成为坚固整体。配合比可为体积比，也可为质量比。其配合比可根据有关资料选定，也可由计算得到初步的配合比，再经试配进行调整后确定。

计算砌筑砖或其他多孔材料的水泥混合砂浆的初步配合比步骤如下：

（一）确定砂浆的配置强度 $f_{m,o}$

$$f_{m,o} = f_{m,k} + 1.645\sigma_0 \qquad （式 3-2）$$

式中　$f_{m,k}$——砂浆的设计强度标准值，MPa；

　　　$\sigma_0$——砂浆强度标准差，MPa，见表 3-10。

表 3-10　砂浆强度标准差与施工水平关系　　　　　　　　　　单位：MPa

| 施工水平 ＼ 砂浆强度等级 | M2.5 | M5.0 | M7.5 | M10 | M15 |
|---|---|---|---|---|---|
| 优　良 | 0.50 | 1.00 | 1.50 | 2.00 | 3.00 |
| 一　般 | 0.62 | 1.25 | 1.88 | 2.50 | 3.75 |
| 较　差 | 0.75 | 1.50 | 2.25 | 3.00 | 4.50 |

（二）确定水泥用量 $Q_c$（kg/m³）

$$Q_c = \frac{1000(f_{m,o} - \beta)}{\alpha f_{ce}}$$ （式3-3）

（三）确定混合材料用量 $D$（kg/m³）

$$D = (300 \sim 350) - Q_c$$ （式3-4）

式中　$D$——每1m³砂浆中石灰膏或黏土用量，kg；

　　300～350——统计系数，砂浆中胶结材料总量，kg。

确定砂用量 $S$（kg/m³）

$$S = 1 \cdot \rho'_{0\mp}$$ （式3-5）

式中　$\rho'_{0\mp}$——砂干燥状态的堆集密度，kg/m³。

水泥砂浆配合比可从《砌筑砂浆配合比设计规程》（JGJ 98—2000）直接查表确定。

### 三、砂浆的种类

（一）砌筑砂浆

1. 砌筑砂浆的种类

（1）水泥砂浆

以水泥、细骨料和水为主要原料等黏结成为砌体的砂浆。

（2）水泥混合砂浆

以水泥、细骨料和水为主要原料，并加入石灰膏、电石膏、黏土膏中的一种或多种，也可根据需要加入矿物掺合料等配制而成的砂浆。

2. 砌筑砂浆应满足的要求

（1）烧结普通砖、烧结多孔砖、蒸压灰砂普通砖和蒸压粉煤灰普通砖砌体采用的普通砂浆强度等级有：M15、M10、M7.5、M5.0和M2.5；最低强度等级不应低于M5.0。蒸压灰砂普通砖和蒸压粉煤灰普通砖砌体采用的专用砂浆强度等级：Ms15、Ms10、Ms7.5、Ms5.0；最低强度等级不应低于Ms5.0。蒸压加气混凝土砌体砌筑砂浆强度等级不应低于Ma5.0。

（2）混凝土普通砖、混凝土多孔砖、单排孔混凝土砌块和煤矸石混凝土砌块采用的砂浆强度等级：Mb20、Mb15、Mb10、Mb7.5和Mb5.0。混凝土砌块（砖）砌筑砂浆强度等级不应低于Mb5.0。

（3）双排孔或多排孔轻骨料混凝土砌块砌体采用的砂浆强度等级：Mb10、Mb7.5和Mb5.0。

（4）毛料石、毛石砌体采用的砂浆强度等级：M7.5、M5.0和M2.5。

（5）室内地坪以下及潮湿环境所用砌筑砂浆，普通砖砌体的强度等级不应低于M10，混凝土砌块（砖）的强度等级不应低于Mb10，蒸压普通砖的强度等级不应低于Ms10。

3. 砌筑砂浆的选用

（1）地上砌体的砌筑砂浆一般选用水泥混合砂浆，密度不应小于1800kg/m³；

（2）潮湿环境、地下砌体一般选用水泥砂浆、预拌砂浆或专用砌筑砂浆，密度不应小于1900kg/m³。

（二）抹面砂浆

1．抹面砂浆的种类

（1）水泥抹灰砂浆

水泥抹灰砂浆的强度等级应为 M15、M20、M25、M30。拌合物的表观密度不宜小于1900kg/m³。保水率不宜小于82％，拉伸黏结强度不应小于0.20MPa。

（2）水泥粉煤灰抹灰砂浆

水泥粉煤灰抹灰砂浆的强度等级应为 M5、M10、M15。配制水泥粉煤灰抹灰砂浆不应使用砌筑水泥。拌合物的表观密度不宜小于1900kg/m³。保水率不宜小于82％，拉伸黏结强度不应小于0.15MPa。

（3）水泥石灰抹灰砂浆

水泥石灰抹灰砂浆的强度等级应为 M2.5、M5、M7.5、M10。拌合物的表观密度不宜小于1800kg/m³。保水率不宜小于88％，拉伸黏结强度不应小于0.20MPa。

（4）掺塑化剂水泥抹灰砂浆

掺塑化剂水泥抹灰砂浆的强度等级应为 M5、M10、M15。拌合物的表观密度不宜小于1800kg/m³。保水率不宜小于88％，拉伸黏结强度不应小于0.15MPa。使用时间不应大于2.0h。

（5）聚合物水泥抹灰砂浆

聚合物水泥抹灰砂浆的抗压强度等级不应小于 M5。宜采用专业工厂生产的干混砂浆，且用于面层时，宜采用不含砂的水泥基腻子。砂浆种类应与使用条件相匹配。宜使用42.5级通用硅酸盐水泥制作。宜选用粒径不大于1.18mm的细砂。应搅拌均匀，静停时间不宜少于6min，拌合物不应有生粉团。可操作时间宜为1.5～4.0h。保水率不宜小于99％，拉伸黏结强度不应小于0.30MPa。具有防水性能要求的，抗渗性能不应小于P6。

（6）石膏抹灰砂浆

石膏抹灰砂浆的抗压强度不应小于4.0MPa。宜采用专业工厂生产的干混砂浆。应搅拌均匀，拌合物不应有生粉团，且应随办随用。初凝时间不应小于1.0h，终凝时间不应小于8.0h。拉伸黏结强度不应小于4.0MPa。宜掺加缓凝剂。

2．抹面砂浆的基本要求

（1）内墙抹灰砂浆的强度等级不应低于 M5.0，黏结强度不应小于0.15MPa。

（2）外墙抹灰砂浆宜采用防裂砂浆；采暖地区砂浆强度等级不应小于 M10，采暖地区砂浆强度等级不应小于 M7.5；蒸压加气混凝土砂浆强度等级不应低于 Ma5.0。

（3）地下室及潮湿环境应采用具有防水性能的水泥砂浆或预拌防水砂浆。

（4）墙体宜采用薄层抹灰砂浆。

3．抹面砂浆的选用

抹灰砂浆的品种宜根据使用部位或基体种类选用，具体品种应按表3-11选用。

（三）特种砂浆

主要指具有某种特殊性能的砂浆，如绝热、吸声、耐酸、防辐射、膨胀、自流平等性能。根据不同要求，选用相应的材料，并配以适合的工艺操作而成，见表3-12。

表 3-11　抹灰砂浆的品种和选用

| 使用部位或基体种类 | 抹灰砂浆品种 | 使用部位或基体种类 | 抹灰砂浆品种 |
|---|---|---|---|
| 内墙 | 水泥抹灰砂浆、水泥石灰抹灰砂浆、水泥粉煤灰抹灰砂浆、掺塑化剂水泥抹灰砂浆、聚合物水泥抹灰砂浆、石膏抹灰砂浆 | 混凝土板和墙 | 水泥抹灰砂浆、水泥石灰抹灰砂浆、聚合物水泥抹灰砂浆、石膏抹灰砂浆 |
| 外墙、门窗洞口外侧壁 | 水泥抹灰砂浆、水泥粉煤灰抹灰砂浆 | 混凝土顶棚、条板 | 聚合物水泥抹灰砂浆、石膏抹灰砂浆 |
| 温（湿）度较高的车间和房屋、地下室、屋檐、勒脚等 | 水泥抹灰砂浆、水泥粉煤灰抹灰砂浆 | 加气混凝土砌块（板） | 水泥石灰抹灰砂浆、水泥粉煤灰抹灰砂浆、掺塑化剂水泥抹灰砂浆、聚合物水泥抹灰砂浆、石膏抹灰砂浆 |

表 3-12　特殊性能砂浆

| 名　称 | 配　制 | 用　途 |
|---|---|---|
| 吸声砂浆 | 水泥、石膏、砂、锯末 1∶1∶3∶5 或石灰、石膏砂浆中掺加玻璃棉、矿棉 | 室内墙壁及平顶吸声 |
| 绝热砂浆 | 水泥、石灰、石膏等胶凝材料与多孔骨料（膨胀珍珠岩、膨胀蛭石等）按比率制成 | 屋面、墙壁及供热管道绝热层 |
| 耐酸砂浆 | 水玻璃与氟硅酸钠拌制，还可加入粉状细骨料（石英岩、皂岗岩、铸石等） | 砌衬、耐酸地面、耐酸容器内壁防护 |
| 防辐射砂浆 | 水泥浆中加入重晶石粉、重晶石砂,比率为 1∶0.25∶4～5,还可加入硼砂、硼酸 | 射线防护工程 |
| 膨胀砂浆 | 水泥中加入膨胀剂或使用膨胀水泥制成 | 修补及大型工程中填隙密封 |
| 自流平砂浆 | 掺加合适的化学外加剂，严格控制砂的级配，颗粒形态，含泥量，选用合适的水泥 | 现代化施工中地坪铺设 |

（四）干混砂浆

干混砂浆是预拌砂浆的一种。一般由专业生产厂家将干燥的原材料按比率配合，运至使用地点，使用时再加水（或配套组分）拌和使用的砂浆。

干混砂浆分为两种：一种是普通干混砂浆，包括 DM 砌筑砂浆；DPi 内墙抹灰砂浆；DPE 外墙抹灰砂浆和 DS 地面砂浆。另一种是特种干混砂浆，包括 DTA 瓷砖黏结砂浆；DEA 聚苯板黏结砂浆；DBI 保温抹面砂浆。

普通干混砂浆的强度等级与传统砂浆强度等级的对应关系见表 3-13。

表 3-13　普通干混砂浆的强度等级与传统砂浆强度等级的对应关系

| 种　类 | 强度等级 | 传统砂浆强度等级 |
|---|---|---|
| 砌筑砂浆（DM） | 2.5 | M2.5 混合砂浆　　M2.5 水泥砂浆 |
| | 5.0 | M5.0 混合砂浆　　M5.0 水泥砂浆 |
| | 7.5 | M7.5 混合砂浆　　M7.5 水泥砂浆 |
| | 10.0 | M10.0 混合砂浆　　M10.0 水泥砂浆 |
| | 15.0 | — |
| 抹灰砂浆（OPi、DPE） | 2.5 | — |
| | 5.0 | 1∶1∶6 混合砂浆 |
| | 7.5 | |
| | 10.0 | 1∶1∶4 混合砂浆 |
| | 15.0 | |
| 地面砂浆（DS） | 20.0 | 1∶2 水泥砂浆 |
| | 25.0 | — |

**（五）预拌砂浆**

由专业生产厂生产的预拌砂浆有砌筑砂浆、抹灰砂浆、地面砂浆、防水砂浆、界面砂浆和陶瓷砖黏结砂浆等。

1. 湿拌砂浆：由水泥、细骨料、矿物掺合料、外加剂、添加剂和水，按一定比率，在搅拌站经计量、拌制后，运至使用地点，并在规定时间内使用的拌合物。

2. 干混砂浆：由水泥、干燥骨料或粉料、添加剂以及根据性能确定的其他组分，按一定比率，在专业生产厂经计量、混合而成的混合物，在使用地点按规定比率加水或配套组分拌和使用。

# 第四节　混　凝　土

## 一、概述

**（一）定义：**

以水泥、骨料和水为主要原材料，也可以加入外加剂和矿物掺加料等材料，经拌和、成型、养护等工艺制作的、硬化后具有强度的工程材料。混凝土是当前建筑工程中应用最为广泛的建筑材料。

**（二）混凝土的类别**

**1. 按密度区分**

（1）普通混凝土：普通混凝土是干表观密度为 2000～2800kg/m² 的混凝土。

（2）轻骨料混凝土：轻骨料混凝土是以轻粗骨料、轻砂或普通砂、胶凝材料、外加剂和水配制而成的干表观密度不大于 1950kg/m³ 的混凝土。轻骨料混凝土包括全轻混凝土、砂轻混凝土和大孔轻骨料混凝土等类型。

**2. 按是否配筋与强度大小区分**

（1）素混凝土：素混凝土是不配置钢筋的混凝土。

（2）钢筋混凝土：钢筋混凝土是配置受力的普通钢筋、钢筋网或钢筋骨架的混凝土。

（3）预应力混凝土：预应力混凝土是配置受力的预应力钢筋通过张拉或其他方法建立预加应力的混凝土。

（4）高强混凝土：高强混凝土是强度等级不低于 C60 的混凝土。

3. 按施工工艺区分

（1）自密实混凝土：自密实混凝土是无需外力振捣，能够在自重作用下流动密实的混凝土。

（2）预拌混凝土：预拌混凝土是在搅拌站生产的、在规定时间内运至使用地点、交付时处于拌合物状态的混凝土。

（3）泵送混凝土：泵送混凝土是可在施工现场通过压力泵及输送管道进行浇筑的混凝土。

（4）大体积混凝土：大体积混凝土是体积较大的、可能由水泥水化热引起的温度应力导致有害裂缝的结构混凝土。

（5）喷射混凝土：喷射混凝土是采用喷射设备喷射到浇筑面上的、可快速凝结硬化的混凝土。

4. 按特殊要求区分

（1）清水混凝土：清水混凝土是直接以混凝土成型后的自然表面作为饰面的混凝土。

（2）补偿收缩混凝土：补偿收缩混凝土是采用膨胀剂或膨胀水泥配制，产生 0.2～1.0MPa 自应力的混凝土。

（3）合成纤维混凝土：合成纤维混凝土是掺加合成纤维作为增强材料的混凝土。

（4）钢纤维混凝土：钢纤维混凝土是掺加短钢纤维作为增强材料的混凝土。

（5）水下不分散混凝土：水下不分散混凝土是可在水下浇筑、不分散并可凝结硬化的混凝土。

（6）钢管混凝土：钢管混凝土是专门注入钢管的混凝土。

（7）防辐射混凝土：防辐射混凝土是采用特殊的重骨料配制的、能够有效屏蔽原子核辐射和中子辐射的混凝土。

5. 按在混凝土中增加发气剂区分

（1）加气混凝土：加气混凝土以硅质原料和钙质原料为主要原料，掺加发气剂，经加水搅拌，由化学反应形成空隙，经浇筑成型、预养切割、蒸汽养护等工艺制成的多孔材料。

（2）泡沫混凝土：泡沫混凝土是通过机械方法将泡沫剂在水中充分发泡后拌入胶凝材料形成泡沫浆体，经养护硬化形成的多孔材料。

**二、普通混凝土的主要性能**

在建筑工程中应用最广泛、用量最大的是普通混凝土（以下简称混凝土）。混凝土的主要缺点是抗拉强度低，受拉时变形能力小、易开裂，且自重较大。它的衡量指标主要包括力学性能、变形性能和耐久性能。

（一）混凝土的力学性能

1. 混凝土的强度

强度是混凝土硬化后的主要力学性能指标。混凝土是多种材料的复合体，为非均质材料。混凝土在未受力之前的凝结硬化过程中，由于水泥浆的收缩或混凝土的泌水作用已产生各种空洞和微裂缝，施加外力时，微裂缝周围会出现应力集中，随着外力的增大，裂缝就会延伸和扩展，最后导致混凝土的破坏。

抗压强度标准值和强度等级的划分：

（1）立方体抗压强度（$f_{cu}$）标准值

采用边长为 150mm 的立方体试件，每组三个共三组，在标准养护条件（温度 20℃±2℃，相对湿度 90％以上）下，养护至 28d 龄期，在试压机上测定的抗压强度总体分布中的一个值（加权平均值），强度低于该值的百分率不超过 5％（即具有 95％保证率的抗压强度）。即为该组试件的标准强度。

（2）混凝土的强度等级

混凝土的"强度等级"是根据"立方体抗压强度标准值"确定的。普通混凝土的强度用"C"表示；轻骨料混凝土的强度用"CL"表示。普通混凝土的强度等级共有 14 的级别，分别是 C15、C20、C25、C30、C35、C40、C45、C50、C55、C60、C65、C70、C75 和 C80；轻骨料混凝土的强度等级共有 13 的级别，分别是 CL5.0、CL7.5、CL10、CL15、CL20、CL25、CL30、CL35、CL40、CL45、CL50、CL55、CL60。

2. 影响混凝土强度的因素

在荷载作用下，混凝土中可能产生破坏的部位有三种：①水泥石的破坏：低强度等级水泥配置的低强度等级的混凝土属于此类；②界面破坏：粗骨料与砂浆界面间的开裂破坏，它是普通混凝土的常见破坏形式；③骨料破坏：它是轻骨料混凝土的破坏主要形式。

影响混凝土强度的主要因素有：

（1）水灰比与水泥强度等级

水泥是混凝土中的活性组分，其强度大小直接影响着混凝土强度的高低。在配合比相同的条件下，所用的水泥强度越高，制成的混凝土强度也越高。当用同一品种同一强度等级的水泥时，混凝土的强度主要取决于水灰比。试验证明，混凝土强度随水灰比的增大而降低，随水泥强度的增大而增大。

（2）骨料类型

混凝土的强度还受界面强度的影响。表面粗糙的碎石比表面光滑的卵石（砾石）的黏结力大，硅质骨料与钙质骨料也有区别，因而在其他条件相同的情况下，碎石混凝土的强度比卵石混凝土的强度高。

（3）养护的温度和湿度

混凝土强度的增长是水泥水化、凝结和硬化的结果，它必须在一定的温度和湿度条件下进行。在保证足够湿度的情况下，不同的养护温度也会使其结果不相同。温度高时，水泥凝结硬化速度快，早期强度高；低温时水泥混凝土硬化比较缓慢；当温度低至 0℃以下时，变化不但停止，且具有受冻破坏的危险。因此，混凝土浇筑完毕后，必须保持适当的温度和湿度，以保证混凝土不断地凝结硬化。

为使混凝土正常硬化，必须在成型后的一定时间内维持周围环境有一定的温度和湿度。冬天施工要对新浇混凝土采取保温措施；自然养护的混凝土，尤其是夏天，要经常洒水保持潮湿、用麻袋和塑料膜覆盖、用养护剂保护。

（4）龄期

混凝土在正常养护条件下，强度会随着龄期的增加而提高，其初期强度增长较快，后期增长缓慢，只要保持适当的温度和湿度，即使龄期很长，以后强度仍会有所增长。

3. 提高混凝土强度的措施

（1）选用高强度水泥和低水灰比。在满足施工和易性和混凝土耐久性要求的条件下，尽可能降低水灰比和提高水泥强度，这对提高混凝土的强度是有效的；

（2）掺用混凝土外加剂。在混凝土中掺入减水剂可降低水灰比，提高混凝土强度；掺入早强剂，可提高混凝土的早期强度；

（3）改善施工质量，加强养护。如混凝土采用机械搅拌和振捣等。

（二）混凝土的变形性能

1. 非荷载作用下的变形

（1）化学收缩：因水化作用造成混凝土比水化反应前的体积变小收缩，是不可恢复的。会产生细微裂缝，但对结构不会起破坏作用。

（2）干湿变形：因大气温度变化、内部水分蒸发流失造成混凝土的收缩。其线收缩率为 $15\times10^{-5}\sim20\times10^{-5}$。每 1m 约收缩 $0.15\sim0.2$mm。

（3）温度变形：混凝土的温度膨胀系数约为 $1\times10^{-5}$，即温度升高 1℃，每 1m 约膨胀 $0.01$mm。

2. 荷载作用下的变形

混凝土是一种弹塑性材料，在外力作用下产生可恢复变形和不可恢复变形。反映混凝土抵抗弹性变形能力的参数是弹性模量，它反映了应力与应变比值的关系。

此外，混凝土在恒定荷载作用下，随时间的增长产生的非弹性变形，称为徐变。这需要经过十年以上才可以测定出来。

3. 混凝土的有害裂缝

它取决于结构物的性质、用途、所处环境以及裂缝所处的位置和大小。这将造成使用上的损失和危险，应尽快采取措施修复。

（三）混凝土的耐久性能

1. 抗渗性

抗渗性是指混凝土抵抗压力水渗透的能力。它是以 28d 龄期的试件，试验其不渗水时所承受的最大水压来确定等级。用 P 表示。P6、P8、P10、P12 即是抗渗等级，其右边数字即代表 MPa（水压值）。数值愈大抗渗性能愈好。

2. 抗冻性

抗冻性是指标准试件在水饱和状态下，能经受冻融循环多次作用而不破坏和不降低强度的性能。其等级按其强度损失率小于 25％，质量损失率小于 5％时的最大循环次数来表示。有 F25、F50、F100、F150、F200、F250、F300 共七个等级。其 25～300 为冻融循环次数。

3. 抗侵蚀性

抗侵蚀性好坏取决于环境介质、水泥品种、构件密实度。

4. 混凝土的碳化

碳化作用可减弱对钢筋的保护作用，造成钢筋锈蚀，降低结构抗折强度。

为此，必须选择恰当的水泥品种和水灰比，掺入适量的引气剂和减水剂等，即可避免碳化或减弱碳化。

### 三、混凝土的配制

1. 严格禁止不同品牌水泥的混合使用，不同等级水泥之间以及旋窑与立窑水泥之间都不得混合使用，以免影响混凝土性能。

2. 混凝土所用水、砂、石应符合使用标准，避免用污染水及带有污泥的砂、石来配制混凝土。

3. 对普通结构混凝土，应控制合理的水灰比。其中水泥、砂、石子、水之间的比率，应根据不同的要求，设计合理的混凝土等级配合比。

### 四、混凝土浇筑和养护

（一）混凝土的浇筑

1. 混凝土在浇筑前应对施工中吸水性物件做相应的处理，以避免混凝土的水分被吸收，影响混凝土的质量；

2. 混凝土应在初凝之前浇筑，且不能有离析现象，若有离析现象，则应重新搅拌后才能浇筑，且浇筑过程也应避免产生离析现象；

3. 在浇筑立柱等结构构件时，应在底部浇筑一层 50～100mm 水泥砂浆（配合比与混凝土中的砂浆相同），这样可避免产生蜂窝、麻面现象；

4. 混凝土浇筑时，应按结构要求分层进行，随浇注随振捣；

5. 一般结构的混凝土整体浇筑时，应尽可能连续进行，避免间断施工；

6. 混凝土浇筑后的初期，应防止混凝土受振动或撞击；

7. 做水泥地面及屋顶平台等部位时，应注意抹面操作，一般应经过多次抹面至表面无泌水时为止，但抹面过程中不应洒干粉并及时进行养护。

（二）混凝土的养护

混凝土浇筑完毕后，为减少水分蒸发，应避免日光照射，且应防风吹和淋雨等，可用活动的三角形罩棚将混凝土板全部遮起来。等到混凝土板表面的泌水消失后，可采取用湿草帘或麻袋等物覆盖表面，并每天洒水 2～8 次，根据天气温度高低调整洒水次数。在浇筑 4d 之内，必须保持构件表面潮湿，最短养护时间为 7d。天气突变时，要改变养护方式，防止起灰、起泡等现象。当天气温度下降时，应适当延迟拆模时间，但不允许缩短拆模时间。

### 五、混凝土的外加剂与掺合料

外加剂是指在混凝土拌合物中掺入一定数量比率，且能使混凝土按要求改变性质的物质，并在混凝土配合比设计时，不考虑混凝土体积和质量的变化。常用的外加剂有减水剂、早强剂、缓凝剂、速凝剂、引气剂、防水剂、防冻剂、膨胀剂等。

混凝土施工中掺加外加剂时，应根据水泥等级、品种等因素，选择相适应的外加剂品种，其掺加量应经过严格试验后确定，并保证掺加均匀。外加剂品种和掺加量使用不当会产生快凝或不凝结现象。

（一）减水剂

减水剂是指在保持混凝土稠度不变的条件下，具有减水、增强作用的外加剂。

在混凝土中掺加减水剂可以起到如下作用：

1. 提高流动性：在配合比不变的情况下，可增大坍落度 100～200mm，且不影响强度；

2. 提高强度：在保持坍落度不变的情况下，可减少用水量 10%～15%，混凝土强度可提高 10%～20%，特别是早期强度提高更显著；

3. 节约水泥：保持混凝土强度不变时，可节约水泥用量 10%～15%；

4. 改善混凝土某些性能：如减少混凝土拌合物的泌水、离析现象，延缓拌合物凝结，减慢水化放热速度，提高其抗水性及抗冻性等。特别注意某些外加剂对强度的不利影响（降低早期强度或后期强度）。

常用减水剂品种有：

1. 木质素系减水剂

主要品种是木质素磺酸钙（简称木钙粉，又名 M 型减水剂，简称 M 剂），适宜掺量为水泥用量的 0.2%～0.3%，减水率为 10% 左右，对混凝土有缓凝作用，一般缓凝 1～3h，低温下尤甚。对混凝土有引气效果，一般引气量为 1%～2%。M 剂常用于一般混凝土工程，尤其适用于夏季混凝土施工、滑模施工、大体积混凝土及泵送混凝土等施工，但不宜采用蒸汽养护。

2. 萘系减水剂

主要成分为 $\beta$-萘磺酸盐甲醛缩合物，目前我国主要生产品种有 NNO、NF、FDN、UNF、MF、建 1、SN—Ⅱ 等。萘系减水剂属高效减水剂，掺量为 0.5%～1.0%，减水率为 10%～25%，缓凝性小，大多为非引气型，适用于所有混凝土工程，更适用于配置高强混凝土及流态混凝土。

3. 树脂系减水剂

我国产品有 SM，主要成分为三聚氰胺甲醛缩合物，简称密胺树脂，属早强、非引气型高效减水剂，当掺量加 0.5%～2%，减水率为 20%～30%。但因价贵，只适用于有特殊要求的混凝土工程。

4. 糖蜜系减水剂

为棕色粉状物或糊状物，国内粉剂产品有 3FG、TF、ST 等。适宜掺量为 0.2%～0.3%，减水率 6%～10%，能显著降低水化热，缓凝性强，一般缓凝时间大于 3h，低温尤甚，通常多做缓凝剂使用，适用于大体积工程、夏季施工工程、水工混凝土工程等。

5. 复合减水剂

常采用与其他外加剂进行复合，组成复合减水剂，以满足不同施工要求及降低成本的效果。如 MF 为引气减水剂，可与消泡剂 GXP—103 复合，可弥补混凝土因引气而导致后期强度降低的缺点。

（二）早强剂

能提高混凝土早期强度的外加剂，多在冬季或紧急抢修时采用。

常用的早强剂有：

1. 氯化物系早强剂

如 $CaCl_2$ 效果好，除提高混凝土早期强度外，还有促凝、防冻效果，其价低、使用方便，一般掺量为 1%～2%，缺点是会使钢筋锈蚀，在钢筋混凝土中 $CaCl_2$ 的掺量不得超过水泥用量的 1%，通常与阻锈剂 $NaNO_2$ 复合使用。

2. 硫酸盐系早强剂

如硫酸钠，又名元明粉，为白色粉末，适宜掺量为 $0.5\%\sim2\%$，多为复合使用，如 NC 是硫酸钠、糖钙与青砂混合磨细而成的一种复合早强剂。

3. 三乙醇胺系早强剂

三乙醇胺为无色或淡黄色透明油状液体，易溶于水，一般掺量为 $0.02\%\sim0.05\%$，有缓凝作用，一般不单掺，常与其他早强剂复合使用。

（三）缓凝剂

能延缓混凝土凝结时间的外加剂。目前常用的有木质素磺酸钙与糖蜜。适用于高温季节施工、大体积混凝土工程、泵送与滑模方法施工及较长时间停放或远距离运送的商品混凝土。

（四）速凝剂

能使混凝土迅速凝结硬化的外加剂。主要用于隧道与地下工程、引水涵洞等工程喷锚支护时的喷射混凝土。

（五）引气剂

在搅拌混凝土过程中能引入大量分布均匀、稳定而封闭的微小气泡的外加剂。引气剂产生的气泡直径在 $0.05\sim1.25mm$ 之间，目前常用的引气剂有松香热聚物、松香皂等，适宜掺量为 $0.5‰\sim1.2‰$。采用引气剂主要是为了提高混凝土的抗渗、抗冻等耐久性，改善拌合物的工作性（保水性），多用于水工混凝土。引气剂的使用，使得混凝土含气量增大，故使混凝土的强度较未掺引气剂者有所下降。

（六）防水剂

在混凝土中掺入防水剂，可以阻断或堵塞混凝土中的各种孔隙、裂缝及渗水通路，以达到抗渗要求。常用的有三氯化铁防水剂、硅酸钠类防水剂。

（七）防冻剂

常用的有亚硝酸钠型防冻剂、硝酸钙型防冻剂、氯盐类防冻剂等。

（八）膨胀剂

常用的有硫铝酸钙类膨胀剂。

（九）发气剂

常用的引气剂为铝粉。

# 第五节　建筑石膏及其制品

## 一、概述

（一）定义

采用天然石膏或工业副产石膏经脱水处理制得，以 $\beta$-半水硫酸钙为主要成分，不预加任何外加剂或添加物的粉状胶凝材料叫建筑石膏。

（二）类别

1. 天然建筑石膏：天然建筑石膏是以天然石膏为原料制取的建筑石膏。

2. 脱硫建筑石膏：脱硫建筑石膏是以烟气脱硫石膏为原料制取的建筑石膏。

3. 磷建筑石膏：磷建筑石膏是以磷石膏为原料制取的建筑石膏。

4. 粉刷石膏：粉刷石膏是将二水硫酸钙或无水硫酸钙煅烧后的生成物（$\beta CaSO_4 \cdot 1/2H_2O$ 和 II 型 $CaSO_4$）单独或两者混合后掺入外加剂，也可加入骨料制成的抹灰材料。

5. 高温煅烧石膏：高温煅烧石膏是天然石膏经 $900\sim1000℃$ 煅烧、粉磨，制成的具有一定抗水性的石膏。

## 二、石膏的化学成分

石膏是气硬性胶凝材料，是以硫酸钙为主要成分的矿物，按照石膏中含有的结晶水的不同，可形成多种性能不同的石膏。建筑石膏只是这些石膏中的一种。

石膏的主要化学成分是硫酸钙，当石膏中含有的结晶水不同时，可形成多种性能不同的石膏。

各种石膏的化学成分简述如下：

（一）无水石膏（$CaSO_4$）

无水石膏也称硬石膏，它结晶紧密、质地较硬。自然界中少量的天然石膏为无水石膏，它是生产硬石膏水泥和硅酸盐水泥的原料。

（二）生石膏（$CaSO_4 \cdot 2H_2O$）

生石膏也称二水石膏，大部分天然石膏矿为生石膏，它是生产建筑石膏的主要原料。

（三）建筑石膏$\left(CaSO_4 \cdot \dfrac{1}{2}H_2O\right)$

建筑石膏也称熟石膏或半水石膏，它是由生石膏加工而成的。根据其内部结构不同可分为：$\alpha$ 型半水石膏和 $\beta$ 型半水石膏，它们是土木建筑工程中较常用的胶凝材料。

除上述石膏外，工业废石膏也是石膏的主要来源之一。如磷化工厂的废渣为磷石膏；氟化工厂的废渣为氟石膏。它们都以硫酸钙为主要成分，并含有少量其他杂质，其中含有上述各种状态的石膏，称为混合型石膏。此外，工业废石膏还有盐石膏、陶瓷生产废石膏等。

## 三、石膏的生产

建筑石膏通常是由天然石膏经压蒸或煅烧加热而成的。常压下煅烧加热到 $107℃\sim$ $170℃$ 时可产生 $\beta$ 型建筑石膏（半水石膏）

$$CaSO_4 \cdot 2H_2O \longrightarrow CaSO_4 \cdot \frac{1}{2}H_2O + \frac{3}{2}H_2O \qquad （式3-6）$$

$107℃\sim170℃$ 常压加热（$\beta$ 型半水石膏）

当加热到 $120℃$ 条件下压蒸加热可产生 $\alpha$ 型建筑石膏：

$$CaSO_4 \cdot 2H_2O \longrightarrow CaSO_4 \cdot \frac{1}{2}H_2O + \frac{3}{2}H_2O \qquad （式3-7）$$

（二水石膏）$120℃$ 下压蒸加热（$\alpha$ 型半水石膏）

$\alpha$ 型半水石膏晶体与 $\beta$ 型半水石膏相比，具有结晶颗粒较粗、比表面积较小、强度高等特点，因此也称为高强石膏。

当加热温度超过 $170℃$ 时，可生成无水石膏，只要温度不超过 $200℃$，此无水石膏就具有良好的凝结硬化性能。

温度高于 800℃时，部分石膏会分解出 CaO，经磨细后被称为煅烧石膏。由于其中 CaO 的激发作用，其凝结硬化性能得到改善，经水化后可获得较高的强度、耐磨性和耐水性，这种石膏也称为地板石膏。

### 四、建筑石膏的水化与硬化

建筑石膏与适量水拌和后，能形成可塑性良好的浆体，随着石膏与水的水化反应，浆体的可塑性很快消失而发生凝结，此后在空气中进一步产生和发展强度而硬化。此过程实际上就是建筑石膏与水之间一系列化学反应的结果，其反应式为：

$$CaSO_4 \cdot \frac{1}{2}H_2O + \frac{3}{2}H_2O \rightleftharpoons CaSO_4 \cdot 2H_2O \qquad （式 3\text{-}8）$$

上述反应实际上也是一种半水石膏的溶解和二水石膏沉淀的可逆反应，因为半水石膏的溶解度高于二水石膏，所以此可逆反应总体表现为向右进行，即表现为沉淀反应。

就其物理过程来看，随着二水石膏沉淀的不断增加，就会产生结晶。结晶体的不断生成和长大，晶体颗粒之间便产生了摩擦力和黏结力，造成浆体的塑性开始下降，这一现象称为石膏的初凝。而后随着晶体颗粒间摩擦力和黏结力的增大，浆体的塑性很快下降，直至消失，这种现象称为石膏的终凝。上述整个过程称为石膏的凝结。

石膏终凝后，其晶体颗粒仍在不断长大和连生，形成相互交错且孔隙率逐渐减小的结构，其强度也会不断增大，直至水分完全蒸发，形成硬化后的石膏结构，这一过程称为石膏的硬化。

石膏浆体的凝结和硬化是交叉进行的，因为二者均是石膏水化和结晶的结果，只是根据外观表现由人来划分的。这种划分有其工程意义，一般来讲，石膏的成型应在其浆体初凝之前进行；表面修整应在终凝前进行；石膏成品必须在硬化后方可运输和使用。

### 五、建筑石膏的技术特性

（一）凝结硬化速度快

建筑石膏的浆体，即使不采取其他措施，其凝结硬化速度也很快。一般石膏的初凝时间仅为 10min 左右，终凝时间不超过 30min，这对普通工程施工操作十分方便。如需要操作时间较长时，可加入适量的缓凝剂（如动物胶、亚硫酸盐酒精废液等）。

（二）凝结硬化时的体积稳定

建筑石膏凝结硬化是石膏吸收结晶水后的结晶过程，其体积不仅不会收缩，而且还会稍有膨胀（约 1%）。这种膨胀不会对石膏造成危害，还能使石膏的表面变得光滑饱满、棱角清晰完整，避免制品开裂。

（三）硬化后孔隙率较大、质量轻，但强度低

建筑石膏在使用时，为获得良好的流动性，加入的水分要比水化时所需的水量多。因此，石膏在硬化过程中由于水分的蒸发，使原来的充水部分空间形成孔隙，造成石膏内部的大量微孔，使其质量减轻，抗压强度也因此下降。通常石膏硬化后的表观密度约为 800～1000kg/m³，抗压强度约为 3～5MPa。

（四）硬化体具有良好的隔热和吸声性能

石膏硬化体中大量的微孔，使其传热性能显著下降，因此具有良好的隔热能力。建筑石膏硬化体的导热系数一般为 $0.121\sim0.205W/（m\cdot K）$。石膏中的大量微孔，特别是表面微孔对声音传导或反射的能力也显著下降，使其具有较强的吸声能力。

（五）防火性能好，但耐水性能差

硬化后石膏的主要成分是二水石膏，当其遇火后会脱出结晶水，并能在表面蒸发形成水蒸气幕，可有效地阻止火的蔓延，因此具有良好的防火效果。由于硬化石膏的强度来自于内部结晶体粒子间的黏结力，当遇水后，粒子间连接点的黏结力可能被削弱，甚至可能使部分二水石膏溶解而产生局部溃散，所以建筑石膏硬化体的耐水性较差。通常其软化系数为 $0.3\sim0.45$，这就限制了建筑石膏的使用范围。

（六）良好的装饰性和可加工性

石膏表面光滑饱满、质地细腻、颜色洁白，所以具有良好的装饰性。石膏的微孔结构使其脆性有所改善、硬度较低，所以硬化石膏可锯、可钉、可刨、易于连接，具有良好的可加工性。

### 六、建筑石膏的质量标准

建筑石膏质量标准对其抗折、抗压强度的大小和细度进行了限制，并根据这些指标将建筑石膏划分优等品、一等品与合格品，具体指标见表3-14。

表 3-14　建筑石膏技术指标标准

| 技 术 指 标 | 优 等 品 | 一 等 品 | 合 格 品 |
|---|---|---|---|
| 抗折强度不得小于（MPa） | 2.5 | 2.1 | 1.8 |
| 抗压强度不得小于（MPa） | 4.9 | 3.9 | 2.9 |
| 细度（0.2mm方孔筛筛余%） | ≤5.0 | ≤10.0 | ≤15.0 |
| 凝 结 时 间 | 初凝时间不早于6min；终凝时间不迟于30min | | |

注：表中以2h强度为标准；指标中有一项不符合者，应降级或报废。

### 七、建筑石膏的应用

1. 室内装饰：生产各种石膏装饰板（吸声板吊顶板、墙面装饰板）；
2. 雕塑：用于制作建筑雕塑、城市雕塑模具、室内浮雕、雕塑艺术品等；
3. 添加料：也可用于水泥生产添加料、装饰涂料的填料、人造大理石添加料。

因为建筑石膏自身强度较低，且为微酸性材料，故不适合配加强钢筋，因此不能用作承重结构材料；石膏的耐水性差，一般不得应用于常接触水的环境。

随着技术的不断进步。建筑石膏强度低的缺点可通过掺加玻璃纤维等方法改善，耐水性差的缺点可通过掺防水性添加剂或进行表面处理等方法改善。

### 八、石膏制品

建筑装饰与装修工程中采用的石膏制品有很多种，其中应用于墙体与隔断的有石膏砌块、石膏保温防火板（管）、纸面石膏板、纤维石膏板、石膏空心板、石膏装饰板、防水石膏板；应用于装饰的主要有石膏角、石膏线、石膏花饰或灯饰、石膏装饰雕塑；应用于顶棚或吸声的有石膏天花板、石膏吸声板等。此外，还有应用于其他部位的石膏制品，如石膏卫生器皿等。

利用不同的加工方法和材料可以生产不同性能的石膏制品，使其在强度、外观、耐水性、防水性、吸声性、保温性等方面得以改善，使之满足不同的工程要求。这些制品大都保留了石膏的体积稳定、质量轻、防火性能好、保温隔声性能好、加工与安装使用性能好等优点。有些复合的石膏板材具有较高的抗弯强度和抗冲击强度，而且通过与其他材料的复合可以克服强度低或耐水性差的缺点，使石膏制品的综合性能显著改善。

（一）纸面石膏板

纸面石膏板是以石膏为夹芯，以纸板为护面制成的轻质板材。

纸面石膏板的性能和规格见表 3-15、表 3-16。

表 3-15　纸面石膏板性能

| 项　目 | | | 指　标 |
|---|---|---|---|
| 断裂荷载（N） | 9mm 板 | 纵　向 | ≥400 |
| | | 横　向 | ≥150 |
| | 12mm 板 | 纵　向 | ≥600 |
| | | 横　向 | ≥180 |
| | 25mm 板 | 纵　向 | ≥500 |
| | | 横　向 | ≥180 |
| 单位面积质量（kg/m²） | | 9（mm）板 | ≤9 |
| | | 12（mm）板 | ≤12 |
| | | 25（mm）板 | ≤25 |
| 挠度（mm） | 12mm 板 | 纵　向 | 0.8 |
| | | 横　向 | ≤1.0 |
| 含　水　率　（％） | | | ≤2 |
| 耐火极限（min） | | 普通石膏板 | 5～10 |
| | | 防火石膏板 | ＞20 |
| 导　热　系　数　［W/（m·K）］ | | | 0.194～0.209 |
| 隔声性能（dB） | | 9（mm）板 | 26 |
| | | 12（mm）板 | 28 |
| 钉入强度（MPa） | | 9（mm）板 | 1.0 |
| | | 12（mm）板 | 2.0 |

表 3-16　纸面石膏板的规格

| 一般规格尺寸（mm） | | 备　　注 |
|---|---|---|
| 长　　度 | 2400、2600、2800、3000、3500、4000 | 其他规格可与购货单位商定 |
| 宽　　度 | 900、1200 | |
| 厚　　度 | 9、12、15 | |

（二）石膏空心条板

石膏空心条板是将各种轻质材料如膨胀珍珠岩、膨胀蛭石等，同石膏一起加水拌制成石膏浆体，然后将其浇筑于特别的注模中，经振动成型、抽芯、干燥而成为空心石膏板。

空心石膏板与石膏薄板相比，其石膏用量多、质量大、生产率较低，但在生产时，不用护面纸，不用胶，安装时不需要龙骨，施工简便。

石膏空心条板的规格和性能见表 3-17。

（三）纤维石膏板

以石膏为基材，掺入适量有机或无机纤维增强材料，经打浆、铺浆、脱水、成型、烘干而制成的一种无纸面纤维石膏薄板。

其规格和性能见表 3-18。

表 3-17　石膏空心条板规格、性能

| 品　种 | 一　般　规　格（mm） | | | 技　术　性　能 | | 备　注 |
| --- | --- | --- | --- | --- | --- | --- |
| | 长　度 | 宽　度 | 厚　度 | 项　目 | 指　标 | |
| 石膏空心条板 | 2400～3000 | 250～600 | 80 | 板重（kg/m²）<br>抗压强度（MPa）<br>抗折强度（MPa）<br>抗拉强度（MPa） | 68～70<br>7.37<br>1.57<br>1.45 | |
| | 2500～3000 | 600 | 90 | 表观密度（kg/m³）<br>板重（kg/m²）<br>集中破坏荷载（N）<br>导热系数<br>［W/（m·K）］<br>耐火极限（h）<br>隔声指数（dB）<br>含水率（%） | 580～680<br>65<br>1300<br>0.24<br>2.25<br>32<br>≤3 | 具有防潮性 |
| | 2860 | 500 | 90 | 表观密度（kg/m³）<br>抗压强度（MPa）<br>抗拉强度（MPa） | 800～900<br>10.0<br>2.0 | |
| | 3300 | 600 | 100 | 表观密度（kg/m³）<br>抗压强度（MPa）<br>抗拉强度（MPa） | 800～900<br>7.5～10.8<br>2.42 | |
| 石膏珍珠岩空心条板 | 2500～3000 | 600 | 60 | 板重（kg/m²）<br>抗弯荷载（N）<br>导热系数<br>［W/（m·K）］<br>隔声指数（dB）<br>耐火极限（h）<br>吸水率（24h）（%）<br>饱和浸水强度（MPa）<br>软化系数 | 40±5<br>1000<br>0.279<br>>30<br>1.6<br><5<br>>60<br>0.65～0.70 | 胶结料掺少量水泥<br>孔径：φ38mm，<br>9孔空心率28.4%<br>防潮板性能 |

| 品　种 | 一　般　规　格　（mm） | | | 技　术　性　能 | | 备　注 |
|---|---|---|---|---|---|---|
| | 长　度 | 宽　度 | 厚　度 | 项　目 | 指　标 | |
| 石膏珍珠岩空心条板 | 2500～3000 | 600 | 60 | 板重（kg/m²）<br>抗压强度（MPa）<br>抗折强度（MPa）<br>破坏荷载（N）<br>导热系数<br>［W/（m·K）］<br>热阻值（m²·K/W）<br>隔声指数（dB）<br>耐火极限（h） | 38～40<br>5.0～6.0<br>1.8～2.3<br>890～1150<br>0.244<br>0.262<br>29～31<br>1.6 | 孔径：$\phi$40mm，9孔，空心率31.4% |
| | 2500～2900 | 600 | 60 | 表观密度（kg/m³）<br>抗压强度（MPa）<br>抗折强度（MPa）<br>集中破坏荷载（N）<br>导热系数<br>［W/（m·K）］<br>隔声指数（dB） | 600～650<br>5.0～9.0<br>2.0～2.6<br>1040～1450<br>0.21<br>28 | |
| 石膏硅酸盐空心条板 | 2000～3300 | 600 | 70 | 板重（kg/m²）<br>抗压强度（MPa）<br>抗弯荷载（N）<br>耐火极限（h）<br>隔声指数（dB） | 50～58<br>6.66<br>700<br>1.0<br>33 | 胶结料中适量掺入粉煤灰 |
| | 2500～3300 | 500～600 | 60～80 | 板重（kg/m²）<br>抗弯荷载（N）<br>耐火极限（h）<br>隔声指数（dB） | <60<br>>500<br>1.5<br>31～38 | 胶结料中掺有适量粉煤灰 |
| 磷石膏空心条板 | 2600～3000 | 600 | 80 | 表观密度（kg/m³）<br>抗压强度（MPa）<br>抗折荷载（N）<br>抗拉强度（MPa）<br>抗弯荷载（N）<br>导热系数<br>［W/（m·K）］<br>隔声指数（dB） | 700～800<br>>7.5<br>>3.0<br>>1.5<br>>1000<br>0.22<br>30 | |
| | 2700 | 500<br>600 | 80 | 抗压强度（MPa）<br>抗拉强度（MPa）<br>抗弯荷载（N） | >5.0<br>>1.1<br>>600 | |

表 3-18　纤维石膏板规格和性能

| 一 般 规 格 （mm） | | | 技 术 性 能 | | |
| 长 度 | 宽 度 | 厚 度 | 项 目 | | 指 标 |
|---|---|---|---|---|---|
| 3000 | 1000 | 6～7<br>7～8<br>8～9 | 表观密度（kg/m³） | | 1000～1100 |
| | | | 板重（kg/m²） | | 8.5～9.5 |
| | | | 抗折强度（MPa） | | ＞10 |
| | | | 冲击强度（J/cm²） | | 0.3 |
| | | | 导热系数［W/（m·K）］ | | 0.181～0.194 |
| | | | 耐火极限（min） | | 13～17 |
| | | | 软化系数 | | 0.3 |
| 3000 | 800 | 10、12 | 表观密度（kg/m³） | | 960～1100 |
| | | | 板重（kg/m²） | 10mm 板 | 11 |
| | | | | 12mm 板 | 13.2 |
| | | | 抗弯强度（MPa） | 纵 向 | 3.5 |
| | | | | 横 向 | 4.5 |
| | | | 含水率（％） | | 2 |
| 2700～3000 | 800 | 12 | 表观密度（kg/m³） | | 1100～1230 |
| | | | 板重（kg/m²） | | 15.4 |
| | | | 抗折强度<br>（MPa） | 纵 向 | 3.6～4.0 |
| | | | | 横 向 | 3.2～3.8 |
| | | | 软化系数 | | 0.6 |

## （四）浮雕装饰石膏板

以建筑石膏为主要原料，掺入纤维和黏结剂，经浇筑、成型、干燥等工艺而成。其主要特点是：浮雕图案突出，棱角清晰，富有立体感，图案美观大方，豪华典雅，室内装饰效果极佳。同时，具有轻质、高强、防火、隔热、吸声、防蛀、防腐、不易老化、吸湿等特性。

浮雕装饰石膏板规格、技术性能见表 3-19。

表 3-19　浮雕装饰石膏板的规格、技术性能

| 名 称 | 规 格 （mm） | 性 能 | 指 标 |
|---|---|---|---|
| ××牌浮雕<br>装饰石膏板 | 500×500×9～10<br>600×600×10 | 板重（kg/m²）<br>表观密度（kg/m³）<br>抗弯强度（MPa）<br>抗压强度（MPa）<br>耐火极限（min） | 8～9<br>770～870<br>3.14～4.12<br>5.88～7.84<br>＞16 |
| ××牌装<br>饰石膏板 | 300×300×9<br>400×400×9<br>500×500×9<br>600×600×9 | 板重（kg/m²）<br>断裂荷载（N）<br>吸水率（％）<br>防火性能 | 9～9.5<br>180<br>1.38<br>合格 |

| 名　　称 | 规　格（mm） | 性　　能 | 指　标 |
|---|---|---|---|
| ××石膏装饰板 | 625×625×9<br>600×600×11<br>500×500×9 | 断裂荷载（N）<br>含水率（%） | ＞196<br>＜3 |
| ××浮雕板 | 300×300×10<br>600×600×10 | 表观密度（kg/m³）<br>断裂荷载（N）<br>导热系数（W/m·K） | 800<br>250<br>0.20 |
| 石膏浮雕板 | 500×500×10 | 表观密度（kg/m³）<br>断裂荷载（N）<br>防水性能（%） | ＜900<br>＞180<br>＜5 |
| 石膏浮雕吸声板 | 250×250×10<br>500×500×15 |  |  |
| 石膏浮雕板 | 300×300×8～10<br>400×400×8～10<br>50×500×8～10<br>600×600×8～10 | 表观密度（kg/m³）<br>断裂荷载（N）<br>耐火度（℃） | 750～850<br>＞200<br>一级 |

浮雕装饰石膏板主要用于高级建筑的室内墙壁及顶棚装饰，如宾馆、饭店、影剧院、图书馆、展览馆、俱乐部、医院、宴会厅、休息厅等。

# 第六节　石　灰

## 一、概述

**（一）定义**

采用以碳酸钙为主要成分的原料在低于烧结温度下煅烧所得的产物叫石灰。

**（二）类别**

1. 消石灰：由生石灰加水消解而成的氢氧化钙叫消石灰。

2. 消石灰粉：消石灰粉是消石灰经风选、筛选或研磨所得的产物。

3. 石灰膏：石灰膏是消石灰和水混合并达到一定稠度的膏状物。

4. 磨细生石灰：磨细生石灰是由块状石灰磨细到一定细度制得的气硬性胶凝材料。

**（三）应用**

石灰主要用于墙体砌筑和墙面抹灰、顶棚涂刷等部位。

## 二、石灰的消解与硬化

**（一）石灰的消解**

石灰使用时，通常将石灰加水，使之消解为膏状或粉末状的消石灰，这个过程称为石灰的消化，又称熟化。其化学反应式如下：

$$CaO + H_2O \longrightarrow Ca(OH)_2 + 64.9kJ/mol \qquad （式3-9）$$

石灰的消解为放热反应，消解时体积增大约1～2.5倍。氧化钙含量高的石灰消化较快，放热量和体积增大也较多。石灰的消解，理论上需水量为氧化钙的32.1%，实际加水量达

石灰质量的 $60\%\sim80\%$ 时，才能使制取的消石灰粉保证充分消解而又不过湿成团。石灰消解时为消除"过火石灰"的危害，可在消解后"陈伏"半个月左右，使过火石灰在高湿度环境下被消解后再使用。对于石灰浆，为防止消解形成的 $Ca(OH)_2$ 被空气中的 $CO_2$ 中和形成无胶凝性的 $CaCO_3$，"陈伏"期间应在其表面覆盖一层水（2cm 以上），使之与空气隔绝。

经过预先消解，可使石灰在消解过程中的体积膨胀和放热提前释放，并可消除欠火灰与过火灰的危害。在一般工程中，它是必不可少的过程。市场上销售的袋装消化灰是加湿磨细制成的。没有达到充分消解，抹灰表面易起鼓泡，使用时应适当多加水，拌和后停放 10min 左右再涂抹。

（二）石灰的硬化

石灰的硬化就是由塑性状态转变为具有一定结构强度的过程，它主要是通过石灰的干燥硬化和碳化两种方式完成的。

1. 干燥硬化

消解的石灰浆体在干燥过程中由于水分的蒸发，使得各颗粒间形成网状孔隙结构，这时滞留在孔隙中的自由水，由于表面张力的作用而产生毛细管压力，使石灰颗粒间更加紧密，从而获得附加强度。干燥硬化是石灰早期强度的主要来源。

2. 碳化硬化

消解石灰中的 $Ca(OH)_2$ 与渗入的 $CO_2$ 产生反应形成 $CaCO_3$ 的过程被称为石灰的碳化。石灰浆体经碳化后可获得更高的强度，并称为碳化强度。石灰碳化作用只有在水和空气同时存在的条件下才能进行。其化学反应方程式如下：

$$Ca(OH)_2 + CO_2 + nH_2O \longrightarrow CaCO_3 + (n+1)H_2O \qquad （式 3-10）$$

因为石灰的充分碳化需要很长的时间，所以它对于石灰的后期强度起主要作用。若需要获得较高的早期碳化强度，可以通过强化手段加速碳化过程，尽早获得碳化强度。

### 三、石灰的技术要求和技术标准

（一）技术要求

用于建筑工程的石灰，氧化钙和氧化镁 ［$CaO+MgO$］ 含量、生石灰产浆量和未消化残渣含量、二氧化碳（$CO_2$）含量、消石灰粉游离水含量、细度应达到标准的要求。

（二）技术标准

依据氧化镁含量的多少可将石灰划分为钙质石灰和镁质石灰两类。而消石灰粉除上述两类外，还有白云石消石灰粉（高镁石灰）。其分类标准见表3-20。

按照氧化钙和氧化镁含量等各项指标，可将石灰分为优等品、一等品和合格品三个等级。

表 3-20　石灰品种的分类标准

| 石灰品种<br>氧化镁含量（%）<br>类别 | 生 石 灰 | 生 石 灰 粉 | 消 石 灰 粉 |
|---|---|---|---|
| 钙质石灰 | ≤5 | ≤5 | <4 |
| 镁质石灰 | >5 | >5 | 4≤MgO<24 |
| 白云石消石灰粉 | — | — | 24≤MgO<30 |

### 四、石灰的特点及应用

尽管石灰在消解过程中表现出体积膨胀和热量大量释放的特点，但在消解后的熟石灰应用中往往表现出截然相反的特点。石灰在干燥环境中使用时，通常只表现为气硬性，它在硬化过程中常伴有体积收缩和开裂，这不仅影响其外观，还会严重影响其强度和耐久性。因此，在应用中常采取一些措施防止其开裂。

1. 石灰用于干燥环境中砌体的砌筑和抹面时，往往加入细骨料或纤维材料，其作用就是减少石灰硬化过程中的体积收缩、阻止开裂、改善碳化性能。此时，石灰常用作石灰砂浆或石灰水泥砂浆、麻刀或纸浆石灰膏。

2. 石灰制品在硬化过程中，可采取措施加强其碳化，通过碳化来弥补收缩造成的缺陷，如石灰碳化制品、石灰乳等。

石灰在潮湿环境中可与活性硅铝质材料混合使用，经过化学反应表现为水硬性。由于在通常条件下其化学反应速度很慢，往往采用高温高压养护、碾压活化或长期潮湿使其充分反应，其强度可得到充分发展。

3. 石灰与废砂或硅铝质工业废料混合均匀，经压振或压制可形成硅酸盐制品。为使其获得早期强度，往往进行蒸养或蒸压，使石灰与硅铝质材料反应速度加快，使制品产生较高的早期强度，如灰砂砖、硅酸盐砖、硅酸盐混凝土制品等。

# 第七节  防  水  材  料

### 一、建筑防水材料的类型

（一）防水卷材

1. 防水卷材：防水卷材是可卷曲的片状柔性防水材料。

2. 改性沥青防水卷材：改性沥青防水卷材是用改性沥青作为浸涂材料制成的沥青防水卷材。

3. 自黏结防水卷材：自黏结防水卷材是具有压敏黏结性能的改性沥青防水卷材。

4. 高分子防水卷材：高分子防水卷材是以合成橡胶、合成树脂或两者的共混材料为主要原材料，加入适量的助剂和填料，经混炼、压延或挤出等工序加工而成的防水卷材。

（1）聚乙烯丙纶防水卷材：聚乙烯丙纶防水卷材是聚乙烯树脂与助剂热熔后挤出成膜，同时在其两面热覆丙纶纤维无纺布形成的高分子防水卷材。

（2）三元乙丙防水卷材：三元乙丙防水卷材是以三元乙丙橡胶为主要原材料，配用其他助剂，经混炼、过滤、挤出造型、硫化等工序制成的高分子防水卷材。

（二）防水涂料

1. 防水涂料。具有防水功能的涂料。

2. 聚合物水泥防水涂料。以丙烯树脂、乙烯-乙酸乙烯酯等聚合物乳液和水泥为主要原材料，加入填料及其他助剂制成的、可固化成膜的双组分防水涂料。

3. 聚氨酯防水涂料。由含异氰酸脂基的化合物与固化剂等助剂混合而成的防水涂料。

4. 丙烯酸防水涂料。以丙烯酸酯为主要成膜物质制成的防水涂料。

5. 喷涂聚脲防水涂料。以异氰酸酯类化合物为甲组分、胺类化合物为乙组分，采用喷涂工艺使两组分混合、反应生成的弹性体防水涂料。

6. 水泥基渗透结晶防水涂料。指以水泥和石英砂为主要原材料，掺入活性化学物质，与水混合后，活性化学物质通过载体可渗入混凝土内部，并形成不溶于水的结晶体，使混凝土致密的刚性防水材料。

（三）防水砂浆

防水砂浆是以水泥和细骨料为主要原材料，加入改性添加剂，经加水拌和，硬化后具有防水作用的砂浆。

（四）其他防水材料

1. 无机防水堵漏材料：无机防水堵漏材料是以水泥和添加剂为主要原材料，加工成粉状的、与水拌和后可快速硬化的防水堵漏材料。

2. 遇水膨胀止水带：遇水膨胀止水带是具有遇水膨胀性能的腻子条和橡胶条的统称。

3. 止水带：止水带是以橡胶或塑料制成的定型密封材料。

（五）建筑密封材料

1. 建筑密封材料：建筑密封材料是能承受接缝位移并满足气密和水密要求的、嵌入建筑接缝中的定型和非定型材料。

2. 嵌缝膏：嵌缝膏是以油脂、合成树脂等与矿物填充材料混合制成的，可表面形成硬化膜而内部硬化缓慢的密封材料。

3. 聚氨酯密封膏：聚氨酯密封膏是以聚氨基甲酸酯为主要成分的非定型密封材料。

4. 硅酮密封膏：硅酮密封膏是以聚硅氧烷为主要成分的非定型密封材料。

5. 聚硫密封膏：聚硫密封膏是以液态聚硫橡胶为主要成分的非定型密封材料。

（六）防水混凝土

1. 骨料级配法生产的防水混凝土。

2. 普通防水混凝土（富水泥浆防水混凝土）。

3. 外加剂防水混凝土。

4. 膨胀水泥防水混凝土。

## 二、防水卷材

传统的沥青类防水卷材大多已被淘汰，仅保留石油沥青防水卷材一种，并规定胎体材料必须采用玻璃纤维或黄麻织物，表面应覆铝箔等材料进行保护。目前，主要采用的防水卷材品种有合成高分子类防水卷材、高聚物改性沥青类防水卷材、金属卷材、粉料防水卷材（膨润土毡）等。

（一）防水卷材的类型

防水卷材的类型见表 3-21。

表 3-21　防水卷材的类型

| 类型 | 品种名称 |
|---|---|
| 高聚物改性沥青防水卷材 | 弹性体改性沥青防水卷材（SBS） |
| | 改性沥青聚乙烯胎防水卷材 |
| | 自黏聚合物改性沥青防水卷材 |

| 类型 | 品种名称 |
|---|---|
| | 三元乙丙橡胶防水卷材 |
| 合成高分子防水卷材 | 聚氯乙烯防水卷材 |
| | 聚乙烯丙纶复合防水卷材 |
| | 高分子自黏胶膜防水卷材 |

（二）高聚物改性沥青防水卷材

1. APP 型改性沥青防水卷材

APP 改性沥青防水卷材属塑性体沥青防水卷材，它以聚酯类毡胎、玻纤编织布等为胎基，以聚丙烯（APP）等为沥青的改性材料。卷材具有良好的强度、延伸性、耐热性、耐紫外线照射及耐老化性能，单层铺设，适合于紫外线辐射强烈及炎热地区屋面使用。

改性沥青防水卷材均以 $10m^2$ 卷材的标称质量，以 kg 作为卷材的标号。玻纤毡胎基的卷材分为 25 号、35 号和 45 号三种；聚酯毡胎基的卷材分为 25 号、35 号、45 号和 55 号四种标号。厚度有 2mm、3mm、4mm、5mm 等规格。每卷长度为 20m。

2. SBS 型改性沥青防水材料

（1）SBS 防水卷材是以沥青、热塑性丁苯橡胶（SBS）、合成树脂、表面活性剂等高分子材料制成的，加入玻璃纤维、复合玻璃布，复合聚酯布或亚麻布等作为胎体，以提高卷材的抗变形能力。它分为弹性体和塑性体两种。

（2）SBS 改性沥青防水材料低温柔韧性好，抗裂性能和黏结性能更好，施工操作方便灵活，防水性能好，而且对环境无污染。表面可覆盖 PE 薄膜，或将薄膜压成花纹，或压入细砂、彩砂、岩片、铝箔等，可防止卷材在储运中自粘连，防止紫外线的直接照射，并可使防水层制成多彩的外表，改变屋面黑色防水层的老面孔，增加高空观看的多彩效果。

（3）以 $10m^2$ 为标称质量划分为四种标号。如 25 号卷材单卷面积为 $10m^2$、质量为 25kg；35 号即每卷 $35kg/10m^2$；45 号每卷 $45kg/10m^2$；55 号每卷 $55kg/10m^2$。根据卷材的可溶物含量、不透水性、耐热度、抗拉力及柔度，将产品划分为优等品、一等品与合格品。

（4）适用范围：SBS 卷材施工时可用氯丁黏合剂冷铺贴或热熔粘贴。主要适用于建筑物的屋面、地面、卫生间、地下室及寒冷地区。

高聚物改性沥青防水卷材的性能指标见表 3-22。

表 3-22　高聚物改性沥青防水卷材的性能指标

| 项目 | | 性能要求 | | | | |
|---|---|---|---|---|---|---|
| | | 弹性体改性沥青防水卷材 | | | 自黏聚合物改性沥青防水卷材 | |
| | | 聚酯毡胎体 | 玻纤毡胎体 | 聚乙烯膜胎体 | 聚酯毡胎体 | 无胎体 |
| 可溶物含量（$g/m^2$） | | 3mm 厚≥2100 4mm 厚≥2900 | | | 3mm 厚≥2100 | — |
| 拉伸性能 | 拉力（N/50mm） | ≥800（纵横向） | ≥500（纵横向） | ≥140（纵向）<br>≥120（横向） | ≥450（纵横向） | ≥180（纵横向） |
| | 延伸率（%） | 最大拉力时≥40（纵横向） | — | 断裂时≥250（纵横向） | 最大拉力时≥30（纵横向） | 断裂时≥200（纵横向） |

续表

| 项目 | 性能要求 | | | | |
|---|---|---|---|---|---|
| | 弹性体改性沥青防水卷材 | | | 自黏聚合物改性沥青防水卷材 | |
| | 聚酯毡胎体 | 玻纤毡胎体 | 聚乙烯膜胎体 | 聚酯毡胎体 | 无胎体 |
| 低温柔度（℃） | —25，无裂纹 | | | | |
| 热老化后低温柔度（℃） | —20，无裂纹 | | | —22，无裂纹 | |
| 不透水性 | 压力 0.3MPa，保护时间 120min，不透水 | | | | |

（三）合成高分子防水卷材

合成高分子防水卷材以合成橡胶、合成树脂和它们的共混体为基料，加入适量的助剂和填充料等，经不同工序加工而成的可卷曲的片状防水材料。如三元乙丙橡胶防水卷材、氯化聚乙烯防水卷材等。

三元乙丙橡胶防水卷材（简称 EPDM）是硫化橡胶型防水卷材的典型代表，是以三元乙丙橡胶为主料，加入适量丁基橡胶、硫化剂、促进剂、活化剂、增塑剂及填充料等，经密炼、挤出（或延化）硫化等工序制成的防水卷材，是目前耐老化性最好的一种防水卷材，在 60～120℃的温度范围下使用，寿命可长达 20 年以上。它具有良好的耐候性、耐臭氧性、耐酸碱腐蚀性、耐热性与耐寒性。它的抗拉强度高达 7.5MPa 以上，延伸率超过 450%，其施工方法主要是用合成橡胶类胶结剂（如 CX-404BN2 等），进行黏结，易于操作。因此，这种防水卷材堪称当前最先进、最具发展前途的一个新品种。这种新型防水卷材的缺点是遇到机油时将产生溶胀，以及一次支付造价较高（但相对其性能及寿命，总体效益仍然合算）。基层处理剂可用聚氨酯底胶，基层胶结剂可用 CX-404 胶。它主要采用冷施工方法，产品有胶结型和自结型等两种不同的产品，可适合于各种不同环境与要求的工程。

根据三元乙丙橡胶防水卷材不同温度时的抗拉强度、扯断伸长率、直角型撕裂强度，以及抗热空气与耐臭氧老化能力、耐碱性、耐低温性、不透水性、加热伸缩性、黏合性能等技术指标，可划分为一等品或合格品。

三元乙丙橡胶防水卷材可制成各种色彩的外表，可适用于建筑屋面、地下室、卫生间的外露或隐蔽防水。三元乙丙橡胶防水卷材，每卷 20m，宽度有 900mm，750mm，1000mm 三种。

### 三、防水涂料

建筑防水涂料包括有机防水涂料和无机防水涂料的大类型。由合成高分子材料（SBS、APP 等）、沥青、聚合物改性沥青、无机材料等为主体，掺入适量的助剂、改性材料、填充材料等加工制成的溶剂型、水溶型、水乳型或粉末型的防水材料。

与防水卷材相比，防水涂料施工简单方便，适用于任何形状的基面，并可形成致密无缝的涂膜，因此，防水涂料已广泛应用于各种防水工程中，并取得了迅速的发展。

防水涂料按液态类型也可分为溶剂型、水乳型及反应型三类。一般采用冷施工。

（一）硅橡胶防水涂料

硅橡胶防水涂料具有良好的防水性、渗透性、成膜性、弹性、黏结性、耐水性和耐低温性。适应基底的能力强，可渗入基底，与基底牢固黏结。成膜速度快，可在潮湿基层上施工，无毒、无味、不燃，可配成各种颜色。适用于地下工程、屋面等防水、防渗及渗漏修补工程，也是冷藏库优良的隔气材料，但价格较高。这种涂料有 1 号和 2 号两种，1 号用于表层和底层，2 号用于中层作为加强层。

（二）聚氨酯防水涂料

聚氨酯防水涂料是以聚氨基甲酸酯为主要成分的双组分反应固化型防水材料。其主要组分是含有端异氰酸酯基（-NCO）的聚氨酯预聚物，还含有多烃基的固化剂、增韧剂、增黏剂、防霉剂、填充剂、稀释剂等。当主料与辅料按比率混合均匀后，可在常温下形成黏稠状物质，待涂布施工完毕后可常温固化形成柔软、耐水、抗裂和富有弹性的整体防水涂层。固化的体积收缩小，可形成较厚的防水涂膜，具有弹性高、延伸率大、耐高低温性好、耐油、耐化学药品等优点。为高档防水涂料，但价格较高。施工时双组分需准确称量拌和，使用时较麻烦，且有一定的毒性和可燃性。

聚氨酯防水涂料划分为自流平型（L）和非下垂型（N）。根据聚氨酯防水涂料的密度、适用期、表干时间、渗出性指数、流变性、低温柔性、黏结性、恢复率、抗拉-压循环性等指标，可划分为优等品、一等品、合格品。

L 型聚氨酯涂膜防水涂料特别适合于要求较高弹性与延伸能力的工程防水，如各种建（构）筑物的地面、地下防水，水工构筑物防水，基层容易变形或开裂的结构物防水等场合。N 型聚氨酯密封膏防水涂料主要应用于各种结构的连接缝密封防水或结构物裂缝的防水修补。

聚氨酯防水涂料的主要组分（A）与辅助组分（B）多采用桶装，它应在阴凉处存放，其储存期为 6 个月。A 组分具有一定的毒性，在使用时应注意通风与安全防护。

（三）水乳型再生胶沥青防水涂料

它是以表面活性物质为乳化剂，是加热液化沥青在水中乳化制成的乳液再加入再生橡胶粉改性后的水乳型防水涂料。其中再生橡胶是以废橡胶制品为原料经切割、洗涤、粉碎和脱硫（使硫脱链成小聚合体）后制成的弹性细粉。

在水乳型再生胶沥青防水涂料中，沥青与再生橡胶粉具有良好的相溶性，在干燥成膜过程中，沥青与橡胶相互结合成防水膜。该防水层中橡胶的高弹性与耐温性克服了沥青热稳定性差的缺点，保持了沥青良好的黏结性和憎水性良好的优点。该复合体具有优良的弹性、黏结性、不透水性，较好的耐热性、耐低温性和耐老化性；还具有可冷作业、方便施工、操作安全的优点。该防水涂料与玻璃布、合成纤维薄毡、无纺布等复合使用还可使该防水层具有一定抗拉伸能力。为提高其抗老化能力，常在其外露表面撒布细砂作为保护层。

该防水涂料可应用于各种建筑的屋面、地下室、冷库、墙面、刚性及柔性防水的翻修等方面。它多用桶装供货，要求储存和使用温度必须高于 0℃，当桶内上表面有结膜时应进行过滤后使用。施工完毕后应进行干燥结膜 5～7d 后方可上人或堆物。

工程中对水乳型再生胶沥青防水涂料要求的主要技术指标有耐热性、胶粘性、抗裂性、低温柔性、不透水性、耐碱性等。

合成高分子防水卷材的性能指标见表 3-23。

表 3-23 合成高分子防水卷材的性能指标

| 项目 | 性能要求 | | | |
|---|---|---|---|---|
| | 三元乙丙橡胶防水卷材 | 聚氯乙烯防水卷材 | 聚乙烯丙纶复合防水卷材 | 高分子自黏胶膜防水卷材 |
| 断裂拉伸强度 | ≥7.5MPa | ≥12MPa | ≥60N/10mm | ≥100N/10mm |
| 断裂延伸率 | ≥450% | ≥250% | ≥300% | ≥400% |
| 低温弯折性 | -40℃，无裂纹 | -20℃，无裂纹 | -20℃，无裂纹 | -20℃，无裂纹 |
| 不透水性 | 压力 0.3MPa，保持时间 120min，不透水 | | | |
| 断裂强度 | ≥25kN/m | ≥40kN/m | ≥20N/10mm | ≥120N/10mm |
| 复合强度（表层与芯层） | — | — | ≥1.2N/mm | — |

## 四、防水涂料

防水涂料是具有防水功能的涂料，有无机防水涂料和有机防水涂料两大类。无机防水涂料包括掺外加剂、掺合料的水泥基防水涂料、水泥基渗透结晶型防水涂料。有机防水涂料包括反应型、水乳型、聚合物水泥等涂料。

无机防水涂料和有机防水涂料的性能指标分别见表 3-24 和表 3-25。

表 3-24 无机防水涂料的性能指标

| 涂料种类 | 抗折强度（kPa） | 黏结强度（kPa） | 一次抗渗性（kPa） | 二次抗渗性（kPa） | 冻融循环（次） |
|---|---|---|---|---|---|
| 掺外加剂、掺合料水泥基防水涂料 | ≥4.0 | ≥1.0 | >0.8 | — | >50 |
| 水泥基渗透结晶型防水涂料 | ≥4.0 | ≥1.0 | >1.0 | >0.8 | >50 |

表 3-25 有机防水涂料的性能指标

| 涂料种类 | 可操作时间 | 潮湿基面黏结强度（kPa） | 抗渗性（kPa） | | | 浸水 7d 后抗拉强度（kPa） | 浸水 7d 后断裂伸长率（%） | 耐水性（%） | 表干（h） | 实干（h） |
|---|---|---|---|---|---|---|---|---|---|---|
| | | | 涂膜（120min） | 砂浆迎水面 | 砂浆背水面 | | | | | |
| 反应型 | ≥20 | ≥0.5 | ≥0.3 | ≥0.8 | ≥0.3 | ≥1.7 | ≥400 | ≥80 | ≤12 | ≤24 |
| 水乳型 | ≥50 | ≥0.2 | ≥0.3 | ≥0.8 | ≥0.3 | ≥0.5 | ≥350 | ≥80 | ≤4.0 | ≤12 |
| 聚合物水泥 | ≥30 | ≥1.0 | ≥0.3 | ≥0.8 | ≥0.6 | ≥1.5 | ≥80 | ≥80 | ≤4.0 | ≤12 |

## 五、防水砂浆

防水砂浆是以水泥和细骨料为主要原材料，加入改性添加剂，经加水拌和，硬化后具有防水作用的砂浆。

（一）防水砂浆的材料选择

1. 水泥应采用硅酸盐水泥、普通硅酸盐水泥或特种水泥，不得使用过期或受潮结块的水泥。

2. 砂应采用中砂，含泥量不应大于 1%，硫化物和硫酸盐含量不应大于 1%。

3. 拌制防水砂浆的用水应符合相关规定。

4. 聚合物乳液的外观：应为均匀液体，无杂质、无沉淀、不分层。

5. 外加剂的技术性能应符合相关规范的规定。

（二）防水砂浆的技术性能（表 3-26）

表 3-26　防水砂浆的技术性能

| 防水砂浆种类 | 黏结强度 (kPa) | 抗渗性 (kPa) | 抗折强度 (kPa) | 干缩率 (%) | 吸水率 (%) | 冻融循环 (次) | 耐碱性 | 耐水性 (%) |
|---|---|---|---|---|---|---|---|---|
| 掺外加剂、掺合料的防水砂浆 | ≥0.8 | ≥0.8 | 同普通砂浆 | 同普通砂浆 | ≤3 | >50 | 10%NaOH 溶液浸泡 14d 无变化 | — |
| 聚合物水泥防水砂浆 | >1.2 | ≥1.2 | ≥8.0 | ≤0.15 | ≤4 | >50 | — | ≥80 |

## 六、密封材料

密封材料应首先考虑其黏结性与使用部位。

（一）聚氨酯密封膏

聚氨酯密封膏是性能最好的密封材料之一。一般用双组分配制，甲乙两组分按比率混合，经固化反应成弹性体。具有较高的弹性、黏结力与防水性，良好的耐油性、耐候性、耐久性及耐磨性。与混凝土的黏结性良好，且不需打底，故可用于屋面、墙面的水平与垂直接缝，公路及机场跑道的外缝、接缝，还可用于玻璃与金属材料的嵌缝以及游泳池工程等场合。

（二）硅酮密封膏

硅酮密封膏具有优异的耐热性、耐寒性和良好的耐候性，分为 F 类和 G 类两种。F 类为建筑接缝用，G 类为镶嵌玻璃用，特别是玻璃幕墙工程均采用。目前大多用单组分（聚硅氧烷）配制，施工后与空气中的水分进行交联反应，形成橡胶弹性体。

（三）丙烯酸类密封膏

通常为水乳型。这类密封膏在一般基底上不产生污渍，有良好的抗紫外线性能及延伸性能，但耐水性不算很好。

## 七、防水混凝土

防水混凝土是通过各种方法提高混凝土的抗渗性能，以达到防水的要求。抗渗性能以抗渗等级表示，应根据最大作用水头（即该处在自由水面以下的垂直深度）与建筑物最小壁厚的比值来选择抗渗等级，通常该比值越大，则混凝土的抗渗等级应该越高。

防水混凝土按配置方法的不同可分为以下几种：

（一）骨料级配法防水混凝土

特点是砂石混合级配满足混凝土最大密实度的要求，提高其抗渗性能，以达到防水的目的。

（二）普通防水混凝土（富水泥浆防水混凝土）

特点是密实度高，具体要求是：水泥用量不小于 $320kg/m^3$，水泥强度等级不宜小于 42.5MPa；水灰比不大于 0.60；砂率 35%～40% 为宜；灰砂比 1:2.0～1:2.5 为宜；粗骨料最大粒径不宜大于 40mm，使用自然级配；坍落度一般为 30～50mm 等。

**（三）外加剂防水混凝土**

外加剂防水混凝土是在混凝土中掺入外加剂，用以隔断或堵塞混凝土中的各种孔隙、裂缝及渗水通路，以达到抗渗要求。常用的外加剂有引气剂、减水剂、三乙醇胺、氯化铁防水剂及氢氧化铁、密实剂等。

**（四）膨胀水泥防水混凝土**

由于膨胀水泥在水化工程中形成大量的水化硫铝酸钙，产生一定的膨胀，在有约束的条件下，改善了混凝土的孔结构，降低了孔隙率，从而提高了混凝土的抗渗性。

防水混凝土施工时浇水保湿不应少于 14d，测试时用 28d 龄期的圆台体标准试件。

**（五）防水混凝土的抗渗等级**

《地下工程防水技术规范》（GB 50108—2008）中规定的防水混凝土的抗渗等级取决于工程埋置深度。代号为 P，单位为 $N/mm^2$（MPa）。防水混凝土的抗渗等级详见表 3-27。

表 3-27　防水混凝土的抗渗等级

| 工程埋置深度（m） | 设计抗渗等级 | 工程埋置深度（m） | 设计抗渗等级 |
| --- | --- | --- | --- |
| <10 | P6 | 20～30 | P10 |
| 10～20 | P8 | 30～40 | P12 |

## 八、坡屋面防水覆盖材料

**（一）彩色水泥瓦**

彩色水泥瓦是以水泥砂浆为原料经挤压、切割、覆面上色和养护生产的非烧结瓦。它可以制成各种颜色，瓦上表面可涂覆复合涂层，使其表面抗风化能力提高，不仅具有优良的装饰效果，也有较好的耐久性。

目前生产的水泥彩瓦多为仿欧式的外形，其主瓦有大波瓦、小波瓦、水波瓦，与之配套的有脊瓦、檐口瓦、封头瓦及排水瓦等。这类瓦主要依靠横向压扣连接和密封防水，适用于 17°～35° 的屋面坡度覆面。当屋面坡度较大时，可将瓦上的盲眼穿透用连接件使上下瓦之间连接，并与龙骨联结，使其形成整体联结，具有可靠的防水效果。

其主瓦的规格为 420mm×332mm，每 $1m^2$ 约需要 10 片，每片质量 3.5～4.5kg。单片抗折荷载为 10kN 以上。

水泥彩瓦的单片尺寸较大，可以直接搭在屋面龙骨上。由于它配套规格较全，使得施工方便，建筑物整体外貌漂亮，具有类似琉璃瓦装饰的效果。水泥彩瓦的外形见图 3-8。

（a）　　　　　　　　　　（b）　　　　　　　　　　（c）

图 3-8　彩色水泥瓦的外形

（a）小波瓦；（b）大波瓦；（c）水波瓦

除上述瓦外，还可使用玻璃纤维增强水泥波瓦及其脊瓦、石棉水泥波瓦及其脊瓦、玻璃纤维增强树脂波瓦及其脊瓦等大面积瓦。

（二）金属板防水制品

在许多大型仓库、工业厂房和其他公用建筑中，经常采用金属屋面。常见的金属屋面有镀锌钢板、复合铝板、彩色压型钢板、彩钢复合板材等屋面材料。

要求单位面积很轻的屋面可以采用镀锌钢板，如简易仓库、车棚、市场等。它具有安装方便和成本低等优点，对一些不要求保温的建筑可以采用。

在许多大开间的礼堂及体育场馆，常采用铝合金波纹板、铝合金压型板、复合铝板平板、铝合金夹层板等屋面材料。

彩色压型钢板具有较好的刚度、强度与装饰效果，可以制成坡屋面、平屋面或拱（弧）形屋面，特别是压型钢板拱形屋面可以省去支撑梁、檩条和龙骨等，形成自身承重结构。彩钢复合板材的结构与图 3-5 的彩钢夹芯板材相同，它具有良好的保温隔声效果，自身有很强的刚度，可以直接作为建筑物的屋面而不需要进行保温与装饰处理，是大型工业厂房、仓储用房、大型市场和棚亭较理想的屋面材料。

# 第八节　绝热材料、吸声材料与隔声材料

## 一、建筑绝热材料、吸声材料与隔声材料的类型

1. 聚苯乙烯泡沫塑料：聚苯乙烯泡沫塑料是聚苯乙烯树脂加工成型时用化学或机械方法使其内部产生微孔制得的硬质、半硬质或软质泡沫塑料。

2. 挤塑聚苯乙烯泡沫塑料：挤塑聚苯乙烯泡沫塑料是以聚苯乙烯树脂或其共聚物为主要原材料，掺加少量添加剂，通过加热挤塑成型而制得的具有闭孔结构的硬质泡沫塑料。

3. 聚氨酯泡沫塑料：聚氨酯泡沫塑料是聚氨基甲酸酯树脂在加工成型时用化学或机械方法使其内部产生微孔制得的硬质、半硬质或软质泡沫塑料。

4. 硅酸钙绝热制品：硅酸钙绝热制品是以氧化硅（硅藻土、膨润土、石英粉等）、氧化钙（消石灰、电石渣等）和增强材料（石棉、玻璃纤维、纸纤维）为主要原材料，经过搅拌、加热、胶凝、成型、蒸压硬化、干燥等工序而制成的绝热制品。

5. 岩棉：岩棉是采用天然火成岩石（玄武岩、辉绿岩、安山岩等）经高温熔融，用离心力、高压载能砌体喷吹而制成的纤维状材料。

6. 矿渣棉：矿渣棉是采用高炉矿渣、锰矿渣、磷矿渣等工业废渣，经高温熔融，用离心力、高压载能砌体喷吹而制成的纤维状材料。

7. 岩棉及矿渣棉制品：岩棉及矿渣棉制品是在岩棉或矿渣棉中加入适量热固性树脂胶黏剂，经压型、加热聚合或干燥制成的板、带、毡等制品。

8. 玻璃棉：玻璃棉是用天然矿石（石英砂、白云石、蜡石等）配以化工原料（纯碱、硼酸等）熔制玻璃，在融融状态下拉制、吹制或甩成的极细的纤维状材料。

9. 玻璃棉制品：玻璃棉制品是以玻璃棉纤维为基材而制成的以封闭气孔结构为主的绝热材料。

10. 泡沫玻璃：泡沫玻璃是采用玻璃粉或玻璃岩粉经熔融制成以封闭气孔结构为主的绝

热材料。

11. 酚醛泡沫塑料：酚醛泡沫塑料是由苯粉和甲醛的缩聚物在一定的温度下与发泡剂作用形成泡沫状结构，并在固化剂作用下交联固化而成的硬质泡沫塑料。

12. 膨胀珍珠岩：膨胀珍珠岩是由酸性火山玻璃质熔岩（珍珠岩、松脂岩、黑曜岩等）经破碎、筛分、高温焙烧、膨胀冷却而成的颗粒状多孔材料。

13. 膨胀玻璃微珠：膨胀玻璃微珠是由玻璃质火山熔岩砂经膨胀和玻化等工艺制成的，表面呈玻化封闭、内部为多孔空墙结构的不规则球状的松散颗粒结构。

14. 膨胀珍珠岩制品：膨胀珍珠岩制品是以膨胀珍珠岩为原材料，加入适量的胶黏剂，经过搅拌、压制成型、干燥等工艺制成的制品。

15. 膨胀蛭石：膨胀蛭石是以蛭石为原材料，经破碎、烘干，在一定温度下焙烧膨胀、快速冷却而成的松散材料。

16. 膨胀蛭石制品：膨胀蛭石制品是以膨胀蛭石为原材料，加入适量胶黏剂，经破碎、成型、干燥或养护而成的制品。

## 二、绝热材料

（一）材料绝热性能的衡量指标

导热系数 $\lambda$ 是评定材料导热性能的重要指标，绝大多数建筑材料的导热系数介于 $0.023\sim3.49\text{W}/(\text{m}\cdot\text{K})$ 之间，$\lambda$ 值越小，说明材料越不易导热。通常把导热系数小于 $0.23\text{W}/(\text{m}\cdot\text{K})$ 的材料称为绝热材料。

在建筑热工中常把材料厚度与导热系数的比（$a/\lambda$）称为材料层的热阻，它也是材料绝热性能好坏的评定指标。

（二）绝热材料的选用

选用时，应考虑其主要性能达到以下指标：

导热系数不宜大于 $0.23\text{W}/(\text{m}\cdot\text{K})$，表观密度不宜大于 $600\text{kg}/\text{m}^3$，块状材料的抗压强度不低于 $0.3\text{MPa}$，同时还应考虑材料的耐久性等。

大多数绝热材料都具有一定的吸湿、吸水能力，实际使用时，表面应做防水层或隔气层，强度低的绝热材料常与承重材料复合使用。

（三）常用绝热材料

绝热材料按其化学成分可分为无机与有机绝热材料两类；有机绝热材料绝热性能好，但耐热性较差，易腐朽。按外形可分为纤维材料、粒状材料及多孔材料三类。常用绝热材料的性质及应用见表 3-28。

表 3-28　常用绝热材料的性质及应用

| 类型 | 名称 | 原料 | 特性最高使用温度（$T_m$） | 导热系数（W/m·K） | 堆积密度（kg/m³） | 强度（MPa） | 应用 |
|---|---|---|---|---|---|---|---|
| 无机、纤维材料 | 矿棉板 | 以酯醛类树脂黏结而成 | — | $>0.046$ | $<150$ | $R_{折}=0.2$ | 建筑隔热、冷库 |

| 类型 | 名称 | 原料 | 特性最高使用温度（$T_m$） | 导热系数（W/m·K） | 堆积密度（kg/m³） | 强度（MPa） | 应用 |
|---|---|---|---|---|---|---|---|
| 无机、粒状材料 | 膨胀珍珠岩 | 天然珍珠岩煅烧而成 | $T_m=800℃$（最低适用温度为−200℃） | 0.046~0.070 | 40~300 | — | 绝热填充料 |
| 无机、多孔材料 | 加气混凝土 | 参见教材相关章节 | $T_m=600℃$ | 0.093~0.164 | 300~400 | $R_压<0.40$ | 围护结构 |
| 有机、泡沫塑料 | 聚苯乙烯 | 由树脂、添加料等制成 | 吸水少、耐酸碱、油 $T_m=600℃$ | 0.031~0.047 | 21~51 | $R_压<0.14~0.36$ | 保温、隔热、夹层板等 |
| 有机、多孔板 | 木丝板 | 木丝、水泥 | — | 0.11~0.26 | 300~600 | $R_折=0.4~0.5$ | 天花板、护墙板 |

膨胀蛭石为天然蛭石经高温锻烧而成，体积膨胀可达 20~30 倍。膨胀蛭石可直接用于填充材料，也可用胶凝材料胶结在一起使用，例如，采用 1:8~1:12 左右的水泥（一般用强度等级 42.5 普通水泥或早期强度高的水泥为宜，夏季应选用粉煤灰水泥）；膨胀蛭石（体积比）配制成的现浇水泥蛭石绝热保温层，一般现浇用于屋面或夹壁之间。膨胀珍珠岩（珠光砂）的原材料为珍珠岩或松脂岩、黑曜岩，令其快速通过煅烧带，可使体积膨胀约 20 倍。煅烧温度为 200~800℃，也可配制水泥膨胀珍珠岩保温层（约 1:8~1:12）等。其他绝热材料还有：硅藻土（λ 约 0.060，最高煅烧温度约 900℃，作填充料或制作硅藻土砖等）、发泡黏土（λ 约 0.105，可用作填充料或混凝土轻骨料）、陶瓷纤维（λ 为 0.044~0.049，最高煅烧温度为 1100~1350℃，可制成毡、毯等，也可用作高温下的吸声材料）、吸热玻璃、热反射玻璃、中空玻璃、窗用绝热薄膜、碳化软化板（λ 约 0.044~0.079，最高工作温度为 130℃，低温下长期使用其性质变化不显著，常用作保冷材料）以及石棉（其中温石棉 λ 为 0.069，最高工作温度为 600~800℃）等。

当前在工程中应用最为广泛的绝热保温材料有聚苯乙烯泡沫塑料（代号 EPS）、挤塑聚苯乙烯泡沫塑料（代号 XPS）、硬泡聚氨酯（代号 PU）和胶粉聚苯颗粒。上述四种材料广泛应用于屋顶保温和墙体保温（外保温为主）。

### 三、吸声材料

#### （一）吸声材料的评定指标及影响因素

评定材料吸声性能好坏的主要指标是吸声系数，即声波遇到材料表面时，被材料吸收的声能（$E$）与入射声能（$E_0$）之比。吸声系数用 $\alpha$ 表示，即

$$\alpha = \frac{E}{E_0} \qquad\qquad (式 3-11)$$

吸声系数与声波的频率和入射方向有关，通常取 125、250、500、1000、2000、4000（Hz）6 个频率的平均吸声系数作为吸声性能的指标，凡 6 个频率的平均吸声系数 $\alpha$ 大于

0.2 的材料称为吸声材料。当门窗开启时，吸声系数相当于 1。悬挂的空间吸声体，因有效吸声面积大于计算面积，故吸声系数大于 1。

材料一般为疏松多孔的材料，其吸声系数一般从低频到高频逐渐增大，故对高频和中频的声音吸收效果较好。若用多孔板的罩面，则仍以吸收高频声音为主，穿孔板的孔隙率一般不宜小于 20%。

对于同一种多孔材料，其吸声系数还与以下因素有关：

**1. 材料的厚度**

增加多孔材料的厚度，可提高低频的吸声效果，但对高频没有多大影响。吸声材料装修时，周边固定在龙骨上，安装在离墙面 5～15mm 处，材料背后空气层的作用相当于增加了材料的厚度。

**2. 材料的孔隙率与孔结构**

材料的孔隙率降低时，对低频的吸声效果有所提高，对高、中频的吸声效果则降低。

一般孔隙越多、越细小，吸声效果越好。若材料的孔隙为单独的封闭的气泡，则因声波不能进入而降低吸声效果。

**（二）吸声材料的类型及其结构型式**

常用吸声材料及几种吸声性质及结构的构造图例见表 3-29、表 3-30。

薄板振动吸声结构的特点是具有低频吸声特性，同时还有助于声波的扩散。共振吸声结构具有封闭的空腔和较小的开口，为了获得较宽频带的吸声性能，常采用组合共振吸声结构或穿孔板组合共振吸声结构（具有适合中频的吸声特性）。空间吸声体多用玻璃棉制作，吸声效果好。帘幕吸声体为具有通气性能的纺织品，背后设置空气层，对中、高频声音有一定的吸声效果。还有柔性吸声材料，为具有密闭气孔和一定弹性的材料，如 PVC 泡沫塑料。这种材料的吸声（因振动引起声波衰减）性能特点是：在一定的频率范围内出现一个或多个吸收频率。

表 3-29  常用吸声材料的性质及应用

| 序号 | 名称 | 厚度 (mm) | 表观密度 (kg/m³) | 各频率（Hz）下的吸声系数 | | | | | | 施工方法 |
| --- | --- | --- | --- | --- | --- | --- | --- | --- | --- | --- |
| | | | | 125 | 250 | 500 | 1000 | 2000 | 4000 | |
| 1 | 水泥膨胀珍珠岩板 | 2.0 | 350 | 0.16 | 0.46 | 0.64 | 0.48 | 0.56 | 0.56 | 贴实 |
| 2 | 沥青矿渣棉毡 | 6.0 | 200 | 0.19 | 0.51 | 0.67 | 0.70 | 0.85 | 0.86 | 贴实 |
| 3 | 泡沫玻璃 | 4.0 | 1260 | 0.11 | 0.32 | 0.52 | 0.44 | 0.52 | 0.33 | 贴实 |
| 4 | 木丝板 | 3.0 | — | 0.10 | 0.36 | 0.62 | 0.53 | 0.71 | 0.90 | 钉在龙骨上并留 10mm 空气层 |

表 3-30  吸声材料结构的构造图例

| 类别 | 多孔吸声材料 | 薄板振动吸声结构 | 共振吸声结构 | 穿孔板组合吸声结构 | 特殊吸声结构 |
| --- | --- | --- | --- | --- | --- |
| 构造图例 | | | | | |

| 类别 | 多孔吸声材料 | 薄板振动吸声结构 | 共振吸声结构 | 穿孔板组合吸声结构 | 特殊吸声结构 |
|------|------------|---------------|------------|----------------|------------|
| 举例 | 玻璃棉<br>矿棉<br>木丝板<br>半穿孔纤维板 | 胶合板<br>硬质纤维板<br>石棉水泥板<br>石膏板 | 共振吸声器 | 穿孔胶合板<br>穿孔铝板<br>微穿孔板<br>（穿孔板穿孔率<br>一般≥20%） | 空间吸声体帘幕体 |

注：1. 吸声材料中穿孔板有时背面铺设泡沫、纤维棉类的软体材料和穿孔有一定的空隙，由计算确定。

2. 所铺设的软体材料和保温材料的技术参数不同，选购时要注意。

**四、隔声材料**

空气声（由于空气振动）的传声大小取决于其单位面积质量，材料质量越大，其隔声效果越好。一般墙体单位面积增加一倍，则墙体的隔声量增加 6dB。

固体声（由于固体撞击或振动）隔声的最有效措施是采用不连续的结构处理，即在墙壁和承重梁之间、房屋的框架和墙板之间加弹性衬垫（如毛毡等）或在楼板上加弹性地毯。

# 复 习 题

1. 建筑工程基本材料中块体材料有哪些类型？
2. 建筑工程基本材料中新型板材有哪些类型？
3. 简述水泥的类型、硬化肌理、主要技术性能。
4. 简述砂浆的常用类型和技术性能。
5. 简述砂浆配合比设计流程。
6. 简述混凝土的常用类型和技术性能。
7. 石膏的制品有哪些？在建筑装饰装修中应用在哪些部位？
8. 简述石灰的硬化原理是什么？
9. 建筑防水材料包括哪些类型？
10. 简述建筑绝热材料、吸声材料、隔声材料的类型与特点。

# 第四章　装饰装修用金属材料

在建筑工程中使用的金属材料包括两大类。一类是黑色金属材料，其基本成分是铁、钢及铁碳合金材料。另一类是有色金属，是铁碳合金以外金属材料的总称，包括铝、铜、锌、锡等及其合金材料。

金属材料在建筑工程中，一部分用于承重，是建筑结构中的主要材料，如钢筋、钢板、型钢等。另一部分用于装饰装修，如金属门窗、吊顶骨架、隔墙骨架和面材、栏杆、扶手等。

## 第一节　钢材及其制品

### 一、钢材的基本知识

（一）钢材分类

1. 碳素钢：碳素钢根据含碳量的多少划分为低碳钢（含碳量小于 0.25％）、中碳钢（含碳量在 0.25％～0.6％之间）、高碳钢（含碳量大于 0.60％）。

2. 合金钢：在碳素钢中加入硅、锰、钒、钛等合金元素，用于改变钢材质量，获得某些特殊功能。合金钢分为低合金钢（合金元素总含量小于 5％）、中合金钢（合金元素总含量在 5％～10％之间）、高合金钢（合金元素总含量大于 10％）。

建筑工程中使用的钢材大多为碳素钢中的低碳钢和属于普通钢类型的低合金钢。

（二）碳素钢的牌号

1. 屈服点代号：Q。

2. 屈服点数值（MPa）：有 Q300、Q335、Q400、Q500。

3. 质量等级：有 A、B、C、D 四个等级。其中 A 级最低，D 级最高。

4. 脱氧方法符号：F 表示脱氧不充分的沸腾钢、Z 表示脱氧充分的镇静钢、TZ 表示脱氧充分的特殊镇静钢、B 表示脱氧程度介于充分与不充分之间的半镇静钢。

例 1：Q335.A·F，表示屈服点不低于 335 MPa，A 级沸腾钢。

例 2：Q335.B，表示屈服点不低于 335 MPa，B 级镇静钢。

### 二、普通钢材

（一）普通钢筋

1. 普通钢筋的级别举例

（1）HRB500：强度级别为 500 MPa 的普通热轧带肋钢筋；

（2）HRBF400：强度级别为 400 MPa 的细精粒热轧带肋钢筋；

（3）RRB500：强度级别为 400 MPa 的余热处理带肋钢筋；

（4）HPB300：强度级别为 300 MPa 的热轧光圆钢筋；

（5）HRB400E：强度级别为 400 MPa 且有较高抗震性能的普通热轧带肋钢筋。

2. 普通钢筋的应用

（1）纵向受力普通钢筋宜采用 HRB400、HRB500、HRBF400、HRBF500 钢筋，也可采用 HPB300、HRB335、HRBF335、RRB400 钢筋；

（2）梁、柱纵向受力普通钢筋应采用 HRB400、HRB500、HRBF400、HRBF500 钢筋；

（3）箍筋宜采用 HRB400、HRBF400、HPB300、HRB500、HRBF500 钢筋，也可采用 HPB335、HRBF335 钢筋。

3. 普通钢筋的直径

钢筋的直径以 mm 为单位。通常有 6、8、10、12、14、16、18、20、22、25、28、32、36、40、50 等共 15 种。

4. 普通钢筋的强度标准值应具有不小于 95％的保证率。普通钢筋的强度标准值见表 4-1。

表 4-1　普通钢筋强度标准值　　　　　　　　　单位：N/mm²

| 种类 | 符号 | 公称直径 $d$ (mm) | 屈服强度标准值 $f_{yk}$ | 极限强度标准值 $f_y$ |
|---|---|---|---|---|
| HPB300 | Φ | 6～22 | 300 | 420 |
| HRB335 HRBF335 | $\Phi$ | 6～50 | 335 | 455 |
| HRB400 HRBF400 RRB400 | $\Phi$ | 6～50 | 400 | 540 |
| HRB500 HRBF500 | $\Phi^R$ | 6～50 | 500 | 630 |

注：当采用直径大于 40mm 的钢筋时，应经相应的试验检验或有可靠的工程经验。

（二）冷拉热轧钢筋

冷拉钢筋是热轧光圆钢筋或热轧带肋钢筋在常温下经拉伸强化以提高其屈服强度的钢筋。将Ⅰ～Ⅳ级热轧钢筋，在常温下拉伸至超过屈服点（小于抗拉强度）的某一应力，然后卸载即得冷拉钢筋。冷拉可使屈服点提高 17％～27％，但伸长率降低。冷拉后不得有裂纹、起层等现象。冷拉钢筋分为 4 个等级，冷拉Ⅰ级钢筋适用于钢筋混凝土结构中的受拉钢筋，冷拉Ⅱ、Ⅲ、Ⅳ级钢筋可用作于预应力混凝土结构中的预应力筋，但在负温及冲击或重复荷载下容易脆断。

（三）低碳冷拔钢丝

将直径为 6.6～8mm 的 Q235（Q215）热轧盘条，在常温下通过截面小于钢筋直径的拔丝模，经一次或多次拔制即得低碳冷拔钢丝。冷拔钢丝材质硬脆、属硬钢类钢丝，可提高屈服强度 40％～60％。低碳冷拔钢丝分为甲级和乙级。甲级为预应力钢丝，乙级为非预应力钢丝。

（四）冷轧带肋钢筋

冷轧带肋钢筋是热轧圆盘条经冷轧减径后，在其表面带有沿长度方向均匀分布的三面或两面横肋的钢筋。

（五）热轧光圆钢筋

热轧光圆钢筋是经热轧成型并自然冷却的表面平整、截面为圆形的钢筋。

（六）余热处理钢筋

余热处理钢筋是热轧后立即穿水，进行表面冷却，然后利用芯部余热自身完成回火处理所得的钢筋。

（七）钢筋焊接网

钢筋焊接网是具有相同或不同直径的纵向钢筋和横向钢筋分别以一定的间距垂直排列，全部交叉点均焊接在一起的钢筋网片。

（八）环氧树脂涂层钢筋

环氧树脂涂层钢筋是以静电喷涂方法将环氧树脂粉末喷涂在普通带肋钢筋或普通光圆钢筋表面而形成的环氧树脂涂层钢筋。

（九）不锈钢建筑型材

不锈钢建筑型材是采用不锈钢板材、带材经冷弯成型的建筑型材。

## 三、钢盘条

（一）低碳钢热轧圆盘条

低碳钢热轧圆盘条是低碳钢经热轧工艺轧成圆形断面并卷成盘状的连续长条。

（二）焊接用钢盘条

焊接用钢盘条是用于手工电弧焊、埋弧焊、电渣焊、气焊和气体保护焊等用途的焊接用钢盘条。

（三）焊接用不锈钢盘条

焊接用不锈钢盘条用于制作电焊芯、气体保护焊丝、埋弧焊丝、电闸焊丝等用途的不锈钢盘条。

## 四、型钢

（一）热轧型钢

热轧型钢是经过热轧处理的实心长条钢材。截面形式有工字钢、槽钢、扁钢、角钢（等肢、不等肢）、H 形钢和剖分 T 形钢等多种形式。一般采用 Q235-A 钢制成。

（二）冷弯型钢

冷弯型钢是采用可冷轧加工变形的冷轧或热轧钢板、钢带在连续辊式冷弯机组上生产的型钢。通常采用 2～4mm 的薄板冷弯、模压或冷压，形状有波浪形、V 形、M 形、L 形和槽形等。多用于建筑轻型结构。

## 五、钢丝和钢绞线

（一）预应力混凝土用螺纹钢筋

预应力混凝土用螺纹钢筋是热轧成带有不连续外螺纹的、在任意截面处均可带有匹配形状内螺纹的连续器或锚具进行连接或锚固的成品直条状钢筋。

（二）预应力钢丝

预应力钢丝是优质碳素结构钢盘条经索式体化处理后，冷拉制成的用于预应力混凝土的钢丝。

（三）预应力钢绞线

预应力钢绞线是由冷拉光圆钢丝及刻痕丝捻制而成的钢丝束。

预应力钢筋宜采用预应力钢丝、钢绞线和预应力螺纹钢筋。强度标准值详表4-2。

表 4-2　预应力筋强度标准值　　　　　　　　　单位：N/mm²

| 种类 | 符号 | 公称直径 d（mm） | 屈服强度标准值 $f_{yk}$ | 极限强度标准值 $f_{yk}$ |
|---|---|---|---|---|
| 中强度预应力钢丝 | 光面螺旋肋 | 5、7、9 | 620 | 800 |
| | | | 780 | 970 |
| | | | 980 | 1270 |
| 预应力螺纹钢筋 | 螺纹 | 18、25、32、40、50 | 785 | 980 |
| | | | 930 | 1080 |
| | | | 1080 | 1230 |
| 消除应力钢丝 | 光面螺旋肋 | 5 | — | 1570 |
| | | | — | 1860 |
| | | 7 | — | 1570 |
| | | 9 | — | 1470 |
| | | | — | 1570 |
| 钢绞线 | 1×3（三股） | 8.6、10.8、12.9 | — | 1570 |
| | | | — | 1860 |
| | | | — | 1960 |
| | 1×7（七股） | 9.5、12.7、15.2、17.8 | — | 1720 |
| | | | — | 1860 |
| | | | — | 1960 |
| | | 21.6 | — | 1860 |

注：极限强度标准值为 1960N/mm² 的钢绞线做后张法预应力配筋时，应有可靠的工程经验。

（四）预应力低合金钢丝

预应力低合金钢丝是由专用低合金钢盘条拔制的强度为 800～1200MPa 的钢丝。

（五）无黏结预应力钢绞线

无黏结预应力钢绞线用防腐润滑脂和护套涂包的钢绞线。

（六）低碳冷拔钢丝

低碳冷拔钢丝是采用低碳钢热轧圆盘条，在常温下经冷拔减小直径而成的钢丝。

## 六、钢板、压型钢板和钢带

（一）钢板

钢板是不固定边部变形的热轧扁平钢材。

1. 钢板的厚度：15～50mm 为厚板；5～15mm 为中板；4mm 以下为薄板。

2. 钢板的宽度：一般为 750mm、1000mm、1200mm。

3. 钢板的长度：一般为 2000mm、2500mm、3000mm。

（二）钢带

钢带是成卷交货、轧制宽度不小于 600mm 的条带形钢材。

（三）热轧薄钢板和钢带

热轧薄钢板和钢带是采用优质碳素结构钢、碳素结构钢或低碳合金钢热轧的厚度不大于 4mm 的钢板和钢带。

（四）热轧厚钢板和宽钢带

热轧厚钢板和宽钢带是采用优质碳素结构钢、碳素结构钢或低碳合金钢热轧的厚度大于 4mm 的钢板和钢带。

（五）热镀锌薄钢板和钢带

热镀锌薄钢板和钢带是在连续生产线上将冷轧薄钢带浸入锌含量不低于 98% 镀液中，经热浸镀获得的镀锌钢板及钢带。

（六）彩色涂层钢板及钢带

彩色涂层钢板及钢带是在经过预处理的钢板及钢带表面采用连续滚涂方式涂敷彩色有机涂料（正面至少为两层）并烘烤固化而成。

（七）花纹钢板

花纹钢板是采用碳素结构钢、高耐候性结构钢经热轧而成的菱形、扁豆形、圆豆形等花纹的钢板。

（八）钢格栅板

钢格栅板是将负载扁钢和横杆按一定间距经纬排列，在各交叉点，通过焊接、铆接或压锁将其固定而成的格栅板。

（九）冷弯波形钢板

冷弯波形钢板是经辊压冷弯制成的波形薄钢板。

（十）建筑用压型钢板

建筑用压型钢板是经辊压冷弯，其截面呈 V 形、U 形、梯形或类似波形的薄钢板。

1. 钢板的厚度为 1.2～2.0mm。

2. 钢板的波距为 50mm、100mm、150mm、175mm、200mm、250mm、300mm。

3. 钢板的波高为 21mm、28mm、35mm、38mm、51mm、70mm、75mm、130mm、173mm。

4. 钢板的有效覆盖宽度为 300mm、450mm、600mm、750mm、900mm、1000mm。

5. 代号：压型钢板用 YX 标识。如：YX38-175-700 表示的是波高为 38mm、波距为 175mm、有效覆盖宽度为 700mm 的钢板。图 4-1 为建筑用压型钢板的几种类型。

6. 应用：压型钢板广泛用于工业与民用建筑的内墙面、外墙面、屋面、吊顶的骨架和装饰面板。

## 七、钢材制品（彩色压型钢板）

为提高普通压型钢板的防腐性能和装饰性能而在钢板表面涂覆涂层形成的压型钢板称为彩色压型钢板。

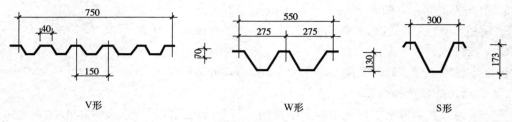

V形　　　　　　W形　　　　　　S形

图 4-1　压型钢板的类型

（一）涂层的种类

彩色压型钢板的涂层有有机类材料、无机类材料和复合材料。使用时以有机类材料为主，包括聚氯乙烯、聚丙烯酸酯、环氧树脂、醇酸树脂等，采用薄膜层压法或涂料涂饰法制作。

（二）彩色压型钢板的类型

1. PVC 钢板：表面涂层可涂布 PVC 糊或 PVC 膜，涂层的厚度较厚，一般为 $100\sim 300\mu m$。这种钢板表面质感丰富、具有柔性、可弯曲、耐腐蚀性较好。

2. 隔热涂装钢板：在彩色压型钢板的背面贴上 $15\sim 17mm$ 的聚苯乙烯泡沫塑料或硬质聚氨酯泡沫塑料，也可在两片彩色压型钢板中间灌注泡沫塑料形成夹芯保温板。

3. 涂层钢板

（1）普通涂层钢板：一般采用聚氨酯涂料或丙烯酸树脂涂料进行施涂。

（2）高耐久性涂层钢板：表面施涂氟塑料和丙烯酸树脂，可以提高耐久性能。

（三）彩色压型钢板的应用

彩色压型钢板主要用做建筑外墙护墙板，做隔热层使用。也可用做屋面板、瓦楞板、防水放气渗透板、耐腐蚀设备、构件以及家具、汽车外壳、挡水板等。

利用彩色压型钢板制作的压型板，可以用做工业建筑和民用建筑的墙面和屋面。彩色夹芯保温板断面见图 4-2。

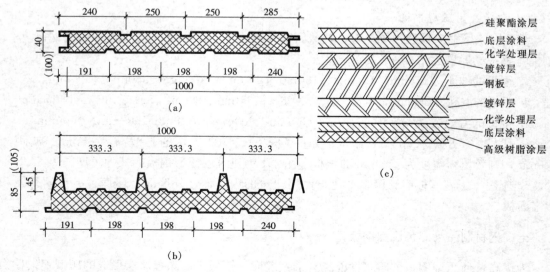

图 4-2　彩色夹芯保温板断面

（a）墙板；（b）屋面板；（c）彩色钢板断面

104

### 八、不锈钢及不锈钢制品

**（一）不锈钢的特性**

由于普通钢在使用时容易锈蚀，致使结构遭到破坏。这种锈蚀一是来源于化学腐蚀（氧化锈蚀），二是来源于电化学腐蚀（潮湿腐蚀），钢材的腐蚀大多属于电化学腐蚀。

不锈钢是指在炼钢过程中加入铬（Cr）、镍（Ni）、锰（Mn）、钛（Ti）、硅（Si）等金属元素，并以铬元素为主。这些元素的加入可以影响不锈钢的强度、塑性、韧性和耐磨性。

不锈钢中的铬能与环境中的氧化和，生成一层与钢基体牢固结合的致密氧化膜（纯化膜），使合金钢得到保护、避免锈蚀。

不锈钢按所加元素的不同分为铬不锈钢、铬镍不锈钢、高锰低铬不锈钢等；还可根据钢在 900～1100℃高温淬火处理后的反应和微观组织分为铁素体不锈钢（淬火后不硬化）、马氏体不锈钢（淬火后硬化）、奥氏体不锈钢（高铬镍型）。

不锈钢具有以下特性：

（1）膨胀系数大，约为碳钢的 1.3～1.5 倍；

（2）导热系数小，约为碳钢的 1/3；

（3）韧性和延展性均较好，常温下亦可加工；

（4）耐腐蚀性强是最大的特性，铬镍不锈钢产品表面光滑、耐腐蚀性最佳。

**（二）不锈钢制品**

**1. 不锈钢薄板**

不锈钢薄板的厚度大多小于 2.0mm，一般用于大型商店、旅游宾馆、餐馆的入口、门厅、中庭等处的柱子包柱装饰。

**2. 不锈钢管材、型材**

不锈钢管材、型材包括不锈钢楼梯扶手及角钢、槽钢等。

**3. 不锈钢配件**

不锈钢自动门、转门、玻璃门的配件、拉手、五金件等。

**（三）彩色不锈钢制品**

彩色不锈钢板是在普通不锈钢板的基础上进行着色处理，使其成为蓝、灰、紫、红、绿、金黄、橙色等各种绚丽多彩的不锈钢板。彩色面层能在 200℃温度下或弯曲 180°时无变化，色层不剥离，色彩经久不退。耐磨和耐刻痕性相当于箔层镀金的性能。

彩色不锈钢板适用于高级建筑的电梯厢板、车厢板、厅堂墙板、天花板、招牌镜框、壁画框等。

**（四）不锈钢包覆钢板（管）**

不锈钢包覆钢板（管）是在普通钢板的表面包覆不锈钢而成。价格优于不锈钢产品，加工性能优于纯不锈钢，使用效果与不锈钢相似。

**（五）不锈钢板的选用**

建筑装饰用不锈钢板使用中应注意掌握以下原则：

1. 表面处理决定装饰效果，可根据使用部位的特点去追求镜面效果或亚光风格，还可设计、加工成深浅浮雕花纹等；

2. 根据装修环境确定受污染与腐蚀程度，选择不同品种的不锈钢；

3. 不同类型、厚度及表面处理都会影响工程造价。为此，在保证使用的前提下，应十分注意选择不锈钢板的厚度、类型及表面处理形式。

### 九、轻钢龙骨

轻钢龙骨是目前装饰工程中最常用的顶棚和隔墙的骨架材料，是用镀锌钢板和薄钢板，经剪裁、冷弯、滚轧、冲压而成，是木骨架的换代产品。

（一）特点和种类

轻钢龙骨具有自重轻、防火性能优良、抗震及冲击性能好、安全可靠以及施工效率高等特点，已普遍用于建筑内的装饰，大面积顶棚、隔墙的室内装饰，现代化厂房的室内装饰，防火要求较高的娱乐场所和办公楼的室内装饰。

轻钢龙骨按其产品类型可分为 C 形龙骨、U 形龙骨和 T 形龙骨。C 形龙骨主要用来做隔墙，即在 C 形龙骨组成骨架后，两面再装配面板组成隔断墙；U 形和 T 形龙骨主要用来做吊顶，即在 U 形和 T 形龙骨组成的骨架下部或上部装配面板组成明装式吊顶或暗装式吊顶。

（二）隔墙轻钢龙骨

隔墙轻钢龙骨主要有 Q50、Q75、Q100、Q150 系列，Q75 系列以下用于层高 3.5m 以下的隔墙，Q75 系列以上用于层高 3.5～6.0m 的隔墙。

隔墙轻钢龙骨主件有沿顶龙骨、沿地龙骨、竖向龙骨、加强龙骨、通贯龙骨，配件有支撑卡、卡托、角托等，隔断龙骨的名称、产品代号、规格、适用范围见表 4-3。

表 4-3　隔断龙骨的名称、产品代号、规格、适用范围

| 名　称 | 产品代号 | 标　记 | 规格尺寸（mm） | | | 用钢量（kg/m） | 适用范围 |
| --- | --- | --- | --- | --- | --- | --- | --- |
| | | | 宽度 | 高度 | 厚度 | | |
| 沿顶、扫地龙骨 | Q50 | Qu50×40×0.5 | 50 | 40 | 0.3 | 0.82 | 层高 3.5m 以下 |
| 竖龙骨 | | Qu50×45×0.8 | 50 | 45 | 0.8 | 1.12 | |
| 通贯龙骨 | | Qu50×12×1.2 | 50 | 12 | 1.2 | 0.41 | |
| 加强龙骨 | | Qu50×10×1.5 | 50 | 40 | 1.5 | 1.5 | |
| 沿顶、扫地龙骨 | Q75 | Qu77×40×0.8 | 77 | 40 | 0.8 | 1.0 | 层高 3.5～6.0m |
| 竖龙骨 | | Qc75×45×0.8 | 75 | 45 | 0.8 | 1.26 | 层高 3.5～6.0m |
| 通贯龙骨 | | Qc75×50×0.5 | 75 | 50 | 0.5 | 0.79 | 层高 3.5～6.0m |
| 加强龙骨 | | Qu38×12×1.2 | 38 | 12 | 1.2 | 0.58 | |
| | | Qu75×40×1.5 | 75 | 40 | 1.5 | 1.77 | |
| 沿顶、扫地龙骨 | Q100 | Qu102×40×0.5 | 102 | 40 | 0.5 | 1.13 | |
| 竖龙骨 | | Qc100×45×0.8 | 100 | 45 | 0.8 | 1.43 | 层高 6.0m 以下 |
| 通贯龙骨 | | Qu38×12×1.2 | 38 | 12 | 1.2 | 0.58 | |
| 加强龙骨 | | Qu100×10×1.5 | 100 | 40 | 1.5 | 2.06 | |

隔墙轻钢龙骨主要适用于办公楼、饭店、医院、娱乐场所、影剧院的分隔墙和走廊隔墙。见图 4-3。

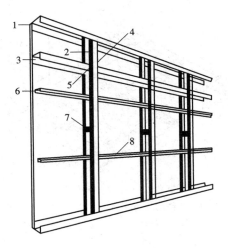

图 4-3　隔墙轻钢龙骨示意图

1—横龙骨；2—竖龙骨；3—通撑龙骨；4—角托；5—卡托；
6—通贯龙骨；7—支撑卡；8—通贯龙骨连接件

### （三）顶棚轻钢龙骨

轻钢龙骨顶棚按吊顶的承载能力可分为不上人吊顶和上人吊顶。不上人吊顶承受吊顶本身的重量，龙骨断面一般较小；上人吊顶不仅要承受自身的重量，还要承受人员走动的荷载，一般可以承受 $80\sim100kg/m^2$ 的集中荷载，常用于空间较大的影剧院、音乐厅、会议中心或有中央空调的顶棚工程。顶棚轻钢龙骨的主要规格有 D38、D50、D60 几种系列，名称和规格见表 4-4。

表 4-4　吊顶龙骨的名称、产品代号、规格尺寸及生产单位

| 名　　称 | 产品工号 | 规格尺寸（mm） | | | 钢量（kg/m） | 吊点间距（m） | 吊顶类型 |
|---|---|---|---|---|---|---|---|
| | | 宽度 | 高度 | 厚度 | | | |
| 主龙骨（承载龙骨） | D38 | 38 | 12 | 1.2 | 0.56 | 900～1200 | 不上人 |
| | D50 | 50 | 15 | 1.2 | 0.92 | 1200 | 上人 |
| | D60 | 60 | 30 | 1.5 | 1.53 | 1500 | 上人 |
| 次龙骨（覆面龙骨） | D25 | 25 | 19 | 0.5 | 0.13 | | |
| | D50 | 50 | 19 | 0.5 | 0.41 | | |
| L 型龙骨 | L35 | 15 | 35 | 1.2 | 0.46 | | |
| T16—40暗式轻钢吊顶龙骨 | D—1 型吊顶 | 16 | 40 | | 0.9kg/m² | 1250 | 不上人 |
| | D—2 型吊顶 | 16 | 40 | | 1.5kg/m² | 750 | 不上人防火 |
| | D—3 型吊顶 | DC＋T16—40 龙骨构成骨架 | | | 2.0kg/m² | 900～1200 | 上人 |
| | D—4 型吊顶 | T16—40 龙骨配纸面石膏板 | | | 1.1kg/m² | 1250 | 不上人 |
| | D—5 型吊顶 | DC＋T16—40 配铝合金吊顶板 | | | 2.0kg/m² | 900～1200 | 上人 |
| 主龙骨 | D60（CS360） | 60 | 27 | 1.5 | 1.37 | 1200 | 上人 |

轻钢龙骨吊顶主要用于饭店、办公楼、娱乐场所和医院等新建或改建工程中。见图4-4。

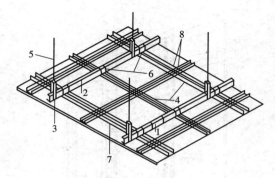

图 4-4　吊顶龙骨示意图

1—承载龙骨连接件；2—承载龙骨；3—吊件；4—覆面龙骨；

5—吊杆；6—挂件；7—覆面龙骨；8—挂插件

# 第二节　建筑用铝材和铝合金的基本知识

## 一、铝及铝合金的特点

（一）铝的特性

铝属于有色金属中的轻金属，外观呈银白色。铝的密度为 $2.7g/cm^3$，熔点为 $660℃$，铝的导电性和导热性均很好。

铝具有良好的可塑性（伸展率可达 $50\%$），可加工成管材、板材、薄壁空腹型材，还可压延成极薄的铝箔（$6×10^{-3}\sim25×10^{-3}mm$），并具有极高的光、热反射比（$87\%\sim97\%$）。但铝的强度和硬度较低（$\sigma_b=80\sim100MPa$，$HB=200$），为提高铝的实用价值，常加入合金元素。结构及装修工程常使用的是铝合金。

（二）铝合金及其特性

在铝中添加镁、锰、铜、硅、锌等合金元素形成铝合金。

铝合金既保持了铝质量轻的特性，同时，机械性能明显提高（屈服强度可达 $210\sim500MPa$，抗拉强度可达 $380\sim550MPa$），因而大大提高了其使用价值，它不仅可用于建筑装修，还可用于建筑结构方面。其物理性能见表 4-5。

表 4-5　铝合金型材的物理性能（$LD_{31}$）

| 材料名称 | 抗拉强度（MPa） | 屈服强度（MPa） | 伸长率（%） | 密度 |
|---|---|---|---|---|
| $LD_{31}$ | 206 | 177 | 8 | 2.715 |
| | 导热系数（25℃）W/（m·K） | 比热（100℃）J/（kg·K） | 电阻串（S状态）mm/m | 弹性模量（MPa） |
| | 19.05 | 0.96 | $3.3×10^{-2}$ | 1000 |

铝合金型材具有良好的耐蚀性能，在工业环境和海洋性环境下，未进行表面处理的铝合金的耐腐蚀能力优于其他合金材料，经表面处理后，铝合金的耐蚀性更高。铝合金的耐腐蚀性能：在 $3\%NaCl+0.5\%H_2O$ 溶液中，当应力为 $0.9\delta_{0.2}$ 时，其使用寿命大于 70h。

铝合金的主要缺点是弹性模量小（约为钢的 1/3）、热膨胀系数大、耐热性低、焊接需采用惰性气体保护等焊接新技术。

铝合金可以按合金元素分为二元铝合金和三元铝合金。如 Al-Mn 合金、Al-Mg 合金、Al-Mg-Si 合金、Al-Cu-Mg 合金、Al-Zn-Mg 合金、Al-Zn-Mg-Cu 合金。掺入的合金元素不同，铝合金的性能也不同，包括机械性能、加工性能、耐蚀性能和焊接性能，这是由铝合金二元相图所决定的。

铝合金还可按加工方法分为铸造铝合金和变形铝合金。变形铝合金又根据热处理对其强度的不同影响，分为非强化型和强化型两种。

变形铝合金就是通过冲压、弯曲、辊轧、挤压等工艺使其组织、形状发生变化的铝合金。热处理非强化型是指不能用淬火的方法提高其强度，如 Al-Mg 合金、Al-Mn 合金（我国通称防锈铝）。热处理强化型则是指能通过热处理的办法提高其强度，如 Al-Mg-Si 合金（锻铝）、Al-Cu-Mg 合金（硬铝）、Al-Zn-Mg-Cu 合金（超硬铝）。铝合金的热处理有退火（M）、淬火（C）、自然时效（Z）、人工时效（S）、硬化（Y）、热轧（R）等。

建筑用铝合金主要是变形铝合金。

**二、铝合金型材的表面处理**

铝合金型材表面必须进行处理，处理的目的首先是提高铝合金耐磨、耐腐蚀、耐光、耐候的性能。因为铝材表面自然氧化膜薄（<0.1μm）且软，在较强的腐蚀介质条件下，不能起到有效的保护作用；其次是在提高氧化膜厚度的基础上可进行表面处理，提高铝合金表面的装饰效果。

铝合金型材的表面处理方法

（一）阳极氧化：阳极氧化膜膜厚应符合 AA15 级要求，氧化膜平均厚度不应小于 15μm，局部膜厚不应小于 12μm。（注：铝合金氧化膜的厚度共分为 4 级。它们是 AA10、AA15、AA20、AA25。氧化膜的厚度分别是 10μm、15μm、20μm、25μm）

（二）电泳喷漆：阳极氧化复合膜，表面漆膜采用透明漆，应符合 B 级要求，复合膜局部膜厚不应小于 16μm；表面漆膜采用有色漆，应符合 S 级要求，复合膜局部膜厚不应小于 21μm。

（三）粉末喷涂：装饰面上涂层最小局部厚度应大于 40μm。

（四）氟碳漆喷涂：二涂层氟碳漆膜，装饰面平均漆膜厚度不应小于 30μm；三涂层氟碳漆膜，装饰面平均漆膜厚度不应小于 40μm。

**三、铝合金型材的加工工艺**

建筑铝合金型材由于强度较低的原因，一般很少用于房屋的承重结构。在非承重结构中大多用于装饰性骨架。

建筑铝合金型材的生产方法属于非熔炼性加工方法，可分为挤压法与轧制法两大类。现实生产中主要采用挤压法生产工艺。

**四、铝合金型材的加工工艺**

（一）铝合金型材品种

目前我国生产的建筑用铝型材约 300 多种，其中大部分应用在装饰装修工程，如门窗型材、吊顶龙骨、装饰面板及骨架、卷帘、管材、棒材等。不同的型材其加工工艺也不完全相同。要根据型材的用途、断面形式、装饰要求等来确定。

（二）铝合金型材的加工工艺

建筑用铝合金因其强度不足难以承担较大荷载，而只能用于非承载结构构件或承载力很小的装饰性骨架。建筑铝合金型材的生产方法多属于非熔炼性加工方法，可分为挤压和轧制两大类。

1. 挤压生产工艺的优点

（1）挤压型材的生产工艺流程与材料的品种、规格、供应状态、质量要求、工艺方法及设备条件等因素有关。挤压法与其他压力加工方法相比具有许多优点。

（2）挤压法的生产过程是三向压缩应力状态，可充分发挥金属的塑性。轧制、锻造不能加工的低塑性金属（或合金）它均可加工。

（3）挤压法不仅可生产断面简单的型材，而且也可生产空心管材、变断面管材、型材、异型筋条壁板等复杂断面型材。

（4）生产灵活，可根据型材断面种类更换模具生产，更换模具时间短。

（5）挤压制品尺寸精确，表面质量好。

（6）挤压过程能提高铝合金型材的机械性能，这将给材料的合理使用创造条件。

2. 挤压法生产工艺的缺点

（1）每次挤压时都要留下头尾残料，约占铸锭重量的 12%～15%，废残料损失大，成本较高。

（2）生产速度、效率较低。

（3）型材的性能、内部结构组织不均匀性比轧制法高。

（4）由于挤压为强烈的三向压缩，型材与模具间摩擦力很大，故模具、工具磨耗大，加工成本高。

3. 铝合金挤压型材生产工艺流程（Al-Mg-Si 系）见图 4-5

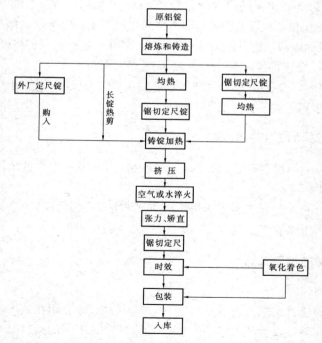

图 4-5　铝合金挤压型材生产工艺流程（Al-Mg-Si 系）

# 第三节　铝合金门窗型材

铝合金门窗与其他类型门窗相比，有维修费用低、开启方式多样（推拉式、平开式、悬挂式、百叶式、固定式）、色泽丰富（茶褐色、紫红色、金黄色、银白色、暗红色、黑色、浅青铜色）、性能好（保温、防水、防结露、隔声等）、美观、节能等优点，尽管铝合金门窗比其他类型门窗的造价高出3～4倍，应用仍十分广泛。

## 一、普通铝合金门窗型材

铝合金门窗是由经表面处理铝合金型材，经过下料、打孔、铣槽、攻丝、制窗等加工工艺制成的门窗框件，再与玻璃、连接件、密封件、五金配件等组合装配而成。

表4-6是90系列的推拉门（窗）用型材数据。铝合金门窗型材包括上滑、下滑、窗框边柱、窗上方、窗下方、窗扇边柱、勾中柱、中饰柱数据。图4-6是90系列推拉窗型材的断面。

表 4-6　推拉门（窗）用型材（90系列）

| 序号 | 型材名称 | 截面外型尺寸<br>长×宽（mm） | 单位重量<br>（kg/m） | 示　意　图 |
|---|---|---|---|---|
| 1 | 上滑 | 90×50 | 1.25 | |
| 2 | 下滑 | 87.7×31.4 | 0.75 | |
| 3 | 窗框边柱 | 90×26.8 | 0.716 | |
| 4 | 窗上方 | 50.4×28 | 0.611 | |
| 5 | 窗下方 | 76.2×28 | 0.795 | |
| 6 | 窗扇边柱 | 63.2×31.5 | 0.855 | |
| 7 | 勾中柱 | 50.6×44 | 0.77 | |
| 8 | 中饰柱 | 42.7×31.2 | 0.55 | |

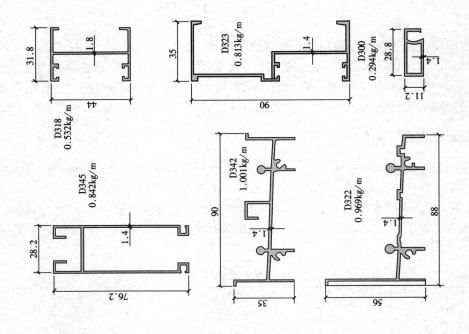

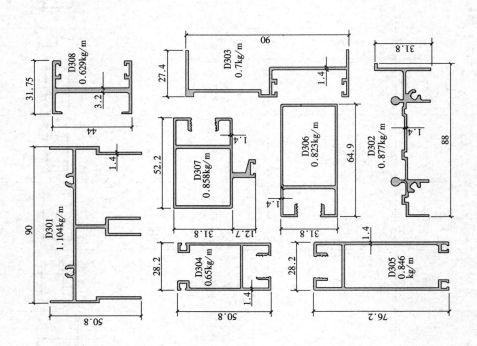

图 4-6　90 系列铝合金推拉窗型材料面

### 二、断桥铝合金门窗型材

断桥铝合金门窗采用隔热断桥铝型材和中空玻璃制作，具有节能、隔声、防噪、防尘、防水等功能。断桥铝门窗的热传导系数 K 值为 3W/m² · K 以下，比普通门窗热量散失减少一半，降低取暖费用 30％左右，隔声量达 29dB 以上，水密性、气密性良好，均达到国内 A1 类门窗标准。

断桥铝合金门窗有普通型、隔声型、保温型等多种类型。开启方式有平开、推拉、上悬、下悬、固定等多种型式，应用较为广泛。

断桥铝合金门窗型材与普通铝合金门窗型材的区别主要在普通铝合金型材中间注入一种特殊的材料，形成"隔热条"以组织热量的传递，进而提高铝合金门窗的保温隔热性能。

隔热条的材质为 FA66＋GF25（聚酰胺 66＋25 玻璃纤维，又称为"尼龙隔热条"）。隔热条的注入方法有两种：一种是通过机械开齿、穿条、滚压等工序形成的"隔热桥"，这种型材称为"穿条式隔热型材"；另一种是将隔热条注入型材的隔热腔内，经过固化等工序形成"隔热桥"，这种型材称为"注入式隔热型材"。

断桥铝合金型材的断面略大于普通铝合金型材，这是由于加入"隔热桥"所致。断桥铝合金型材消耗量比普通铝合金型材大 1.0～1.2 倍。断桥铝合金推拉窗型材的断面见图 4-7。

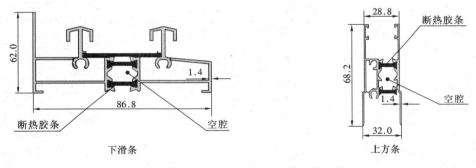

图 4-7　断桥型铝合金推拉窗型材断面示意图

# 第四节　铝合金骨架型材

### 一、铝合金吊顶龙骨型材

吊顶是建筑物装饰装修的重要组成部分，一般由三部分组成。第一部分是吊顶基层，由吊杆、主龙骨、次龙骨、支撑龙骨组成。另一部分是吊顶面层，有石膏板、水泥木屑板、无石棉纤维增强水泥板、无石棉纤维增强硅酸钙板、矿物棉装饰吸声板、玻璃纤维吸声板、金属及金属复合材料吊顶板、集成吊顶等块材。第三部分是各种配件。铝合金材料主要应用于各类龙骨和金属面材两方面。

吊顶构造有两种类型：第一种是 LT 型系列，边部龙骨为 L 型、中间龙骨为倒 T 型，吊顶面材支撑于金属龙骨的上部，属于龙骨外露系列，简称"明式吊顶"。第二种是 U 型系列，主龙骨、次龙骨均采用 U 型构件，吊顶面材用自攻螺钉固定在 U 型龙骨的底面。属于不露龙骨系列，简称"暗式吊顶"。

铝合金龙骨一般采用"挤压法"生产，龙骨配件大多采用压型板条制作。

（一）LT型系列（明式吊顶）

一般按照吊顶块状面材的规格，构成450mm×450mm、500mm×500mm、600mm×600mm的方格状，经电氧化处理后，具有光亮、不锈蚀、色调柔和、外观大方的特点。龙骨安装示意图见图4-8；LT型吊顶龙骨的规格和性能见表4-7。

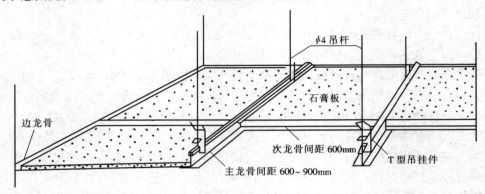

图 4-8  LT型龙骨安装示意图（明式吊顶）

**表 4-7  吊顶龙骨规格和性能**

| 名　称 | 铝龙骨 | 铝平吊顶筋 | 铝边龙骨 | 大龙骨 | 配　件 |
|---|---|---|---|---|---|
| 规格（mm） | φ4 ↕22 ↔22 壁厚1.3 | ↕22 ↔22 壁厚1.3 | ↕22 ↔22 壁厚1.3 | ↕45 ↔15 壁厚1.3 | 龙骨等的连接件及吊挂件 |
| 截面面积（cm²） | 0.775 | 0.555 | 0.555 | 0.87 | |
| 单位质量（kg/m） | 0.21 | 0.15 | 0.15 | 0.77 | |
| 长度（m） | 3或0.6的倍数 | 0.596 | 3或0.6的倍数 | 2 | |
| 机械性能 | 抗拉强度210MPa，延伸率8% | | | | |

（二）U型系列（暗式吊顶）

U型系列的主龙骨一般采用轻钢龙骨或铝合金龙骨，间距一般为1200mm，次龙骨一般采用铝合金龙骨，间距一般为600mm。面材可以采用整张的纸面石膏板等板材，亦可采用块状面材。特点是安装简便、装饰效果好。龙骨安装示意图见图4-9；U型系列吊顶龙骨的主件及配件见表4-8。

**表 4-8  U型系列吊顶龙骨的主件及配件**

| 名称、代号 | 图　示 | 名称、代号 | 图　示 |
|---|---|---|---|
| T16—40龙骨 | 40 16 | T16—40插入件 | 8 15 |

114

| 名称、代号 | 图　示 | 名称、代号 | 图　示 |
|---|---|---|---|
| 38、50、60mm 组合吊件 | | T16—40 连接件 | |
| 625、400mm 隔离件 | | UC38、50、60 连接件 | |
| UC38、50、60 吊件 | | 减震片 | |
| 铝角条 | | T16—40 快固吊件 | |
| M6 大型螺栓 | | U50 快固吊挂 | |
| φ3.2mm φ8～10mm 吊件 | | U50 龙骨 | |
| D38、50、60 UC38、50、60 承载龙骨（主龙骨） | | U50 接件 | |

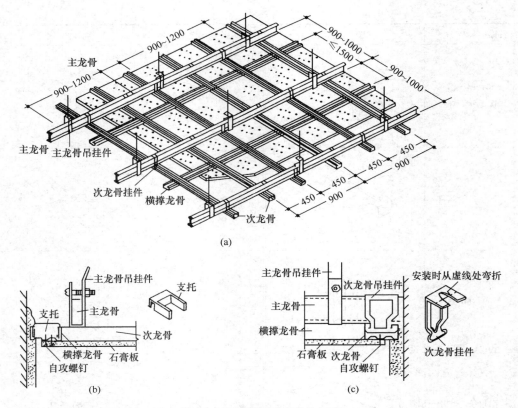

图 4-9　U 型系列吊顶构造示意

### （三）空格式格栅吊顶

空格式格栅吊顶是采用铝合金条板，以立放形式的交叉相嵌组成方形、矩形、菱形、三角形、曲线形等空格图案，直接吊挂在结构下皮，形成开敞式吊顶。条板厚度一般为 1.2～2.0mm，宽窄长短按设计下料组装。条板断面有 L 形、一字形或各种压型条板。孔格吊顶上部空间可设灯光或在空格中吊灯。

铝合金格栅吊顶是国际最新流行的装饰类型，结构底面涂黑色，用透空格栅吊顶饰以绿色藤蔓植物垂吊，再安装透射光或投影灯，使得室内格外清新优雅，好像置身于大自然环境中。目前在各大宾馆、大型商场、饭店、重要建筑物大厅等工程以及家庭装饰中被广泛应用。称之为发光顶棚、绿色顶棚。

空格式铝格栅 LGS 系列，其规格型号见表 4-9，其组装形式见图 4-10。

表 4-9　LGS 铝格栅规格型号表

| 型　号 | 规格（mm） | | | 表面处理情况 | 材　料 | 备　注 |
|---|---|---|---|---|---|---|
| | $L$ | $W$ | $H$ | | | |
| LGS/50—Ⅰ | 50 | 50 | 30 | 烤　漆 | 铝板材成型 | 奶白色、浅绿色、淡蓝色 |
| LGS/50—Ⅱ | 50 | 50 | 30 | 喷　塑 | 铝板材成型 | 奶白色、浅绿色、淡蓝色 |
| LGS/50—Ⅲ | 50 | 50 | 30 | 氧化染色 | 铝板材成型 | 素不锈钢色 |
| LGS/80—Ⅰ | 80 | 80 | 40 | 烤　漆 | 铝板材成型 | 奶白色、浅绿色、淡蓝色 |

| 型　号 | 规格（mm） | | | 表面处理情况 | 材　料 | 备　注 |
|---|---|---|---|---|---|---|
| | L | W | H | | | |
| LGS/80—Ⅱ | 80 | 80 | 40 | 喷　塑 | 铝板材成型 | 奶白色、浅绿色、淡蓝色 |
| LGS/80—Ⅲ | 80 | 80 | 40 | 氧化染色 | 铝板材成型 | 素不锈钢色 |
| LGS/80X—Ⅰ | 80 | 80 | 40 | 烤　漆 | 铝型材制作 | 奶白色、浅绿色、淡蓝色 |
| LGS/80X—Ⅱ | 80 | 80 | 40 | 喷　塑 | 铝型材制作 | 奶白色、浅绿色、淡蓝色 |
| LGS/80X—Ⅲ | 80 | 80 | 40 | 氧化染色 | 铝型材制作 | 素不锈钢色 |
| LGS/100—Ⅰ | 100 | 100 | 50 | 烤　漆 | 铝板材成型 | 奶白色、浅绿色、淡蓝色 |
| LGS/100—Ⅱ | 100 | 100 | 50 | 喷　塑 | 铝板材成型 | 奶白色、浅绿色、淡蓝色 |
| LGS/100—Ⅲ | 100 | 100 | 50 | 氧化染色 | 铝板材成型 | 素不锈钢色 |

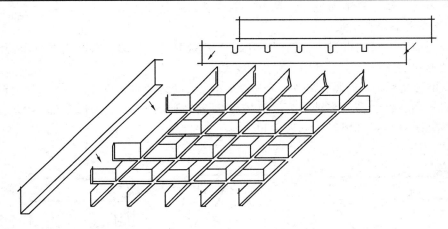

图 4-10　铝格栅组装示意图

## 二、铝合金隔墙龙骨型材

隔墙有封闭式、开敞式、镂空式、活动（屏风）式、旋转吊挂（或推拉）式等。上述做法采用亲钢龙骨或铝合金龙骨镂花制作，骨架型材有方形、矩形、扁形、槽形、角形、扇形等，封板可以采用石膏板、金属板、玻璃等。铝合金隔墙的龙骨间距为 450mm 或 600mm，横向支撑一般为 2～3 道。铝合金隔墙用材见表 4-10。

表 4-10　铝合金隔墙用材

| 序号 | 型材名称 | 外型截面尺寸长（mm）×宽（mm） | 单位质量（kg/m） | 示　意　图 |
|---|---|---|---|---|
| 1 | 大方管 | 76.2×44.5 | 0.894 | |
| 2 | 扁　管 | 76.2×25.4 | 0.661 | |
| 3 | 等　槽 | 12.7×12.7 | 0.100 | |

续表

| 序号 | 型材名称 | 外型截面尺寸长（mm）×宽（mm） | 单位质量（kg/m） | 示意图 |
|---|---|---|---|---|
| 4 | 等角 | 3.8×3.8 | 0.510 | |
| | 不等角 | 31.8×3.8 | 0.503 | |

### 三、铝合金装饰板

铝合金装饰板具有重量轻、不燃烧、耐久性好、施工方便、装饰华丽等优点，适用于公共建筑室内外的装饰饰面。目前产品规格有：开放式、封闭式、波浪式、重叠式和藻井式、内圆式、龟板式。颜色有银白色、古铜色、金黄色、茶色等。

#### （一）铝合金条形压型板

铝合金压型板是目前世界上被广泛应用的一种新型建筑装饰材料，通过适当处理可得到各种色彩及形式的压型板，主要用于屋面和外墙。

条形压型板又称扣板，其宽度为 100~200mm，长度为 2000~3000mm，铝合金板厚0.5~1.5mm，有银白、红、蓝等多种色彩。其安装固定是利用条板两侧压型及正咬口搭接或扣接或插接，见图 4-11，规格尺寸见表 4-11。

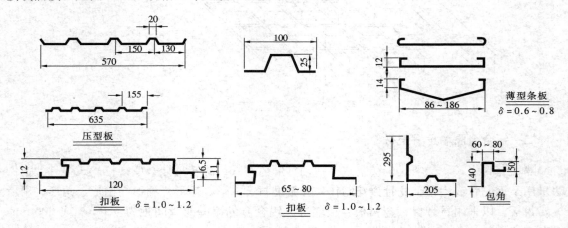

图 4-11　铝合金压型板断面示意图

表 4-11　铝合金压型板规格

| 波形 | 板厚（mm） | 板宽（mm） | 板长（mm） | 支点最大距离（mm） | 挠度不大于 |
|---|---|---|---|---|---|
| $W_{33}$=130 | 0.7~1.2 | 1008 | 1700~3200 | 1500 | 1/50~1/200 |
| $W_{60}$=187.5 | 0.7~1.2 | 826 | 3200~6200 | 3000 | 1/150~1/200 |

#### （二）铝合金波纹板

铝合金波纹板的性能、规格见表 4-12，断面见图 4-12。

**表 4-12　铝合金波纹板的性能、规格**

| 规　格 | | | | 性　能　指　标 | | | | |
|---|---|---|---|---|---|---|---|---|
| 波　形 | 长度<br>（mm） | 宽度<br>（mm） | 厚度<br>（mm） | 材质 | 抗拉强度<br>（MPa） | 伸长率<br>（%） | 弹性模量<br>（MPa） | 线膨胀系数<br>（$10^{-6}$/℃） |
| W 33—130 | 1700<br>3200 | 1088 | 0.7<br>0.8<br>0.9 | 纯铝 Y | ≥14 | ≥3 | $7×10^4$ | 24 |
| W 60—187.5 | 3200<br>6200 | 826 | 1.0<br>1.2 | 防锈铝<br>LF21Y | ≥19 | ≥3 | $7×10^3$ | 23.2 |

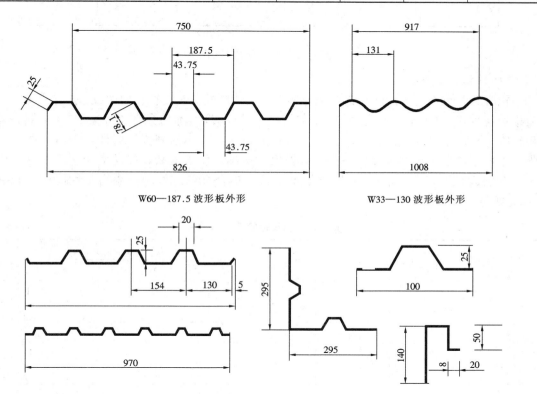

W60—187.5 波形板外形　　　　　W33—130 波形板外形

图 4-12　各种铝合金波纹板断面示意图

**（三）铝合金装饰格子板**

铝合金装饰格子板的形状和几何图案见图 4-13。性能与规格见表 4-13。

**表 4-13　铝合金装饰格子板的规格、性能**

| 规　格<br>（mm） | 性　能　指　标 | | | | |
|---|---|---|---|---|---|
| | 材　质 | 抗拉强度<br>（MPa） | 伸长率<br>（%） | 弹性模量<br>（MPa） | 线膨胀系数<br>（$10^{-6}$/℃） |
| 275×410×0.8<br>415×600×0.8<br>420×240×0.8 | 纯铝 Y | ≥14 | ≥3 | 7000 | 24 |
| 436×610×0.8<br>480×270×0.8 | 铝合金 LF21Y | ≥19 | ≥3 | 7000 | 23.2 |

铝合金装饰格子板可以压成各种凹凸变形的形状和几何图案,既美观又增加了板材的刚度,格子板形式见图 4-13。

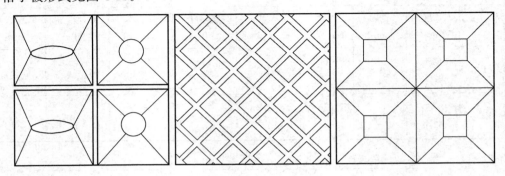

图 4-13　铝合金格子板图案

（四）铝合金花纹板

铝合金花纹板是采用防锈铝合金等坯料,用特制的花纹轧辊轧制而成。花纹图案有 1 号方格形花纹板,2 号扁豆形花纹板,3 号五条形花纹板,4 号三条形花纹板,5 号指针形花纹板,6 号菱形花纹板。它的花纹美观大方,筋高适中,不易磨损,防滑性能好,防蚀性能强,也便于冲洗。花纹板板材平整,裁剪尺寸准确,便于安装,广泛应用于现代建筑物墙面、车辆、船舶、飞机等工业防滑或装饰部位。铝合金花纹板的室温力学性能应符合表 4-14 的规定。

表 4-14　花纹板的室温力学性能

| 代　号 | 合金牌号 | 状　态 | 底板厚度 (mm) | 力学性能不小于 | | | 备　注 |
| --- | --- | --- | --- | --- | --- | --- | --- |
| | | | | $\delta_b$ (MPa) | $\delta_{0.2}$ (MPa) | $\delta_{10}$ % | |
| 1 号 | $LY_{12}$ | M | 1.0～3.5 | ≤250 | — | 12 | |
| | | CZ | | 410 | 260 | 10 | |
| 2、4、6 号 | $LY_{11}$ | $Y_1$ | 1.0～3.5 | 220 | — | 3 | |
| 1、3、5 号 | $L_1$、$L_2$、$L_3$、$L_4$、$L_5$、$L_6$ | Y | 1.0～3.5 | 100 | — | 3 | |
| 3、5 号 | $LF_2$ | M | 1.0～3.5 | 150 | — | 14 | |
| | | $Y_2$ | | 180 | | 3 | |
| | $LF_{43}$ | M | 1.0～3.5 | 100 | — | 15 | |
| | | $Y_2$ | | 120 | | 4 | |

注:$Y_1$ 状态相当于材料经充分再结晶退火后,以 20%～40%的冷变形量轧成花纹的状态。

（五）铝质浅花纹板

铝质浅花纹板是优良的建筑装饰材料之一。它的花纹精巧别致,色泽美观大方,除具有普通铝板共有的优点外,刚度提高 20%;抗污垢、抗划伤、抗擦伤能力均有提高,尤其是增加了立体图案和美丽的色彩。是我国所特有的建筑装饰材料。

铝合金浅花纹板对白光反射率达 75%～90%,热反射率达 85%～95%。在氨、硫、硫酸、磷酸、亚磷酸、浓硝酸、浓醋酸中耐蚀性良好。通过电解、电泳等表面处理后可得到不同色彩的浅花纹板。浅花纹板采用的铝合金坯料与花纹板相同。

（六）铝合金穿孔板

用各种铝合金平板经机械穿孔而成。孔型根据需要有圆孔、方孔、长圆孔、长方孔、三角孔、大小组合孔等。这是近年来开发的一种降低噪声并兼有装饰效果的新产品。

这种板具有材质轻、耐高温、耐高压、耐腐蚀、防火、防潮、防震、化学稳定性好、造型美观、色泽幽雅、立体感强等优点，可用于宾馆、饭店、剧场、影院、播音室等公共建筑和高级民用建筑中以改善音质条件，也可用于各类车间厂房、机房、人防地下室等作为降噪材料。

铝合金穿孔板及装饰板的规格及性能见表 4-15

表 4-15　铝合金穿孔板及装饰板的规格及性能

| 产品名称 | 性 能 和 特 点 | 规格（mm） |
|---|---|---|
| 穿孔平面式吸声板 | 材质：防锈铝（LF21）<br>板厚：1mm<br>孔径：6，孔距：10<br>降噪系数：1.16<br>工程使用降噪效果：4～8dB<br>吸声系数：(Hz/吸声系数)，厚度 75mm<br><br>125　250　500　1000　2000　4000<br>0.13　1.04　1.18　1.37　1.04　0.97 | 495×495×（50～100） |
| 穿孔块体式吸声体 | 材质：防锈铝（LF21）<br>板厚：1mm<br>孔径：6，孔距：10<br>降噪系数：2.17<br>工程使用降噪效果：4～8dB（A）<br>噪声系数：(Hz/吸声系数)，厚度 75mm<br><br>125　250　500　1000　2000　4000<br>0.22　1.25　2.34　2.33　2.54　2.25 | 750×500×100 |
| 铝合金穿孔压花吸声板 | 材质：电化铝板<br>孔径：6～8mm，板厚 0.8～1mm<br>穿孔率：1%～5%，20%～28%<br>工程使用降噪效果：4～8dB | 500×500<br>1000×1000<br>可根据用户要求加工 |
| 铝装饰板 | 采用光电制板技术、彩色阳极氧化表面处理工艺，图案深度为 5～8μm、10～12μm。颜色有铝本色、金黄色、淡蓝色等，立体感强，可制成名人字画、古董古币、湖光山色等图案，并具有耐腐蚀、耐热、耐磨损特性，能长期保持光亮如新 | 500×500×0.5<br>500×500×0.8 |
| 铝合金吸声板 | 材质：LF21 | 500×0.8 |
| 吸声吊顶墙面穿孔护面板 | 材质、规格、穿孔率可根据需要任选，孔型有圆孔、方孔、长圆孔、长方孔、三角孔、菱形孔、大小组合孔等 | |

（七）方形吊顶板

方形吊顶板的结构特点见表 4-16。

表 4-16　方形吊顶板的结构特点

| 名　称 | 结　构　特　点 |
|---|---|
| 暗龙骨<br>铝吊顶板 | 铝吊顶板可直接插入暗式龙骨中，具有施工方便，不用螺钉的特点。金属吊顶板采用 0.5mm 薄铝板，经冷压成型后无光氧化处理。规格为 400mm×400mm，每块重约 100g 左右。具有体轻、防火、图案清晰、色调柔和及不锈等特点 |
| 方形组合吊顶板 | 吊顶全部由金属制成的标准零件组成。具有零件标准化、施工装配化，安装拆卸方便，材料可重复使用等特点。面材由金属制成 600mm×600mm 的穿孔板，其吸音、通风、装饰效果好。上面放上隔热材料可起到隔热保温作用，具有金属屏蔽作用 |

暗龙骨方形吊顶板及卡子见图 4-14。

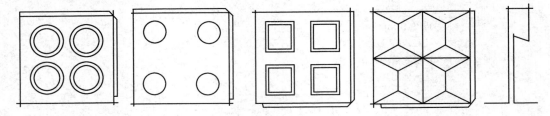

图 4-14　暗龙骨方形吊顶板及卡子

## 四、其他铝合金装饰制品

铝合金装饰制品除上述铝合金门窗、铝合金装饰板外，还有铝合金装饰线材（如：各种压条、包角、柜架等）、铝合金百叶窗、花饰造型、铝箔等。每种制品虽然加工方法大致相同，但也有各自的加工生产的特殊性。

（一）铝及铝合金挤压棒

铝及铝合金挤压棒的机械性能见表 4-17。

表 4-17　铝及铝合金挤压棒的机械性能表

| 牌　号 | 材料状态 | 直径<br>（mm） | 抗拉强度$\geqslant\sigma_b$<br>MPa | 屈服强度$\geqslant\sigma_{0.2}$<br>MPa | 伸长率$\geqslant\sigma_2$<br>（%） |
|---|---|---|---|---|---|
| LC4 | CS | ≤22 | 500 | 380 | 7 |
|  |  | 23～160 | 540 | 410 | 6 |
|  |  | >160 | 520 | 410 | 5 |
| LY11 | CZ | ≤160 | 380 | 220 | 12 |
|  |  | >160 | 360 | 200 | 10 |
| LY12 | CZ | ≤22 | 400 | 260 | 12 |
|  |  | 23～160 | 430 | 280 | 10 |
|  |  | >160 | 420 | 260 | 8 |
| LY16<br>LY2 | CS | 所有尺寸 | 360<br>440 | 240<br>280 | 8<br>10 |

| 牌　号 | 材料状态 | 直径<br>（mm） | 抗拉强度≥σ_b<br>MPa | 屈服强度≥σ_{0.2}<br>MPa | 伸长率≥σ_2<br>（%） |
|---|---|---|---|---|---|
| LD2 | CS | 所有尺寸 | 300 | — | 12 |
| LD9 | | | 360 | — | 10 |
| LD7、LD8 | | | 360 | — | 8 |
| LD5 | | | 360 | — | 12 |
| LD10 | SC | ≤12 | 450 | | 10 |
| | | 23～160 | 460 | | 10 |
| | | ＞160 | 440 | | 8 |
| L4、L6 | M 或 R | 所有尺寸 | ≤110 | | 25 |
| LF21 | | | ≤170 | | 20 |
| LF2 | | | ≤230 | | 10 |
| LF3 | | | 180 | 80 | 13 |
| LF5 | | ≤200 | 270 | 120 | 15 |
| LF11 | | ＞200 | 不作规定 | — | — |
| LF6 | | ≤200 | 320 | 160 | 15 |
| | | ＞200 | 不作规定 | — | — |

注：①LY11、LY12 性能，发货时应附试验结果；

②LY16 合金棒材，如在合同上注明需做高温持久试验时，则试样应以在热处理后，于 300℃下以 70MPa 的应力状态保持 100h 不断裂为合格；

③LY2 合金棒材，如在合同上注明需做高温持久试验时，则应以试样在热处理后，于 270±3℃下以 65MPa 的应力状态保持 100h 或 80MPa 的应力下保持 50h 不断裂为合格，如果后者不合格，则以前者为最终依据；

④直径大于 150mm 的棒材，其机械性能试验结果应附报告单。

许多类型的棒、杆和其他式样的产品可拼装成富有装饰性的栏杆、扶手、屏幕和格栅。能张开的铝合金片可用作装饰性的屏幕或遮阳帘片。

（二）铝合金线条

铝合金线条是用纯铝加入锰镁等合金元素后，挤压而成的条状型材。

1. 特点

具有轻质、高强、耐蚀、耐磨、刚度大等特点。其表面经阳极氧化着色表面处理，具有鲜明的金属光泽，其耐光和耐候性能良好，另外，表面还可涂以坚固透明的电泳漆膜，涂后更加美观、适用。

2. 用途

可用于装饰面的压边线、收口线，以及装饰画、装饰镜面的框边线。在广告牌、灯光箱、显示牌、指示牌上当作边框或框架，在墙面或天花板上作为一些设备的封口线。铝合金线条还用于家具上的收边装饰线、玻璃门的推拉槽、地毯的收口线等方面。

3. 规格品种

主要有角线、画框线条、地毯收口线条等几种，角线又分为等边和不等边两种，铝合金线条常用规格品种见表 4-18。

表 4-18 铝合金线条常用规格品种

| 截面形状 | 宽 B (mm) | 高 H (mm) | 壁厚 T (mm) | 长度 (mm) |
|---|---|---|---|---|
| | 9.5 | 9.5 | 1 | |
| | 12.5 | 12.5 | 1 | |
| | 15 | 15 | 1 | |
| | 25.4 | 25.4 | 1 | 6 |
| | 25.4 | 25.4 | 1.5 | |
| | 25.4 | 25.4 | 2.3 | |
| | 30 | 30 | 1.5 | |
| | 30 | 30 | 3 | |
| | 25.4 | 25.4 | | 6 |
| | 29.8 | 29.8 | | |
| | 19 | 12.7 | 1.2 | |
| | 21 | 19 | 1 | |
| | 25 | 19 | 1.5 | 6 |
| | 30 | 18 | 3 | |
| | 38 | 25 | 3 | |
| | 9.5 | 9.5 | 1 | |
| | 9.5 | 9.5 | 1.5 | |
| | 12 | 5 | 1 | |
| | 12.7 | 12.7 | 1 | |
| | 12.7 | 12.7 | 1.5 | |
| | 19 | 12.7 | 1.6 | |
| | 19 | 19 | 1 | |
| | 7.7 | 13.1 | 1.3 | |
| | 50.8 | 12.7 | 1.5 | |

（三）复合铝镜面板

复合铝镜面板是采用进口铝片及聚乙烯的复合材料，由电脑全自动控制生产，电镀处理而成镜面效果。具有材质坚韧、不碎裂、安全可靠、格调高雅、轻便耐用、永保明亮等特点，可作多种用途。

1. 特性：①超高镜面效果，明亮大方。②不破不裂，安全可靠。③防火、防水、耐污染、耐擦伤。④质轻刚性强，防震耐冲击。⑤可刨可钉可弯曲，加工性能好、施工简便。可代替其他镜面材料。

2. 适用范围：可广泛应用于饭店、宾馆、商场、娱乐场所、居室等室内装饰，如墙面、包柱、柜台、家具、广告牌、展示橱窗和电梯等。

3. 标准规格：3mm（厚）×1220mm（宽）×2440mm（长）。

（四）蜂窝结构铝幕墙板

蜂窝结构铝幕墙板内外表面层均为铝合金薄板，而中心层为铝箔、玻璃钢或纸蜂窝。具有分格大、刚度强、平直、质轻（约38kg/m²，包括龙骨重量）、隔声、隔热、表面颜色多样、抗酸碱等特点。与玻璃幕墙配合使用效果更佳。

产品的规格及承压强度：标准规格为2400mm×1180mm，最大规格可加工至4000mm×1200mm，厚度按设计风压负荷及巢芯材质而定，一般为21mm。形状可加工成弧形或其他角度的产品。风压负荷为1200Pa以内。

（五）铝合金百叶窗帘片

铝合金百叶窗帘片是以高铝镁合金制做的百叶片，用梯形尼龙绳串联而成。百叶片的规格一般为0.25mm×25mm×700（或970、1150）mm，百叶片的角度可按室内光线明暗的要求和通风量大小的需要，拉动尼龙绳进行调节（百叶片可同时翻转180度）。这种百叶窗帘启闭灵活，使用方便，且经久不锈，造型美观，具有良好的遮阳和遮挡视线效果。

（六）镁铝装饰板

1. 镁铝装饰板

以三合板为基材，在基板表面胶合一层铝箔，该铝箔经电化学处理后，表面有各种各样的图案花纹并配有各种艳丽的颜色。

（1）特点

该产品平直光洁，有金属光泽和现代装饰图案，外观华丽。该板不变形、不翘曲、耐湿、耐温、耐擦洗、可锯、可刨、可钉、可钻，安装施工方便，属中高档室内装饰材料。但铝面（铝箔）较薄，易被硬件划伤、碰伤，施工安装时应注意勿损伤表面。

（2）规格品种

该板的规格品种有平板型、镜面型、刻花图案型、电化着色型。该板规格一般均为1200mm×2440mm，厚4mm左右。

（3）用途

镁铝曲板主要用于现代化建筑和餐厅、酒吧厅、舞厅、接待厅、宾馆、商场等室内墙面、柱面、造型面的装饰。

2. 镁铝曲板

镁铝曲板选用进口或国产优质铝箔、胶合板、纤维板或复合纸基及高级聚酯树脂制成。镁铝曲板是在板基（或复合纸基）上贴合电化铝箔，再将铝箔和板基（或复合纸基）一并开槽，使之能卷曲。

（1）特点

具有色调和谐、质感柔美、可弯、可钉、可凹凸转角、可平贴、可立贴、永不褪色等一系列优点。

板面颜色有：瓷白、银白、浅黄、橄榄绿、金红、古铜、黑咖啡、青铜、青铝、金色等颜色，其色彩鲜艳、装潢典雅豪华、装饰效果较好。

但铝箔的表面容易被硬物划伤，影响装饰效果，因此施工时应特别注意保护板面。

（2）产品规格和技术性能见表4-19

表 4-19　镁铝曲板的产品规格和性能

| 产　品　规　格<br>（mm） | 技　术　性　能 | |
| --- | --- | --- |
| | 项　　　目 | 指　　标 |
| 1220×2440×4<br>有银、橙黄、金绿、金红、古铜等颜色 | 含水率（％）<br>表观密度（kg/m³）<br>静曲强度（MPa）<br>装饰层黏着性（MPa）<br>底层黏着力（MPa）<br>耐温度变化特性<br>　（80℃2h ⇌ －20℃2h）<br>耐久性<br>　（弯成半径25mm的环，反复40万次） | 12 以下<br>≥900<br>≥39.2<br>大于 0.392，不应有剥离<br>大于 0.392，不应有剥离<br>10 次以内无龟裂、剥离<br><br>无剥离现象 |
| 1220×2440×3～18<br>有银、金黄、红铜、古铜色等颜色，另外还有美纹曲板、美耐曲板、美镜曲板、宝丽板、浮花艺术板等 | | |
| 1220×2440×4<br>有银、金黄、古铜色等颜色 | | |

注：沟槽间距为 13mm、19mm、23mm。

（3）适用范围

高级镁铝曲板可适用于豪华宾馆、酒店、商场内外墙装饰，厅、堂柱面、造型面的装饰，以及柜台、橱窗装潢，家具贴面等装饰。该产品可随意切割、分条切开，故也可做装饰条、压边条来使用。

（七）铝箔

铝箔是用纯铝或铝合金加工成 $6.3～200\mu m$ 的薄片制品，具有良好的防潮、绝热性能。

1. 性能

铝箔除一般性能外，尚具有以下特点。

（1）防潮性能：铝箔具有优良的防潮性能。

不同厚度的铝箔和塑料薄膜的透湿度见表 4-20。

表 4-20　铝箔和塑料薄膜的透湿度　　　　　　　　　　　单位：g/m² · 24h

| 材　料　种　类 | 资料 1 | 资料 2 | 资料 3 | 材　料　种　类 | 资料 1 | 资料 2 | 资料 3 |
| --- | --- | --- | --- | --- | --- | --- | --- |
| 0.009mm 素箔 | 1.08～10.70 | 2 | 0.019 | 0.09mm 聚乙烯 | 7 | 0 | — |
| 0.013mm 素箔 | 0.60～4.80 | 1 | <0.005 | 0.10mm 聚乙烯 | 4.8 | — | 1.03 |
| 0.018mm 素箔 | 0～1.24 | — | <0.005 | 0.02mm 聚氯乙烯 | 157 | 200 | — |
| 0.025mm 素箔 | 0～0.46 | — | — | 0.065mm 聚氯乙烯 | 28.4 | — | — |
| 0.03～0.15mm 素箔 | 0 | — | — | 0.095mm 聚氯乙烯 | 41.2 | — | — |
| 玻璃纸 | 50～70 | 3500 | | | | | |

（2）绝热性能：铝箔对辐射能的吸收和反射率特别小，而且数值十分接近，因此在热工计算时把铝箔视为灰体。由于它对太阳光的反射能力很强，所以是一种很好的绝热材料。

铝箔的反射率主要取决于表面状态，与厚度无关，皱纹较多表面：0.22；微皱表面：0.14；刷平表面：0.09；光面表面：0.08。

铝箔表面最高允许温度为350℃，在更高温度时表面将变黑而失去绝热性能。

（3）力学性能：包括抗拉强度、伸长率、破裂强度和撕裂强度等。铝箔的力学性能会受到材质、纯度、杂质含量等因素的影响。破裂强度是指铝箔抵抗表面垂直方向受到均匀压力而不破裂的能力；撕裂强度是指规定尺寸的试样，用两点夹持使试样受切力而撕裂时的抗力，一般可达到15N/mm。

2. 铝箔的规格和性能

铝箔的规格和性能见表4-21。

表 4-21 铝箔的规格及性能

| 品名 | 代号 | 含有量（%） | | | | | 规格（mm） | | 主要参考性能 | | | | | 用途 |
| | | 铝 ≥ | 混合物郴大于 | | | | 宽度 | 厚度 | 抗断强度（MPa） | 伸长率（%） | 材料状态 | 电阻率（Ω·m） | 蒸汽渗透阻（m²·h·mm汞柱/g） | |
| | | | 铁 | 燧石 | 铁和燧石总和 | 铜 | 混合物的总含量 | | | | | | | | |
| 工业成卷铝箔 | L₀₀ | 99.7 | 0.16 | 0.16 | 0.26 | 0.01 | 0.3 | 300 350 380 | 0.006 0.007 0.010 0.011 | ≥30 | 0.5 | M | 0.025 | 3700 | 保温隔热材料、隔蒸汽材料、电磁屏蔽材料、装饰材料 |
| | L₀ | 96 | 0.25 | 0.20 | 0.36 | 0.01 | 0.4 | 400 420 440 457 | 0.012 0.014 0.020 0.025 | ≥100 | 0.5 | Y | | | |

3. 铝箔在建筑中的应用

铝箔是全新多功能保温隔热材料和防潮材料，广泛地用于建筑工程中，也是现代建筑重要的建筑装饰材料之一。

（1）铝箔做绝热材料时，常需要依托层承托，即制成铝箔复合绝热材料。可使用玻璃纤维布、石棉纸、纸张、塑料等依托层，用水玻璃、沥青、热塑性树脂等做胶黏剂贴成卷材、板材。也可用 5～7$\mu$m 厚卷筒铝箔剪成 15mm×15mm 箔片，而后在专用成型机上制成直径为4～5mm的空心球，用它作低温或高温（550℃）填充绝热材料。

（2）建筑上应用较多的卷材是铝箔牛皮纸和铝箔布，前者用在空气间层中作绝热材料，后者多用在寒冷地区做保温窗帘，炎热地区做隔热窗帘以及太阳房和农业温室中做活动隔热屏。

（3）铝箔制作的板材，如铝箔泡沫塑料板、铝箔波形板、微孔铝箔波形板、铝箔石棉纸夹心板等，它们的强度较高、刚度较好，常用在室内或者设备的内表面上，选择适当色调和图案，可同时起到很好的装饰作用。微孔铝箔波形板还有很好的吸声作用。

（4）在炎热地区，铝箔用在围护结构外表面，可反射掉大量的太阳辐射热，产生"冷房效应"；在寒冷地区，可减少室内向室外散热的损失，提高墙体保温能力。

4. 铝箔搪瓷

铝箔搪瓷产品，也称为彩色铝合金扣板，是搪瓷工业的一个新兴分支。它是在厚度小于0.3mm的铝箔单面通过特殊的生产工艺，涂烧一层非金属无机材料而形成的复合面层材料，其附着性、热稳定性和化学稳定性、使用寿命均优于一般搪瓷，能持久地保持制品的表面光泽，易于清洗，还具有可弯曲、剪切、打孔等良好的加工性能，并具有防腐蚀、防辐射等特性，将其与适当的建材基板相复合所生产的产品是理想的装饰材料。

铝箔搪瓷可与各种人造板如胶合板、刨花板、纤维板等复合成铝箔搪瓷人造板，也就是现在常见的镁铝曲板等。这种铝箔搪瓷人造板具有耐磨、易清洗、热稳定性和化学稳定性好等优良性能，它广泛用于家具制作和室内装饰。

若将铝箔搪瓷与建材板如水泥板或白灰板复合还可以生产铝箔搪瓷建材板，这种复合板可作为内外墙面装饰材料。它以其光滑的瓷面、丰富的色彩和易于剪切制作图案等特点与现代建筑风格、室内装潢和周围环境相协调，而使建筑物的装饰别具一格，更富有情调。

铝箔搪瓷可制成条板（扣板）、压型格子板、压型板及线型材。规格尺寸和其他铝合金型材相同。

（八）铝合金花格网

铝合金花格网是由铝合金挤压型材拉制及表面处理而成的花格网。

铝合金花格网的表面应清洁、平整、孔型均匀，不允许有裂纹、起皮、氧化膜脱落、腐蚀存在。经表面处理的铝合金花格网，其氧化膜的厚度应不小于 $10\mu m$。铝合金花格网的型号、花形及规格见表 4-22，见图 4-15。

**表 4-22　铝合金花格网的型号、花形及规格**　　　　　单位：mm

| 型　号 | 花　形 | 厚　度 | 宽　度 | 长　度 |
|---|---|---|---|---|
| LGH101 | 中　孔　花 | | | |
| LGH102 | 异　型　花 | 5.0、5.5、6.0、 | 480～2000 | ≤6000 |
| LGH103 | 大　双　花 | 6.5、7.0、7.5 | | |
| LGH104 | 单　双　花 | | | |
| LGH105 | 五　孔　花 | | | |

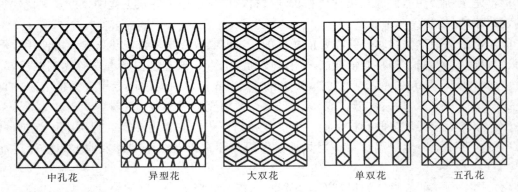

中孔花　　　　异型花　　　　大双花　　　　单双花　　　　五孔花

图 4-15　铝合金花格网的花形

铝合金花格网有银白、古铜、金黄、黑等颜色，并且外形美观、质轻、机械强度大、式样规格多、不积污、不生锈、耐酸碱腐蚀性好。可用于公寓大厦平窗、凸窗、花架、室内外设置、球场防护网、栏杆、遮阳和学校等围墙安全防护、防盗设施和装饰。

# 第五节　金属材料在建筑幕墙中的应用

## 一、建筑幕墙的类型

当前建筑幕墙共有 4 种类型，它们分别是：

### （一）玻璃幕墙

以玻璃为饰面材料的幕墙。玻璃幕墙既是墙体装饰装修做法，也是墙体的结构组成部分。玻璃幕墙又分为框支承玻璃幕墙、点支承玻璃幕墙和全玻璃墙三种做法。三种做法中全玻璃墙不需采用金属构件，另外两种均是金属构件与建筑玻璃的组合。

1. 框支承玻璃幕墙

（1）立柱：立柱可以采用经过表面处理的铝合金型材或高耐候钢及经过热浸镀锌的碳素钢型材，主要受力部位钢型材的厚度不应小于 3mm。幕墙钢材的强度设计值见表 4-23。

表 4-23　幕墙钢材的强度设计值（N/mm²）

| 钢材牌号 | 厚度或直径 $d$（mm） | 抗拉、抗压、抗弯 | 抗剪 | 端面承压 |
|---|---|---|---|---|
| Q235 | $d \leqslant 16$ | 215 | 125 | 325 |
| | $16 < d \leqslant 40$ | 205 | 120 | |
| | $16 < d \leqslant 40$ | 200 | 115 | |
| Q345 | $d \leqslant 16$ | 310 | 180 | 400 |
| | $16 < d \leqslant 35$ | 295 | 170 | |
| | $35 < d \leqslant 50$ | 265 | 155 | |

（2）横梁：横梁可以采用经过表面处理的铝合金型材或高耐候钢及经过热浸镀锌的碳素钢型材，主要受力部位钢型材的厚度不应小于 2.5mm。幕墙铝材的强度设计值见表 4-24。

表 4-24　幕墙铝材的强度设计值（N/mm²）

| 铝合金牌号 | 状态 | 壁厚（mm） | 强度设计值 | | |
|---|---|---|---|---|---|
| | | | 抗拉、抗压 | 抗剪 | 局部承压 |
| 6061 | T4 | 不区分 | 85.5 | 49.6 | 133.0 |
| | T6 | 不区分 | 190.5 | 110.5 | 199.0 |
| 6063 | T5 | 不区分 | 85.5 | 49.6 | 120.0 |
| | T6 | 不区分 | 140.0 | 81.2 | 161.0 |
| 6063（A） | T5 | $\leqslant 10$ | 124.4 | 72.2 | 150.0 |
| | | $> 10$ | 116.6 | 67.6 | 141.5 |
| | T6 | $\leqslant 10$ | 147.7 | 85.7 | 172.0 |
| | | $> 10$ | 140.0 | 81.2 | 163.0 |

2. 点支承玻璃幕墙

（1）支承结构：支承结构可以采用单根型钢或钢管制作。钢管壁厚不宜小于 4mm。亦可采用桁架或空腹桁架，用型钢或钢管做桁架杆件。还可采用不锈钢绞线、高强钢绞线、铝包钢绞线制作的张拉杆索体系。单根钢丝的直径不宜小于1.2mm，钢绞线的直径不宜小于8mm。

（2）玻璃：连接件外帽在玻璃外侧时，玻璃厚度不应小于6mm。连接件外帽与玻璃齐平时，玻璃厚度不应小于8mm。

（二）石材幕墙

以天然石材为饰面材料的幕墙。石材幕墙属于围护结构，是在原有墙体上的装饰装修做法。

1. 结构体系

（1）立柱：立柱可以采用铝合金型材，主要受力部位的最小厚度不应小于3mm，立柱采用钢型材时，主要受力部位的最小厚度不应小于3.5mm。

（2）横梁：当跨度不大于1.2m时，铝合金型材横梁主要受力部位最小厚度不应小于2.5mm，钢型材横梁主要受力部位最小厚度不应小于3.5mm。当跨度大于1.2m时，铝合金型材横梁主要受力部位最小厚度不应小于3mm，钢型材主要受力部位厚度不应小于3.5mm。

2. 石板：石材幕墙的石板最小厚度不应小于25mm。最大面积为$1m^2$。

3. 石材与结构体系的连接方法。

（1）钢销连接：钢销和连接钢板应采用不锈钢。连接板截面尺寸不宜小于40mm×4mm。

（2）短槽连接：短槽连接的不锈钢挂钩的厚度不应小于3mm，铝合金挂钩的厚度不应小于4mm。

（3）通槽连接：通槽连接的不锈钢挂钩的厚度不应小于3mm，铝合金挂钩的厚度不应小于4mm。

（三）金属幕墙

以单层铝板、铝塑复合板及蜂窝铝板为饰面材料的幕墙。金属幕墙属于围护结构，是在原有墙体上的装饰装修做法。

1. 结构体系：与石材幕墙类似，这里不再重述。

2. 面材：单层铝板、铝塑复合板及蜂窝铝板的强度设计值见表4-25。

表 4-25　单层铝板、铝塑复合板及蜂窝铝板的强度设计值（N/mm²）

| 板材种类 | 厚度（mm） | 抗拉强度 | 抗剪强度 |
|---|---|---|---|
| 单层铝板（2A11） | 0.5～2.9 | 129.5 | 75.1 |
| | >2.9～10 | 136.5 | 79.2 |
| 单层铝板（2A12） | 0.5～2.9 | 171.5 | 99.5 |
| | >2.9～10 | 185.5 | 107.6 |
| 单层铝板（7A04） | 0.5～2.9 | 273.0 | 158.4 |
| | >2.9～10 | 287.0 | 166.5 |
| 单层铝板（7A09） | 0.5～2.9 | 273.0 | 158.4 |
| | >2.9～10 | 287.0 | 166.5 |
| 铝塑复合板 | 4 | 70 | 20 |
| 蜂窝铝板 | 20 | 10.5 | 1.4 |

（四）人造板材幕墙

面板材料为人造外墙板的建筑外墙。属于主体结构外侧装饰装修做法。通常使用的面层材料包括瓷板、陶板、微晶玻璃板、石材蜂窝板、木纤维板、纤维水泥板等。设计使用年限不应小于 25 年。

1. 结构体系：应采用热轧钢材、冷成型薄壁型钢和铝合金型材制作。与建筑主体连接采用连接件连接。面材与结构体系采用挂件连接或背栓连接。

2. 面板连接

（1）瓷板、微晶玻璃板宜采用短挂件连接、通长挂件连接和背栓连接；

（2）陶板宜采用短挂件连接，也可采用通长挂件连接；

（3）纤维水泥板宜采用穿透支承连接或背栓支承连接，也可采用通长挂件连接。穿透连接的基板厚度不应小于 8mm，背栓连接的基板厚度不应小于 12mm，通长挂件连接的基板厚度不应小于 15mm；

（4）石材蜂窝板宜通过板材背面预置螺母连接；

（5）木纤维板宜采用末端为刮削式（SC）的螺钉连接或背栓连接，也可采用穿透连接。采用穿透连接的板材厚度不应小于 6mm，采用背面连接或背栓连接的木纤维板厚度不应小于 8mm。

3. 面材：有关瓷板、陶板、微晶玻璃、石材蜂窝板、纤维水泥板、木纤维板的详细内容见有关章节。

## 二、幕墙骨架型材

幕墙骨架型材有涂层防锈型钢、不锈钢型材、铝合金型材三种。因铝合金型材应用较为广泛。

（一）普通铝合金幕墙型材

铝合金框架异型材是根据幕墙玻璃的品种、厚度、形式（中空玻璃、单层玻璃）、风荷大小、框架分格尺寸等因素以及框架的不同杆件（主柱、横挡等）来设计其异型材断面。包括断面大小、形状、壁厚等。它采用挤压法生产。异型材既是受力骨架，也是镶嵌玻璃的框格。

铝合金幕墙骨架型材标准通用型材尺寸见表 4-26。

### 表 4-26 铝合金幕墙骨架型材标准通用型材尺寸

| 名　称 | 竖框断面尺寸 $b \times h$（mm） | 特　点 | 应　用　范　围 |
| --- | --- | --- | --- |
| 简易通用型幕墙 | 框格断面尺寸采用铝合金门窗断面 | 简易、经济、框格通用性强 | 幕墙高度不大的部位 |
| 100 系列铝合金玻璃幕墙 | $100 \times 50$ 单层玻璃 | 结构构造简单、安装容易、连接支点可以采用固定连接 | 楼层高≤3m、框格宽≤1.2m、应用于强度在 2kN/m² 的 50m 以下建筑 |
| 120 系列铝合金玻璃幕墙 | $120 \times 50$ | 同 100 系列 | 同 100 系列 |
| 140 系列铝合金玻璃幕墙 | $140 \times 50$ | 制作容易，安装维修方便 | 楼层高≤3.6m、框格宽≤1.2m，使用于强度在 2.4kN/m² 的 80m 以下建筑 |

| 名　　称 | 竖框断面尺寸<br>$b \times h$（mm） | 特　　点 | 应　用　范　围 |
|---|---|---|---|
| 150 系列铝合金<br>玻璃幕墙 | $150 \times 50$ | 结构精巧、功能完善、维修方便 | 楼层高≤3.9m，框格宽≤1.5m，应用于强度在 3.6kN/m² 的 120m 以下建筑 |
| 210 系列铝合金<br>玻璃幕墙 | $210 \times 50$ | 属于重型、较高标准的全隔热玻璃墙，功能全面，但结构构造复杂、造价高，所有外露型材均与室内部分用橡胶垫分隔起来，形成严密的"断气桥"，功能全但结构复杂，造价高 | 楼层高≤3.0m，框格宽≤1.5m，使用于强度≤25kN/m² 的 100m 以上大分格结构的玻璃幕墙 |

注：1. 本表中 120～210 系列幕墙玻璃可采用单层玻璃，也可以采用中空玻璃。

2. 根据使用需要，幕墙上可开设各种（上悬、中悬、下悬、平开、推拉等）通风换气窗。

3. 点支撑骨架型材有不锈钢管（$\phi6 \sim \phi8$）、防锈型钢桁架及铝合金管材等。

**（二）铝合金幕墙骨架型材典型断面**

115 系列中空玻璃幕墙铝合金型材典型断面见图 4-16、图 4-17。

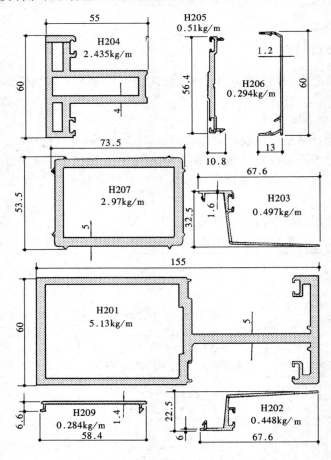

图 4-16　115 系列中空玻璃幕墙铝合金型材

132

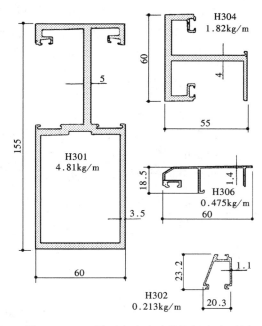

图 4-17　115 系列中空玻璃幕墙铝合金型材

（三）断桥铝合金幕墙骨架型材

幕墙的隔热阻断构造示意见图 4-18、它所采用的隔热条及生产方法和断桥铝合金门窗型材基本相同。

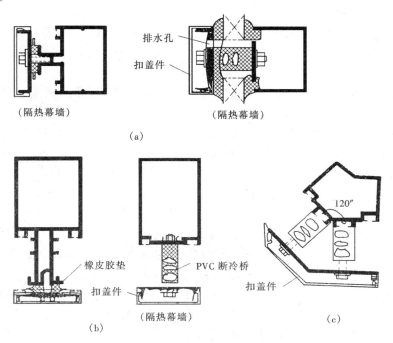

图 4-18　幕墙的隔热阻断构造示意图
（a）隔热幕墙（横框）；（b）隔热幕墙（竖框）；（c）隔热幕墙（转角框）

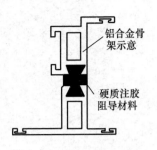

铝合金骨架示意

硬质注胶阻导材料

图 4-19　幕墙阻导型
铝合金骨架示意图

幕墙骨架采用热阻断技术，所用断桥材料有 PVC 与橡皮胶垫、特种注胶和 PVC 与橡皮胶垫组合。其中较多使用的是注胶材料，幕墙阻导型铝合金骨架示意见图 4-19。

### 三、建筑幕墙饰面材料

#### （一）单层铝板（铝合金单板）

1. 铝合金单板表面采用氟碳、聚酯或环氧树脂为饰面板材。单层铝板的厚度不应小于 2.5mm。铝合金单板有方板和条板之分，每块平板周边均压型折边，其规格尺寸见表 4-27、表 4-28。

**表 4-27　方板（含平板、穿孔板）的规格尺寸（mm）**

| 规格 | 厚度 | 规格 | 厚度 | 规格 | 厚度 |
|---|---|---|---|---|---|
| 300×300 | | 450×450 | | 600×900 | |
| 300×600 | 0.5～0.8 | 450×900 | 0.6 | 600×900 | 0.6～1.2 |
| 500×500 | | | | | |

**表 4-28　条板（含平板、穿孔板）的规格尺寸（mm）**

| 宽度 | 厚度 | 最大长度 | 宽度 | 厚度 | 最大长度 |
|---|---|---|---|---|---|
| 100 | 0.6～0.8 | 4000 | 200 | 0.8 | 9000 |
| 150 | 0.6～0.8 | 4000 | 300 | 0.8 | 9000 |

2. 单层铝板的型号和选用要点

（1）型号

1）Ⅰ型：主要吸收中高频声音。适用于一般公共场合（后衬吸声材料）。

2）Ⅱ型：共振吸收峰约 500Hz（按空间层 150mm 计），可单独或组合使用。适用于人声嘈杂的场所。

3）Ⅲ型：共振吸收峰约 250Hz（按空间层 150mm 计），可单独或组合使用。适用于低频声成分较多的场所。

4）Ⅳ型：共振吸收峰约 125Hz（按空间层 150mm 计），与其他型号穿孔板可组成宽频带吸声构件。适用于低频噪声环境，如机房、车间等。

（2）选用要点

用于室外时，不得选用环氧树脂饰面。

#### （二）铝蜂窝板

1. 构成

铝蜂窝板的芯材采用经过特殊处理的铝蜂窝（铝箔厚度为 0.076mm、孔径 19mm），面材采用预辊涂层铝卷（厚度为 0.5mm 或 0.7mm）制成，其表面涂聚酯烤漆。铝蜂窝板的厚度有 10mm、12mm、15mm、20mm 和 25mm 等类型。厚度为 10mm 的铝蜂窝板应有 1mm 厚的正面铝合金板、0.5～0.8mm 厚的背面铝合金板及铝蜂窝黏结而成；厚度在 10mm 以上的铝蜂窝板，其正背面铝合金板厚度均应为 1mm。

2. 主要技术性能

（1）防火性能：难燃 $B_1$ 级。

（2）吸声性能：针孔型Ⅰ级。

（3）抗冷凝性能：墙板四边密封，有良好的抗冷凝作用，板内部无冷凝水出现。

3. 12mm 板厚的规格尺寸（表 4-29）

表 4-29　12mm 板厚的规格尺寸

| 厚度（mm） | 模数长度（mm） | 模数宽度（mm） | 平整度（mm/m） | 面质量（kg/m²） | 颜色 | 接缝（mm） |
|---|---|---|---|---|---|---|
| 12 | 600～4500±0.5（特殊尺寸可定制） | 600±0.5、900±0.5、1200±0.5、1500±0.5（特殊尺寸可定制） | 1.0 | 5.8～6.0 | 可提供多种颜色 | ≥3 |

铝蜂窝板的形状如图 4-20 所示。

（三）铝塑板

铝塑板由上、下两层铝合金板及中层为 3～6mm 的聚乙烯材料组成。它具有强度高、刚性好、耐冲击等特点，而且具有一定的隔热和阻燃功能，可以用于金属幕墙和屋顶，厚度不应小于 4mm，是一种安全的装饰材料，特别是幕墙饰面板已大量采用。

铝塑板分为聚酯系列和氟碳系列。其规格尺寸见表 4-30。

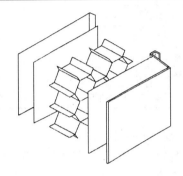

图 4-20　蜂窝铝板

表 4-30　铝塑板的规格

| 系　列 | 外　层　涂　料 | 适　用　范　围 | 规格尺寸（mm） |
|---|---|---|---|
| 聚酯系列 | 聚酯树脂 | 室内及门面装饰、广告装潢 | 2440×1220×3～4 |
| 氟碳系列 | 氟碳树脂 | 幕墙工程、旧楼翻新、户外指示牌等 | 2440×1220×4～5<br>2440×1250×4～5<br>2440×1270×4～5 |

氟碳涂层铝塑板的技术性能参数，见表 4-31。

表 4-31　氟碳涂层铝塑板的技术性能参数

| 检测项目（4mm 板） | 标　准　指　标 | 检　测　值 |
|---|---|---|
| 涂层厚度（μm） | 最小值≥25 | 35（平均值 36） |
| 光泽度偏差 | ≤10（光泽度<70 时）<br>≤5（光泽度≥70 时） | 2.6（光泽度 27.2） |
| 铅笔硬度 | ≥HB | 3H |
| 涂层柔韧性 | ≤2T | 0T |
| 附着力 | 不次于 1 级 | 画格法 0 级，画圈法 1 级 |
| 耐磨耗性（l/μm） | ≥5 | 6.9 |
| 耐玷污性（%） | ≤15 | 10.0 |
| 耐洗刷性 | ≥10000 次无变化 | 10000 次无变化 |

| 检测项目（4mm 板） | | 标 准 指 标 | 检 测 值 |
|---|---|---|---|
| 耐人工候老化 | 色差 | ≤3.0 | 0.4 |
| | 失光等级 | 不次于 2 级 | 1 级 |
| | 其他老化性能 | 0 级 | 0 级 |
| 面密度（kg/m²） | | 规定值±0.5 | 5.49 |
| 弯曲强度（MPa） | | ≥100 | 124 |
| 弯曲弹性模量（MPa） | | ≥2.0×10⁴ | 3.12×10⁴ |
| 贯穿阻力（kN） | | ≥9.0 | 10.5 |
| 剪切强度（MPa） | | ≥28.0 | 33.8 |
| 180°剥离强度（N/mm） | | ≥7.0 | 12.5 |
| 耐温差性 | | 无变化 | 无变化 |
| 热膨胀系数（℃⁻¹） | | ≤4.00×10⁻⁵ | 1.65×10⁻⁵ |
| 耐烟雾性 | | 不次于 2 级 | 1 级 |
| 防火性能（防火铝塑板） | | GB 8624—1997B1 级 | |

（四）铝合金保温板

铝合金保温板是在内外层铝合金平板（或压型板）之间放入泡沫夹芯材料（岩绵、聚氨酯、玻璃棉等）经黏结（或发泡）压制而成。其保温效果良好，板材质轻，每平米 9～10kg，铝合金板经表面处理或涂层，可获得多种色彩，以丰富幕墙的装饰效果。

铝合金保温板的规格尺寸和技术性能可参照铝合金压型板和金属压型板材。

（五）铝合金太阳能板

铝合金太阳能板是采用 1.5～2.0mm 厚的铝合金板（内层板为 1.0 厚），中间放入蓄热保温材料和光敏材料，外层铝合金板表面着色处理后，进行微孔加工制成太阳能集热板，将太阳热能储存起来供夜间向室内释放。这是一种高科技产品。

（六）阳光板

1. 定义

聚碳酸酯板称为阳光板、PC 板，又称"塑料玻璃"，是以聚碳酸酯（PC）为主要原料制作的板材。阳光板的颜色有透明、蓝色、绿色、乳白、橙色等。聚碳酸酯板采光顶的外观见图 4-21。

图 4-21 聚碳酸酯板采光顶

2. 构造特点

（1）聚碳酸酯板有单层板、多层板、中空平板、U 形中空板、波浪板等多种类型；有透明、着色等多种板型。

（2）板的厚度：单层板 3～10 mm，双层板 4 mm、6 mm、8 mm、10 mm。

（3）耐候性：不小于 15 年。

（4）燃烧性能：应达到 $B_1$ 级。

（5）透光率：双层透明板不小于 80％，三层透明板不小于 72％。

（6）使用寿命：不得低于 25 年。

（7）温度范围：－40～120℃。

（8）应采用支承结构找坡，坡度不应小于 8％。

（9）聚碳酸酯板应可冷弯成型。

（10）中空平板的弯曲半径不宜小于板材厚度的 175 倍；U 形中空板的最小弯曲半径不宜小于厚度的 200 倍；单层板的弯曲半径不宜小于板材厚度的 100 倍。

3. 阳光板的规格尺寸（表 4-32）

表 4-32　阳光板的规格尺寸

| 类型 | 中空板 | | | | | 单层板 | | | | |
|---|---|---|---|---|---|---|---|---|---|---|
| 厚度<br>（mm） | 4 | 5 | 6 | 8 | 10 | 2.5 | 3 | 4.5 | 6 | 8 | 10 |
| 面质量<br>（kg/m²） | 1.0 | 1.1 | 1.3 | 1.5 | 1.7 | 3.0 | 3.6 | 5.4 | 7.2 | 9.6 | 12.0 |
| 宽度<br>（m） | 2.1 | | | | | 2.05 | | | | |
| 长度<br>（m） | 5.0 | | | | | 3.0 | | 5.0 | | |

## 四、幕墙配套材料

（一）嵌缝材料

1. 填充材料：在幕墙接缝处广泛应用，有聚乙烯泡沫胶系、聚苯乙烯泡沫胶系、氯丁二烯橡胶、硅酮系建筑胶，形体为片状、板状、圆柱状等，安装在接缝的内部。

2. 密封材料：它是安装饰面板材的压条、垫圈，采用橡胶密封压条，按密封部位断面采用挤出法生产的专用密封压条。宜采用三元乙丙橡胶、氯丁橡胶、硅酮橡胶等制作。

3. 防水密封材料：它是封闭饰面板缝隙、防止雨水渗漏的密封材料。目前应用较多的有聚硫系橡胶和硅酮系橡胶等密封条。

（二）胶黏材料

1. 隐框玻璃饰面板：主要依靠胶黏剂将玻璃与骨架牢固黏结，主要采用硅酮系建筑胶黏剂。硅酮胶具有黏结牢固、耐久性好、抗老化、易操作、既黏结又防水的特点，硅酮系橡胶是幕墙饰面接缝防水、密封和黏结方面的高档材料。应用时要注意有效期，不得使用过期的产品。

2. 幕墙采用中性硅酮耐候密封胶，其性能应符合表 4-33 的规定。

表 4-33　幕墙硅酮耐候密封胶的性能

| 项　　目 | 性　能 | |
|---|---|---|
| | 金属幕墙用 | 石材幕墙用 |
| 表干时间 | 1¹～1.5h | |
| 流淌性 | 无流淌 | ≤1.0mm |
| 初期固化时间（≥25℃） | 3d | 4d |
| 完全固化时间［相对湿度≥50%，温度（25±2）℃］ | 7～14d | |
| 邵氏硬度 | 20～30 | 15～25 |
| 极限拉伸强度 | 0.11～0.14MPa | ≥1.79MPa |
| 断裂延伸率 | — | ≥300% |
| 撕裂强度 | 3.8N/mm | — |
| 施工温度 | 5～48℃ | |
| 污染性 | 无　污　染 | |
| 固化后的变位承受能力 | 25%≤δ≤50% | δ≥50% |
| 有效期 | 9～12 个月 | |

3. 硅酮结构密封胶使用中的注意事项：

（1）幕墙应采用中性硅酮结构密封胶；硅酮结构密封胶分单组分和双组分，其性能应符合现行国家标准的规定。

（2）同一幕墙工程应采用同一品牌的单组分或双组分的硅酮结构密封胶，并应有保质年限证明书。

（三）固定紧固件

他们是骨架与建筑主体结构、骨架之间、骨架与饰面板之间的连接配件。不允许用焊接，只能采用螺栓、螺钉、自攻螺丝等紧固件连接，其配件包括螺栓、垫板、连接板等五金件。具体选用按安装规范选用。

（四）幕墙开启扇用五金件

幕墙开启扇为上悬外开窗（开启角度不宜大于 30°，开启距离不宜大于 300mm，开启扇不得超过 15%），其铰链、连杆、支撑、定位器、把手等五金件均采用不锈钢、铝合金、硬质 PVC 塑料等。杜绝使用易锈蚀的金属材质。

# 第六节　铜及铜合金制品

## 一、铜的特性与应用

铜属于有色重金属，密度为 8.92g/cm³。纯铜由于表面氧化生成的氧化铜薄膜呈紫红色，故常称紫铜。纯铜具有较高的导电性、导热性、耐蚀性及良好的延展性、塑性，可辗压成极薄的板（紫铜片），拉成很细的丝（铜线材），它既是一种古老的建筑材料，又是一种良好的导电材料。

我国纯铜产品分为两类：一类是冶炼产品，包括铜锭、铜线锭和电解铜；另一类是加工产品，是指铜锭经过加工处理后获得的各种形状的纯铜材。纯铜牌号、代号、成分及用途见表 4-34。

表 4-34　纯铜牌号、代号、成分及用途　　　　　　　　　单位:%

| 牌　号 | 代　　号 | | 铜量≮ | 杂质含量≯ | | | | 用途举例 |
| --- | --- | --- | --- | --- | --- | --- | --- | --- |
| | 冶　炼 | 加　工 | | 铋 | 铅 | 氧 | 总　和 | |
| 一号铜 | Cu—1 | T1 | 99.95 | 0.002 | 0.005 | 0.02 | 0.05 | 导电材料 |
| 二号铜 | Cu—2 | T2 | 99.90 | 0.002 | 0.005 | 0.06 | 0.10 | 导电材料 |
| 三号铜 | Cu—3 | T3 | 99.70 | 0.002 | 0.010 | 0.10 | 0.30 | 一般用铜材 |
| 四号铜 | Cu—4 | T4 | 99.50 | 0.003 | 0.050 | 0.10 | 0.50 | 一般用铜材 |

在现代建筑装饰中，铜材仍是一种集古朴和华贵于一身的高级装饰材料，可用于宾馆、饭店、机关等建筑中的楼梯扶手、栏杆、防滑条。有的西方建筑用铜包柱，可使建筑物光彩照人、美观雅致、光亮耐久，并烘托出华丽、高雅的氛围。除此之外，还可用于制作外墙板、执手、门锁、纱窗。在卫生器具、五金配件方面，铜材也有着广泛的应用。

### 二、铜合金的特性与应用

纯铜由于强度不高，不宜制作成结构材料，又由于纯铜的价格贵，工程中更广泛使用的是铜合金（即在铜中掺入锌、锡等元素形成的铜合金）。铜合金既保持了铜的良好塑性和高抗蚀性，又改善了纯铜的强度、硬度等机械性能。

常用的铜合金有黄铜（铜锌合金）、青铜（铜锡合金）等。

（一）黄铜

以铜、锌为主要合金元素的铜合金称为黄铜。黄铜分为普通黄铜和特殊黄铜，铜中只加入锌元素时，称为普通黄铜。普通黄铜不仅有良好的力学性能、耐腐蚀性能和工艺性能，而且价格也比纯铜便宜。为了进一步改善普通黄铜的力学性能和提高其耐腐蚀性能，可再加入 Pb、Mn、Sn、Al 等合金元素而配成特殊黄铜。如加入铅可改善普通黄铜的切削加工性和提高耐磨性；加入铝可提高强度、硬度、耐腐蚀性能等。

普通黄铜的牌号用汉语拼音字头"H"加数字来表示，数字代表平均含铜量，含锌量不标出，如 H62；特殊黄铜则在"H"之后标注主加元素的化学符号，并在其后表明铜及合金元素含量的百分数，如 HPb59～1；如果是铸造黄铜，牌号中还应加"Z"字，如 ZHAl67～2.5。

（二）青铜

以铜和锡作为主要成分的合金称为青铜。青铜具有良好的强度、硬度、耐蚀性和铸造性。

青铜的牌号以字母汉语拼音字头"Q"表示，后面第一个是主加元素符号，之后是除了铜以外的各元素的百分含量，如 QSn4～3。如果是铸造的青铜，牌号中还应加"Z"字，如 ZQAl9～4 等。

### 三、铜合金装饰制品

铜合金经挤制或压制可形成不同横断面形状的型材，有空心型材和实心型材。

铜合金型材也具有铝合金型材类似的优点，可用于门窗的制作。以铜合金型材作骨架，以吸热玻璃、热反射玻璃、中空玻璃等为立面形成的玻璃幕墙，一改传统外墙的单一面貌，可使建筑物乃至城市生辉。另外，利用铜合金板材制成铜合金压型板应用于建筑物外墙装饰，同样使建筑物金碧辉煌、光亮耐久。

铜合金装饰制品的另一特点是其具有金色感，常替代稀有的、价值昂贵的金在建筑装饰中作为点缀使用。

古希腊的宗教及宫殿建筑较多地采用金、铜等进行装饰、雕塑；具有传奇色彩的帕提农神庙大门为铜质镀金；古罗马的雄师凯旋门，图拉真骑马座像都有青铜的雕饰；中国盛唐时期，宫殿建筑多以金、铜来装饰。人们认为以铜或金来装饰的建筑是高贵和权势的象征。

现代建筑装饰中，显耀的厅门配以铜质的把手、门锁；变幻莫测的螺旋式楼梯扶手栏杆选用铜质管材，踏步上附有铜质防滑条；浴缸龙头、坐便器开关、淋浴器配件；各种灯具、家具采用的制作精致、色泽光亮的铜合金；无疑会在原有豪华、高贵的氛围中增添了装饰的艺术性，使其装饰效果得以淋漓尽致的发挥。

铜合金的另一应用是铜粉（俗称"金粉"），是一种由铜合金制成的金色颜料。主要成分为铜及少量的锌、铝、锡等金属。常用于调制装饰涂料，可代替"贴金"。

## 复 习 题

1. 简述钢的分类，建筑用钢是哪一类？
2. 简述钢筋、型钢、钢板的型号。
3. 简述合金钢的成分和其制品的应用。
4. 对涂层钢板有哪些要求？
5. 简述不锈钢的成分、特点及制品的应用范围。
6. 简述铝合金板的装饰特点。
7. 简述铝合金门窗型材的性能。
8. 简述阻热型铝合金型材的热工性能和断面特点。
9. 简述铜及铜合金的成分、特性及应用范围。

# 第五章　建筑装饰装修用石材

## 第一节　岩石的形成与分类

依据岩石的形成条件，天然岩石可分为岩浆岩（也称火成岩）、沉积岩（也称水成岩）、变质岩等三大类。

岩浆岩是地壳深处的熔融岩浆上升到地表附近或喷出地表，经冷凝而形成的。前者为深成岩，后者为喷出岩。深成岩构造致密、表观密度大、强度高、耐磨性好、吸水率小、耐水性好、抗冻及抗风化能力强。喷出岩为骤冷结构物质，内部结构结晶不完全，有时含有玻璃体物质。当喷出的岩层较厚时，其性质类似深成岩；当喷出的岩层较薄时，形成的岩石常呈多孔结构。

沉积岩是原来露出地面的岩石经自然风化后，再由流水冲积沉淀而成的。沉积岩多为层状结构，与深成岩相比其致密度较差、表观密度较小、强度较低、吸水率较大、耐久性较差。

变质岩是由原生岩浆岩或沉积岩经过地壳内部高温、高压及运动等变质作用后形成的。在变质过程中，岩浆岩既保留了原来岩石结构的部分微观特征，又有变质过程中形成的重结晶特征，还有变质过程中造成的碎裂变形等特征。沉积岩经过变质过程后往往变得更为致密，深成岩经过变质过程后往往变得更为疏松。各类岩石的分类情况及主要品种见图5-1。

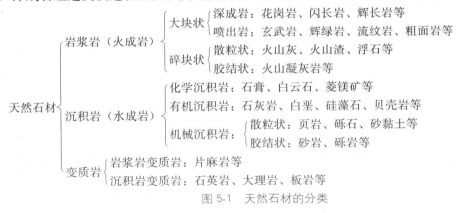

图 5-1　天然石材的分类

## 第二节　砌筑用天然石材

### 一、砌筑石材应满足的基本要求

（一）尺寸规格的要求

常用的砌筑石材有毛石和料石。毛石的形状不规则，仅要求其中间厚度不小于 15cm，至少有一个方向的长度不小于 30cm，并且平毛石应有两个大致平行的面。料石的宽度和厚度均不得小于 20cm，长度不宜大于厚度的 4 倍，形状应大致呈六面体。

（二）抗压强度的要求

依据边长 70mm 立方体试件的抗压强度，国家标准将砌筑石材的强度等级划分为 MU20、MU30、MU40、MU50、MU60、MU80、MU100 七个等级。

（三）耐水性的要求

由于不同石材的内部组成或结构差别很大，会造成各自的耐水性能有较明显的差别。处于水中的重要结构物，必须采用高耐水性的石材，其软化系数应大于 0.9；处于水中的一般结构物，可以使用中耐水性石材，其软化系数为 0.7～0.9。只有不常遇水的结构物可以使用低耐水性石材，其软化系数为 0.6～0.7；软化系数低于 0.6 的石材不宜使用在可能接触水的工程中。

（四）抗冻性的要求

在建筑工程中，一般以石材抵抗冻融循环的次数来表示其抗冻性。当经过规定次数的冻融循环后，石材试件（穿过试件两棱角的）无贯穿裂缝、质量损失不超过 5%、强度降低不大于 25% 时，则认为该石材的抗冻性合格。一般对于常接触水的建筑物表面所用石材多要求抗冻融次数大于 50 次，其他室外工程表面用石材的抗冻融次数应大于 25 次。

此外上述技术性质的还要求石材的耐磨性、吸水性或抗冲击性指标。

决定因素有：石材的矿物组成（主要是其中性质较差的成分含量）、结构特征（如一般情况下结晶联结结构的石材更为致密稳定，胶结联结结构的石材因其胶结物或胶结结构的不同而差异较大）、构造特点（矿物成分在岩石中分布的均匀程度、内部结构的连续性等）、受风化的程度等。

## 二、常用的砌筑石材

（一）花岗岩

花岗岩是典型的深成岩，其主要成分为 $SiO_2$ 和 $Al_2O_3$ 等，并以石英或长石等矿物形式存在。其外观颜色主要取决于所含深色矿物的种类与含量，常为肉红、浅灰、灰白、浅黄等颜色。

花岗岩的表观密度大（$\rho_0 = 2300～2800kg/m^3$）、内部结构致密（孔隙率约为 0.04%～2.80%）、抗压强度高（约 100～250MPa）、吸水率低（约为 0.1%～0.7%）、硬度高且耐磨性好、抗风化能力强、耐久性好、耐水性及耐酸性好；但脆性明显、抗冲击和抗火性差；有些花岗岩具有放射性，放射性指标应符合国家标准的规定。

在建筑工程中，花岗岩常应用于砌筑基础、墙体、柱、地面与护坡等场合，同时也是永久性建筑物或纪念性建筑物优选的材料。此外，花岗岩也是优良的建筑装饰装修材料。

（二）石灰岩及白云岩

石灰岩属于沉积岩，其主要成分是 $CaCO_3$，常呈灰色，其矿物成分以方解石为主。当黏土含量达到 25%～50% 时称为泥灰岩；当白云石含量达到 25%～50% 时称为白云质石灰岩。

一般砌筑工程所用的石灰岩结构比较致密、表观密度较大（$\rho_0 = 2300～2700kg/m^3$）、有较高的抗压强度（约 20～120MPa）、吸水率差别较大（约为 0.1%～4.5%）。通常这些石灰石容易加工，常用于砌筑基础、柱或墙体。也有松散状或多孔状的石灰石（如白垩等），各种石灰石可以用于生产石灰或水泥。

白云石的主要成分为 $CaCO_3 \cdot MgCO_3$（其含量在 50％以上），通常外观与石灰石相近，强度与稳定性高于石灰石。它是一种较好的砌筑石材，用途与石灰石相近，但不能用于生产水泥。

（三）砂岩

砂岩也属于沉积岩，其主要成分是石英（$SiO_2$），宏观结构为 0.05～2mm 的砂粒胶结而成，由于其胶结成分的不同颜色也不尽相同，常呈浅灰、浅红或浅黄色。

砂岩的性能与其胶结物的种类、胶结密实程度等有关，一般由氧化硅胶结的（称为硅质砂岩）为浅灰色，它质地坚硬耐久；由碳酸钙胶结的（称为钙质砂岩）为灰白色，具有一定的强度，但耐酸性较差，只可应用于一般的砌筑工程。砂岩表观密度差别较大（通常为 2200～2700kg/m³）；性能差别也较大，一般强度为 5～200MPa；孔隙率为 1.6％～28.3％；吸水率为 0.2％～7.0％；软化系数为 0.44～0.97。

# 第三节　装饰用天然石材

应用于建筑工程的装饰石材主要是花岗岩和大理石。这两种石材按厚度又分为普通型和薄型。

## 一、大理石

大理石是由方解石或白云石在高温、高压等地质条件作用下重新结晶而成的变质岩，其主要成分为碳酸钙及碳酸镁。"大理石"是由于此类石材最初大量产于云南大理而得名。通常质地纯正的大理石为白色，俗名为"汉白玉"，是大理石中的优良品种。当在变质过程中混有有色杂质时，就会出现各种色彩或斑纹，经过加工可以得到精美的艺术品。如：酷似山水图画或奔马飞腾的屏风或挂屏，成为稀世珍宝。天然大理石品种繁多，依其色彩而命名，如：艾叶青、雪化、碧玉、黄花玉、彩云、海涛、残雪、红花玉、墨玉、虎纹、桃红、秋枫等。

大理石结构致密、表观密度较大（2600～2700kg/m³）、抗压强度较高（100～150MPa）。但硬度并不太大（肖氏硬度 50 左右），它既具有较好的耐磨性，又易于抛光或雕琢加工，可取得光洁细腻的表面效果。大理石的吸水率也很小（<1％），具有较好的抗冻性和耐久性，其使用年限可达 40～100 年。对于抛光或磨光的装饰薄板材来说，即使其吸水率不大，也会在粘贴后板材的局部出现"潮华"现象，造成装饰效果的缺陷，"潮华"现象指的是返碱、起霜、水印（洇湿阴影）等表现。产生"潮华"的原因主要是石材本身结构含有易于渗入水分的孔隙结构所致，特别是当含有可溶性碱性物质时，更容易造成这些物质的析出产生起霜或返碱现象。为防止石材"潮华"的产生，应选用吸水率低、结构致密的石材；粘贴材料应选用阻水性较好的材料，并在施工中将粘贴面均匀地涂满；施工完后应及时勾缝和打蜡，必要时可涂有机硅阻水剂或进行硅氟化处理。

（一）大理石品种

1. 按表面加工光洁度分

（1）镜面板材：表面镜向光泽值应不低于 70 光泽单位；

（2）亚光板材：表面要求亚光平整、细腻，使光线产生漫反射现象的板材。

（3）粗面板：饰面粗糙规则有序、端面锯切整齐的板材。

2. 按色系分

（1）白灰色系列：爵士白、雪花白、大花白、雅士白、白水晶、风雪、芝麻白、羊脂玉、冰花玉、汉晶白、白沙米黄、汉白玉；

（2）黄色系列：金花米黄、金线米黄、银线米黄、莎安娜米黄、西班牙米黄、金碧辉煌、新米黄、虎皮黄、松香黄、木纹米黄、黄奶油、贵州米黄、黄花玉；

（3）红粉色系列：橙皮红、西施红、珊瑚红、挪威红、武定红、陕西红、桃红、岭红、秋枫、红花玉；

（4）褐色系列：紫罗红、啡网纹；

（5）青蓝黑色系列：大花绿、蛇纹石、黑白根、杭灰、墨玉、珊瑚绿、莱阳绿、黑璧、莱阳黑；

（6）木质纹理系列：木纹石、丽石砂岩、红木纹。

（二）板材的质量标准

根据所加工板材的基本形状，大理石板材可分为直角四边形的普通型板材（N形）、S形或弧形等异形板材。依据板材加工的尺寸精度及正面外观缺陷将其划分为优等品（A级）、一等品（B级）与合格品（C级）三个质量等级，并要求同一批板材的花纹色调应基本一致。大理石板材正面外观缺陷要求见表5-1。

表 5-1　大理石板材正面外观缺陷要求

| 名　称 | 规　定　内　容 | 优等品 | 一等品 | 合格品 |
|---|---|---|---|---|
| 裂　纹 | 长度超过10mm的不允许条数（条） | | 0 | |
| 缺　棱 | 长度不超过 8mm，宽度不超过 1.5mm（长度≤4mm，宽度≤1mm 不计），每米长允许个数（个） | 0 | 1 | 2 |
| 缺　角 | 沿板材边长顺延方向，长度≤3mm，宽度≤3mm（长度≤2mm，宽度≤2mm 不计），每块板允许个数（个） | | | |
| 色　斑 | 面积不超过 6cm² （面积小于 2cm² 不计），每块板允许个数（个） | | | |
| 砂　眼 | 直径在 2mm 以下 | 不明显 | | 有，不影响装饰效果 |

由于大理石的主要组成成分 $CaCO_3$ 为碱性物质，容易被酸性物质所腐蚀，特别是大理石中有的有色物质很容易在大气中溶出或风化，失去表面的原有装饰效果。因此，除"汉白玉"外，多数大理石不宜用于室外装饰。

二、花岗岩

花岗岩既是优良的砌筑石材，也是优良的装饰石材。目前多加工成板材或块材应用于装饰工程中。

花岗岩是典型的深成岩，是全晶质岩石，其主要成分是石英、长石与少量的暗色矿物和云母。按照花岗岩结晶颗粒的大小，分为细粒、中粒和斑状结晶结构。由于花岗岩中含有不同的带色成分，可使其呈灰色、黄色、蔷薇色、红色等。优质的花岗岩中石英含量较多（可达 20%～40%）、云母含量较少，且晶粒细而匀，结构紧密，不含其他杂质。因此，抛光后光泽明亮、不易风化、色调鲜明、花色丰富、庄重大方。

天然花岗岩的表观密度较大、抗压强度高、孔隙率很小、吸水率很低、材质硬度大（通常肖氏硬度为 80～100）。它具有优良的耐磨、耐腐蚀、抗冻性能，是高耐久性材料，通常耐用年限可达 75～200 年。它经磨平或抛光后，在工程中常应用于各种地面、墙面、踏步、墩柱、勒脚及护坡等环境恶劣的部位，以及各种营业柜台台面、纪念碑、墓碑等场合，应用范围十分广泛。

（一）板材的加工

将开采出的大块 1m³ 石料经整形、锯切、磨平和抛光等工序加工而成的。原来不规则的大块石料经凿、切后得到的六面体石块称为"荒料"。其中"荒料"的尺寸大小应满足设备加工能力和产品规格的需要，重量应适应起重运输的能力；一般要求"荒料"的尺寸不得有负偏差，长、宽、高的正偏差也不宜超过 60mm。不同颜色或花纹的板材所具备的价值差别很大，板材加工的程度和质量也是衡量其价值的主要标志之一。天然石材的加工工艺见图 5-2。

开采 → 切割 → 整形 → 磨切 → 抛光 → 上蜡 → 包装出厂

图 5-2　天然石材的加工工艺

（二）板材的分类

1. 按基本形状划分

有普通型平面板材（N 形）和异型板材（S 形或弧形）两大类。

2. 按表面加工程度划分：

（1）粗面板材（RU）：表面粗糙但平整，有较规则的加工条纹，给人以坚固、自然、粗犷的感觉，适用于要求坚固耐久的土木建筑工程。

（2）细面板材（RB）：经表面磨光后的板材给人以庄重华贵的感觉，并且能在较长时间内保持原貌。

（3）镜面板材（PL）：它是在细面板材的基础上，经过抛光形成晶莹的光泽，给人以华丽精致感觉的板材。

细面板材和镜面板材主要应用于建筑物的局部装饰、室内墙面、室内地面、室外地面的装修。

3. 按加工方法划分：

（1）磨光板材：经过细磨加工和抛光，表面光亮，结晶裸露，表面具有鲜明的色彩和美丽的花纹。多用于室内外墙面、地面、立柱、纪念碑、基碑等处。

（2）亚光板材：表面经机械加工，表观平整细腻，能使光线产生漫反射现象，有色泽和花纹，常用于室内墙柱面。

（3）烧毛板材：经机械加工成型后，表面用火焰烧蚀，也称为火爆花岗岩板（块）。花岗石受热到 800℃ 左右时，岩体内的云母晶体受热后体积膨胀，会导致石材爆裂，将花岗石表面烧成毛面。这种不规则的粗糙表面，多呈灰白色，岩体内暴露的晶体仍闪烁发亮，具有独特装饰效果，多用于外墙面。

（4）机刨板材：用机械将石材表面加工成相互平行的刨纹，替代剁斧石。常用于室外台阶、广场。

（5）剁斧板材：经人工剁斧加工，使石材表面形成有规律的条状斧纹。用于室外台阶、纪念碑座。

（6）蘑菇石：将块材四边基本凿平齐，中部石材自然突出一定高度，使材料更具有自然感和厚实感。常用于重要建筑外墙基座。

4. 按表面颜色划分：

（1）红橙色系列：中国红、印度红、石榴红、樱花红、泰山红、粉红麻、幻彩红；

（2）暗色系列：丰镇黑、巴西黑、黑白根、金点黑、黑中王、济南青、蒙古黑（中国 1# 黑）；

（3）灰白色系列：美利坚白麻、意大利白麻、太阳白、山东白麻、文登白、崂山灰；

（4）蓝绿色系列：新疆蓝宝、蓝珍珠、幻彩绿、绿蝴蝶、墨玉冰花、豆绿、燕山绿、翡翠绿、孔雀绿；

（5）褐黄色系列：英国棕、啡钻、金麻石、世贸金麻、虎皮黄、会理黄、浅啡网、深啡网。

（三）板材的质量标准

产品等级分为优等品（A）、一等品（B）、合格品（C）三个等级。常用普通花岗岩板材的尺寸允许偏差及正面外观缺陷要求见表 5-2、表 5-3。

表 5-2　普通花岗岩板材尺寸允许偏差　　　　单位：mm

| 项　　目 | | 镜面和细面板材 | | | 粗　面　板　材 | | |
|---|---|---|---|---|---|---|---|
| | | 优等品 | 一等品 | 合格品 | 优等品 | 一等品 | 合格品 |
| 普型板规格 | 长度 宽度 | 0 −1.0 | | 0 −1.5 | 0 −1.0 | | 0 −1.5 |
| | 厚度 ≤12 | ±0.5 | ±1.0 | +1.0 −1.5 | — | | |
| | 厚度 >12 | ±1.0 | ±1.5 | ±2.0 | +1.0 −2.0 | ±2.0 | +2.0 −3.0 |
| 普型板平面度 | 平板长度（L） L≤400 | 0.20 | 0.35 | 0.50 | 0.60 | 0.80 | 1.00 |
| | 400<L≤800 | 0.50 | 0.65 | 0.80 | 1.20 | 1.50 | 1.80 |
| | L>800 | 0.70 | 0.85 | 1.00 | 1.50 | 1.80 | 2.00 |
| 角度允许极限公差 | L≤400 | 0.30 | 0.50 | 0.80 | — | | |
| | L>400 | 0.40 | 0.60 | 1.00 | | | |

表 5-3　花岗岩板材正面外观缺陷要求

| 名　称 | 缺　陷　含　义 | 优等品 | 一等品 | 合格品 |
|---|---|---|---|---|
| 缺　棱 | 长度不超过 10mm，宽度不超过 1.2mm（长度小于 5mm，宽度小于 1.0mm 不计），周边每米长允许个数（个） | 0 | 1 | 2 |
| 缺　角 | 沿板材边长，长度≤3mm，宽度≤3mm（长度≤2mm，宽度≤2mm 不计），每块板允许个数（个） | | | |
| 裂　纹 | 长度不超过两端顺延至板边总长度的 1/10（长度小于 20mm 不计），每块板允许条数（条） | | | |
| 色　斑 | 面积不超过 15mm×30mm（面积小于 10mm×10mm 不计），每块板允许个数（个） | | 2 | 3 |
| 色　线 | 长度不超过两端顺延至板边总长度的 1/10（长度小于 40mm 不计），每块板允许条数（条） | | | |

注：干挂板材不允许有裂纹存在。

　　为保证装饰效果，对应用于同一工程的花岗岩板材的外观色调和花纹要求应基本一致，规格尺寸应与建筑整体相协调，相同尺寸的偏差不得明显。由于在材质、加工水平等方面的差异，花岗岩板材的外观质量可能产生较大的差别，这种差别容易造成装饰效果、施工操作等方面的缺陷。

（四）板材的规格尺寸

　　考虑到花岗岩板材的加工、运输、施工以及对建筑物结构荷载的影响，其产品的尺寸规格受到一定的限制。因为花岗岩石材硬而脆，加工难度较大，特别是加工很薄的板材时成品率下降。虽然采用先进加工手段可加工出厚度 10mm、甚至更薄的板材，但是目前大量生产的板材仍然以厚度 20mm 的为主。常用花岗岩板材规格尺寸有 300mm×300mm、305mm×305mm、400mm×400mm、600mm×300mm、600mm×600mm、900mm×600mm 等规格。

### 三、天然装饰石材的选材与应用

　　天然石材具有良好的装饰性能与技术性能，在永久性建筑及高档装饰装修中经常采用天然石材装饰。选择装饰装修石材时应注意以下几点：

（一）物理力学性能与耐久性能

　　石材的强度（特别是抗冲击性能）、热物理性能、耐磨性、抗风化能力等指标是否达标、是否满足设计要求、是否与环境相适应。

（二）装饰性能

　　所选用石材的品种、色彩、质感及光泽是否达到理想的效果。

　　由于大理石板材具有良好的装饰性能，多用于高档公共建筑、纪念性建筑的内墙面装修，如内墙面、柱面、台阶、地面的表面铺贴。此外，大理石还是良好的雕塑材料。由于风化原因，除汉白玉、艾叶青等品种外，其他品种均不得用于室外。

（三）设计要求

　　1.选择石材一定要了解其特性。以避免选材不当，影响使用。如将白色大理石应用于人流频繁的通道地面则容易造成磨损，色彩也难以保障；将云母含量较多的大理石用于地面会造成局部脱落，形成麻点。

2. 设计选用石材进行装修时，应对纹理走向提出要求。

3. 正确选择石材与主体结构连接的构造做法。石材地面一般采用水泥砂浆进行铺贴；石材墙面可以通过石材湿挂、石材干挂、石材粘贴等方法进行。选择石材湿挂、石材干挂时，石材的厚度不应小于 25mm，选择石材粘贴时，石材的厚度不应超过 10mm，石材的面积一般为 $1m^2$。

### 四、天然装饰石材的保养

由于天然石材自身的缺陷，如大理石存在的毛细孔，容易渗入油污，引起变色，破坏表面的光泽度，需要打蜡、上光。此外，在石材加工过程中，往往有铁分子残留与水泥产生化学作用，使石材改变颜色。因此，在石材加工、铺贴、养护和使用过程中需要采取一些措施进行保护是必要的。

地面石材表面应刷防水保护剂两遍（纵向和横向各刷一遍）。经过除尘、清洁和干燥，并在刷防水剂 24h 后方可使用。经过刷防水保护剂的石材不得再切割加工。墙面石材最好也刷防水保护剂（一面），对石材防腐蚀、防褪色、抗冻融等性能有较大地提高。

石材饰面保养防护用品的类型很多，这里扼要介绍几种（表 5-4）。

**表 5-4 石材饰面保养防护用品的特点与用途**

| 名称 | 特点 | 说明 | 用途 |
|------|------|------|------|
| 大理石（云石）上光蜡 | 加上光蜡保护板面效果显著 | 有透明、红、黑、绿黄等颜色 | 保护石材表面，地面不得采用 |
| 大理石（云石）、花岗石（麻石）防滑蜡 | 对花岗石饰面板效果好，无蜡痕、反白 | 高级养护防滑蜡 | 专供大面积使用的花岗石、大理石的出光、防滑之用 |
| 大理石（云石）清洗剂 | 去污力强、使用简便，操作时应戴手套 | 操作时应用布覆盖。2～4h 后将布取下，用清水清洗 | 用于清洗锈渍、烟渍、茶渍及潮湿天气造成的污染 |
| 花岗石（麻石）清洗剂 | 使用简便、去污力强、必须戴手套使用 | 将产品倒在石材表面上，10min 即可去渍 | 用于清洗锈渍、烟渍、茶渍及潮湿天气造成的污染 |
| 石材强力清洗剂 | 无毒、不燃烧、对石材表面无任何影响 | 不适用于云石的清洗，其他石材不受限制 | 用于清除石材表面的砂浆污渍、水泥污渍和其他施工污渍 |

石材饰面保养防护用品的品种，除表 5-4 所列之外，还有大理石（云石）、花岗石（麻石）打边蜡水；磨光剂、底油、浸透防水剂、清洁剂、清洁蜡水、防滑胶条、百洁布、地面加强剂等多种类型。

# 第四节  天然石材核素限量的控制

**一、《建筑材料放射性核素限量》GB/T 6566－2010 规定，建筑装饰装修用天然石材均应控制核素限量并提供放射性物质的检测证明。**

（一）核素限量的内容

1. 内照射指数（代号 $I_{RA}$）。指的是建筑材料中天然放射性核素镭-226 的放射性比活度与规定限量值的比值。

2. 外照射指数（代号 $I_r$）。指的是建筑材料中天然放射性核素镭-226、钍-232、钾-40 的放射性比活度与其各单独存在时规定的限量值之比值的和。

（二）核素限量的控制指标

1. 建筑主体材料

（1）建筑主体材料中天然放射性核素镭-226、钍-232、钾-40 的放射量比活度应同时满足 $I_{RA} \leqslant 1.0$ 和 $I_r \leqslant 1.0$。

（2）对空心率大于 25％的建筑主体材料，其天然放射性核素镭-226、钍-232、钾-40 的放射量比活度应同时满足 $I_{RA} \leqslant 1.0$ 和 $I_r \leqslant 1.3$。

2. 建筑装修材料

（1）A 级：装饰装修材料中天然放射性核素镭-226、钍-232、钾-40 的放射量比活度同时满足 $I_{RA} \leqslant 1.0$ 和 $I_r \leqslant 1.3$ 要求的为 A 类装饰装修材料，A 类装修材料产销与使用范围不受限制。

（2）B 级：不满足 A 类装饰装修材料要求但同时满足 $I_{RA} \leqslant 1.3$ 和 $I_r \leqslant 1.9$ 要求的为 B 类装修材料。B 类装饰装修材料不可用于Ⅰ类民用建筑的内饰面，但可以用于Ⅱ类民用建筑物、工业建筑内饰面及其他一切建筑的外饰面。

（3）C 级：不满足 A、B 类装修材料要求但满足 $I_r \leqslant 2.8$ 要求的为 C 类装修材料。C 类装饰装修材料只可用于建筑物的外饰面及室外其他用途。

（三）规范中规定的建筑分类

1. Ⅰ类民用建筑：包括住宅、老年公寓、托儿所、医院和学校、办公楼、宾馆等。

2. Ⅱ类民用建筑：包括商场、文化娱乐场所、书店、图书馆、展览馆、体育馆和公共交通等候室、餐厅、理发店等。

**二、《民用建筑工程室内环境污染控制规范》GB50325－2010（2013 年版）中规定的材料放射性限量：**

（一）无机非金属建筑主体材料

民用建筑工程所使用的砂、石、砖、砌块、水泥、混凝土、混凝土预制构件等无机非金属建筑主体材料放射性限量应符合表 5-5 的规定。

表 5-5  无机非金属建筑主体材料放射性限量

| 测定项目 | 限量 |
|---|---|
| 内照射指数（$I_{Ra}$） | $\leqslant 1.0$ |
| 外照射指数（$I_\gamma$） | $\leqslant 1.0$ |

（二）无机非金属建筑装修材料

民用建筑工程所使用的无机非金属装修材料，包括石材、建筑卫生陶瓷、石膏板、吊顶材料、无机瓷质砖黏结材料等，进行分类时，其放射性指标限量应符合表 5-6 的规定。

表 5-6　无机非金属装修材料放射性指标限量

| 测定项目 | 限量 | |
| --- | --- | --- |
| | A | B |
| 内照射指数（$I_{Ra}$） | ≤1.0 | ≤1.3 |
| 外照射指数（$I_\gamma$） | ≤1.3 | ≤1.9 |

# 第五节　人造装饰石材

## 一、胶结型人造石材

（一）品种

胶结型人造石材是以胶黏剂、填料及颜料为原材料，经模制、固化、加工制成的人造石材。按生产人造石材的胶黏剂不同可分为以下几种：

1. 树脂型人造大理石

以不饱和聚脂树脂为胶黏剂，天然碎石和石粉为填料，加入适当的颜料拌制而成的混合料，经浇捣、固化、脱模、烘干、抛光等工序制成的人造石材。这种人造石材具有耐水、耐冻、外观光洁细腻、力学强度高的优点，它的抗污染能力强，但耐磨性和大气稳定性较差。为进一步改善其物理力学性能，可先以坚硬的天然级配碎石充分密实地填充于密闭容器中，将其内部抽成真空，再以液体有机树脂填充碎石间的空隙，经固化后形成石材。这种人造石材也称真空高压石，它不仅节约树脂，而且具有更高的强度、耐久性和耐磨性，可用于室内的墙面和地面装饰，是性能优良的人造石材。

2. 水泥型人造石材（水磨石）

以白水泥、普通水泥或特种水泥为胶结材料，与碎大理石及颜料配制而成的混合料，经浇筑成型、养护、磨光制成的人造石材。这种人造大理石成本低、耐大气稳定性好、具有较强的耐磨性。另外，还具有生产工艺简单，投资少、利润高、成本回收快的特点。

3. 复合型人造石材

以水泥型人造石材为基层，树脂型人造大理石为面层，将两层结合在一起形成的人造石材；或以水泥型人造石材为基体，将其在有机单体中浸渍，再使浸入内部的单体聚合而固化形成的人造石材。复合型人造石材既有树脂型人造大理石的外在质量，又有水泥型人造大理石成本低的优点，是工程中较受欢迎的贴面人造石材。

（二）适用范围

适用于宾馆、饭店、旅馆、商店、会客厅、会议室、休息室的墙面门套或柱面装饰，也可用作工厂、学校、医院的工作台面及各种卫生洁具，还可加工制成浮雕、工艺品、美术装潢品和陈列品等。

（三）人造大理石的种类与特点（见表 5-7）

表 5-7　　人造大理石的种类与特点

| 名　　称 | 基　本　材　料 | 特　　　点 |
|---|---|---|
| 水泥型人造大理石 | 胶黏剂：各种水泥<br>骨料：砂为细骨料，大理石、花岗石、工业废渣等为粗骨料 | 以铝酸盐水泥的制品最佳，表面光泽度高、花纹耐久。具有抗风化能力，耐火性、防潮性都优于一般人造大理石，价格低，耐腐蚀性能较差 |
| 树脂型人造大理石 | 胶黏剂：不饱和聚酯树脂及其配套材料<br>骨料：石英砂、大理石、方解石粉 | 光泽好、颜色浅，可调成不同的鲜明颜色。制作方法国际上比较通行，宜用于室内。价格相对较高 |
| 复合型人造大理石 | 胶黏剂：兼有无机材料和有机高分子材料<br>底层：性能稳定的无机材料<br>面层：聚酯树脂和大理石粉 | 具有大理石的优点，既有良好的物化性能、成本也较低 |
| 烧结型人造大理石 | 胶黏剂：黏土约占 40%（高岭土）<br>骨料：约占 60%（斜长石、石英、辉石、方解石粉） | 生产方法与陶瓷工艺相似，高温焙烧能耗大，价格高，产品破损率高 |

## 二、铸石

铸石是以玄武岩、辉绿岩及某些工业废渣等较低熔点的矿物为原料，经配料和高温熔化后浇筑成型，并经冷却结晶和退火，再经加工制成的产品。铸石生产中模仿了火成岩的形成过程，并经人为控制处理取得所需的性能，因此，具有优异的耐磨及耐腐蚀性能。某些条件下的耐磨能力可比普通钢材高 5～50 倍，几乎耐各种酸或碱的腐蚀，其韧性也优于天然石材。

由于铸石的形状和性质能够在生产中控制，它不仅可生产各种板材，还可生产管材等各种异型材。铸石除可代替天然石材外，还可代替各种金属、橡胶或木材等，可应用于各种土木工程、冶金、化工、电力及机械等工程中。

## 三、微晶玻璃（也称水晶玻璃）

它是以石英砂、石灰石、萤石、工业废渣等为原料，在助剂的作用下高温熔融形成微小的玻璃结晶体，再按要求高温晶化处理后模制而成的仿石材料。它也属于玻璃-陶瓷复合材料，是玻璃相中均匀地析出大量细小的晶体后，由晶相与玻璃相共同组成的致密均匀混合体。其中的微晶体颗粒大小只有 $0.01\mu m$ 到几 $\mu m$，但可占玻璃总量的 $50\%～90\%$。微晶玻璃的光折射性很强，它可以是晶莹剔透，类似无色水晶的外观，也可以是五彩斑斓的色彩。后者经切割和表面加工后，表面可呈现出大理石或花岗岩的表面花纹，具有良好的装饰性。

微晶玻璃可具有良好的物理力学性能，能够适用于不同的环境、或满足不同的工程特殊要求。通常微晶玻璃的机械强度较高，抗冻性和热稳定性很好，具有良好的耐腐蚀性和耐候性，还有较强的耐磨性和抗冲击能力。微晶玻璃制品是模制而成的，可制成各种形状的产品，适用于制作各种异型产品来代替天然石材，是很有发展前途的仿石材料。

不同晶化处理或成分的微晶玻璃可获得不同的功能效果，可具有光敏性、热敏性、磁敏性或电敏性等性能。由于微晶玻璃优良的特殊性能，使其在机械、化工、航空、日用品、艺术品与建筑制品等各种行业中具有很好的应用前景。目前，在土木建筑中可作为优良的装饰材料，耐酸、耐磨材料，还是发展智能建筑材料的主要方向之一。

微晶玻璃的性能与规格见表5-8。

**表 5-8　微晶玻璃饰面板性能与规格**

| 产品等级 | 抗弯强度（MPa） | 抗压强度（MPa） | 热稳定性（％） | 吸水率（％） | 抗冻性（次） | 规　　格（mm） |
|---|---|---|---|---|---|---|
| 特级品 | 9.8 | 24 | ≥60 | 1 | 100 | 597×795，297×197， |
| 一级品 | 4.0 | 21 | ≥60 | 3 | 100 | 297×197，300×300， |
| | | | | | | 397×297，300×150， |
| | | | | | | 厚度为 15～20 |

### 四、玉石合成装饰板

它是以不饱和聚酯树脂为黏结剂，采用名贵的各色天然玉石石渣或石粉为骨料，按一定配方及先进工艺进行生产，是近年来新开发的新型装饰板。产品具有色彩丰富鲜艳，光泽度高的特点，可以做成工艺品及生活用品。产品以玉石的种类来分类和评价其经济价值。板材常用尺寸为 300mm×300mm 和 400mm×400mm，厚度为 10mm，也可以按设计要求生产异形板材，但板材最大尺寸不应超过 500mm×500mm。玉石合成装饰板的技术性能指标见表5-9。

**表 5-9　玉石合成装饰板的技术性能**

| 项　　　　目 | 单　　　　位 | 指　　　　标 |
|---|---|---|
| 抗压强度 | MPa | 62.0 |
| 抗折强度 | MPa | 21.0 |
| 密　　度 | g/cm³ | 1.8 |
| 光泽度 | 度 | 90.3 |
| 吸水率 | ％ | 0.10 |

由于这种板材比人造大理石板、天然大理石板价格贵得多，属于一种高级装饰材料，因此做外墙装饰时应慎用，不能大面积使用，只能在重要部位作为点缀性采用。

### 五、彩色石英砂装饰板

这是以白水泥或彩色水泥为胶结材料，以天然彩色石子，着色石英砂或人工合成彩色颗粒为骨料，经配料搅拌浇筑成形，水刷后养护脱模、修整制成的板材。还可以采用干粘石的办法，将着色石英砂直接轻抹在板面上。彩色石英砂砂浆的配比为水泥：石膏：水：粉砂（彩砂）＝1：0.25：0.35：1.2。着色砂粒是以各种粒径的石英砂、白云石、颜料按配比混合，经焙烧后化学处理而取得。黏结剂除采用水泥外还可在水泥中加入树脂或只用树脂。此外，还应加入一定比率添加剂。

这种人工彩色石英砂和彩色石子，外观晶莹、光洁度高、色彩艳丽、色调多变、经久耐用而不褪色，并能在高温 80℃和低温－20℃不变色，具有良好的耐酸碱性。其性能指标见表 5-10。

**表 5-10　石英砂、彩色石子技术性能指标**

| 项　　目 | 着 色 石 英 砂 | 彩 色 石 子 |
|---|---|---|
| 耐酸性 | 22℃±2℃在醋酸溶液中浸泡24h无变化 | 用3％盐酸溶液浸泡50h不变色 |
| 耐碱性 | 60℃±2℃在碳酸钠溶液中浸泡32h无变化 | 用5％氢氧化钠溶液浸泡200h不变色 |
| 热稳定性 | 升温至500℃置换冷水（5℃）无变化 | 500℃～750℃无变化 |
| 抗冻性 | 在－20℃放置24h无变化，－20℃～30℃循环次数30次 | －25℃～50℃循环试验，30次不变色 |
| 耐水性 | 水浸1000h不变色 | 水浸1500h不变色 |

## 六、其他人造石材

**（一）人造大理石**

以不饱和聚酯树脂、石英砂、大理石和方解石粉等为主要原材料，经配料、搅拌、成型、固化、烘干、抛光等工艺制成的板材。

**（二）水磨石**

以水泥、无机原料、装饰性骨料和水为主要原材料，经配料、搅拌、成型、养护、水磨抛光等工艺制成的板材。

# 复 习 题

1. 按岩石的形成方式分类天然岩石可分为哪几类？请说明它们的形成机理；花岗岩和大理石分别属于哪类？

2. 什么是岩石的软化系数？在何种使用条件下，选用石材是以软化系数作为重要的指标的？

3. 大理石装饰面板出现潮华现象的原因为何，在选材上如何防范它的出现？

4. 在建筑装饰工程中选用装饰石材应考虑的因素有哪些？

# 第六章 装饰装修用陶瓷类材料

## 第一节 陶瓷的基本知识

### 一、陶瓷的概念及分类

（一）陶瓷的概念

陶瓷的定义是：使用黏土类及其他天然矿物（瓷土粉）等为原料经过粉碎加工、成型、煅烧等过程而得到的产品。而现在生产陶瓷制品的原料除传统材料外，还包括了化工矿物原料等。在有些国家，陶瓷（Ceramiss）是硅酸盐或窑业产品的同义词。

（二）陶瓷的分类

陶瓷制品根据其原料成分与工艺的区别分为陶质、瓷质和介于二者之间的炻质制品三大类。建筑装饰工程中应用最多的一般为精陶至粗炻范畴的产品。

1. 陶质制品

陶质制品主要是以陶土、砂土为原料配以少量的瓷土或熟料等，经高温焙烧而成（粗陶1000℃左右、精陶1100℃左右），它多为多孔结构、通常吸水率较大（吸水率大于10%）、断面粗糙无光、外表可施釉处理。

陶质制品可分为粗陶和精陶两种。粗陶一般由含杂质较多的黏土为主要坯料。建筑上使用的黏土砖、瓦等都属此类。精陶制品的选料要比粗陶精细，外表面施釉者较多，施釉通常要经过素烧和釉烧两次烧成；精陶与粗陶相比具有密度较大、吸水率较小的特点；吸水率一般在9%～12%之间，高的不超过17%；焙烧温度在1100℃左右。通常精陶制品呈白色或象牙色等，建筑上所用的釉面内墙砖和卫生陶瓷等均属此类。

2. 瓷质制品

瓷质制品是以粉碎的岩石粉（如瓷土粉、长石粉、石英粉等）为主要原料经1300℃～1400℃高温烧制而成。其结构致密、吸水率极小（吸水率不超过0.5%）、色洁白、具有一定的半透明性，其表面通常施有釉层。瓷质制品按其原料土化学成分与工艺制作的不同，又分为粗瓷和细瓷两种。日用餐具、茶具、艺术陈设瓷等多为瓷质制品。

3. 炻质制品

介于陶质和瓷质之间的陶瓷制品就是炻器，也称半瓷。其结构比陶质致密、略低于瓷质，一般吸水率较小。其坯体多数带有颜色。

炻器按其坯体的密实程度不同，又分为细炻器和粗炻器两种。细炻器较致密，吸水率为3%～6%。细炻制品一般不施釉，多为日用器皿、陈设用品、化工工业和电器工业用品等；宜兴紫砂陶就是其中的一种。粗炻器的吸水率较高，通常在6%～10%之间，建筑饰面用的外墙砖、地砖和陶瓷锦砖（马赛克）均属炻质制品。

炻质制品与陶质、瓷质制品相比具有一定的优势，它比陶器强度高、吸水率低；比瓷器热稳定性好、成本较低，可以在建筑工程中广泛应用。

（三）陶瓷制品的品种

1. 瓷质砖：吸水率不超过 0.5% 的陶瓷砖。

2. 炻瓷砖：吸水率大于 0.5% 但不超过 3% 的陶瓷砖。

3. 细炻砖：吸水率大于 3% 但不超过 6% 的陶瓷砖。

4. 炻质砖：吸水率大于 6% 但不超过 10% 的陶瓷砖。

5. 陶质砖：吸水率大于 10% 的陶瓷砖。

6. 陶瓷墙砖：用于装饰与保护建筑物墙面的陶瓷砖。

7. 陶瓷地砖：用于装饰与保护建筑物地面的陶瓷砖。

8. 釉面砖：正面施釉的陶瓷砖。

9. 平面装饰瓷砖：装饰面为平面的陶瓷砖。

10. 立面装饰瓷砖：正面呈凹凸纹样的陶瓷砖。

11. 通体砖：通体材质和花色相同的无釉陶瓷砖。

12. 微晶玻璃陶瓷砖：采用微晶玻璃熔块粒加于陶瓷坯体表面，经高温晶化烧结而制成的微晶玻璃面层的陶瓷砖。

13. 陶瓷马赛克：由多块面积不大于 $55cm^2$ 的小砖经衬材拼贴成联的釉面砖。

14. 纤维陶瓷板：无机纤维和可塑性坯料经混合、挤压成型、高温烧成后具有一定弹性的建筑陶瓷装饰材料。

15. 广场砖：用于铺砌广场及道路的、对承载力要求较高的陶瓷砖。

## 二、陶瓷的原料及生产工艺流程

1. 陶瓷的原料

陶瓷的主要原料有天然黏土、岩石粉和一些无机原料。

2. 生产工艺流程

陶瓷生产的工艺包括选料配比、混合加工、成型制作、高温烧制等过程。若生产带釉的产品时，还需在素烧之后再施釉，并回炉烧成釉面陶瓷。

陶瓷墙地砖的典型工艺流程见图 6-1。

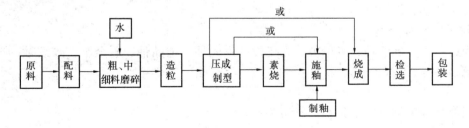

图 6-1　陶瓷墙地砖典型工艺流程简图

## 三、陶瓷制品的表面加工

陶瓷制品的表面加工，是对制品进行深加工的重要工艺过程，可以提高陶瓷制品的外观效果，并对制品进行保护，把制品的实用性和艺术性有机地结合起来。

施釉、彩绘和贵金属装饰是陶瓷制品装饰的重要保护方式。表面还分抛光和亚光两类。

**（一）施釉**

施釉是对陶瓷制品进行深加工的重要手段，其目的在于改善陶瓷制品的表面性能。通常，烧结的坯体表面均粗糙无光，多孔结构的陶坯更是如此，这不仅影响美观和力学性能，而且也容易玷污和吸湿。而当坯体表面施釉以后，其表面变得平滑光亮、不吸水、不透气，可提高制品的机械强度和美观效果。

陶瓷制品的表面釉层又称瓷釉，是指附着于陶瓷坯体表面的连续的玻璃质层。它是将釉料喷涂于坯体表面，经高温焙烧后达到的；在高温焙烧时釉料能与坯体表面之间发生相互反应，熔融后形成玻璃质层。使用不同的釉料，会产生不同颜色和装饰效果的面层。

釉料是由石英、长石、高岭土等为主，再配以多种其他成分所研制成的浆体。釉料的种类很多，组成也极其复杂。

**（二）常见釉料的分类**

**1. 按化学组成分类**

（1）长石釉和石灰釉：它们是最广泛使用的两种釉料。特点是强度高、透光性好、与坯体结合良好。

（2）滑石釉：在上述两釉基础上再加入滑石粉配置而成。

（3）混合釉：是在传统的釉料中加入多种助熔剂组成的釉料。根据各种熔剂的特性进行配制，可以获得较为满意的效果。现代釉料的发展，均趋向于多熔剂的组成。

（4）食盐釉：食盐釉不是在陶瓷生坯上直接施釉，而是当制品焙烧至接近止火温度时，把食盐投入燃烧室中。食盐被分解，以气态均匀分布于窑内，作用于以黏土制作的坯体表面，形成一种薄薄的玻璃质层。此种釉层的厚度比喷涂的釉层要小得多（仅 0.002 5mm 左右），但与坯体结合良好、坚固结实、不易脱落和开裂、热稳定性好、耐酸性强。

（5）其他釉：包括土釉、铅釉、硼釉、铅硼釉等。

**2. 按烧成温度分类**

分为易熔釉（1100℃以下）、中温釉（1100℃～1250℃之间）和高温釉（1250℃以上）。

**3. 按制备方法分类**

分为生料釉、熔块釉。

**4. 按外表特征分类**

分为透明釉、乳浊釉、有色釉、光亮釉、无光釉、结晶釉、砂金釉、碎纹釉、珠光釉、花釉、流动釉等。

**（三）彩绘**

陶瓷彩绘分为釉下彩绘和釉上彩绘两种。

**1. 釉下彩绘**

釉下彩绘是先在生坯（或素烧釉坯）上进行的彩绘，然后喷涂上一层透明釉料，再经釉烧而成。由于釉下彩的彩绘画面在釉层以下，受到釉层的保护，在使用中不会被磨损，因而使画面一直保持清秀光亮。

釉下彩绘多为手工绘制，由于其生产效率低，制品价格较贵，所以应用不很广泛。我国传统的青花瓷器、釉里红以及釉下五彩等都是名贵的釉下彩绘制品。

2. 釉上彩绘

釉上彩绘是在已釉烧的陶瓷釉面上，采用低温彩料进行彩绘，然后，在较低的温度（600℃～900℃）下经彩烧而成。

由于釉上彩绘的彩烧温度低，许多陶瓷颜料均可采用，其彩绘色调十分丰富；而且，由于彩绘是在强度相当高的陶瓷坯体上进行，因此除手工绘制外，还可以采用机械化、半机械化生产，其生产效率高、成本低、价格便宜、应用较为普遍。但釉上彩画面易被磨损，表面也欠光滑。

在我国釉上彩绘中，按绘制技术的不同可分为：釉上古彩、粉彩与新彩。

（1）釉上古彩（历史称"五彩"），因彩烧温度高，彩图坚硬耐磨，所以又被称为硬彩。但古彩材料品种少，在艺术表面上受到局限。

（2）粉彩是在进行彩绘前，将一层玻璃白粉状材料先涂于需要彩绘的地方，使彩绘在白粉层上进行。由于可用做粉彩的颜料种类较多，故色彩丰富，并给人以立体感。

（3）新彩源自国外，故有"洋彩"之称。它选用人工合成颜料、易于配色、而且烧成温度范围较宽、成本亦低，是一般日用陶瓷普遍采用的釉上彩方法。

目前广泛采用釉上贴花、刷花、喷花和堆金等"新彩"方法，其中贴花是釉上彩绘中应用最广泛的一种。现代贴花技术是采用塑料薄膜贴花纸，用清水就可以把彩料移至陶瓷制品的釉面上，其操作简单，质量可靠。

（四）贵金属装饰

对于高级陶瓷制品，如采用金、铂、钯、银等贵金属在陶瓷釉上进行彩绘装饰，被称为贵金属装饰。其中最为常见的是饰金装饰，如金边、图画描金装饰方法等。

金材装饰陶瓷的方法有亮金、磨光金和腐蚀金等。饰金方法所使用的材料基本上有两种：金水（液态金）与粉末金。

亮金在饰金装饰中应用最为广泛，它采用金水作着色材料，在适当温度下彩烧后，直接获得发光金属层。亮金所用金水的含金量必须控制在10%～12%以内，否则，金层容易脱落、耐热性降低。

# 第二节　陶瓷饰面墙地砖

## 一、内墙釉面砖

### （一）种类与特点

内墙面砖大多施有釉层，故又称釉面砖、瓷砖、瓷片等。釉面砖的种类极其丰富，主要包含单色、彩色、印花和图案砖等品种。

由于内墙面砖在结构上的固有特性，与用于外墙的瓷砖有着本质的不同，故不可用于室外环境。

釉面砖正面施釉，背面吸水率高且有凹槽纹，利于粘贴。正面所施釉料品种很多，有白色釉、彩色釉、光亮釉、珠光釉、结晶釉等。釉面砖的主要品种和特点见表6-1。

表 6-1　釉面砖的主要品种和特点

| 种　类 | | 代号 | 特　点 |
|---|---|---|---|
| 白色釉面砖 | | FJ | 色纯白，釉面光亮，简洁大方 |
| 彩色釉面砖 | 有光彩色釉面砖 | YG | 釉面光亮晶莹，色彩丰富雅致 |
| | 无光彩色釉面砖 | SHG | 釉面半无光，不晃眼，色泽一致柔和 |
| 装饰釉面砖 | 花釉砖 | HY | 系在同一砖上施以多种彩釉，经高温烧成；色釉互相渗透，花纹千姿百态，有良好装饰效果 |
| | 结晶釉面砖 | JJ | 晶花辉映，纹理多姿 |
| | 斑纹釉面砖 | BW | 斑纹釉面，丰富多彩 |
| | 理石釉面砖 | LSH | 具有天然大理石花纹，颜色丰富，美观大方 |
| 图案砖 | 白地图案砖 | BT | 在白色釉面砖上装饰各种图案，经高温烧成；纹样清晰，色彩明朗，清洁优美 |
| | 色地图案砖 | YGT DYGT SHGT | 在有光（YG）或无光（SHG）彩色釉面砖上装饰各种图案，经高温烧成；产生浮雕、缎光、绒毛、彩漆等效果 |
| 字画釉面砖 | | | 以各种釉面砖拼成各种瓷砖字画，或根据以有画稿烧制成釉面砖，组合拼装而成，色彩丰富，光亮美观，永不褪色 |

（二）物理力学性能

内墙面砖中，白色陶瓷釉面砖用量最大且最具有代表性。内墙面砖应符合以下性能要求：

1. 密度：$2.3 \sim 2.4 \text{g/cm}^3$；

2. 吸水率：应小于 22%，吸水率的大小决定于其坯体的原料组成、烧结温度、结构的密实度等，并影响成品的一系列物理性能；

3. 耐急冷急热性：由 140℃ 至常温（$19 \pm 1$）℃ 热交换不少于三次，无裂纹；

4. 抗弯强度：平均不小于 17MPa；

5. 抗折强度：$2.0 \sim 4.0$MPa；

6. 白度：由供需双方商定，一般不低于 78%。

（三）规格尺寸及外观质量要求

1. 形状及尺寸

无论单色、彩色或图案砖，内墙釉面砖基本上是由正方形、长方形和特殊位置使用的异型配件砖组成。瓷砖的常用规格有 108mm×108mm×5mm，152mm×152mm×5mm，200mm×150mm×5mm 等。详见表 6-2。另外，为配合建筑物内部阴、阳角处的贴面等的要求，还有各种配件异型砖，如阴角砖、阳角砖、压顶砖、腰线砖等。内墙瓷砖的种类和各种异型砖。见图 6-2。

2. 质量要求：

釉面砖按其外观质量分为优等品、一等品、合格品三个等级。各等级釉面砖表面质量要求见表 6-3。

表 6-2 内墙釉面砖主要尺寸规格                                  单位：mm

| 标准化 | 图 例 | 装配尺寸 C | 产品尺寸 (长×宽) (A×B) | 产品厚度 (D) | 侧 面 形 状 | |
|---|---|---|---|---|---|---|
| | | | | | 名称 | 简 图 |
| 模数化 | 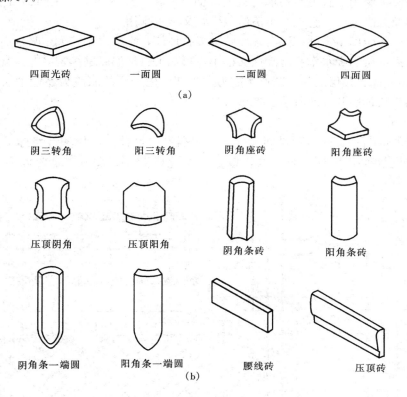 | 300×250 | 297×247 | 生产厂家定 | 大圆边 | |
| | | 300×200 | 297×197 | | | |
| | | 200×200 | 197×197 | | 小圆边 | |
| | | 200×150 | 197×148 | 5～7 | | |
| | | 150×150 | 148×148 | 5 | 平 边 | |
| | | 150×75 | 148×73 | 5 | | |
| | | 100×100 | 98×98 | 5 | | |
| 非模数化 | | | 152×152 | 5～6 | 带凸缘边 | |
| | | | 108×108 | 5 | | |

注：J 为维隙尺寸。

四面光砖　　　　一面圆　　　　二面圆　　　　四面圆

（a）

阴三转角　　　阳三转角　　　阴角座砖　　　阳角座砖

压顶阴角　　　压顶阳角　　　阴角条砖　　　阳角条砖

阴角条一端圆　　阳角条一端圆　　　腰线砖　　　　压顶砖

（b）

图 6-2　内墙瓷砖的种类和各种异型砖示意图
（a）内墙瓷砖形式；（b）内墙异型配件砖

表 6-3　釉面砖表面质量要求

| 表面缺陷 | | 表面质量要求 | | | 说　明 |
|---|---|---|---|---|---|
| | | 优等品 | 一级品 | 合格品 | |
| 缺陷名称 | 缺釉、斑点、裂纹、落脏、棕眼、熔洞、釉缕、釉泡、烟熏、开裂、磕碰、剥边 | 距砖面 1m 处目测，可见缺陷不超过 5% | 距砖面 2m 处目测，可见缺陷不超过 5% | 距砖面 3m 处目测，缺陷不明显 | 在产品的侧面和背面，不许有妨碍黏结的附着釉及其他影响使用的缺陷存在 釉面上人为装饰效果的偏差不算缺陷 |
| 最大允许变形 | 中心弯曲度（%） | ±0.5 | ±0.6 | +0.8～-0.6 | |
| | 翘曲度（%） | ±0.5 | ±0.6 | ±0.7 | |
| | 边直度（%） | ±0.5 | ±0.6 | ±0.7 | |
| | 色直角度（%） | 基本一致 | 不明显 | 较明显 | 白度由供需双方商定 |
| 背面磕碰 | | 深度<砖厚1/2 | 不影响使用 | | |
| 分层、开裂、釉裂 | | 不得有结构缺陷存在 | | | |

**（四）内墙釉面砖的应用**

**1. 应用范围**

内墙釉面砖主要用于有卫生要求的室内墙面、台面。如厨房、卫生间、浴室、实验室、精密仪器车间及医院等处。它既便于清洁卫生，又美观耐用。

内墙釉面砖不能用于室外。因为釉面砖为多孔坯体，它吸水率较大，吸水后将产生湿涨现象，而其表面釉层的吸水率和湿涨性又很小，再加上自然温度的影响（尤其是冻胀现象的影响），会在砖坯体和釉层之间不断产生应力。当坯体内产生的胀应力超过釉层本身的抗拉强度时，就会导致釉层开裂或脱落，严重影响饰面效果。

**2. 铺贴方式**

内墙面砖的铺贴，有许多种排列方式，应根据室内设计的风格和装修标准确定面砖花色、品种，并设计面砖排列组合方式，以达到美化的效果。图 6-3 是内墙面砖常用铺贴方式。

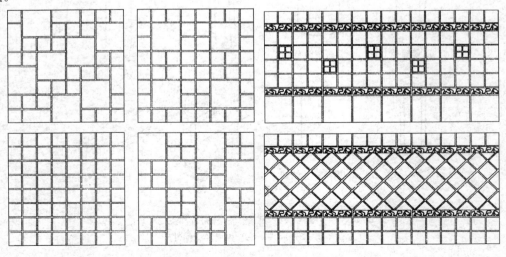

图 6-3　内墙面砖的常用铺贴方式

## 二、外墙饰面砖及地面砖

外墙饰面砖和地面砖都属于炻质材料，虽然它们在外观形状、尺寸及使用部位上都有不同，但由于它们在技术性能上的相似性，使得部分产品可用作墙地通用面砖。因此，通常把外墙饰面砖和地面砖统称为"墙地砖"。

（一）墙地砖的分类

1. 按配料和制作工艺分类

可制成平面、麻面、毛面、磨光面、抛光面、纹点面、压花浮雕表面、防滑面，以及丝网印刷、套花、渗花等品种；其中抛光砖的技术日益成熟、市场普及广泛。

2. 按表面装饰分类

墙地砖根据表面装饰方法的不同，分为无釉和有釉两种。表面不施釉的称为单色砖；表面施釉的称为彩釉砖。彩釉砖中又可根据釉面装饰的种类和花色的不同进行细分。例如立体彩釉砖（又称线砖）、仿花岗岩面砖、斑纹釉砖、结晶釉砖、有光彩色釉砖、仿石光釉面砖、图案砖、花釉砖等。

3. 按使用位置分类

陶瓷墙地砖按所使用的位置分类：外墙面砖、地面砖、通用墙地砖、线角砖、梯沿砖（楼梯踏步专用砖）等。

（二）墙地砖的规格尺寸

在陶瓷墙地砖中，从正方形到长方形，从 100～600mm 边长尺寸的产品均有生产。厚度由生产厂商自定，以满足使用强度要求为原则，一般为 8～10mm。从普遍情况看，墙面用砖一般规格较小，地面用砖规格较大。而且，从墙地砖的发展趋势看，地面砖的使用规模，正向 800mm×800mm 及更大尺寸的正方形超大规格面砖方向发展。墙地砖的品种规格见表 6-4。

表 6-4　墙地砖的品种规格

| 项　　目 | 彩　釉　砖 | 釉　面　砖 | 瓷　质　砖 | 劈　离　砖 | 红　地　砖 |
|---|---|---|---|---|---|
| 规格尺寸（mm） | 100×200×7 | 152×152×5 | 200×300×8 | 240×240×16 | 100×100×10 |
| | 200×200×8 | 100×200×5.5 | 300×300×9 | 240×115×16 | 152×152×10 |
| | 200×300×9 | 150×250×5.5 | 400×400×9 | 240×53×16 | |
| | 300×300×9 | 200×200×6 | 500×500×11 | | |
| | 400×400×9 | 200×300×7 | 600×600×12 | | |
| | 异型尺寸 | 异型尺寸 | 异型尺寸 | 异型尺寸 | 异型尺寸 |

（三）墙地砖的物理力学性能

1. 吸水率：不大于 10%；

2. 耐急冷急热性：经三次冷热循环不出现炸裂或裂纹；

3. 抗冻性：经 20 次冻融循环不出现裂纹；

4. 抗弯强度：平均不低于 24.5MPa；

5. 耐酸性：仅指地砖，通常依据耐磨试验砖面层出现磨损痕迹时的研磨次数，将地砖耐磨性能分为四级；

6. 耐化学腐蚀性：依据试验分为五个等级。

（四）外墙面砖的排列方式见图 6-4。

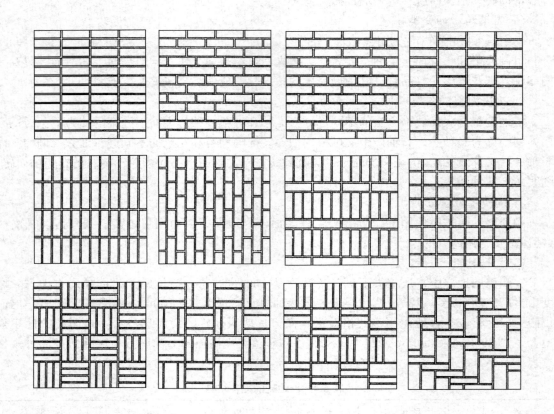

图 6-4　外墙面砖排列方式

（五）墙地砖的特点与适用范围

墙地砖的主要特点及适用范围详见表 6-5。

表 6-5　墙地砖的特点及适用范围

| 产 品 种 类 | 品　　种 | 特　　点 | 适 用 范 围 |
|---|---|---|---|
| 彩釉砖（炻质砖） | 彩色釉面砖 | 颜色丰富、多姿多彩、经济实惠 | 墙面 |
| 釉面砖（陶质砖，又称瓷砖瓷片） | 闪光釉面砖 | 明亮、光洁、美观、色彩丰富、品种多样<br>按产品质量分一、二、三级 | 内墙面 |
| | 透明釉面砖 | | |
| | 普通釉面砖 | | |
| | 浮雕艺术砖（花片） | | |
| | 腰线砖（饰线砖） | | |

| 产 品 种 类 | 品 种 | 特 点 | 适 用 范 围 |
|---|---|---|---|
| 瓷质砖 | 同质砖（通体砖） | 强度高、防滑、耐磨、防划痕、美观高雅 | 外墙面、地面 |
| | 瓷质彩釉砖（全瓷釉面砖） | | |
| | 瓷质渗花抛光砖（仿大理石砖） | | |
| | 瓷质抛光砖 | | |
| | 瓷质艺术砖 | | |
| | 全瓷渗花砖 | | |
| | 全瓷渗花高光釉砖 | | |
| | 玻化砖 | | |
| | 广场砖 | | |
| | 仿古砖 | | |
| | 瓷质仿石砖（仿花岗岩砖） | | |
| | 陶瓷锦砖（马赛克） | | |
| | 地面"地爬壁"瓷砖 | | |
| 劈离砖（陶质砖） | 劈离砖 | 色调古朴典雅、背纹深、燕尾槽构造、粘贴牢固、不易脱落、防冻性能好、适于北方严寒地区使用 | 外墙面、地面 |
| 红地砖（陶质砖） | 红地砖 | 古朴、防滑、经济 | 地面 |

（六）外墙饰面砖的选用要点

1. 基本要求

用于外墙的釉面砖天天经受风吹、日晒、雨淋等自然影响，应避免脱落伤人，保证装饰效果，必须选用优质的瓷质砖。

2. 选材要求

（1）外墙饰面砖宜采用有燕尾槽的产品，燕尾槽的深度不宜小于 0.5mm。

（2）用于二层（或高度 8m）以上外保温粘贴的外墙饰面砖单块面积不应大于 15000mm²，厚度不应大于 7mm。

（3）外墙饰面砖工程中采用的陶瓷砖应根据不同气候分区选择含水率符合规定的产品。

3. 控制吸水率

（1）Ⅰ、Ⅵ、Ⅶ区吸水率不应大于 3%；Ⅱ区吸水率不应大于 6%；Ⅲ、Ⅳ、Ⅴ区和冰冻区一个月以上的地区其吸水率不宜大于 6%。

（2）Ⅰ、Ⅵ、Ⅶ区冻融循环 50 次不得破坏；Ⅱ区冻融循环 50 次不得破坏。冻融循环应的低温环境温度为－28～－32℃，保持 2h 后放入不低于 10℃的清水中融化 2h 为一个循环。

注：建筑热工分区：

1. Ⅰ区（严寒地区）：气候主要指标：1月平均气温≤－10℃，7月平均气温≤25℃，1月平均相对湿度≥50%，包括：哈尔滨、长春、沈阳、呼和浩特等。

2. Ⅱ区（寒冷地区）：气候主要指标：1月平均气温≤－10～0℃，7月平均气温为 18～28℃。包括：北京、天津、石家庄、太原、济南、郑州、西安、兰州、银川等。

3. Ⅲ区（夏热冬冷地区）：气候主要指标：1月平均气温≤0～10℃，7月平均气温 25～30℃。包括：南昌、南京、杭州、武汉、长沙、重庆、成都、合肥等。

4. Ⅳ区（夏热冬暖地区）：气候主要指标：1月平均气温＞10℃，7月平均气温 25～29℃。包括：广州、南宁等。建筑基本要求是：建筑物必须满足夏季防热、遮阳、通风、防雨要求。

5. Ⅴ区（温和地区）：气候主要指标：7 月平均气温 18～25℃，1 月平均气温 0～13℃。包括贵阳、昆明等。

6. Ⅵ区（严寒地区）：气候主要指标：7 月平均气温＜18℃，1 月平均气温为 0～－22℃。包括格尔木、那曲、拉萨等。

7. Ⅶ区（严寒地区）：气候主要指标：7 月平均气温≥18℃，1 月平均气温－5～－20℃，7 月平均相对湿度＜50%。包括克拉玛依、乌鲁木齐、喀什等。

4. 找平、黏结、填缝材料的选用

（1）外墙基体找平材料宜采用预拌水泥抹灰砂浆。Ⅲ、Ⅳ、Ⅴ区应采用水泥防水砂浆。

（2）外墙饰面砖粘贴应采用水泥基黏结材料。

（3）外墙饰面砖填缝材料应符合相应规定。其中外墙外保温系统粘贴外墙饰面砖所用填缝材料的横向变形不得小于 1.5mm。

5. 铺地砖放射性核素限量标准

民用建筑工程中使用的建筑陶瓷和瓷质砖黏结材料等，其放射性限量应符合表 6-6 的规定。

表 6-6　无机非金属装修材料放射性指标限量

| 测定项目 | 限　　量 | |
| --- | --- | --- |
| | A | B |
| 内照射指数（$I_{Ra}$） | ≤1.0 | ≤1.3 |
| 外照射指数（$I\gamma$） | ≤1.3 | ≤1.9 |

### 三、陶瓷锦砖

（一）陶瓷锦砖

又名马赛克（Mosaic），它属炻质产品，分为挂釉与不挂釉两类，颜色丰富多彩，可用于室内墙面和地面及外墙贴面。形状有正方形、长方形、六边形、梯形、棱角形等，规格尺寸在（15～40）mm×（15～40）mm 之间，厚度为 4～5mm。几种基本拼花图案见图 6-5。为了便于施工，一般在工厂将单块锦砖拼成各种图案，粘贴在牛皮纸上，每联约 305mm×305mm，其面积约为 0.09m²，重量为 0.65kg，每 40 联为一箱，它的技术性能指标和规格尺寸见表 6-7。

表 6-7　陶瓷锦砖技术性能指标与规格尺寸

| 项　　目 | 指　标 | 项　　目 | | 规格 (mm) | 允许公差（mm） | | 备　　注 |
| --- | --- | --- | --- | --- | --- | --- | --- |
| | | | | | 一级品 | 二级品 | |
| 表观密度（g/cm³） | 2.3～2.4 | 单　块 | 边长 | ＜25 | ±0.5 | ±0.5 | 锦砖贴后脱纸时间应小于 40min |
| 抗压强度（MPa） | 15～25 | | | ＞25 | ±1.0 | ±1.0 | |
| 吸水率（%） | ＜4 | | 厚度 | 4.0 4.5 | ±0.2 | ±0.2 | |
| 使用温度（℃） | －2～100 | | | | | | |
| 耐磨值（%） | ＜0.5 | 每　联 | 线格 | 2.0 | ±0.5 | ±1.0 | |
| 耐酸度（%） | ＞95 | | | | | | |
| 耐碱度（%） | ＜84 | | 联长 | 30.5 | +2.5 －0.5 | +3.5 －1.0 | |
| 莫氏硬度（%） | 6～7 | | | | | | |

164

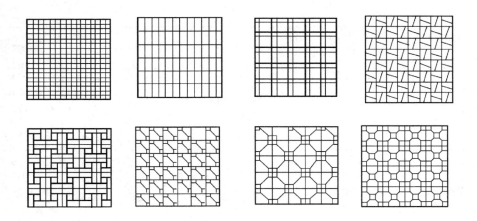

图 6-5　陶瓷锦砖的基本拼花图案

（二）陶瓷锦砖的生产工艺过程

陶瓷锦砖的生产过程，大致分为制砖（同墙地砖）、检选、拼图案、贴纸、脱盒、干燥、装箱。

（三）陶瓷锦砖的特点与应用

陶瓷锦砖的基本特点是质地坚硬、色泽美观、形状多样，而且耐酸、耐碱、耐磨、耐水、耐压、耐冲击。在建筑物的内、外装饰工程中获得了广泛的应用。可用于外墙贴面、内墙拼花装饰等。马赛克的典型用途通常是室内地面的装饰，这主要是因为它具有不渗水、不吸水、易清洗、防滑等特点，特别适合湿滑环境的地面铺设。

另外，由于陶瓷锦砖在材质、颜色方面可选择种类多样，可拼装图案相当丰富，只要设计得当，就可以创作出不俗的视觉效果产品。

## 四、各种陶瓷面砖的对比（见表 6-8）

表 6-8　各种陶瓷面砖的对比表

| 瓷砖种类<br>比较内容 | 内　墙　砖 | 外　墙　砖 | 地　　砖 | 陶瓷锦砖 |
|---|---|---|---|---|
| 陶瓷类别 | 陶　质 | 炻　质 | 炻　质 | 瓷　质 |
| 砖体厚度（mm） | 5～7 | 8～10 | 8～12 | 3.0～4.5 |
| 常用规格（mm） | 150×150、150×200、200×300 | 200×80、240×60、108×108 | 500×500、300×300、150×150 | 单块边长 15.2～39<br>每联为 305×305 |
| 一般吸水率 | 20% | 1%～8% | 1%～6% | 0.2% |
| 抗弯强度（MPa） | 不小于 17 | 不小于 24.5 | 一般大于 30 | |
| 其他力学性能 | 较　小 | 较　强 | 强 | 强 |
| 抗冻性能 | 不抗冻 | 抗　冻 | 抗　冻 | 抗　冻 |

| 瓷砖种类 / 比较内容 | 内墙砖 | 外墙砖 | 地砖 | 陶瓷锦砖 |
|---|---|---|---|---|
| 其他特点 | 表面施釉、光滑、美观，易于清洁 | 有施釉和不施釉之别，色彩多样 | 花色品种繁多，性能优良，美观耐用 | 耐酸碱、耐磨、耐冲击、防滑易清洗 |
| 适用范围 | 用于有卫生要求室内环境的墙面、台面等处 | 建筑外墙面，部分可用于室内外地面 | 住宅、商业、及其他公共建筑室内地面 | 浴厕、厨房、露台等处的地面及墙面装饰 |
| 选用注意事项 | 寒冷地区的非采暖房间慎用 | 使用时应注意排列方式及砖缝的处理 | 有湿滑性的室内地面应选用合适的防水、防滑地砖 | 用于墙面时应注意图案组织及施工精度，不然会影响外观效果 |

# 第三节　新型及特种陶瓷面砖

**一、劈离砖**

劈离砖，又称劈裂砖、劈开砖等，是一种炻质墙地通用饰面砖，因熔烧后可劈开分离成两块而得名。与传统方法生产的墙地砖相比，它具有强度高、耐酸碱性强等优点；且生产工艺简单、效率高、原料广泛、节能经济；装饰效果优良。因此，受到用户的青睐，得到广泛应用。

（一）劈离砖的制造

劈离砖的生产，是将一定配比的原料，经过球磨粉碎、真空炼泥、半硬塑挤压成型、干燥、高温烧结等工艺过程制成成品。它的生产具有以下特点：

1. 劈离砖对生产原料的要求不高，品位低的软质黏土和尾矿渣均可使用，原料来源广泛。

2. 由于采用机械化、半硬挤压成型，其坯体致密、较为坚硬、含水率低，具有节约能源、减少污染的特点，生产效率也相对较高。

（二）劈离砖的技术性能

劈离砖一般具有强度高、吸水率低、抗冻性强、耐磨、耐压、耐化学腐蚀、防水、防潮、颜色丰富、自然朴实等特点。主要技术性能指标有：

1. 抗折强度：大于 20MPa；

2. 吸水率：小于 6%；

3. 耐急冷急热性能：在温差＋130℃的环境试验中经六次冷热循环，产品无开裂现象。

另外，背面的凹槽纹与黏结砂浆形成楔形结合，可以保证劈离砖在粘贴时与结构层粘贴

166

牢固、不易脱落。

（三）劈离砖的规格及适用范围

劈离砖的主要规格有 240mm×52mm×11mm、240mm×115mm×11mm、194mm×94mm×11mm、190mm×190mm×13mm、240mm×115mm/52mm×13mm、194mm×94mm/52mm×13mm 等。

劈离砖是一种新型墙地砖，适用于各类建筑物的外墙装饰，也适合公共场所的地面铺设，及水池、游泳池的池岸、池底的贴面材料。

## 二、仿天然石瓷砖

（一）瓷质彩胎砖（玻化砖）

瓷质彩胎砖是一种无釉本色瓷质产品，它采用彩色颗粒土混合配制原料，压制成坯体，经一次烧成即呈多彩的具有天然花岗石特色的饰面砖。色彩多为浅色的红、绿、黄、蓝、灰、棕等基色，其纹点细腻，色彩柔和莹润，质朴高雅。

瓷质彩胎砖的表面有平面、浮雕两种，又有无光与磨光、抛光之分。主要规格有200mm、300mm、400mm、500mm、600mm 等正方形砖和部分长方形砖，最小尺寸 95mm×95mm，最大尺寸 600mm×900mm，厚度为 8～10mm。

瓷质彩胎砖的性能：吸水率小于 1％，抗折强度大于 27MPa，表面划痕硬度（莫氏方法）不小于 6；具有耐磨、耐酸碱、耐冷热、抗冻等特性。广泛地用于各类建筑的地面及外墙装饰，是适用于各种位置的优质墙地砖。

（二）高级渗花砖（莫来石砖）

高级渗花砖是在玻化砖生产的基础上，运用先进的制作工艺，通过二次渗花技术，把天然石材的纹路和花色渗入坯体中，以达到天然石材的外观效果。多为无釉磨光、抛光产品，其花纹自然、图案清晰、明亮如镜，质感和性能都优于天然石材。由于花色渗入坯体深处，所以经久耐磨、永不褪色，是现代建筑的高级装饰材料。

（三）钒钛黑瓷装饰板

钒钛黑瓷装饰板是一种高级建筑装饰材料，它利用陶瓷原料，加入工业废渣，经烧结、研磨后再制成瓷性板材。这种瓷板具有比黑色花岗岩更黑、更亮、更硬、更薄的特点，可应用于室内、外墙面及地面的装饰。

钒钛黑瓷装饰板的主要性能指标：吸水率小于 0.5％，抗折强度大于 40MPa，抗压强度大于 300MPa，表观密度 2.9g/cm³；且具有极高的耐磨、耐酸碱、耐冷热、抗冻等性能。

（四）陶瓷麻面砖（广场砖）

麻面砖是一种仿天然石材的建筑陶瓷，有多种色彩。它表面粗犷，纹理自然，耐磨，防滑，可用于地面、外墙面等处，尤其适用于广场、人行道等室外地面的铺设，故又称广场砖。麻面砖一般规格较小，有长方形和异形之分；厚度 10mm 为地面砖，8mm 为墙面砖。使用异形广场砖铺设地面时，多采用鱼鳞形铺砌或圆环形铺砌方法，加上采用不同色彩的搭配，铺砌的效果美观而有韵律。

产品主要性能指标：吸水率小于 1％；抗压强度大于 250MPa，抗弯强度大于 27MPa。

### 三、陶瓷壁画、壁雕

**（一）立体图案瓷砖**

立体图案瓷砖是一种利用高科技制作工艺生产的墙地砖，是通过激光技术把画面喷涂在烧好的瓷砖表面，借助光学原理，使画面在光线下产生立体感。它可以呈现出魔术般的装饰效果，一般与普通内墙面砖搭配使用，能创造出优美的立面造型。

**（二）陶瓷壁雕砖**

陶瓷壁雕砖又称艺术砖，是以凹凸的粗细线条、变幻的体面造型、丰富多彩的色调，表现出浮雕式样的瓷砖。其生产工艺与普通墙砖的生产工艺大致相同。不同的是，要按照图案造型的设计要求制作坯体。因此，比一般瓷砖的生产工艺复杂，成本也较高。同一样式的壁雕砖可批量生产，使用时与配套的平板墙面砖组合拼贴，在光线的照射下，形成浮雕图案效果。当然，使用前应根据整体的艺术设计，选用合适的壁雕砖和平板陶瓷砖，进行合理的拼装和排列，来达到原有的艺术构思。

陶瓷壁雕砖可用于宾馆、会议厅等公共场合的墙壁，也可用于公园、广场、庭院等室外环境的墙壁。

**（三）陶瓷壁画砖**

陶瓷壁画瓷砖的生产与普通彩色砖工艺基本相同。只是先将要制作的壁画按瓷砖大小比率划分网格，每块预先编号并绘制相应壁画图案，然后进行彩烧或釉烧。

铺贴时按编号粘贴瓷砖，形成一幅完整的壁画。粘贴要求如下：

1. 必须粘贴牢固，砂浆和胶黏剂要饱满、均匀一致。
2. 按图案编号粘贴正确，并拼接紧密，不能错位。
3. 粘贴时不能过于用劲敲打，以免破损，难以补救。

# 第四节　琉璃及其制品

### 一、琉璃制品

琉璃制品是一种具有中华民族文化特色与风格的传统建筑装饰材料。这种建筑装饰材料虽然古老，但是它具有独特的性能和装饰效果，目前仍然是一种优良的高级装饰材料。

建筑琉璃制品，不仅用于中国古典建筑物，也用于具有民族风格的现代化建筑物。

1. 定义

琉璃瓦是专指用于屋面防水、排水的着色铅釉陶瓦，其颜色有黄、蓝、绿等色。

琉璃瓦是建筑琉璃制品中历史最长的一种产品，其用量也最多，在现代建筑中，琉璃瓦在琉璃制品总产量中约占 70% 左右。

2. 产品品种和规格

在我国古代建筑中，琉璃瓦屋面所用的各种琉璃瓦件种类繁多、名称复杂，且多用旧时术语命名，有些瓦件名称并不那么通俗易懂。瓦件的品种更是五花八门，难以准确分类，且南方北方也不尽相同。总的来说，这些材料可以分为"瓦件"、"各种屋脊部件"和"屋脊装饰件"三大类。

现在工程上使用的琉璃瓦，一般仍沿用《清式营造则例》规定，共分"二样""三样""四样""五样""六样""七样""八样""九样"八种，一般常用都为"五样""六样""七样"三种型号。

琉璃饰件制品的品种和规格见表 6-9。

表 6-9　琉璃饰件制品的规格

| 名　称 | 编　号 | 规格（mm） | 名　称 | 编　号 | 规格（mm） |
|---|---|---|---|---|---|
| 10 英寸博古 | | 900×260×700 | 花几攒角 | | 150×150×200 |
| 8 英寸博古 | | 500×200×450 | 方纹柱头 | | φ180×300 |
| 大三星脊博古 | | 300×180×300 | 方纹柱头 2 | | φ160×300 |
| 小三星脊博古 | | 260×140×260 | 方纹柱头 3 | | φ120×220 |
| 切角博古 | | 切 30°角、45°角、60°角 | 拱梁托 | | 450×50×450 |
| 方托珠 | | φ450×1400 | 莲花斗拱 | | 500×150×130 |
| 莲花珠座 | W1810B | φ360×180×580 | 木棉花形浮雕 | | 400×80×290 |
| 莲花珠座 | W1810C | 600×250×1000 | 脊上兽 | W1828 | 230×180×400 |
| 莲花珠座 | W1810D | 630×250×1350 | 8 英寸脊上兽 | W1828A | 350×200×600 |
| 圆亭珠 | W1810A | φ300×600 | 龙　窗 | W1821A | |
| 弧形珠 | W1810A | φ300×600 | 凤　窗 | W1820 | 445×77×550 |
| 飞　唇 | | 200×100×50 | 9 英寸花窗 | W1816 | 330×40×330 |
| 柱头饰 | | 400×85×15 | 葵花窗 | W1830 | 370×40×370 |
| 柱　座 | | φ400×440 | 竹形景窗 | | 170×700×10 |
| 阳台装饰花板工型 | | 1800×800×600 | 连环卷草花窗 | | 370×50×370 |
| 梁头套 | | 300×600×200 | 博古龙纹窗 | | 480×60×480 |
| 泻水金鱼 | | 300×200×250 | 方纹花窗 | | 480×60×230 |
| 雀替（攒角） | | | 大号狮子 | | 620×230×700 |
| 云纹雀替 | | 600×300×40 | 檐口龙头 | W1827 | 400×300×300 |
| 回纹形雀替 | | 600×300×40 | 檐口龙头 | W1827A | 300×210×210 |
| 阳台栏河装饰 | | | 挂　钟 | | φ240×250 |
| 花几托-1 | | 600×100×200 | 鳌　鱼 | W1822 | 500×350×760 |
| 花几托-2 | | 250×100×120 | | | |

3. 物理性能指标

琉璃瓦件制品物理性能指标，见表 6-10。

表 6-10　琉璃瓦件制品物理性能指标

| 项　目 | 指　标 | 项　目 | 指　标 |
|---|---|---|---|
| 吸水率（%） | 不大于 12 | 耐急冷急热性 | 3 次无变化 |
| 弯曲破坏荷重（N/块） | 不低于 1177 | 釉面光泽度（度） | 不小于 50 |
| 抗冻性能 | 冻融循环 15 次无变化 | | |

注：表中无变化，是指按标准检验方法试验之后，产品上无开裂、剥落、掉角、掉棱、起鼓等现象。

4. 屋顶琉璃瓦件及饰件见图 6-6、图 6-7。

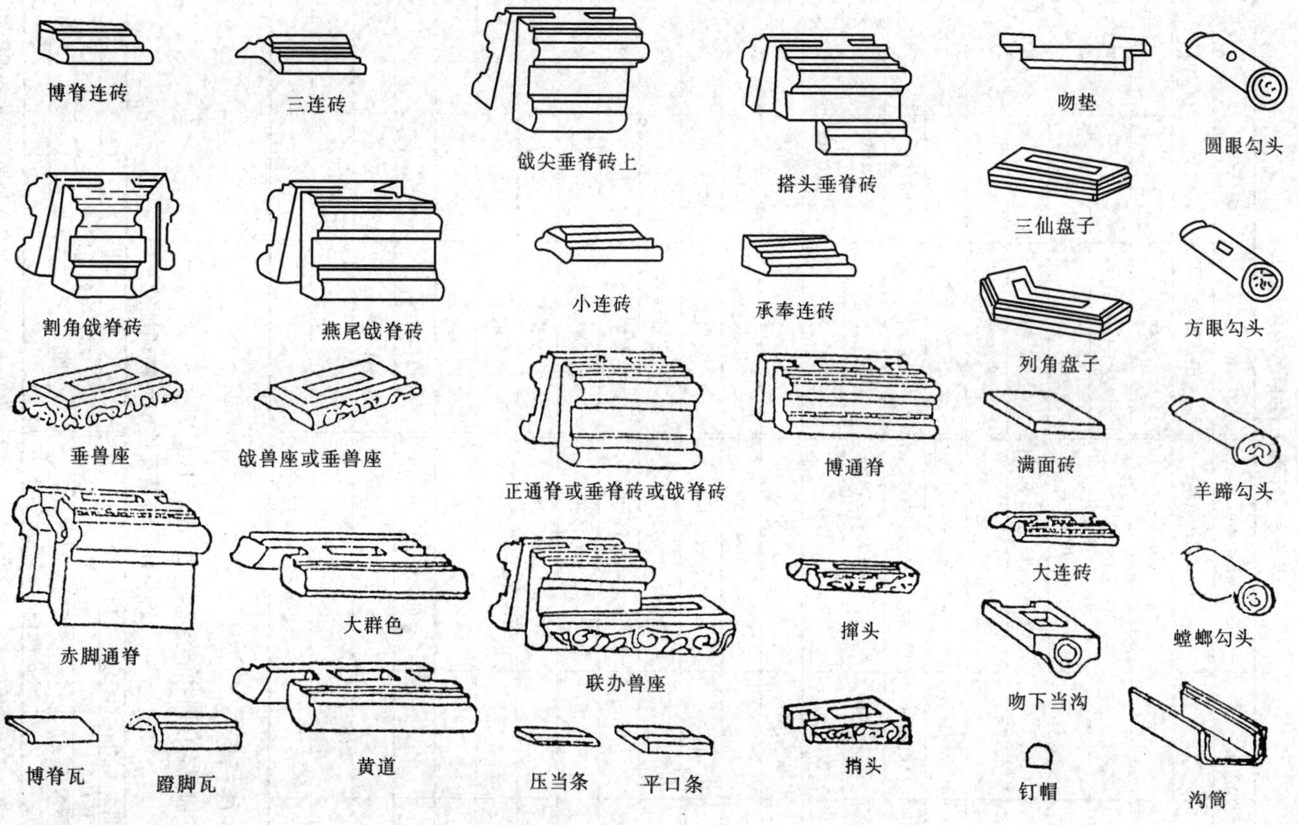

图 6-6 屋顶琉璃瓦件

圆眼勾头　方眼勾头　羊蹄勾头　螳螂勾头　沟筒

吻垫　三仙盘子　列角盘子　满面砖　大连砖　吻下当沟　钉帽

搭头垂脊砖　承奉连砖　博通脊　掸头　捎头

钗尖垂脊砖上　小连砖　正通脊或垂脊砖或钗脊砖　联办兽座　平口条　压当条

三连砖　燕尾钗脊砖　钗兽座或垂兽座　大群色　黄道

博脊连砖　割角钗脊砖　垂兽座　赤脚通脊　蹬脚瓦　博脊瓦

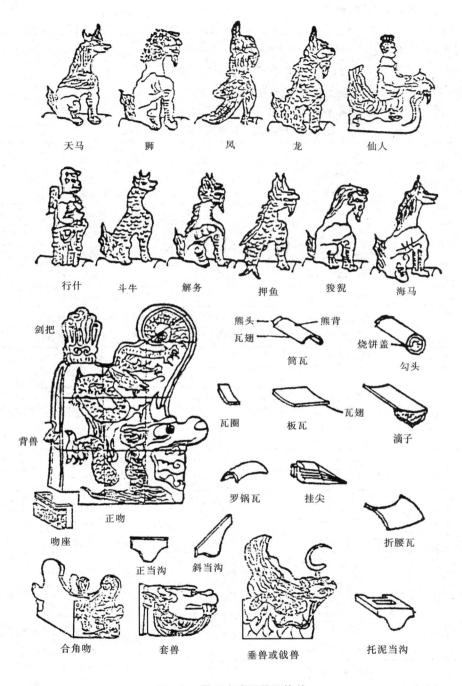

图 6-7　屋顶琉璃瓦件及饰件

## 二、园林陶瓷制品

园林陶瓷是指专供园林及室外使用的一些陶瓷工艺品以及建筑小品，一般为釉面制品。它们既有实用价值，又具有艺术价值，是我国陶瓷制品中一种独特的传统产品。

（一）园林陶瓷制品的种类

1.陶瓷花窗：有黄、棕、绿及红等多种色彩，窗的形状、图案、样式也颇为多样，有菱形、梅花形、海棠花形、井字形、圆形等。

2.栏杆、扶手：有方形栏杆、竹节栏杆、秦瓶栏杆等。

3.其他：陶瓷桌凳、墩台、花盆、壁雕等。

（二）园林陶瓷产品名称和规格见表6-11。

**表6-11　园林陶瓷制品的产品名称和规格**

| 名　称 | | 花　色　规　格（mm） |
|---|---|---|
| 花窗 | 菱形花窗 | 250×250×60（方窗，图案为菱形） |
| | 梅形花窗 | 300×300×40（方窗，图案为梅形） |
| | 海棠花窗 | 300×300×40（方窗，图案为海棠形） |
| | 井字花窗 | 300×300×40（方窗，图案为井字形） |
| | 花窗（W1816） | 300×300×38（分黄、棕、绿釉三种） |
| | 龙窗（W1821A） | 470×546×76（分黄、棕、绿釉三种） |
| | 凤窗（W1821） | 450×546×70（分黄、棕、绿釉三种） |
| | 葵花窗（W1821B） | 450×546×76（分黄、棕、绿釉三种） |
| | 子孓圈窗（W1819） | 115×248×70（分黄、棕、绿及红泥数种） |
| | 绿花窗（331） | 300×300×38 |
| | 绿双眼窗（332） | 115×248×70 |
| 博　古 | 绿釉博古 | 300×300×178，560×610×203 |
| 立　柱 | 盘龙下立柱 | |
| 栏　杆 | 秦瓶栏杆 | φ110×470 |
| | 竹节栏杆 | φ80×370，或根据需要加工 |
| | 陶瓷扶栏（即扶梯栏杆） | 各种规格 |
| | 方形栏杆（$W_{1812}$） | 140×140×496（分黄、绿、棕釉三种） |
| | 竹节栏杆（$W_{1813}$） | 140×140×496（分黄、绿、棕釉三种） |
| | 竹节栏杆（绿釉） | 140×140×496 |
| 西天取经陶瓷壁雕 | | 1370×2800×100 |
| 游　龙　脊 | | 长800 |
| 堆塑九龙壁 | | 4500×420 |
| 花　盆 | 六方金钟花盆 | 各种规格 |
| | 菱沿金钟花盆 | |
| | 蓝色刻花盆 | |
| | 长方花盆 | |
| | 八仙花坛 | |
| | 六方签筒花盆 | |

| 名　称 | | 花 色 规 格（mm） |
|---|---|---|
| 桌　凳 | 园林专用陶桌、陶凳 | 圆桌、圆凳（配套） |
| | 松段陶台 | 松干式圆桌、坐墩（配套） |
| | 印花方格陶台 | 圆桌、圆坐墩。桌墩表面有印花方格图案 |
| | 色泥白色陶台 | 圆桌、圆坐墩。桌墩表面有白色图案 |
| | 盘龙陶台 | 圆桌、圆坐墩。桌墩腿上有盘龙图案 |
| | 菊花陶台 | 圆桌、圆坐墩。桌墩表面及边缘、腿部均有菊花图案 |
| | 棋盘陶台 | 圆桌、圆坐墩。桌墩表面有棋盘图案 |
| 沙发配套陶瓷茶几 | | 各种规格、各种颜色图案 |
| | 大龙缸 | 各种规格 |
| | 龙凤缸 | |
| | 花大缸 | |
| | 花大金鱼缸 | |
| | 扁鼓金鱼缸 | |
| | 双龙金鱼缸 | |
| | 八方抽角金鱼缸 | |
| | 雪花釉金鱼缸 | |
| 喷水金鱼 | | |
| 果壳箱 | 狮形果壳箱 | |
| | 象形果壳箱 | |

### 三、室内装饰陶瓷

室内装饰陶瓷制品分为两种，一种是室内纯艺术性摆设，如：大小花瓶、瓷盘、挂盘、屏风及仿动植物陶瓷制品；另一种是具有功能性的艺术陶瓷制品，如：帽筒、笔筒、笔架、艺术餐具等，以及景泰兰制品。

# 第五节　陶　瓷　薄　板

采用黏土和其他无机非金属材料经成型、高温焙烧等工艺制成的厚度不大于 6mm，面积不大于 $1.62m^2$、最小单边长度不小于 900mm 的板状陶瓷制品称为陶瓷薄板。

### 一、陶瓷薄板的应用范围

（一）室内地面、室内墙面；

（二）非抗震设计、粘贴高度不大于 24m 的室外墙面。

（三）抗震设防烈度为 6、7、8 度，粘贴高度不大于 24m 的室外墙面。

（四）非抗震设计和抗震设防烈度为 6、7、8 度，粘贴高度不大于 24m 的室外墙面。

## 二、陶瓷薄板的材料特点

### （一）建筑陶瓷薄板的性能指标（表6-12）

表6-12　建筑陶瓷薄板的性能指标

| 序号 | 项目 | | 指标 | 序号 | 项目 | | 指标 |
|---|---|---|---|---|---|---|---|
| 1 | 吸水率（%） | | ≤0.5 | 8 | 耐低浓度酸和碱 | | 不低于ULB级 |
| 2 | 破坏强度（N） | 厚度≥4.0mm | ≥800 | 9 | 密度（g/cm³） | | 2.38 |
| | | 厚度<4.0mm | ≥400 | 10 | 弹性模量（GPa） | | 65 |
| 3 | 断裂模数（MPa） | | ≥45 | 11 | 泊松比 | | 0.17 |
| 4 | 断裂性 | | ≤150 | 12 | 线膨胀系数（1/℃） | | 4.83×10⁻⁴ |
| 5 | 内照射指数 | | ≤1.0 | 13 | 导热系数（W/m·k） | 抛光面 | 0.68 |
| | 外照射指数 | | ≤1.3 | | | 亚光面 | 0.66 |
| 6 | 耐污染性 | | 不低于3级 | | | 釉面 | 0.86 |
| 7 | 抗冲击性 | | 恢复系数不低于0.7 | | | | |

### （二）建筑陶瓷薄板的外观质量和尺寸偏差（表6-13）

表6-13　建筑陶瓷薄板的外观质量和尺寸偏差

| 序号 | 项目 | | 指标 |
|---|---|---|---|
| 1 | 尺寸及偏差（mm） | 长度和宽度 | ±1.0 |
| | | 厚度 | ±0.3 |
| | | 对边长度差 | ≤1.0 |
| | | 对角线长度差 | ≤1.5 |
| 2 | 表面质量 | | 至少95%的板材其主要区域无明显缺陷 |

### （三）粘贴用材料的性能指标
### 1. 聚合物水泥砂浆（表6-14）

表6-14　聚合物水泥砂浆的性能指标

| 序号 | 项目 | 指标 | 序号 | 项目 | 指标 |
|---|---|---|---|---|---|
| 1 | 抗压强度（MPa） | ≥17.5 | 5 | 游离甲醛（g/kg） | ≤1 |
| 2 | 抗拉强度（MPa） | ≥1.0 | 6 | 苯（g/kg） | ≤0.2 |
| 3 | 抗剪强度（MPa） | ≥2.0 | 7 | 甲苯＋二甲苯（g/kg） | ≤10 |
| 4 | 吸水率（%） | ≤5 | 8 | 总挥发性有机化合物TVOC（g/L） | ≤50 |

### 2. 水泥基胶黏剂（表6-15）

表 6-15　水泥基胶黏剂的性能指标

| 序号 | 项目 | 指标 | 序号 | 项目 | 指标 |
|---|---|---|---|---|---|
| 1 | 拉伸胶黏原强度（MPa） | ≥1.0 | 8 | 吸水率（%） | ≤4 |
| 2 | 浸水后的拉伸胶黏强度（MPa） | ≥1.0 | 9 | 游离甲醛（g/kg） | ≤1 |
| 3 | 热老化后的拉伸胶黏强度（MPa） | ≥1.0 | 10 | 苯（g/kg） | ≤0.2 |
| 4 | 冻融循环后的拉伸胶黏强度（MPa） | ≥0.5 | 11 | 甲苯＋二甲苯（g/kg） | ≤10 |
| 5 | 20min 晾置时间后的拉伸胶黏强度（MPa） | ≥1.0 | 12 | 总挥发性有机化合物 TVOC（g/L） | ≤50 |
| 6 | 28d 抗剪切强度（MPa） | ≥2.0 | 13 | 初凝时间 | 0.75≤t≤6 |
| 7 | 抗压强度（MPa） | ≥17.5 | 14 | 终凝时间 | ≤12 |

### 3. 水泥基填缝剂（表 6-16）

表 6-16　水泥基填缝剂的性能指标

| 序号 | 项目 | | 指标 | 序号 | 项目 | 指标 |
|---|---|---|---|---|---|---|
| 1 | 抗压强度（MPa） | 标准试验条件 | ≥15.0 | 7 | 耐磨损性（mm³） | ≤2.00 |
| 2 | | 冻融循环后 | ≥15.0 | 8 | 游离甲醛（g/kg） | ≤1 |
| 3 | 抗折强度（MPa） | 标准试验条件 | ≥2.5 | 9 | 苯（g/kg） | ≤0.2 |
| 4 | | 冻融循环后 | ≥2.5 | 10 | 甲苯＋二甲苯（g/kg） | ≤10 |
| 5 | 吸水量（g） | 30min | ≤3.0 | 11 | 总挥发性有机化合物 TVOC（g/L） | ≤50 |
| | | 240min | ≤10.0 | | | |
| 6 | 收缩值（mm/m） | | ≤3.0 | | | |

### 4. 环氧基填缝剂（表 6-17）

表 6-17　环氧基填缝剂的性能指标

| 序号 | 项目 | 指标 | 序号 | 项目 | 指标 |
|---|---|---|---|---|---|
| 1 | 抗拉强度（MPa） | ≥7.0 | 4 | 耐磨损性（mm³） | ≤250 |
| 2 | 抗压强度（MPa） | ≥24 | 5 | 收缩值（mm/m） | ≤1.5 |
| 3 | 240min 吸水量（g） | ≤0.1 | | | |

## 三、陶瓷薄板的设计与施工

（一）设计：

1. 建筑陶瓷薄板的设计应包括以下内容

（1）基层要求；

（2）薄法施工各构造层及各层所用材料的品种、成分和相应的技术性能指标；

（3）建筑陶瓷薄板的规格、颜色、图案和主要技术性能指标；

（4）建筑陶瓷薄板的排列方式、分格和图案；

（5）伸缩缝位置、接缝和特殊部位的构造处理；

（6）墙面凹凸部位的防水、排水构造。

2. 对于室内和室外墙面饰面工程，建筑陶瓷薄板面层应设置伸缩缝。伸缩缝宜每3～4m设一条。竖向伸缩缝可设在洞口两侧或与横墙、柱对应的部位；水平伸缩缝可设在洞口上、下或与楼层对应处。伸缩缝宽宜为10mm，可根据各地区的气候条件确定。伸缩缝应选用弹性材料嵌缝。

3. 结构墙体变形缝两侧粘贴的外墙陶瓷薄板之间的缝宽不应小于变形缝的宽度。

4. 陶瓷薄板间的接缝宽度不应小于3mm。

5. 对窗台、檐口、装饰线，雨篷、阳台和落水口等墙面凹凸部位，应采用防水和排水构造。

6. 外墙水平阳角处的顶面排水坡度不应小于3％，并应设置滴水构造。

（二）施工：

建筑陶瓷薄板用于室内地面、室内外墙面时应采用薄法施工。（薄法施工是胶黏剂的厚度只有3～6mm）。

# 复 习 题

1. 简述陶瓷制品的分类及其相互间的区别？
2. 陶瓷制品的表面釉层是如何制成的？
3. 阐述内墙面砖与外墙面砖在质地和物理力学性能等方面的主要区别。
4. 举例说明仿天然石瓷砖表面饰纹的形成方式。
5. 用于装饰墙面的陶瓷艺术制品有哪些制作方案？
6. 简述古建筑玻璃制品的特点是什么？
7. 建筑陶瓷薄板的基本要求和应用范围有哪些？

# 第七章　装饰装修用玻璃材料

## 第一节　玻璃的基本知识

### 一、玻璃的性能

（一）玻璃的组成

玻璃是以石英砂（$SiO_2$）、纯碱（$Na_2CO_3$）、长石、石灰石（$CaCO_3$）等为主要原料，在1550℃～1600℃高温下熔融、成型，并经急速冷却而制成的固体材料。此外，常在玻璃原料中加入某些辅助性原料，如助熔剂、脱色剂、澄清剂等，以改善玻璃的某些性能。如果加入特殊物料、或经特殊工艺处理，还可以得到具有特殊功能的特种玻璃。

玻璃的化学成分很复杂，主要为$SiO_2$（含量为72％左右）、$Na_2O$（含量为15％左右）、CaO（含量为9％左右）；另外，还有少量的$Al_2O_3$、MgO等。这些氧化物在玻璃中起着非常重要的作用，见表7-1。

表7-1　玻璃中主要化学成分作用

| 氧化物名称 | 含量 | 所起作用 | |
|---|---|---|---|
| | | 增加 | 降低 |
| 二氧化硅（$SiO_2$） | 72％ | 熔融温度、化学稳定性、热稳定性、机械强度 | 密度、热膨胀系数 |
| 氧化钠（$Na_2O$） | 15％ | 热膨胀系数 | 化学稳定性、耐热性、熔融温度、析晶倾向、退火温度、韧性 |
| 氧化钙（CaO） | 9％ | 硬度、机械强度、化学稳定性、析晶倾向、退火温度 | 耐热性 |
| 三氧化二铝（$Al_2O_3$） | 3％ | 熔融温度、机械强度、化学稳定性 | 析晶倾向 |
| 氧化镁（MgO） | | 耐热性、化学稳定性、机械强度、退火温度 | 析晶倾向、韧性 |

（二）玻璃的密度

普通玻璃的密度为2450～2550kg/m³，空隙率$P \approx 0$，故可以认为玻璃是绝对密实的材料。玻璃的密度与其化学组成有关，不同种类的玻璃其密度并不相同，且随温度的变化而变化。

（三）光学性能

玻璃具有优良的光学性质，广泛用于建筑采光和装饰，也用于光学仪器和日用器皿等领域。

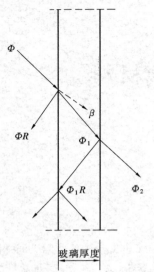

图 7-1 玻璃的透射、反射、吸收示意图

光线入射玻璃后，玻璃会对它们产生透射、反射和吸收等作用。光线能透过玻璃的性质称透射。光线被玻璃阻挡，并按一定的角度反回射出称为反射。光线通过玻璃后，一部分光能被损失在玻璃中，称为吸收。玻璃对光线的入射、反射和吸收示意见图7-1。由图可得到下列二个关系式：

$$\Phi_1 = \Phi - \Phi R - \beta \qquad (式 7-1)$$
$$\Phi_2 = \Phi_1 - \Phi_1 R \qquad (式 7-2)$$

式中　$\Phi$——入射光线光通量，lm；

　　　$\Phi_1$——穿入玻璃内部光线光通量，lm；

　　　$\Phi_2$——透过玻璃的光线光通量，lm；

　　　$R$——玻璃表面反射系数；

　　　$\beta$——被玻璃吸收的光通量，lm。

透光率高低是玻璃的重要属性，一般洁净玻璃的透光率达85％～90％。光线通过玻璃将发生衰减，衰减是光反射和吸收两个综合因素的表现。玻璃透光率随厚度增加而减小，玻璃越厚往往吸收光能量越多。

太阳光按照光波的长短分为紫外线、可见光线、红外线三部分，其中紫外线、红外线都为不可见光线。玻璃的反射对光的波长没有选择性，洁净玻璃的反射率为 7％～9％，但特制反射性玻璃可达 40％左右；玻璃对光的吸收有选择性，玻璃中的某些杂质或加入的少量着色剂，能选择性地吸收某些波长的光线使玻璃着色，并吸收部分光能，降低采光度。

玻璃对光线的吸收能力随玻璃的化学组成和表现颜色而异。无色玻璃可透过可见光线，而对其他波长的红外线和紫外线有吸收作用；各种着色玻璃能透过同色光线，而吸收其他色相的光线。石英玻璃和磷、硼玻璃都有很强的透过性；锑、钾玻璃能透过红外线；铅、铋玻璃对 X 射线和 γ 射线有较强的吸收功能。彩色玻璃、热反射玻璃的透光率较低，有的可低至 19％。

（四）力学性能

玻璃的力学性能与其化学成分、制品结构和制造工艺有很大关系。另外，玻璃制品中如含有未熔夹杂物、结石、节瘤等瑕疵或具有细微裂纹，都会造成应力集中，从而降低玻璃的强度。

1. 抗压强度

玻璃的抗压强度较高，一般为 600～1200MPa。其抗压强度值会随着化学组成的不同而变化。二氧化硅含量高的玻璃有较高的抗压强度；而钙、钠、钾等氧化物的含量是降低抗压强度的重要因素之一。

2. 抗拉强度、抗弯强度

玻璃的抗拉强度很小，一般为 40～80MPa 之间。因此，玻璃在冲击力的作用下极易破碎，是典型的脆性材料。抗弯强度也取决于抗拉强度，通常也在 40～80MPa 之间。

荷载作用时间的长短对玻璃的强度影响很小；但承受荷载后，制品表面下会产生细微的裂纹，这些裂纹会降低承载能力，随着荷载时间的延长和制品宽度的增大，裂纹对强度的影响加大，使抵抗应力减小，最终导致破坏。用氢氟酸适当处理表面，能消除细微的裂纹，恢复其强度。

### 3. 其他力学性能

玻璃的弹性模量受温度的影响很大。常温下玻璃具有弹性，弹性模量非常接近其断裂强度，故性脆而易碎；但随着温度的升高，弹性模量会下降，直至出现塑性变形。常温下普通玻璃的弹性模量约为钢材的 1/3，与铝相近。

玻璃的硬度也因其工艺、结构不同而变化，莫氏硬度一般在 4～7 之间。

### （五）热物理性能

#### 1. 导热性能

玻璃的导热性能很小，在常温时其导热系数仅为铜的 1/400，但随着温度的升高将增大（尤其在 700℃以上时）。另外，导热性还受玻璃的颜色和化学成分的影响。

#### 2. 热膨胀性能

玻璃的热膨胀性能能比较明显。热膨胀系数的大小，取决于组成玻璃的化学成分及其纯度，玻璃的纯度越高，热膨胀系数越小。

#### 3. 热稳定性能

玻璃的热稳定性能是指抵抗温度变化而不被破坏的能力。由于玻璃的导热性能差，当局部受热时，这些热量不能及时传递到整块玻璃上，玻璃受热部位产生膨胀，易使其内部产生应力；在温度较高的玻璃上，局部受冷也会使玻璃出现内应力，很容易使玻璃破裂。玻璃的破裂，主要是拉应力的作用造成的。玻璃具有热胀冷缩特点，急热时受热部位膨胀，使表面产生压应力，而急冷时收缩，产生拉应力。玻璃的抗压强度远高于抗拉强度，故玻璃对急冷的稳定性比急热的稳定性差。

玻璃的热稳定性能主要受热膨胀系数影响。玻璃热膨胀系数越小，热稳定性越高。另外，制品的厚度、体积越大，热稳定性也越差。

### （六）化学稳定性能

一般来讲，玻璃具有较高的化学稳定性。通常情况下对酸、碱、化学试剂或气体都具有较强的抵抗能力，能抵抗氢氟酸以外的各种酸类的侵蚀。但如果玻璃组成成分中含有较多的易蚀物质，在长期受到侵蚀介质的腐蚀条件下，化学稳定性会变差，将导致玻璃的破坏。

## 二、玻璃的分类

玻璃的品种繁多，通常按化学组成和用途进行分类。

### （一）按化学组成进行分类

#### 1. 钠玻璃

钠玻璃又名钠钙玻璃，主要由 $SiO_2$、$Na_2O$、$CaO$ 组成，其软化点较低，易于熔制；由于杂质含量多，制品多带绿色。与其他品种玻璃相比，钠玻璃的力学性质、热性质、光学性质和化学稳定性等均较差，且性脆，紫外线通过率低。多用于制造普通建筑玻璃和日用玻璃制品，故又称普通玻璃。它在建筑装饰工程中应用十分普遍。

#### 2. 钾玻璃

钾玻璃是以 $K_2O$ 代替钠玻璃中的部分 $Na_2O$，并提高 $SiO_2$ 的含量制成的。它硬且有光泽，故又称硬玻璃。钾玻璃的其他多种性能也比钠玻璃好，多用于制造化学仪器和用品以及高级玻璃制品等。

3. 铝镁玻璃

铝镁玻璃是在降低钠玻璃中碱金属和碱土金属氧化物含量的基础上，引入并增加 MgO 和 $Al_2O_3$ 的含量而制成。它软化点低、析晶倾向弱，力学、光学性质和化学稳定性都有提高，常用于制造高级建筑玻璃。

4. 铅玻璃

铅玻璃又称晶质玻璃，具有光泽透明、质软而易加工，对光的折射和反射性能强，化学稳定性高等特性。因铅玻璃密度大，故又被称为重玻璃，用于制造光学仪器、高级器皿和装饰品等。

5. 硼硅玻璃

硼硅玻璃又称耐热玻璃，具有较强的力学性能、耐热性、绝缘性和化学稳定性，用于制造高级化学仪器和绝缘材料。由于成分独特，价格比较昂贵。

6. 石英玻璃

石英玻璃由纯 $SiO_2$ 制成，具有较强的力学性质、热性质、优良的光学性质和化学稳定性，并能透过紫外线。可用于制造耐高温仪器、杀菌灯等特殊用途的仪器和设备。

（二）按生产方式进行分类

1. 普通平板玻璃

采用垂直引上法和平拉法生产的平板玻璃。

2. 浮法玻璃

采用浮法生产工艺生产的平板玻璃。

3. 压花玻璃

采用压延法生产、表面带有花纹图案、透光而不透明的平板玻璃。

4. 波形玻璃

采用连续压延法生产的、具有波形断面的板状玻璃。

5. 毛玻璃

采用研磨、喷砂等机械方法，使表面呈微细凹凸状态而不透明的玻璃。

（三）按添加元素进行分类

1. 乳白玻璃

内部含有高分散晶体的白色半透明玻璃。

2. 超白玻璃

铁含量不大于 0.15％的无色透明玻璃。

3. 丝网印刷玻璃

利用丝网印刷技术，将玻璃油墨或高温玻璃釉料印刷在玻璃表面所形成的带有图案的玻璃。

4. 镭射玻璃

表面具有全息光栅或其他图形光栅，在光源照射下产生物理衍射七彩光的玻璃制品。

5. 半钢化玻璃

采用热处理使其强度比普通玻璃高 1～2 倍，耐热冲击性能显著提高，破坏时碎片状态与普通玻璃类似的钢化玻璃。

## 6. 微晶玻璃

在特定组成的玻璃中加入适当的晶核剂，制成由晶相和残余玻璃相组成的质地致密、无孔、均匀的混合体。

### （四）按节约能源进行分类

#### 1. 中空玻璃

两片或多片玻璃以有效支撑、均匀隔开并周边密封，使玻璃层间形成有干燥气体空间的玻璃。

#### 2. 真空玻璃

与中空玻璃结构类似，但玻璃之间保持真空状态的复合玻璃。

#### 3. 镀膜玻璃

表面镀有金属或金属氧化物薄膜的玻璃。

#### 4. 热反射玻璃

具有较高的热反射能力而又保持良好可见光透过率的平板玻璃。

#### 5. 低辐射玻璃

一种对波长范围 $4.5 \sim 25 \mu m$ 的远红外线有较高反射比的镀膜玻璃。

#### 6. 吸热玻璃

能吸收大量红外线辐射能又保持良好的可见光透过率的平板玻璃。

#### 7. 光致变色玻璃

在长波紫外线或可见光照射下透光度降低或产生颜色变化，光照停止后又能恢复到原始透明状态的玻璃。

### （五）按保证安全进行分类

#### 1. 钢化玻璃

通过热处理工艺，使其具有良好机械性能，且破碎后的碎片达到安全要求的玻璃。

#### 2. 夹层玻璃

两层或多层玻璃用一层或多层聚乙烯醇缩丁醛（PVB）作为中间层胶合而成的玻璃。

#### 3. 防火玻璃

在火灾条件下，能在一定时间内满足耐火完整性要求的玻璃。

### （六）玻璃制品

#### 1. 玻璃马赛克（玻璃锦砖）

由多块面积不大于 $9cm^2$ 的小砖经衬材拼贴成联的彩色饰面玻璃制品。

#### 2. 空心玻璃砖

两个模压成凹形的半块玻璃砖黏结成为带有空腔的整体，腔内充入干燥稀薄空气或玻璃纤维等绝热材料所形成的玻璃制品。

### （七）其他玻璃制品

其他玻璃制品包括波形瓦、平板瓦、玻璃纤维、玻璃棉、泡沫玻璃、玻璃棉毡等制品。

# 第二节 平 板 玻 璃

平板玻璃，又称为净白片玻璃、原片玻璃或净片玻璃，是玻璃生产中产量最大、使用最多的一种，也是进行玻璃深加工的基础材料。普通平板玻璃属于钠玻璃类，主要用于需透光、不透气的场合——即空间隔断构件。

### 一、平板玻璃的生产工艺

玻璃的生产主要由选料、混合、熔融、成型、退火等工序组成，又因制造方法的不同分为引拉法、压延法和浮法等。采用浮法生产玻璃是当今最先进、最普遍和最流行的方法。

（一）引拉工艺

引拉工艺是生产玻璃的传统方法，是利用引拉机械从玻璃溶液表面垂直向上引拉玻璃带，经冷却变硬而成玻璃平板的方法。引拉法根据引拉方向的不同分为垂直引拉法和水平引拉法，它们在生产条件、设备及产品质量上都有区别。水平引拉法是将玻璃带自液面引拉700～1000mm处，将原板通过转向轴改为水平方向引拉的方法。

根据对玻璃溶液引拉设备的不同，引拉法又分为有槽引拉法和无槽引拉法。见图7-2、图7-3玻璃成型示意图。

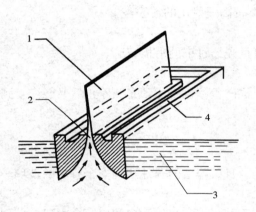
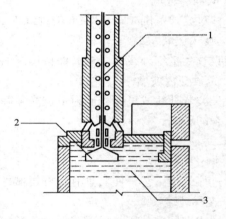

图 7-2　有槽引拉法成型示意图　　　图 7-3　无槽引拉法成型示意图

1—原板；2—极根；3—玻璃液；4—槽子砖　　　1—原板；2—引砖；3—玻璃液

（二）浮法工艺

浮法玻璃工艺主要分为三步：

第一步：以配制好的玻璃原料，经在熔窑内高温熔融后，将融化好的玻璃浆从熔炉中引出，经导滚进入盛有熔锡的浮炉。

第二步：由于玻璃的比重较锡液小，玻璃溶液便漂浮在锡液表面上，玻璃液体在其本身的重力及表面张力的作用下，能在熔融金属锡液表面上摊得很平，再由于玻璃上表面受到火磨区的抛光，从而使玻璃的两个表面均很平整。

第三步：进入退火炉经退火冷却后，引到工作台进行切割处理。浮法生产玻璃的最大特点是表面光滑平整、没有变形、厚薄均匀。图7-4为浮法工艺生产玻璃示意图。

目前，浮法玻璃产品已完全替代了机械磨光玻璃，其产量占平板玻璃总产量的75%以上，可直接将其用于高级建筑、交通车辆、制镜和各种玻璃加工。浮法玻璃的厚度有0.55～25mm多种，宽度可达2.4～4.6m，能满足各种使用要求。

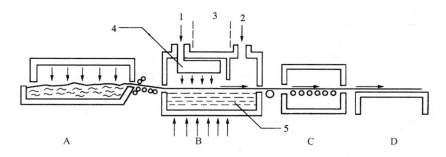

图 7-4　浮法工艺生产玻璃示意图

1—热气区；2—冷气区；3—火磨区；4—加热器；5—锡液

A—熔炉；B—浮炉；C—退火炉；D—切割台

## 二、平板玻璃的规格与质量要求

（一）平板玻璃的规格和等级

1. 平板玻璃的规格

（1）采用引拉法生产的玻璃厚度分为 2mm、3mm、4mm、5mm、6mm 五种。

（2）采用浮法生产的玻璃厚度分为 3mm、4mm、5mm、6mm、8mm、10mm、12mm 七种。

2. 平板玻璃的等级

（1）采用引拉法生产的平板玻璃按外观缺陷程度分为特选品、一等品、二等品三级。具体等级划分见表 7-2。

表中的外观缺陷程度包括以下几点：

1）波筋：光学的畸变现象，可以导致玻璃厚度不均匀、表面不平整、局部化学成分和密度有差异等现象。

2）气泡：气泡影响透明度，降低玻璃的机械强度，致使人们的视线穿透气泡时使物体变形。

3）划伤：玻璃表面的花纹，影响美观。

4）砂粒：玻璃中较小的异状突出物。

5）疙瘩：玻璃中较大的异状突出物。

6）线道：玻璃表面出现的很细、很亮、连续不断的花纹，影响美感。

（2）采用浮法生产的玻璃分为优等品、一级品、合格品三级。

表 7-2　采用引拉法生产的平板玻璃的等级划分

| 缺陷种类 | 说明 | 特选品 | 一等品 | 二等品 |
|---|---|---|---|---|
| 波筋 | 允许看出波筋的最大角度 | 30° | 45°50mm边部，60° | 60°100mm 边部，90° |
| 气泡 | 长度 1mm 以下的 | 集中的不允许 | 集中的不允许 | 不限 |
| | 大于 1mm 的，每 m² 面积允许个数 | ≤6mm，6 个 | ≤ 8mm，6 个；8～10mm，2 个 | ≤10mm，10 个；10～20mm，2 个 |

| 缺陷种类 | 说明 | 特选品 | 一等品 | 二等品 | |
|---|---|---|---|---|---|
| 划伤 | 宽度 0.1mm 以下的，每 1m² 面积允许条数 | 长 度 ≤ 50mm，4 条 | 长 度 ≤ 100mm，4 条 | 不限 | |
| | 宽度大于 0.1mm 的，每 1m² 面积允许条数 | 不许有 | 宽 0.1～0.4mm，长＜100mm，1 条 | 宽 0.1～0.8mm，长＜100mm，2 条 | |
| （非破坏性）砂粒 | 直径 0.5～2mm，每 1m² 面积允许个数 | 不许有 | 3 个 | 10 个 | |
| （非破坏性）疙瘩 | 透明疙瘩，波及范围≤3mm，每 1m² 面积允许个数 | 不许有 | 1 个 | 3 个 | |
| 线道 | 宽度 0.5mm 以下的 | 不许有 | 在 30mm 边部范围允许有 1 条 | 允许有 2 条 | |

### （二）平板玻璃的透光率和主要技术性能

**1. 透光率**

（1）2mm 厚玻璃，透光率不小于 88％；

（2）3mm、4mm 厚玻璃，透光率不小于 86％；

（3）5mm、6mm 厚玻璃，透光率不小于 82％。

**2. 主要技术性能**

平板玻璃的技术性能（机械性能、热工性能）见表 7-3、表 7-4。

**表 7-3 平板玻璃的机械性能**

| 项目 | | 数值 | 项目 | 数值 |
|---|---|---|---|---|
| 密度（g/mm³） | | 2.5 | 抗压强度（MPa） | 880～930 |
| 硬度 | 莫氏 | 5.5～6.5 级 | 抗弯强度（MPa） | 40～60 |
| | 肖式 | 120 度 | 弹性模量（MPa） | $8×10^5～10×10^5$ |

**表 7-4 平板玻璃的热工性能**

| 项目 | 数值 | 项目 | 数值 |
|---|---|---|---|
| 比热容（J/kg・k） | $0.8×10^3$（0～50℃） | 线膨胀系数 | $8×10^{-6}～108×10^{-6}$ |
| 软化温度 | 720～730℃ | 导热系数 | 0.76～0.82W/（m・K） |

## 三、普通平板玻璃的制品

### （一）毛玻璃

毛玻璃又称磨砂玻璃，是普通平板玻璃经研磨、喷砂或氢氟酸溶蚀等加工，使表面（单面或双面）成为均匀粗糙表面的平板玻璃。常用硅砂、金刚砂、石榴石粉等作研磨材料加水制成，故又称磨砂玻璃。由于毛玻璃表面粗糙，使透过的光线产生漫反射，用于卫生间、浴室、办公室、教室等门窗和隔断后，可透光不透视，避免视线干扰；用作灯罩折光，可使光线不眩目、不刺眼；也可用于黑板等处。

（二）镜子玻璃

镜子玻璃是采用高质量平板玻璃、磨光玻璃、茶色平板玻璃等为基材，采用镀银工艺，在一面覆盖一层镀银、一层涂底漆，最后涂上灰色保护面漆制成。镜子玻璃是一种光反射玻璃，可用于商业性、娱乐性场所的装饰，以及民用建筑的一些房间，如洗手间、衣帽间等。最大尺寸为 3200mm×2000mm，厚度为 2～10mm。

（三）彩色玻璃

彩色玻璃又称为有色玻璃或颜色玻璃，分透明和不透明两种。

1. 透明彩色玻璃

透明彩色玻璃是在玻璃原料中加入一定的金属氧化物，使玻璃带有一定颜色。通常采用使玻璃着色的氧化物着色剂，见表 7-5。

表 7-5　玻璃与氧化物着色剂

| 色彩 | 黑色 | 深蓝色 | 浅蓝色 | 绿色 | 红色 | 乳白色 | 玫瑰色 | 黄色 |
|---|---|---|---|---|---|---|---|---|
| 氧化物 | 过量的锰、铬或铁 | 钴 | 铜 | 铬或铁 | 硒或镉 | 氧化锡磷酸钠等 | 二氧化锰 | 硫化镉 |

2. 不透明彩色玻璃

不透明彩色玻璃也称饰面玻璃，是用 4～6mm 厚的平板玻璃按照要求的尺寸切割成型，然后经过清洗、喷釉、烘烤、退火而制成。也可选用有机高分子涂料制成有独特装饰效果的饰面玻璃。

（四）花纹玻璃

花纹玻璃是将玻璃依设计图案加以雕刻、印刻或局部喷砂等无彩色处理，以使表面有各式图案、花样及不同质感。依照加工方法的不同分为压花玻璃、喷花玻璃、刻花玻璃三种。

1. 压花玻璃

压花玻璃又称滚花玻璃，是在熔融玻璃冷却硬化前，以刻有花纹的滚筒对辊压延，在玻璃单面或两面压出深浅不同的各种花纹图案而成。压花玻璃不仅美观，还由于花纹的凹凸变化使光线漫射而失去透视性，造成从玻璃一面看另一面物体时，物像显得模糊不清，起视线干扰的作用。如在有花纹一面进行喷涂气溶胶或对压花玻璃进行真空镀膜处理，可以增加立体感，并增加玻璃的使用强度 50%～70%。

制作压花玻璃，通常选用 3～5mm 厚度的平板玻璃，最大规格有 1600mm×900mm，透光率为 60%～70%。

2. 喷花玻璃

喷花玻璃又称胶花玻璃，是以平板玻璃表面贴花纹图案，再有选择地涂抹护面层，经喷砂处理而成。

3. 刻花玻璃

刻花玻璃是由平板玻璃经涂漆、雕刻、围腊、酸蚀、研磨等制作而成。

（五）光致变色玻璃

光致变色玻璃在受太阳光或其他光线照射时，玻璃颜色随着光线的增强而逐渐变暗；当照射停止时又恢复原来色彩。该玻璃是在玻璃中加入卤化银、或直接在玻璃或有机夹层中加入钼和钨等感光化合物，使之获得光致变色功能。

光致变色玻璃的应用已从眼镜片向汽车、通信、建筑等需要避免眩光的领域发展。由于生产这种玻璃要耗用大量的银，因此在使用上受到限制。

（六）镀膜玻璃（热反射玻璃）

在磨光的玻璃表面用热、蒸发、化学等方法喷涂金、银、铜、铅、铬、镍、铁等金属及金属氧化物或粘贴有机薄膜而制成的镀膜玻璃，其性能是：

1. 对太阳能的反射率：热反射玻璃为 61%，浮法玻璃为 17%；

2. 对热辐射的透过率：比浮法玻璃减少 65%；

3. 对可见光的透过率：比浮法玻璃减少 75%；

4. 镀金属膜的玻璃还有单向透像作用，在迎光面具有镜子效能，而在背光面又如透明玻璃，即在白天能在室内看到室外景物，而室外看不到室内景象。由于它具有热反射作用，所以又称为热反射玻璃。

镜面玻璃的尺寸大小不一，可以切割成 100mm×100mm、150mm×150mm，最大可以切割成 800mm×1200mm。每块的四边有磨边和不磨边之分。都可以按设计要求分割加工。颜色有：金、茶、灰、青铜、红、浅蓝、浅褐、棕等各种色彩。

利用镜面玻璃装饰的外墙或建筑物入口处光亮照人，将对面景物和街道的活动景象都映照到镜面中，更增添了活跃气氛。

（七）釉面玻璃

釉面玻璃是在玻璃表面涂一层彩色易熔性色釉，加热至釉料熔融，使釉层与玻璃牢固结合在一起，经退火或钢化处理而成。玻璃基片可用普通玻璃、压延玻璃、磨光玻璃或玻璃砖。规格尺寸可任意选用，它具有良好的化学稳定性和装饰性，适用于建筑物外墙饰面。釉面玻璃的性能及规格见表 7-6。

表 7-6　釉面玻璃性能及规格表

| 品　　种 | 抗弯强度（MPa） | 抗拉强度（MPa） | 线膨胀系数（$10^{-6}$/℃） | 长度（mm） | 宽度（mm） | 厚度（mm） |
|---|---|---|---|---|---|---|
| 退火釉面玻璃 | 45.0 | 45.0 | 8.4～9.0 | 150～1000 | 150～800 | 5～6 |
| 钢化釉面玻璃 | 250.0 | 230.0 | 8.4～9.0 | | | |

# 第三节　安　全　玻　璃

## 一、钢化玻璃

凡通过物理钢化（淬火）处理或化学钢化处理的玻璃称为钢化玻璃。

（一）钢化玻璃的处理方法

1. 物理钢化玻璃

物理钢化又称淬火钢化，是将普通平板玻璃在加热炉中加热到接近软化点温度（650℃左右），使之通过本身的形变来消除内部应力，然后移出加热炉，立即用多头喷嘴向玻璃两面喷吹冷空气，使之迅速且均匀地冷却。当冷却到室温后，即形成了高强度的钢化玻璃。

由于在冷却过程中，玻璃的两个表面首先冷却硬化，待内部逐渐冷却并伴随着体积收缩时，外表已硬化，势必会阻止内部的收缩，使玻璃处于内部受拉、外表受压的应力状态。当玻璃受弯曲外力作用时，玻璃板表面将处于较小的拉应力和较大的压应力状态，因玻璃的抗压强度远高于自身的抗拉强度，所以不会造成破坏。钢化玻璃应力状态见图 7-5。

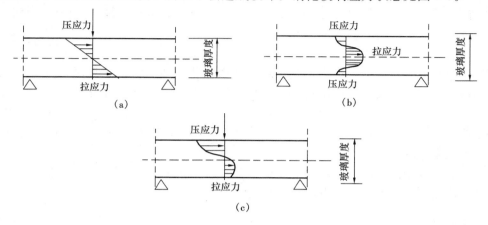

图 7-5　钢化玻璃应力状态
（a）普通玻璃受弯作用截面应力分布；（b）钢化玻璃截面预应内力分布；
（c）钢化玻璃受弯作用截面应力分布

**2. 化学钢化玻璃**

化学钢化玻璃采用离子交换法进行钢化，其方法是将含碱金属离子钠（$Na^+$）或离子钾（$K^+$）的硅酸盐玻璃，浸入熔融状态的离子锂（$Li^+$）盐中，使钠离子或钾离子在表面层发生离子交换，使表面层形成锂离子的交换层。由于锂离子的膨胀系数小于钠、钾离子，从而在冷却过程中造成外层收缩小而内层收缩大。当冷却到常温后，玻璃便处于内层受拉应力、外层受压应力的状态，其效果与物理钢化相似，因此，提高了应用强度。

化学钢化玻璃强度虽高，但是其破碎后易形成尖锐的碎片。因此，一般不作为安全玻璃使用。以下所述"钢化玻璃"均指物理钢化玻璃。

**（二）钢化玻璃的特性**

**1. 机械强度高**

钢化玻璃的抗折强度在 125MPa 以上，其机械强度比经过良好退火处理的玻璃高 3～5 倍，抗冲击能力有较大的提高。

**2. 安全性好**

经过物理钢化的玻璃，一旦局部破损，便发生"应力崩溃"现象，破裂成无数的玻璃小块。这些玻璃碎块因块小且没有尖锐棱角，所以不易伤人。因此，被广泛使用。

**3. 弹性好**

钢化玻璃的弹性比普通玻璃大得多，一块 1200mm×350mm×6mm 的钢化玻璃，受力后可发生达 100mm 的弯曲挠度，当外力撤离后，仍能恢复原状。而同规格的普通平板玻璃弯曲变形只能有几毫米，若再进一步弯曲，则将发生折断破坏。

**4. 热稳定性高**

钢化玻璃的热稳定性要高于普通玻璃，在急冷急热作用时，不易发生炸裂。这是因为其表面的预应力可抵消一部分因急冷急热产生的拉应力。钢化玻璃的耐热性能高，最大安全工作温度为288℃，能承受204℃的温差变化，故可用于高温环境下的门窗、隔断等处。

5. 具有形体完整性

由于钢化玻璃破损时，会产生"应力崩溃"现象。因此，钢化玻璃不能切割、磨削，边角不能碰击、扳压，这些都为它的使用带来不便。使用时需要按现成尺寸规格选用或提出具体设计图纸进行加工订制。

（三）钢化玻璃的应用

钢化玻璃制品主要包括：平面钢化玻璃、曲面钢化玻璃、半钢化玻璃、区域钢化玻璃等。平面钢化玻璃主要用于建筑物的门窗、隔墙与幕墙等领域；曲面钢化玻璃主要用于汽车车窗等处。

钢化玻璃不宜用于有防火要求的门窗、隔断等处，这是因为玻璃受高温破损后，将不能起到阻止火势蔓延的作用。

钢化玻璃除采用浮法玻璃、普通平板玻璃作为原片外，也可使用吸热玻璃、彩色玻璃、压花玻璃等作为原片，制出有特殊功能的钢化玻璃。

## 二、夹层玻璃

（一）夹层玻璃的构造

夹层玻璃系在两片或多片平板玻璃之间嵌夹透明、有弹性、黏结力强、耐穿透性好的透明薄膜塑料，在一定温度、压力下胶合成整体平面或曲面的复合玻璃制品。

夹层玻璃的原片可采用普通平板玻璃、钢化玻璃、浮法玻璃、彩色玻璃、吸热玻璃或热反射玻璃等。塑料薄膜衬片是聚乙烯醇缩丁醛树脂（PVB）。因此称为"胶片夹层玻璃"（俗称A类夹层玻璃），胶片厚度常用0.38mm、0.76mm和1.52mm。

（二）夹层玻璃的性能

夹层玻璃的透明度好，抗冲击能力比同等厚度的平板玻璃高几倍。玻璃破碎时，由于中间有塑料衬片的粘合作用，所以只产生辐射状的裂纹和少量的玻璃碎屑，而不会成为碎片，不致伤人；同时具有耐热、耐寒、耐湿、耐久等特点；另外由于PVB胶片的作用，夹层玻璃还具有节能、隔声、防紫外线等功能。是较为广泛使用的安全玻璃。夹层玻璃技术性能见表7-7。

表7-7 夹层玻璃技术性能

| 项　目 | 指　标 |
| --- | --- |
| 耐热性 | 60±2℃无气泡或脱胶现象 |
| 耐湿性 | 当玻璃受潮气作用时，能保持其透明度和强度不变 |
| 机械强度 | 用0.8kg的钢球自1m处自由落下，试样不破碎成分离的碎片，只有辐射状的裂纹和微量的玻璃碎屑，碎屑最大边长不超过1.5mm |
| 透明度 | 82%〔（2+2）mm厚玻璃〕 |

中间层如使用各种色彩的PVB胶片，还可制成色彩丰富多样的彩色夹层玻璃。

（三）夹层玻璃与钢化玻璃的综合运用

依据《建筑玻璃应用技术规程》JGJ113—2015的规定，建筑中的下列部位必须使用夹层玻璃或钢化玻璃，并应按面积大小决定玻璃厚度：

1. 玻璃厚度的确定

安全玻璃的最大许用面积见表 7-8。

表 7-8　安全玻璃的最大许用面积

| 玻璃种类 | 公称厚度（mm） | 最大许用面积（m²） |
| --- | --- | --- |
| 钢化玻璃 | 4 | 2.0 |
| | 5 | 2.0 |
| | 6 | 3.0 |
| | 8 | 4.0 |
| | 10 | 5.0 |
| | 12 | 6.0 |
| 夹层玻璃 | 6.38　6.76　7.52 | 3.0 |
| | 8.38　8.76　9.52 | 5.0 |
| | 10.38　10.76　11.52 | 7.0 |
| | 12.38　12.76　13.52 | 8.0 |

注：夹层玻璃中的胶片为聚乙烯醇缩甲醛，代号为 PVB。厚度有 0.38mm、0.76mm 和 1.52mm 三种。

2. 建筑必须使用安全玻璃的部位

（1）防人体冲击部位

1）活动门玻璃、固定门玻璃、落地窗玻璃

① 有框玻璃应选用安全玻璃，厚度应按表 7-8 的规定执行。

② 无框玻璃应选用钢化玻璃，厚度应不小于 12mm。

2）室内隔断

室内隔断应选用安全玻璃，厚度应按表 7-8 的规定执行。

3）人群集中的公共场所和运动场所中装配的室内隔断

① 有框玻璃，可选用钢化玻璃或夹层玻璃，并应按表 7-8 的规定执行。钢化玻璃不应小于 5mm；夹层玻璃不应小于 6.38mm。

② 无框玻璃应选用钢化玻璃，并应按表 7-8 的规定执行。且厚度不小于 10mm。

4）浴室

① 有框玻璃应选用钢化玻璃，并应按表 7-8 的规定执行。且厚度不小于 8mm。

② 无框玻璃亦应选用钢化玻璃，也应按表 7-8 的规定执行。且厚度不小于 12mm。

5）室内栏板

① 设有立柱和扶手，栏板玻璃作为镶嵌面板安装在护栏系统中，应采用夹层玻璃，并应按表 7-8 的规定执行。

② 栏板玻璃固定在结构上且直接承受人体荷载的护栏系统，其栏板玻璃应符合下列规定：

a. 当栏板玻璃最低点离一侧楼地面高度不大于 5.00m 时，应使用厚度不小于 16.76mm 的钢化夹层玻璃。

b. 当栏板玻璃最低点离一侧楼地面高度大于 5.00m 时，不得采用此类护栏系统。

6）室外栏板

室外栏板玻璃应进行抗风压设计，抗震设防地区应考虑地震作用的组合效应。

7）室内饰面用玻璃

① 室内饰面玻璃可采用平板玻璃、釉面玻璃、镜面玻璃、钢化玻璃和夹层玻璃，其许用面积应分别符合表 7-8 和表 7-23 的规定。

② 饰面玻璃最高点离楼地面高度不大于 3.00m 或 3.00m 以上时，应使用夹层玻璃。

③ 饰面玻璃边部应进行精磨和倒角处理，自由边应进行抛光处理。

④ 室内消防通道墙面不宜采用饰面玻璃。

⑤ 饰面玻璃可采用点式幕墙和隐框幕墙的安装方式，龙骨应与室内墙体或架构楼板、梁牢固连接。龙骨和结构胶应经计算确定。

（2）百叶窗玻璃

1）当风荷载标准值不大于 1.00kPa 时，百叶窗使用的平板玻璃最大许用跨度应符合表 7-9 的规定。

表 7-9 百叶窗使用的平板玻璃最大使用跨度（mm）

| 公称厚度 (mm) | 玻璃宽度 a | | |
|---|---|---|---|
| | $a \leqslant 100$ | $100 < a \leqslant 150$ | $150 < a \leqslant 225$ |
| 4 | 500 | 600 | 不允许使用 |
| 5 | 600 | 750 | 750 |
| 6 | 750 | 900 | 900 |

2）当风荷载标准值大于 1.0kPa 时，百叶窗使用的平板玻璃最大许用跨度应进行验算。

3）安装在易受人体冲击的位置时，应符合预防人体冲击的规定。

（3）屋面玻璃

屋面玻璃是指安装在建筑物的屋顶上，且与水平面夹角小于或等于 75°的玻璃。

1）两边支承的屋面玻璃或雨篷玻璃，应支承在玻璃的长边。

2）屋面玻璃或雨篷玻璃必须使用夹层玻璃或夹层中空玻璃，PVB 胶片厚度不应小于 0.76mm。

3）当夹层玻璃采用 PVB 胶片且有裸露边时，其自由边应做封边处理。

4）上人屋面玻璃应按地板玻璃进行设计。

5）当屋面玻璃采用中空玻璃时，集中活荷载应只作用于中空玻璃的上片玻璃。

6）屋面玻璃或雨篷玻璃应有适当的排水坡度。

（4）地板玻璃

地板玻璃包括玻璃地板、玻璃通道和玻璃楼梯踏板等。

1）地板玻璃必须采用夹层玻璃，点支承地板玻璃必须采用钢化夹层玻璃。钢化玻璃必须进行均质处理。

2）楼梯踏板玻璃表面应做防滑处理。

3）地板玻璃的孔、板边缘应进行机械磨边和倒棱，磨边应细磨，倒棱宽度不宜小于 1mm。

4）地板夹层玻璃的单片厚度相差不宜大于 3mm，且夹层 PVB 胶片厚度不应小于 0.76mm。

5）框支承地板玻璃的单片厚度不宜小于 8mm，点支承地板玻璃的单片厚度不宜小于 10mm。

6）地板玻璃之间的接缝不应小于 6mm，采用的密封胶的位移能力应大于玻璃接缝位移量计算值。

7）地板玻璃板面挠度不应大于其跨度的 1/200。

（5）水下玻璃

1）水下用玻璃应选用夹层玻璃。

2）承受水压时，水下用玻璃板的挠度不得大于其跨度的 1/200；安装框架的挠度不得超过其跨度的 1/500。

3）用于室外的水下玻璃除应考虑水压作用，尚应考虑风压与水压作用的组合效应。

（6）U 形玻璃墙用玻璃

由 U 形玻璃构成的墙体称为 U 形玻璃墙。

1）用于建筑外围护的 U 形玻璃，应进行钢化处理。

2）对 U 形玻璃墙体有热工或隔声性能要求时，应采用双排 U 形玻璃构造，可在双排 U 形玻璃之间设置保温材料。双排 U 形玻璃可以采用对缝布置，也可采用错缝布置。

3）采用 U 形玻璃构造曲形墙体时，对底宽 260mm 的 U 形玻璃，墙体的半径不应小于 2000mm；对底宽 330mm 的 U 形玻璃，墙体的半径不应小于 3200mm；对底宽 500mm 的 U 形玻璃，墙体的半径不应小于 7500mm。

4）当 U 形玻璃墙高度大于 4.50m 时，应考虑其结构稳定性，并应采取相应措施。

（7）建筑工程中的特殊部位应该使用安全玻璃

1）7 层和 7 层以上建筑物外窗；

2）面积大于 1.50m² 的窗玻璃或玻璃底边离最终装修面小于 500mm（铝合金窗）或 900mm（塑钢窗）的落地窗；

3）公共建筑的出入口；

4）室内隔断、浴室围护和屏风；

5）与水平面夹角不大于 75°的倾斜装配窗、各类天棚（含天窗、采光顶）、吊顶。

（四）其他应该使用安全玻璃的部位

1．陈列柜、观赏性玻璃隔断。

2．汽车、飞机的挡风玻璃。


### 三、防火玻璃

（一）防火玻璃是安全玻璃的一种，它是在火灾条件下，能在一定时间内满足耐火完整性要求的玻璃。防火玻璃的主要作用是控制火势的蔓延或隔烟，是一种措施型的防火材料。

（二）防火玻璃的类别

1．单片防火玻璃（代号 DFB）：由单层玻璃构成并满足相应耐火性能要求的特种玻璃。防火玻璃原片可选用镀膜或非镀膜的浮法玻璃、钢化玻璃。

2．复合防火玻璃（代号 FFB）：由两层或两层以上玻璃复合而成或由一层玻璃和有机材料复合而成，并满足相应耐火性能要求的特种玻璃。复合防火玻璃原片除选用镀膜或非镀膜的浮法玻璃、钢化玻璃外，还可选用单片防火玻璃。

（三）不同功能要求的防火玻璃

1. 隔热型防火玻璃（A类）：耐火性能同时满足耐火完整性和耐火隔热性要求的防火玻璃。

2. 非隔热型防火玻璃（C类）：耐火性能仅满足耐火完整性要求的防火玻璃。

（四）防火玻璃的耐火性能

隔热型防火玻璃（A类）和非隔热型防火玻璃（C类）的耐火性能应满足表7-10的要求。

表7-10  防火玻璃的耐火性能

| 分类名称 | 耐火极限等级 | 耐火性能要求 |
|---|---|---|
| 隔热型防火玻璃<br>（A类） | 3.00h | 耐火隔热性时间≥3.00h，且耐火完整性时间≥3.00h |
| | 2.00h | 耐火隔热性时间≥2.00h，且耐火完整性时间≥2.00h |
| | 1.50h | 耐火隔热性时间≥1.50h，且耐火完整性时间≥1.50h |
| | 1.00h | 耐火隔热性时间≥1.00h，且耐火完整性时间≥1.00h |
| | 0.50h | 耐火隔热性时间≥0.50h，且耐火完整性时间≥0.50h |
| 非隔热型防火玻璃<br>（C类） | 3.00h | 耐火完整性时间≥3.00h，耐火隔热性无要求 |
| | 2.00h | 耐火完整性时间≥2.00h，耐火隔热性无要求 |
| | 1.50h | 耐火完整性时间≥1.50h，耐火隔热性无要求 |
| | 1.00h | 耐火完整性时间≥1.00h，耐火隔热性无要求 |
| | 0.50h | 耐火完整性时间≥0.50h，耐火隔热性无要求 |

（五）防火玻璃的可见光透射比

1. 明示标准值的允许偏差最大值为±3％。

2. 未明示标准值的允许偏差最大值为≤5％。

（六）防火玻璃的标记

复合防火玻璃，如FFB-15-A；单片防火玻璃，如DFB-12-C等。

## 四、其他安全玻璃

（一）防弹玻璃

对枪弹具有特定阻挡能力的夹层玻璃。

（二）防盗玻璃

用简单工具无法破坏，能有效地防止偷盗或破坏事件发生的夹层玻璃。

# 第四节  特　种　玻　璃

特种玻璃是指除常用玻璃以外，具有特殊功能的玻璃，如镭射玻璃、微晶玻璃、中空玻璃、真空玻璃、镀膜玻璃、热反射玻璃、低辐射玻璃、吸热玻璃、光致变色玻璃、夹丝玻璃等。

### 一、夹丝玻璃

#### （一）夹丝玻璃的构造原理

夹丝玻璃是将预先编织好的钢丝网（钢丝直径一般为 0.4mm 左右）压入已加热软化的红热玻璃之中而制成。如遇外力破坏，由于钢丝网与玻璃黏结成一体，玻璃虽已破损开裂，但其碎片仍附着在钢丝网上，不致四处飞溅伤人；当遇到火灾时，由于具有破而不缺、裂而不散的特性，所以能有效地隔绝火焰，起到防火的作用。

#### （二）规格与种类

夹丝玻璃按厚度分为 6mm、7mm、10mm 三种。产品尺寸一般不小于 600mm×400mm、不大于 2000mm×1200mm。钢丝网的图案也有多种形式。

我国生产的夹丝玻璃产品分为夹丝压花玻璃和夹丝磨光玻璃两类。以彩色玻璃原片制成的彩色夹丝玻璃，其色彩与内部隐隐显现的金属丝相映，具有较好的装饰效果。

#### （三）夹丝玻璃的使用性能

由于夹丝玻璃中的金属丝网的存在，降低了玻璃的均质性，使其抗折强度和抗外力冲击能力都比普通玻璃略有下降。特别是切割部位，其强度约为普通玻璃的 50% 左右，使用时应注意。

金属丝网与玻璃在热膨胀系数、导热系数上有很大的差异，使夹丝玻璃在受到温度急变时更容易开裂和破损，即耐急冷急热性能差，因此不能用在温度变化大的部位，如受冷冻、暴晒、火炉热烤等场合。另外，对夹丝玻璃的切割，会造成丝网边缘外露，容易锈蚀。锈蚀后会沿着金属丝网逐渐向内部延伸，锈蚀物体积增大会将玻璃胀裂，呈现出自边而上的弯弯曲曲的裂纹。故夹丝玻璃切割后，切口处应做防水处理。

### 二、吸热玻璃

#### （一）吸热玻璃的功能原理

吸热玻璃是一种可以吸收光线热量、控制太阳光线通过的玻璃制品。吸热玻璃全部或部分吸收携带大量热量的红外线而使可见光通过，从而可降低通过玻璃的日照热量，又可以保持良好的透明度。将它用于建筑采光，可产生冷房效应，节约冷气能耗。

吸热玻璃的制造有两种方法：一种是在普通硅酸盐玻璃中掺入适量的、有吸热作用的金属氧化物，如氧化铁、氧化镍等，使玻璃带色并具有较高的吸热性能；另一种是在玻璃表面喷镀具有着色和吸热作用的氧化锡、氧化锑等有色金属氧化物，形成一层具有吸热或反射热能力的薄膜而成为吸热玻璃。

吸热玻璃常用的颜色为蓝色、茶色、灰色等，以蓝色吸热玻璃应用最为广泛。

在同一时间、同一地点，通过观测吸热玻璃与普通玻璃的太阳能透热率，可以比较它们的热工性能，认识吸热玻璃的隔热效果。其热工性能见表 7-11。

表 7-11　普通玻璃和蓝色吸热玻璃的热工性能

| 品　种 | 透过热值（W/m²） | 透热率（%） |
|---|---|---|
| 空气（暴露空气） | 879 | 100 |
| 普通玻璃（3mm 厚） | 726 | 82.55 |

| 品　种 | 透过热值（W/m²） | 透热率（%） |
|---|---|---|
| 普通玻璃（6mm 厚） | 663 | 75.53 |
| 蓝色吸热玻璃（3mm 厚） | 551 | 62.7 |
| 蓝色吸热玻璃（6mm 厚） | 433 | 49.2 |

（二）吸热玻璃的规格

吸热玻璃的最大规格和吸热指标见表 7-12。

表 7-12　吸热玻璃的最大规格和吸热指标

| 品　种 | 规　格（mm） | | 吸　热　率 | | |
|---|---|---|---|---|---|
| | 厚度 | 最大规格尺寸 | 种　类 | 玻璃厚度（mm） | 吸收太阳热能（%） |
| 普通蓝色吸热玻璃 | 3 | 1500×900 | 1 号（浅蓝） | 5 | 31±0.5 |
| | 3.6 | 2200×1250 | 2 号（中蓝） | 6 | 51±0.5 |
| 磨光蓝色吸热玻璃 | 3 | 1800×750 | 3 号（深蓝） | 5 | 51±0.5 |
| | 5.6 | 1800×750 | | | |
| | 8 | 1800×1600 | | | |

（三）吸热玻璃的用途

吸热玻璃在建筑工程中应用广泛，凡既需采光又需隔热、防眩的场合均可采用。尤其在炎热地区需设置空调、避免眩光的建筑物门窗，或外墙体及火车、汽车、轮船的风挡玻璃等场合，采用各种不同颜色的吸热玻璃，不但能合理地利用太阳光，调节室内或车船内的温度，节约能源费用，而且能创造舒适优美的环境。另外，无色磷酸盐吸热玻璃能大量吸收红外线辐射线，可用于电影拷贝、放映及彩色印刷等。

吸热玻璃还可以按不同用途进行加工，制成夹层、中空玻璃等制品，则隔热效果更为明显。

由于吸热玻璃对太阳辐射热的吸收，使玻璃的温度也随之升高，容易产生玻璃不均匀性热膨胀而导致所谓"热炸裂"现象。因此，吸热玻璃在使用中，应注意采取构造性措施，减少不均匀热涨，以避免玻璃破坏。如加强玻璃与窗框等衔接处的隔热；创造利于整体降温的环境；避免在吸热玻璃上出现形状复杂的阴影等处理方法。

### 三、热反射玻璃（镀膜玻璃）

对太阳辐射具有较高反射能力而又保持良好透光性的平板玻璃称为热反射玻璃，由于其反射能力是通过在玻璃表面镀敷一层极薄的金属或金属氧化物膜来实现的，所以也称镀膜玻璃。

镀膜玻璃由于构成膜层的成分和结构十分复杂，只要改变成分或结构，既可形成反射玻璃，也可形成吸热玻璃。有的膜层既有反射功能也有吸热功能，这种玻璃又称为遮阳玻璃或阳光控制玻璃，表 7-13 列出同品种的镀膜玻璃的种类和性能。

表 7-13　镀膜玻璃的种类和性能

| 品　　种 | 性　　能 | 应用范围 | 镀　膜　成　分 |
|---|---|---|---|
| 热反射玻璃 | 高热反射性和高透射性 | 建筑、数据储存、宇航等 | Ag、Au、Cu 与高折射率氧化物复合膜，$TiO_2/SiO_2$，硅化物（TiSi） |
| 吸热玻璃 | 吸收大量太阳辐射能 | 建筑、彩色印刷等 | 无色磷酸盐 |
| 遮阳玻璃 | 兼有反射性和吸收性 | 建筑、装潢 | $SnO_2—CrN—SnO_2$ |
| 低辐射遮阳玻璃 | 可见光区域内高透射性，红外光区域有较高反射性 | 建筑、装潢 | 中间膜层为贵金属 Ag，Au，Cu 膜 $TiO/Ag/TiO$，$SnO_2/Cu/SnO_2$ |
| 低辐射玻璃（保温镀膜玻璃） | 具有对室内人体、物体发出的远红外线的反射能力 | 建筑、装潢 | $SnO_2—Al—Ag—SnO_2$ |
| 无反射玻璃 | 低反射性 | 展览窗 | $MgF_2$ |
| 普通玻璃 | 高反射性 | 家具、汽车反光镜 | Al |

热反射玻璃从颜色上分，有灰色、青铜色、茶色、金色、浅蓝色、棕色、古铜色和褐色等。

从性能结构上分，有热反射、无反射、中空热反射、夹层热反射玻璃等。

热反射玻璃可以采用热解法、真空法、化学镀膜法等多种方法生产，在玻璃表面涂以金、银、铜、铝、铬、镍、铁等金属或金属氧化物薄膜或非金属氧化物薄膜。还可以采用电浮法、等离子交换法生产，向玻璃表面渗入金属离子以置换玻璃表面层原有的离子而形成热反射薄膜。

（一）热反射玻璃的性能和特点

1. 对太阳的辐射热有较高的反射能力：普通平板玻璃的辐射热反射率为 7%～8%，热反射玻璃可达 30% 左右。

2. 镀金属膜的热反射玻璃，具有单向透像的特性：镀膜热反射玻璃表面金属层极薄，使它在迎光面具有镜子的特性，而在背光面则又如窗玻璃那样透明。这种奇异的性能给人们造成视觉上的多种可能性。当人们站在镀膜玻璃幕墙建筑物前，展现在眼前的是一幅连续的反映周围景象的画面，却看不到室内景象，对建筑物内部起遮蔽及帷幕的作用，因此建筑物内可不设窗帘。但当进入内部，人们看到的是内部装饰与外部景色融合在一起，形成一个无限开阔的空间。由于热反射玻璃具有以上两种可贵的特性，所以它为建筑设计的创新提供了优异的条件。

3. 有较小的遮蔽系数：以太阳光通过 3mm 透明玻璃射入室内的量作为 1，在同样条件下，得出太阳光通过各种玻璃流入室内的相对量叫玻璃的遮蔽系数。遮蔽系数愈小，通过玻璃射入室内的太阳能愈小，冷房效果愈好。不同品种玻璃的遮蔽系数见表 7-14。

表 7-14　不同玻璃的遮蔽系数

| 玻璃名称 | 厚度（mm） | 遮蔽系数 | 玻璃名称 | 厚度（mm） | 遮蔽系数 |
|---|---|---|---|---|---|
| 透明浮法玻璃 | 8 | 0.93 | 热反射玻璃 | 8 | 0.60～0.75 |
| 茶色吸热玻璃 | 8 | 0.77 | 热反射双层中空玻璃 |  | 0.24～0.49 |

4. 对太阳能的反射率较高：从对太阳能反射率看，6mm 透明浮法玻璃第一次反射 7%，第二次反射 10%，总反射率 17%；而 6mm 茶色热反射玻璃第一次反射 30%，第二次反射

31%，总反射率为 61%。

5. 对可见光透过率小：6mm 热反射玻璃比相同厚度的浮法玻璃减少 75% 以上，比茶色吸热玻璃减少 60%。

6. 太阳辐射热的透过率小：6mm 热反射玻璃比相同厚度透明浮法玻璃减少 65% 以上，比吸热玻璃也减少 45% 左右。

热反射玻璃的光学、热工性能见表 7-15。

表 7-15　热反射玻璃光学、热工性能

| 性　能 | | 指　标 | 性　能 | | 指　标 |
| --- | --- | --- | --- | --- | --- |
| 紫外光 | 透过率 | 0.08 | 遮蔽系数 | | 0.48 |
| | 反射率 | 0.47 | 热量透过率 | 冬天 $U$ 值（W/m·K） | 0.49 |
| 可见光 | 透过率 | 0.12 | | 夏天 $U$ 值（W/m·K） | 0.57 |
| | 反射率 | 0.55 | | 相对增热 | 104 |
| 热辐射 | 透过率 | 0.11 | 隔声平均（dB） | | 29 |
| | 反射率 | 0.59 | 抗风压强度 | | 与透明浮法玻璃相同 |
| | 吸收率 | 0.30 | | | |

注：玻璃厚度为 5mm。

**（二）热反射玻璃的用途**

由于热反射玻璃具有良好的隔热性能，所以在建筑工程中获得了广泛应用。热反射玻璃多用来制成中空玻璃或夹层玻璃窗。如用热反射玻璃与透明玻璃组成带空气层的隔热玻璃幕墙，其遮蔽系数仅有 0.1 左右。这种玻璃幕墙的导热系数约为 1.74W/m·K，比一砖厚两面抹灰的砖墙保温性还好。因此，它在现代化建筑中获得了愈来愈多的应用。

**（三）热反射玻璃应用要点**

热反射玻璃的关键是"反射"，而且应该是反射的影像不变，通常应注意以下几点：

1. 安装施工中严防划破、损伤膜层，电焊火花不得溅落到膜层上。

2. 热反射玻璃产生影像"畸变"的根本原因是玻璃翘曲变形，在安装时要认真挑选玻璃。

3. 注意消除玻璃反光所导致的不良后果，人的视野是从水平线向下扩展的，从上面射入的光线不能进入视野，早晨和傍晚，太阳的高度很低时，太阳光线接近水平，反射后进入人的视野会造成晃眼的感觉，为了使反射光线不易进入人的视野，应将玻璃稍作向下倾斜安装。

**四、彩色膜反射玻璃**

彩色膜反射玻璃是由无色平板玻璃加工制成的能反射太阳辐射热同时又具有各种颜色的新型玻璃。主要特点为：节能效果显著，可提高建筑物内的舒适性，机械强度是普通玻璃的两倍多，具有单向投向作用、耐酸碱和耐磨性高、色泽鲜艳等特点。

**（一）产品规格**

最大尺寸 2000mm×1300mm×（3～5）mm。（长度×宽度×厚度）

（二）产品性能

1. 光学性能（可见光线）：透射率30%～50%；
2. 隔热性能：太阳辐射热反射率30%～45%；
3. 抗冲击性能：是普通平板玻璃的3～4倍；
4. 抗磨强度：在50kg/cm²荷载下，经565次/min摩擦未见变化；
5. 化学性能：耐酸、碱性高于普通平板玻璃。

（三）适用范围

彩色膜反射玻璃主要用作高级建筑物和各种交通工具的门窗玻璃，还可供进一步深加工为彩色热反射钢化玻璃、特种中空玻璃等新产品。

## 五、中空玻璃

中空玻璃有双层和多层之分。可以根据要求选用各种不同性能的玻璃原片，如透明浮法玻璃、压花玻璃、彩色玻璃、防阳光玻璃、镜面反射玻璃、夹丝玻璃、钢化玻璃等与边框（铝框架或玻璃条等）经胶接、焊接或熔结而制成。

粘结法是目前国内外应用最为广泛的方法，是用两种不同的专用黏结剂分次将玻璃与铝合金框胶结、密封而成。熔结法是将玻璃周边熔封在一起。焊接法是将玻璃与框焊接而成。

在建筑物中使用中空玻璃，着眼于控制由于室内外温差而产生的热量传导，造成"暖房效应"以减轻暖气负荷，节约能源。所以中空玻璃与吸热玻璃、热反射玻璃一样是现代建筑中的一种用途广泛的装饰材料。

（一）中空玻璃的特性

1. 光学性能

根据所选用的玻璃原片，中空玻璃可以具有各种不同的光学性能。其可见光透过率范围为：10%～80%；光反射率范围为：25%～80%；总透过率范围为：25%～50%。

2. 热工性能

中空玻璃具有优良的绝热性能。在某些条件下，其绝热性可优于混凝土墙。

据资料统计，采用中空玻璃窗比普通单层窗每平米每年可节省燃料油40～50L。

3. 隔音性能

中空玻璃具有极好的隔声性能，其隔声效果通常与噪声的种类和声强有关，一般可使噪声下降（30～44）dB。对交通噪声可降低（31～38）dB，即可将街道的汽车噪声降低到学校教室的安静程度。中空玻璃隔声性能见表7-16。

表 7-16　中空玻璃隔声性能

| 类　　型 | | | 平　　均 | 各种频率下声音的下降分贝数（dB） | | | | | |
| 玻　璃 | 间　隔 | 玻　璃 | | 125 | 250 | 500 | 1000 | 2000 | 4000 |
|---|---|---|---|---|---|---|---|---|---|
| 4 | — | — | 25 | 20 | 23 | 26 | 29 | 29 | 28 |
| 4 | 6/12 | 4 | 28 | 24 | 23 | 30 | 33 | 33 | 30 |
| 6 | 6/12 | 6 | 29 | 27 | 25 | 31 | 34 | 27 | 36 |
| 6 | 6/12 | 6 | 31 | 28 | 25 | 32 | 34 | 34 | 38 |
| 6 | 6/12 | 6 | 32 | 29 | 25 | 32 | 34 | 36 | 38 |
| 10 | 6/12 | 10 | 31 | 29 | 26 | 32 | 32 | 33 | 38 |
| 10 | 6/12 | 10 | 31 | 29 | 26 | 32 | 32 | 34 | 38 |

4. 露点

在室内一定的相对温度下，当玻璃表面的温度达到露点以下时，会产生结露，直至结霜（0℃以下）。这将严重的影响透视和采光效果，并引起其他一些不良效果。若采用中空玻璃则可使这种情况大大得到改善。在通常情况下，中空玻璃接触室内高湿度空气的时候，玻璃表面温度较高，而外层玻璃虽然温度低，但接触的空气湿度也低，所以不会结露。中空玻璃内部空气的干燥度是中空玻璃的最重要的指标，应保证内部露点≤−40℃以下。

中空玻璃的光学性能见表7-17。

中空玻璃及其他材料的传热系数见表7-18。

表 7-17　中空玻璃的光学性能

| 玻 璃 品 种 | 可见光透过率 | 热反射率 | 吸热率 | 总透过率 | 遮光系数 |
|---|---|---|---|---|---|
| 两片 6mm 浮法玻璃 | 76 | 12 | 24 | 73 | 0.84 |
| 浮法玻璃＋茶色玻璃 | 43 | 12 | 43 | 56 | 0.64 |
| 浮法玻璃＋灰色防阳光玻璃 | 21 | 50 | 73 | 35 | 0.40 |
| 茶色玻璃＋热反射玻璃 | 14 | 31 | 57 | 21 | 0.24 |

表 7-18　中空玻璃与其他材料的传热系数

| 材　料 | 玻璃间隔<br>（mm） | 传热系数<br>W/m²·K | 材　料 | 玻璃间隔<br>（mm） | 传热系数<br>W/m²·K |
|---|---|---|---|---|---|
| 单层玻璃 | — | 5.9 | 三层中空玻璃 | 2×9 | 2.2 |
| 普通双层中空玻璃 | 6 | 3.4 | | 2×12 | 2.1 |
| | 9 | 3.1 | 热反射中空玻璃 | 12 | 1.6 |
| 防阳光双层中空玻璃 | 6 | 2.5 | 150mm 厚混凝土墙 | — | 3.3 |
| | 12 | 1.8 | 240mm 厚砖墙 | — | 2.8 |

（二）中空玻璃的用途

中空玻璃主要用于需要采暖、空调、防止噪声或结露、避免直射阳光和特殊光的建筑物上，如住宅、饭店、宾馆、办公楼、学校、医院、商店等需要室内空调的场合，也可用于火车、汽车、轮船的门窗等处。具体如下：

1. 无色透明的中空玻璃，一般可用于普通住宅、空调房间、空调列车、商用冰柜等场合。

2. 有色中空玻璃，包括金色中空玻璃等，主要用于一定建筑艺术要求的建筑物，如影剧院、展览馆、银行等场合。

3. 特种中空玻璃则根据设计要求的一定环境条件而使用，如防阳光中空玻璃、热反射中空玻璃多用在热带地区建筑物中，低辐射中空玻璃则多用在寒冷地区的太阳能利用等方面，夹层中空玻璃则多用于防盗橱窗。

4. 钢化中空玻璃、夹丝中空玻璃，则以安全为主要使用目标，多用于玻璃幕墙、采光天棚等处。

中空玻璃的结构和性能见表7-19。

表 7-19　中空玻璃的结构和性能

| 规格<br>（mm） | 结　　构 | | | | 颜　色 | 性　　能 | | | | | | 原片种类 |
|---|---|---|---|---|---|---|---|---|---|---|---|---|
| | 原片厚<br>（mm） | 空气<br>层厚<br>（mm） | 空气<br>层数 | 产品<br>总厚<br>（mm） | | 导热系数<br><br>（W/m·K） | 隔声效果<br><br>（可降 dB 数） | 可见<br>光透<br>过率<br>（%） | 热射<br>线反<br>射率<br>（%） | 总透<br>过率<br>（%） | 内部<br>露点<br>（℃） | |
| 180×350～<br>2500×3000 | 3，4，<br>5，6，8，<br>10，12 | 6，<br>9，<br>12，24 | 1～3 | 12～<br>42 | 无色、茶<br>色、蓝色、<br>灰 色、紫<br>色、金色、<br>银色等 | 1.6～3.03 | 39～44 | 10～<br>80 | 5～<br>45 | 20～<br>80 | −40 | 无色浮法<br>玻璃、彩色<br>玻璃、防阳<br>光玻璃、热<br>反射玻璃、<br>压花玻璃、<br>夹丝玻璃、<br>钢化玻璃 |
| 200×400～<br>1600×2500 | 3～12 | 6，<br>9，12 | 1～3 | 12～<br>42 | 同上 | 1.6～3.23 | 27～40 | 10～<br>80 | 5～<br>45 | 20～<br>80 | −40 | 无色浮法<br>玻璃、彩色<br>玻璃、热反<br>射玻璃、压<br>花玻璃、夹<br>丝玻璃、夹<br>层玻璃、钢<br>化玻璃 |
| 最大规格<br>1800×<br>2500 | 3～12 | 6，<br>9，12 | — | 13～<br>42 | 同上 | 1.6～3.0 | 37～40 | 10～<br>80 | 5～<br>45 | 20～<br>80 | −40 | 同上 |

图 7-6 为普通中空玻璃与带低辐射膜的中空玻璃的效果对比图，可供读者参考。

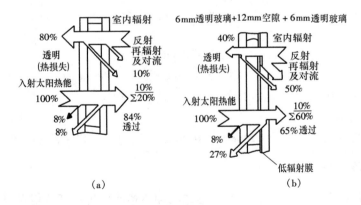

图 7-6　效果对比图

（a）普通中空玻璃；（b）带低辐射膜的中空玻璃

## 六、镭射玻璃

镭射玻璃是以玻璃为基材的新一代建筑装饰材料，特征是经特种工艺处理后玻璃背面出现全息光栅或其他几何光栅，在光源的照耀下，产生物理衍射的七彩光。对同一感光点或感光面，随光源入射角或观察角的变化，会感受到光谱分光的颜色变化，使被装饰物显得华贵、高雅，给人以美妙、神奇的感觉。

镭射玻璃品种齐全、选择性强、适用装饰范围广。镭射玻璃在光源照耀下具有彩虹、钻石般的质感，红、黑、蓝、白基本图案的产品，在漫射光条件下，具有名贵石材王妃红、黑珍珠、孔雀蓝、汉白玉般高贵、典雅的质感。各种色彩效果交替交换，其装饰效果为其他材料所无法比拟。室内外许多可用花岗岩、大理石、瓷砖、铝板、不锈钢板装饰的部位，均可采用镭射玻璃装饰。酒店、宾馆、文化娱乐设施、商业门面、顶棚、地面、内外墙装修、家具、桌面、柱面及灯饰和其他装饰性工艺品等，亦均可使用镭射玻璃装饰。

镭射玻璃结构严谨，光栅结构是由高稳定性的结构材料组成，故具有优良的抗老化性能。经测试，老化寿命比热塑性材料高 10 倍以上，寿命可达 50 年。镭射玻璃采用先进工艺生产技术，因而可批量生产 2000mm×1500mm 范围以内的各种规格产品，可满足绝大部分建筑装饰的尺寸要求。

镭射玻璃的反射率可在 10%～90% 的范围内按用户需要进行调整，以适应不同的建筑装饰要求。

镭射玻璃的厚度比花岗石、大理石薄，与瓷砖相仿，安装成本低。镭射钢化玻璃地砖，其抗冲击、耐磨、硬度指标均优于大理石，与高档花岗石相仿。镭射玻璃价格相当于中档花岗石。

（一）镭射玻璃的适用范围

镭射玻璃主要适用于酒店、宾馆及各种商业、文化、娱乐设施的装饰。如内外墙面、商业门面、招牌、地砖、桌面、吧台、隔台、柱面、顶棚、雕塑贴画、电梯间、艺术屏风与装饰壁面、高级喷水池、发廊、金鱼缸、灯饰和其他轻工电子产品外观装饰材料等。

（二）产品规格

1. 一般产品规格

厚度为 3～5mm，长度×宽度的尺寸为 300mm×300mm、400mm×400mm、500mm×500mm、500mm×1000mm 等 4 种规格。

2. 标准产品规格

长度×宽度的尺寸为 500mm×500mm、600mm×600mm 时为标准规格。三角形、圆形、扇形或其他不规则图形为非标准产品规格。

3. 镭射玻璃包柱

标准圆柱的直径为 300～1500mm（100mm 进级）时，可以采用镭射玻璃包覆。

## 七、有色玻璃

有色玻璃又称颜色玻璃、彩色玻璃，分透明和不透明两种。透明颜色玻璃是在原料中加入一定的金属氧化物使玻璃带色。不透明颜色玻璃是在一定形状的平板玻璃的一面，喷以色釉或绘制各种不同图案，经过烘烤而成。它具有耐腐蚀、抗冲刷、易清洗并可拼成图案、花纹等特点。

不透明颜色玻璃也叫饰面玻璃，经退火处理的饰面玻璃可以裁切，经钢化处理的饰面玻璃不能进行裁切等再加工。

其熔制温度在 1400℃ 左右，成型温度在 850℃，具有与玻璃相近的力学性质和稳定性。

## 八、丝网印刷玻璃

丝网印刷玻璃是利用丝网印刷技术，将玻璃油墨或高温玻璃釉料印刷在玻璃表面所形成的带有图案的玻璃。

**九、其他特殊功能玻璃**

玻璃产品还有很多功能奇特的玻璃，如可钉玻璃、无线玻璃、无菌玻璃、隔声玻璃、自洁玻璃、发电玻璃、调光玻璃、折光玻璃、薄纸玻璃、调温玻璃、隔热玻璃、防盗玻璃等。这些玻璃的特点如下：

1. 可钉玻璃：把碳化纤维与硼酸玻璃混合后加热制成。它是采用硬质合金强化的玻璃，最大断裂力为一般玻璃的 2 倍以上，无脆性，在上面钉钉子不需担心破裂。

2. 无线玻璃：这是一种电视天线玻璃，它是在玻璃内层嵌有很细的天线，安装后室内电视机就能呈现更为清晰的画面。

3. 无菌玻璃：在制作玻璃时，加入适量的铜离子，制出的玻璃就具有无菌、防霉的功效。

4. 隔声玻璃：这是一种用 5mm 厚的软树脂把两层玻璃粘在一起的玻璃，其几乎可以把全部杂音吸收殆尽。

5. 自洁玻璃：这是在玻璃表面有一层二氯化酞的"光触酸"，紫外线不仅能把玻璃上的污垢化解，即使不冲洗也能长期保持洁净，还具有杀菌作用。

6. 发电玻璃：它吸收太阳光的能量后可以发电。把它安装在窗户上可供室内照明甚至可提供电视机和收音机用电。

7. 调光玻璃：一种可调透明度的玻璃，可以调节亮度，只要根据需要按一下遥控开关，玻璃就会自动由暗变亮或由亮变暗。它是在两层玻璃的中间夹一层透明导电膜所致。这种玻璃可以减少紫外线对人体的照射，对预防皮肤癌也有作用。

8. 折光玻璃：这种玻璃能把太阳光折射到房间的阴暗角落，使处于室内的人能享受阳光的温暖。这是因为在玻璃表面上涂敷了一层能折射光线的涂层所致。

9. 薄纸玻璃：它的厚度只有 0.003mm，有如一张极薄的硬纸。

10. 隔温玻璃：它是一种两面塑料薄膜中间夹着聚合物无色水溶剂的合成玻璃。它在低温环境中呈透明状，吸收日光的热能，可有效地调节室温。

11. 隔热玻璃：在玻璃外表面涂有金属薄膜，可以反射 58% 的太阳热量。

# 第五节 玻 璃 制 品

## 一、玻璃锦砖

**（一）玻璃锦砖的特点**

玻璃锦砖是以玻璃为基料或玻璃生料经磨成细粉并加入氟化物乳蚀剂、氧化剂等添加剂，利用烧结法或压延法制作而成。若加入适量颜料即可取得红、黄、蓝、绿、白、黑等各种色调的玻璃锦砖。玻璃锦砖是一种呈乳浊状半透明的玻璃质装饰材料，其特点如下：

1. 价格低：它是陶瓷锦砖售价的 1/2～1/4，是大理石售价的 1/8～1/10，是外墙贴面材料中价格较低的一种装饰材料。

2. 质地坚硬：性能稳定。它具有耐热、耐寒、耐大气污染、耐腐蚀等特性。由于其背面呈凹面，有槽纹，周边呈楔形，粘贴时吃灰浆深，因此比陶瓷锦砖粘贴牢固，不易脱落。

3. 表面光泽：不吸水率，表面不积尘，洒水自洁。

4. 颜色绚丽多彩、柔和典雅。日晒雨淋不变色：装饰面的色调由锦砖和黏结砂浆的颜色形成综合色调而定，可利用不同颜色锦砖，不同比率混合贴面或组成各种色块的图案，装饰效果极佳。为了保持锦砖的色彩，粘贴时也可用白水泥砂浆。

（二）玻璃锦砖的规格尺寸

玻璃锦砖的常用规格为每块尺寸为 20mm×20mm、25mm×25mm、50mm×50mm 等。每联尺寸为 305mm×305mm，300mm×300mm，327mm×327mm，314mm×314mm；厚度为 4mm，5mm 两种。

（三）玻璃锦砖的技术性能（表 7-20）

**表 7-20　玻璃锦砖的技术性能**

| 序号 | 项目 | 性能指标 |
| --- | --- | --- |
| 1 | 吸水率（％） | ≤0.2 |
| 2 | 耐水性 | 质量损失≤0.05％ |
| 3 | 热稳定性 | 20～120℃交换 5 次循环不裂；（-15～15℃交换 15 次） |
| 4 | 抗冻性 | -20～20℃经 25 次循环不损坏 |
| 5 | 耐酸碱性 | 除氢氟酸外 40h 质量损失≤0.1％ |
| 6 | 硬度 | 莫氏 5～6 |
| 7 | 色稳定性 | 经 500h 人工老化试验无变色 |
| 8 | 脱脂时间 | 40min |
| 9 | 颜色品种 | 红、蓝、绿、茶、灰、紫、棕、米黄、黑、澄、白 |

（四）玻璃锦砖的应用

由于玻璃锦砖价格低、遇雨自洁、色彩丰富、耐腐蚀、装饰性独特，所以是一种十分理想、经济、美观的外墙装饰材料。多用作一些公共建筑、办公楼、文化娱乐建筑等中档装饰装修工程。

## 二、空心玻璃砖

空心玻璃砖是由二个半块中间有凹槽的玻璃砖坯（如同烟灰缸）组合熔接而成的玻璃制品。两个半块玻璃砖坯扣合、周边密封后中间形成空腔，空腔内有干燥微负压空气，玻璃壁厚 8～10mm，它是一种较为高贵典雅的建筑装饰材料，适用于非承重外墙、天窗、柜台、栏板、隔断等部位。

空心玻璃砖与普通玻璃比较，具有以下特性：

（一）透光性

空心玻璃砖具有较高的透光性能，在垂直光源照射下，其透光度为 60％～75％（有花纹）；透明无花纹和普通双层玻璃相近，在 75％左右。茶色玻璃砖为 50％～60％，它比镀膜玻璃的透光率好，优于其他有色玻璃。用空心玻璃砖砌成的非承重外墙既能很好地透光使室内明亮又不能透视，从外部观察不到室内的景物，通过玻璃砖的花纹形成漫散射使房间光线柔和，无直射光，解决了阳光直射或镀膜玻璃导致的变色而引起的视觉不适，大大地提高了室内光环境水平。

（二）隔热性

空心玻璃砖因密封空腔是准真空，增加了热阻值，使其导热性能可以和普通双层中空玻璃相近，导热系数为 2.9～3.2W/m·K。用隔热砂浆砌筑的空心玻璃砖外墙，能满足对室内隔热节能的规定要求，当室内相对湿度为 55%，室外气温为 −19℃时才出现结露现象。

阳光通过空心玻璃砖漫散射和准真空空腔时，夏季可使室内有充足阳光，但可隔绝一部分热辐射，使室内凉爽；冬季空心玻璃砖的准真空空腔可阻止一部分室内热能传出，维持室内温度，当室内外温差达 40℃时仍不会结露。所以空心玻璃砖墙可获得一定程度的冬暖夏凉的感觉，起到节能的经济效果。

（三）隔声性

空心玻璃砖由于有空腔，故其隔声效果比普通玻璃好。隔声量约为 50dB，如果采用双层空心玻璃砖，中间设 50mm 空间层砌隔断墙，其隔声效果更佳，其隔声值可达 60dB 左右。这是空心玻璃砖本身的测定值，在实际工程中与其相衔接的墙体构件，也应具备与空心玻璃砖相同的隔声性能，才能达到较理想的隔声效果。

在实际工程中，空心玻璃砖之间要用水泥砂浆砌筑，水平、垂直灰缝中还应设置钢筋加固，以及墙体的其他支撑构件，必然会降低隔声效果，其综合隔声值为 45dB 左右。所以，与空心玻璃砖相衔接的构件的隔声值应和空心玻璃砖相接近，只有这样，才能充分发挥空心玻璃砖的优良的隔声性能。用空心玻璃砖砌筑非承重外墙可减少或替代玻璃窗的面积，从而达到较好的隔声效果；用空心玻璃砖作幕墙代替镀膜玻璃幕墙，不但采光效果好，不透视，而且还会有很好的隔声效果。

（四）防火性能

空心玻璃砖属于不燃烧体，在防火级别为 G60 时，其防止火焰穿透时间为 1h，在防火级别为 G120 时为 2h。但空心玻璃砖不能防止热辐射的穿透。

空心玻璃砖是满足防火要求的理想材料，可阻止火灾蔓延，满足高级装饰的防火要求。

（五）抗压强度

空心玻璃砖的抗压强度大大高于普通玻璃的强度，空心玻璃砖由于自身形成中空密闭的一块刚体，故承压强度高。玻璃砖的壁厚 8～12mm，其抗压强度与其规格尺寸壁厚有关，当前生产的空心玻璃砖最大尺寸为 300mm×300mm×80mm；最小尺寸为 115mm×115mm×80mm，其抗压强度见表 7-21。

表 7-21　空心玻璃砖不同规格的抗压强度

| 编号 | 尺寸（mm）±2mm | | | 最小质量（kg） | 抗压强度（kN/m²） | |
| --- | --- | --- | --- | --- | --- | --- |
| | 长度 | 宽度 | 厚度 | | 最小平均值 | 最小单值 |
| 1 | 115 | 115 | 80 | 1.0 | 7.5 | 6.0 |
| 2 | 190 | 190 | 80 | 2.0 | 7.5 | 6.0 |
| 3 | 240 | 115 | 80 | 1.8 | 6.0 | 4.8 |
| 4 | 240 | 240 | 80 | 3.5 | 7.5 | 6.0 |
| 5 | 300 | 300 | 100 | 6.1 | 7.5 | 6.0 |

（六）防盗安全性

空心玻璃砖防盗安全性表现在两个方面，一方面是玻璃砖自身的耐冲击性，另一方面是耐枪弹的穿透性。

耐冲击性与空心玻璃砖的材质强度、壁厚、外形以及砌筑时的砂浆强度、构造措施（埋置钢筋的多少）的坚固性等都有很大关系。高强硅玻璃砖的耐冲击性能较好。壁厚、尺寸因素对耐冲击强度的影响较大。

耐枪弹的穿透能力与玻璃材质、退火质量、壁厚度以及熔化温度的高低有关。

（七）空心玻璃砖的应用

空心玻璃砖的构造作法有非增强型和增强型两种。

1. 非增强型：

用非增强型的空心玻璃砖制作隔断时，应采用白水泥砂浆砌筑，其强度等级不应低于M5；勾缝砂浆亦采用白水泥砂浆，其体积比应为1∶1，白色硅酸盐水泥的强度等级应为32.5。非增强型空心玻璃砖隔断的尺寸应符合表7-22的规定。

表7-22　非增强型室内空心玻璃砖隔断的尺寸

| 砖缝的布置 | 隔断尺寸（m） | |
|---|---|---|
| | 高　度 | 长　度 |
| 贯通的 | ≤1.5 | ≤1.5 |
| 错开的 | ≤1.5 | ≤6.0 |

注：贯通式做法是指空心玻璃砖的水平缝、竖直完全对正、对齐。

2. 增强型

增强型空心玻璃砖隔断是指在横缝、竖缝或横竖缝中用 $\phi 6mm$ 或 $\phi 8mm$ 钢筋进行增强的隔断。增强后的高度不得超过4m。

# 第六节　建筑门窗玻璃的选用

建筑门窗玻璃选用时应保证玻璃选用的合理、安全、经济，还要根据建筑标准、建筑功能和装修档次以及环境、气候、地域特点来选用。

## 一、门窗玻璃的最大许用面积

（一）平板玻璃、超白浮法玻璃、夹丝玻璃的最大许用面积

《建筑玻璃应用技术规程》JGJ 113—2015规定有框平板玻璃、超白浮法玻璃、真空玻璃的最大许用面积见表7-23。

表7-23　有框平板玻璃、超白浮法玻璃和真空玻璃的最大许用面积

| 玻璃种类 | 公称厚度（mm） | 最大许用面积（m²） |
|---|---|---|
| 有框平板玻璃 | 3 | 0.1 |
| 超白浮法玻璃 | 4 | 0.3 |
| 真空玻璃 | 5 | 0.5 |
| | 6 | 0.9 |
| | 8 | 1.8 |
| | 10 | 2.7 |
| | 12 | 4.5 |

（二）中空玻璃

中空玻璃的相关数据见表7-24。

表7-24　中空玻璃的相关数据

| 玻璃厚度<br>（mm） | 间隔厚度<br>（mm） | 最大面积<br>（m²） | 玻璃厚度<br>（mm） | 间隔厚度<br>（mm） | 最大面积<br>（m²） |
|---|---|---|---|---|---|
| 3 | 6 | 2.40 | 6 | 6 | 5.88 |
| | 9～12 | 2.40 | | 9～10 | 8.54 |
| 4 | 6 | 2.86 | | 12～20 | 9.00 |
| | 9～10 | 3.17 | 10 | 6 | 8.54 |
| | 12～20 | 3.17 | | 9～10 | 15.00 |
| 5 | 6 | 4.00 | | 12～20 | 15.90 |
| | 9～10 | 4.80 | 12 | 12～20 | 15.90 |
| | 12～20 | 5.10 | | | |

（三）特殊规定

1. 铝合金门窗

（1）玻璃选型

铝合金门窗应根据功能要求选用浮法玻璃、镀膜玻璃、中空玻璃、真空玻璃、钢化玻璃、夹层玻璃、夹丝玻璃等。

（2）具体要求

1）中空玻璃的单片玻璃厚度相差不宜大于3mm。

2）采用低辐射镀膜玻璃应符合下列规定：

① 真空磁控溅射法（离线法）生产的Low-E玻璃，应合成中空玻璃使用；Low-E膜层应位于中空玻璃气体层内；

② 热喷涂法（在线法）生产的Low-E玻璃可单独使用。Low-E膜层宜面向室内。

3）夹层玻璃的单片玻璃厚度相差不宜大于3mm。

2. 塑料门窗

（1）有隔声要求的门窗应选用中空玻璃或夹层玻璃。

（2）有保温和隔热要求的门窗应选用中空玻璃，中空玻璃的气体层厚度不宜小于9mm。严寒地区宜使用中空Low-E镀膜玻璃。

（3）镀膜玻璃应安装在玻璃的最外层，单面镀膜玻璃应朝向室内。

（4）安装磨砂玻璃和压花玻璃时，磨砂玻璃的磨砂面应向室内，压花玻璃的花纹宜向室外。

# 复　习　题

1. 玻璃材料在力学性能和热物理性能等方面有哪些主要特点？

2. 平板玻璃如按使用功能划分有哪些种类？

3. 普通平板玻璃的外观质量缺陷有几种表现？

4. 钢化玻璃的高强度性能是如何形成的？其形成过程中是否改变了玻璃材料本身的物理力学性能？钢化玻璃在应用中有哪些特性？

5. 夹丝玻璃与夹层玻璃在结构上的区别是什么？它们的安全性是如何体现的？

6. 什么叫热反射玻璃？它都有哪些特性？

7. 中空玻璃有怎样的结构形式？在寒冷的冬季应用于窗上的中空玻璃防止结露产生的原理是什么？

8. 简述玻璃幕墙的三种类型。

# 第八章 装饰装修用木质材料

## 第一节 木材的基本知识

### 一、木材的技术性能

（一）含水率与干湿变形

木材含水率是指木材中所含水量的多少，即木材中所含水的质量占干燥木材质量的分数。以公式表示为：

$$含水率＝(木材含水质量/干燥木材质量)×100\%$$

木材标准含水率为 15%，超过标准含水率即为不合格产品。

1. 平衡含水率

木材的细胞中有亲水性物质，很容易吸附周围环境中的水分（包括从大气中吸附的水分）。所以，木材中的水分含量随大气湿度的变化而变化，始终处在一种动态的平衡之中。当长时间处在一定温度和湿度的环境中时，木材的含水量会与周围大气的相对湿度达到平衡，这时木材的含水率称为"平衡含水率"。

2. 干湿变形

因木材为非匀质构造，木材的干湿变形同样具有各向异性，即纵向干湿变形率很小，约为 0.1%～0.2%；横向干湿变形率较大，约为 3%～10%。不同树种的木材，其干湿变形率也不同。一般重质阔叶树材硬木的变形率大于针叶树材软木的变形。

木材变形是导致加工后的各种型材变形、开裂的主要原因，干缩会造成木结构拼缝不严、接口松弛、翘曲开裂；而湿胀会使木材产生凸起变形。由于木材的湿胀干缩明显，因此在加工前应尽量将其风干至当地年平均温度和湿度所对应的平衡含水率，以减少木制品在使用过程中的湿胀干缩变形。另外，木材存放时间也影响湿胀干缩变形。存放时间长，木质细胞老化，相应的变形就小。

（二）力学性能

1. 强度

木材强度与木材的纹理方向有关，顺纹的抗压强度和抗拉强度要比横纹的高 3～10 倍。另外，木材还具有较高的顺纹抗弯强度，通常约为顺纹抗压强度的 1.5～2 倍。

如果把木材顺纹抗压强度定为 1，理论上木材的各种强度大小关系见表 8-1。

**表 8-1 理论上木材的各种强度大小关系**

| 抗压强度 | | 抗拉强度 | | 抗弯强度 | 抗剪强度 | |
| --- | --- | --- | --- | --- | --- | --- |
| 顺 纹 | 横 纹 | 顺 纹 | 横 纹 | | 顺 纹 | 横纹切断 |
| 1 | 1/10～1/3 | 2～3 | 1/20～1/3 | 1.5～2 | 1/7～1/3 | 1/2～1 |

2. 弹性和韧性

木材有良好的弹性和韧性，且软木强于硬木。所谓弹性是指外力停止作用后，能恢复原来的形状和尺寸的能力。韧性是指木材易发生变形而不致破坏的能力。

（三）影响木材强度的主要因素

1. 含水率

含水率对强度的影响包含以下两个方面：

（1）当木材含水率在木纤维饱和点及以上变化时，对强度影响很小；

（2）含水率在木纤维饱和点以下变化时，含水率越低，对其抗压强度和抗弯强度的影响越大。

2. 荷载时间

当荷载长时间作用于木构件时，构件会产生变形，从而改变受力状态，使破坏应力加大。我们把木材在长期荷载作用下不致引起破坏的最大应力值视为持久强度。通常木材的持久强度约为强度极限的 50%～60%。因此，在永久性木结构设计、施工时，应考虑这一因素。

3. 温度

温度的升高会导致强度的下降。例如，温度从 25℃上升至 50℃时，强度一般下降 1.0%～2.4%。另外，木材为易燃物，必须考虑防火因素。

4. 树木疵病

树木的疵病会导致木构件整体强度的下降。木材的疵病主要包括木节和开裂。由于木材的疵病是难以避免的，故在锯切取材时，应尽量避开疵病，在木材构件的设计使用中，应考虑它的影响。

## 二、建筑工程中常用的木材类型与品种

（一）按加工方法区分

1. 原材

原材是指伐倒的树干经打枝和造材后，被截成长度适合于锯制商品材的木段。

2. 锯材

锯材是将原木锯成各种规格、带或不带钝棱的木材。

3. 气干材

气干材是将未干燥材在大气中放置一定时间，通过自然干燥，其含水率与其所在环境的大气条件（温度、湿度）达到或接近平衡的木材。

4. 窑干材

窑干材是经过干燥窑烘干的木材。

5. 规格材

规格材是将经过干燥的木材加工到符合指定规格和等级要求的成材或坯料。

（二）按用途区分

1. 结构用材

（1）实木：实木指经干燥并加工的天然树木实体。

（2）结构用集成材

结构用集成材是将具有一定强度标准的锯材作为层板，按层板木材纹理方向相互平行层积胶合而成的结构用材。

（3）单层板积材

单层板积材是将多层单板以顺纹方向为主，组坯胶合而成的结构材。

（4）定向刨花板

定向刨花板是将采用扁平窄长刨花，施加胶黏剂和添加剂，铺装时刨花在同一层内按同一方向排列成型，多层时表层刨花与定向的芯层刨花互相垂直交错，再经热压而成的板材。

（5）大片刨花定向层积材

大片刨花定向层积材是将用长约220mm、宽10mm以上、厚约1mm的大片刨花，经拌胶、定向铺装、热压而成的结构用（板）材。

2. 装饰装修用材

装饰装修用材以板材为主，包括各类人造板材（胶合板、纤维板、刨花板、细木工板、蜂窝细木工板等）、实木板材（实木地板、实木复合地板）和复合板材（浸渍纸层压木质地板等）。

3. 特殊用材

（1）建筑木线材

建筑木线材是利用木质材料制成的建筑装饰用线材。

（2）防腐木材

防腐木材是经防腐剂等化学药剂处理后可以抵御霉菌、细菌、真菌和昆虫等侵蚀性的木材。

（3）热处理木材

热处理木材是在保护介质（如水蒸气、植物油）作用下，采用高温（一般温度为160～240℃）处理的热改性木材。

（4）木纤维塑料复合材

木纤维塑料复合材是以单一的针叶树和阔叶树纤维或针叶、阔叶材混合纤维和聚乙烯、聚丙烯等热塑性高分子为原料加工而成的一类复合材料。

（5）非结构集成材

非结构集成材是由除去木材缺陷（节子、树脂、腐朽等）的短小方木或木材的切削余料接成一定长度后，再横向经拼宽或拼厚胶合而成的实木复合材料。


### 三、按成材断面形状分

（一）圆木：是指把除去皮、根、树梢、枝丫的原材按一定长短规格和直径要求锯切和分类的圆木段。

（二）枋材

木材经锯切加工后，其截面的宽度和厚度之比在3以下的木材，称为枋材（又称"方子"）。枋材按其截面积的大小又分为小枋、中枋、大枋；枋材可直接用于装修和制作门窗、扶手、家具、骨架用材。

（三）板材

截面宽、厚比大于3的，称为板材。板材按厚度的不同又分为薄板、中板、厚板和特厚

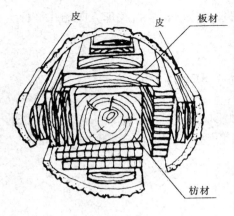

图 8-1　圆木锯切的充分利用

板四种。薄板的厚度为 12mm、15mm 两种；中板为 25mm、30mm 两种厚度；厚板为 40mm、50mm 两种厚度；板厚大于 60mm 者为特厚板。普通锯材长度：针叶树 1～8m，阔叶树 1～6m。长度进级：东北地区自 2m 以上按 0.5m 进级，不足 2m 的按 0.2m 进级；其他地区按 0.2m 进级。圆木锯切的充分利用示意参见图 8-1。

### 四、木制艺术品和生活日用品

木材除在工程中使用外，还可制作家具以及木制艺术品。

（一）树皮装饰制品和树皮艺术品。将树皮经艺术加工和特殊工艺加工可制挂贴画、表面装饰板、摆设艺术品等。

（二）根雕。树根经艺术家雕凿可制成根雕。

（三）木雕。一般木材可雕刻成各种花饰、摆设艺术品、浮雕、木门窗花饰以及木鞋雕（荷兰）。

（四）木制生活日用品。木碗、勺、筷、铲、盒等。

# 第二节　木材的装饰装修特性

## 一、木材的装饰特性

（一）木材的特性

1. 材质轻、强度高：木材的表观密度一般在 550kg/m³ 左右，但其顺纹抗拉和抗弯强度均在 100MPa 左右，属轻质高强材料。

2. 弹性和韧性好：能承受较大的冲击荷载和振动荷载。

3. 导热系数小：木材为多孔结构的材料，其孔隙率可达 50%，一般木材的导热系数为 0.3W/(m·K) 左右，因此具有良好的保温隔热性能。

4. 木材对电流等有高度的绝缘性，是极好的绝缘材料。

5. 易于加工和安装：木材材质较软，易于进行锯、刨、雕刻等加工，做成各种造型、线形、花饰等构件与制品，而且安装施工方便。

6. 耐久性良好：只要处置得当，经科学干燥后木材的耐久性能会良好。民间谚语称木材："干千年，湿千年，干干湿湿二三年"。我国现存的古建筑中，就有保存千年以上的宫殿、佛塔等实例。

（二）木材的装饰效果

木材历来被广泛用于建筑物室内装修与装饰领域，如门窗、楼梯扶手、栏杆、木地板、壁板、天花、踢脚、挂镜线及各类装饰线条等。它给空间环境以自然、温暖、亲切的感觉。在古建筑中，木材就成为细木装修的主要材料，而且制作工艺也达到了极高的水平。

210

## 二、木材的使用要点

### （一）注意防腐

#### 1. 木材的腐朽机理

木材腐朽是受木腐菌侵害的结果。木腐菌体内的水解酶能将木质细胞分解为养料，使木材强度逐渐降低，直至失去全部承载能力。木腐菌的生长必须同时具备下列三个条件：木材含水率高于18%；环境温度在2～35℃的范围内；有氧气供应。若能去除三个条件中的任何一个条件，即可抑制细菌生长，防止木材腐朽（木材含水率在5%～8%时为最佳）。

#### 2. 木结构的防腐措施

通常采用的防腐措施，主要有以下两个方面：

（1）破坏真菌的生存条件

破坏真菌的生存条件最常用的办法是使木结构、木制品和储存的木材，经常保持通风和干燥状态，以降低含水率，并对木结构、木制品表面进行油漆与涂料的涂刷处理。油漆涂层可使木材隔绝空气，又隔绝水分。由此可知，木材刷油漆首先是为了防腐，其次是为了美观。

（2）化学防腐剂防腐

将化学防腐剂注入木材中，把木材变成有毒物质，使真菌无法寄生，以达到防腐目的。木材防腐剂种类较多，一般分为水溶性防腐剂、油质防腐剂和膏状防腐剂三类。室内木结构多使用水溶性防腐剂进行防腐处理。

木材化学防腐的方法通常有表面涂刷、喷涂和浸渍等。其中表面涂刷和喷涂法简单易行，但防腐剂不能深入；浸渍法能使防腐剂深入木材内部，但对所需设备要求较高，成本较高。

### （二）注意防虫蛀

蛀蚀木材的昆虫，主要是白蚁和甲虫。白蚁以木材为主要食物，对潮湿木材危害较大；甲虫则以含水率较低的干燥木材为主要食物。木材防虫的主要途径是断绝虫卵的侵入，凡是有白蚁或甲虫危害的地区，对木结构或木构件均应采用防虫药剂处理。常用的防虫药剂有硼酚合剂、林丹合剂等。

### （三）注意防火

木材的防火，关键是将木材进行阻燃处理。其目的是改变其燃烧性能，以达到遇到小火能自行熄灭，遇到大火能延缓火势或阻滞燃烧蔓延，从而赢得火灾扑救时间。

#### 1. 燃烧机理

木材在热的作用下发生热分解反应，随着温度的升高，热分解速度加快。当温度升高至220℃以上，达到木材燃烧点时，木材燃烧释放出大量可燃气体，这些可燃气体中有着大量高能量的活化基，活化基氧化燃烧后继续释放出新的活化基，如此形成一种燃烧链反应，于是火焰在链状反应中得到迅速传播，使火越烧越旺，此时称气相燃烧。在温度达450℃以上时，木材形成固相燃烧。木材燃烧时的燃烧温度可达800～1300℃。

#### 2. 耐火极限

所谓耐火极限，即木构件在模拟火灾温度（700～1000℃）的火焰上进行燃烧，从开始燃烧到木材失去应有功能（对于承重构件就是失去承载能力）所用的时间。

对于木结构及其构件的防火，主要是根据建筑物的耐火等级来采取相应措施，以阻止燃烧蔓延并提高构件的耐火极限。

3. 防火处理措施

（1）在木材表面涂刷防火涂料，其目的是阻滞热传递或抑制木材在高温下分解助燃。某些防火涂料涂在木制品表面，既能起到防火作用，又具有防腐和装饰作用。

（2）使用化学阻燃剂溶液对木材进行浸注处理，可改变其燃烧属性，提高耐火极限。浸注处理又分常压浸注和加压浸注两种。处理前，要使木材充分气干，并经初步加工成型，以避免防火处理后再进行大量锯、刨加工，使材料中侵入的阻燃剂被除去。

# 第三节　木板及人造板材

## 一、单片板

单片板是将木材蒸煮软化，经旋切、刨切或锯割成的厚度均匀很薄的木片，用以制造胶合板、装饰贴面或复合板贴面等。由于单板很薄，其厚度在 1.0mm 以内，一般不能单独使用，所以被认为是半成品材料。

## 二、胶合板

胶合板是由三层以上的旋切单片板通过整理、涂胶、组坯、热压、切边后而成的人造木质板材。它大大提高了木材的利用率和使用性。由于胶合板的各层单板按纹理综合交错胶合，在很大程度上克服了木材各向异性的缺点，使胶合板具有良好的稳定性和力学性能。由于其材质均匀、强度高、幅面大、变形小、不开裂等物理特性，兼具木纹真实、自然的特点，被广泛用作室内护壁板、顶棚板、门板的装修及家具制作。

（一）胶合板的分类

胶合板的耐水性与所用的胶合剂密切相关。按照标准，根据其耐水性，将胶合板分为四类：

1. Ⅰ类为耐气候、耐沸水胶合板：使用酚醛树脂或其他性能相当的胶黏剂胶合而成，具有耐久、耐蒸汽、耐干燥、抗菌等特点，能在室外环境下应用；

2. Ⅱ类为耐水胶合板：使用脲醛树脂胶合而成，能经受冷水浸泡和短时间热水浸泡；

3. Ⅲ类为耐潮胶合板：使用血胶、填料、脲醛胶等胶合而成，适于室内常温环境下使用。

4. Ⅳ类为不耐水胶合板：是以豆胶等胶黏剂胶合而成。

（二）胶合板的规格

组成胶合板木片的层数为奇数，一般为 3～13 层，相邻木片的纤维相互垂直。厚度范围为 2.5～15mm，宽度为 915～1220mm，长度为 915～2440mm。

## 三、大芯板

（一）大芯板的构造与特性

大芯板又称细木工板，是由上下两层单片薄板，中间放置由小块木条挤压黏结的复合板材，故称大芯板（见图8-2）。由于芯材中间有接缝间隙，因此可降低因木材变形对板材质量的影响。大芯板具有较高的硬度和强度，更具质轻、耐久、易加工的特性，是一种极有发展前景的新型板材。适用于家具制造等行业，特别是在建筑装饰装修工程中，大芯板材亦被大量使用。

（二）大芯板的规格尺寸

大芯板的宽度×长度：有915mm×1830mm、1220mm×2135mm两种。厚度为18mm。

大芯板芯材要求排列紧密、无空洞和缝隙。选用软质木料，以保证有足够的持钉力及便于加工。

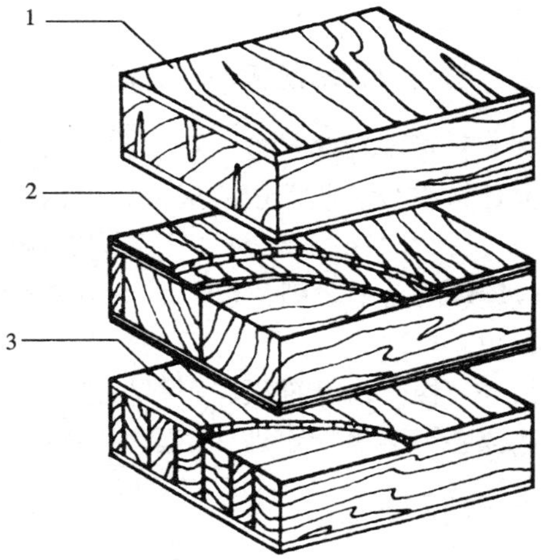

图8-2 大芯板材的构造示意图

1—以大木块为芯材；2—芯材木条小于25mm宽或双层胶合板覆面；3—芯材木条小于7mm宽

### 四、纤维板

（一）构造与特性

纤维板是采用木材碎料为原料，如板皮、刨花、树枝等废料，经破碎浸泡、纤维分离、板坯成型后，在热压作用下，使纤维素、半纤维素和木质素塑化而成的板材。也有加入黏合剂进行塑化成型的纤维板材。

纤维板幅面大、强度高、质地均匀、绝热性好，适于加工，可广泛用于建筑物中的顶棚、壁板、门板等；软质纤维板可用作保温及隔声材料。

（二）种类与规格

纤维板按表观密度分为三类：硬质纤维板（高于0.8g/cm³）；半硬质纤维板（0.4～0.8g/cm³）；软质纤维板（低于0.4g/cm³）。

1. 硬质纤维板

（1）硬质纤维板的规格

厚度有3mm、4mm、5mm；

宽度×长度有915mm×1830mm、1220mm×2440mm、1220mm×5490mm。

（2）硬质纤维板的分类见表8-2。

表8-2 硬质纤维板分类

| 分类形式 | 种 类 |
|---|---|
| 按原料分类 | 1. 木质纤维板：由木本纤维加工制成<br>2. 非木质纤维板：由竹材和草本纤维加工制成 |
| 按光滑面分类 | 1. 单面光纤维板：一面光滑，另一面有网痕<br>2. 两面光纤维板：具有两面光滑的纤维板 |

2. 软质纤维板的规格

（1）厚度：10mm、12mm、13mm、15mm、19mm、25mm；

（2）宽度×长度：914mm×2330mm。

### 五、刨花板、木丝板、木屑板

这三种板统称碎料板。它是利用刨花碎片及以短小废料加工刨制的木丝、木屑等，经干燥、搅拌、胶合热压而成的板材。刨花板按其表观密度的高低分轻、中、重三个等级；表观密度 $0.25\sim0.45g/cm^3$ 的是轻级刨花板，主要作保温和隔声材料使用；表观密度 $0.55\sim0.70g/cm^3$ 的为中级刨花板，用于制作隔墙和制作家具；表观密度 $0.75\sim1.3g/cm^3$ 的为重级刨花板。

另外，由于对纤维板、碎料板进行二次加工，进行贴面处理后制成装饰板，可增强表面硬度，改善力学性能，提高耐磨、耐热、耐化学腐蚀能力及表面装饰性。

### 六、细木板

将细木屑加入胶黏剂，经搅拌、热压、表面涂层修饰制成的高密度板材。其密度为实木板的 $1.5\sim2.0$ 倍，其耐热、耐磨、耐腐蚀，力学性能好，不变形。

其规格尺寸（长、宽）和硬质纤维板相同，厚度为 5mm、6mm、8mm、10mm 和 16mm，可做桌面、工作台面和局部装饰板。其缺点是：不能用木螺丝固定。表面颜色有深棕色（栗子皮色）、暗红色等。

### 七、蜂巢板

蜂巢板是由两片较薄的面板和中间一层较厚的蜂巢状芯材，牢固地黏结形成的板材。蜂巢状芯材通常使用浸渍过合成树脂（酚醛树脂、聚酯树脂等）的牛皮纸、玻璃布或铝片，经过加工粘合成六角形空腔（蜂巢状）或波形、网格等形状空腔，形成整体的空心芯板。芯板的厚度通常在 $15\sim45mm$ 范围以内，空腔的间距在 10mm 左右。面板除使用胶合板、纤维板以外，还可使用石膏板、牛皮纸、玻璃布等。

蜂巢板的特点是比强度高、受力平均、导热性低、质轻高强，是性能极佳的装修材料。

### 八、水泥木丝板

（一）定义

以硅酸盐水泥、白色硅酸盐水泥或矿渣硅酸盐水泥为胶凝材料，木丝为加筋材料，加水搅拌后经铺装成型、保压养护、调试处理等工艺制成的板材称为水泥木丝板。

（二）应用

1. 用于免拆模保温板：施工阶段用做外墙模板，浇筑混凝土后作为外墙保温层。

2. 用于水泥免拆模保温板：指以木丝水泥免拆模保温板为保温层、以抹面胶浆复合玻纤网为抹面层的外墙保温系统。

3. 用于木丝水泥预制保温墙板：以木丝水泥板为芯材，以抹面胶浆复合玻纤网或钢丝网作为抹面层的工厂预制自承重保温墙版。

（三）性能指标

1. 木丝水泥免拆模保温板的厚度不宜小于 20mm，且不宜大于 70mm。其性能指标见

表 8-3。

**表 8-3　木丝水泥免拆模保温板的性能指标**

| 项目 | 指标 | | 项目 | 指标 |
|------|------|------|------|------|
| 密度（kg/m³） | 400~550 | | 垂直于板面方向的抗拉强度（MPa） | ≥0.1 |
| 弯曲抗拉强度（MPa） | 长向 | 短向 | 蓄热系数［W/(m²·K)］ | ≥1.25 |
| | ≥1.5 | ≥0.8 | | |
| 弯曲弹性模量（MPa） | 长向 | 短向 | 吸水率（％） | ≤10 |
| | ≥600 | ≥400 | | |

2. 木丝水泥预制保温墙板的要求：

（1）木丝水泥板的密度不应低于 350kg/m³，导热系数不应大于 0.09［W/(m²·K)］，抹面胶浆的性能应符合规范的规定。

（2）木丝水泥预制保温墙板的长度不宜大于 6000mm，高度不宜大于 4000mm；芯材厚度不宜大于 300mm，且不宜小于 150mm。

（3）木丝水泥预制保温墙板应采用抹面层材料完全包裹，正反两面抹面层厚度均不宜小于 10mm。

（4）木丝水泥预制保温墙板的性能指标见表 8-4。

**表 8-4　木丝水泥预制保温墙板的性能指标**

| 项目 | 指标 | 项目 | 指标 |
|------|------|------|------|
| 垂直于板面方向的抗压强度（MPa） | ≥0.1 | 弯曲抗拉强度（MPa） | ≥0.8 |
| 弯曲弹性模量（MPa） | ≥250 | 干燥收缩率（mm/m） | ≤2.3 |
| 燃烧性能等级 | B₁级 | 抗冲击性能 | 经 5 次抗冲击试验后，板面无裂纹 |

注：弯曲抗拉强度和弯曲弹性模量均指墙板高度方向的指标。

# 第四节　木　质　地　板

## 一、实木地板

实木地板是直接用实木加工而成的地板。它由天然木板材，通过干燥处理，锯、刨、磨、裁口等工序精加工而制成。

实木地板具有天然纹理，给人以淳朴、自然的亲切感。其良好的弹性，使脚感舒适。一般木地板亦存在天然缺欠，诸如：易虫蛀、易燃，由于取材部位不同而造成木地板的各向异性、构造不均、胀缩变形，因此使用木地板要注意采取防蛀、防腐、防火和通风措施。

（一）实木地板：

实木地板的种类及特点详见表 8-5。

表 8-5　实木地板的种类及特点

| 类　　别 | 基　本　特　点 |
|---|---|
| 平口实木地板 | 长方形条块，生产工艺简单 |
| 企口实木地板 | 板面长方形一侧榫一侧有槽，背面有抗变形槽 |
| 拼方，拼花实木地板 | 由多块小块木条按一定图案拼成方形，生产工艺精度要求高 |
| 竖木地板 | 以木材横截面为板面，加工过程中改性处理，耐磨性较强 |
| 集成地板 | 由宽度相等的小木板条指接再将多片指接横拼，性能稳定，自然美观 |

（二）实木地板的规格见表 8-6

表 8-6　实木地板的规格

| 类　　别 | 规　格　（mm） | | |
|---|---|---|---|
| | 长 | 宽 | 厚 |
| 平口实木地板 | 300 | 50、60 | 12、15、18、20 |
| 企口实木地板 | 250～600 | 50、60 | 12、15、18、20 |
| 拼方、拼花实木地板 | 120、150、200 | 120、150、200 | 5～8 |
| 复合木地板 | 1500～1700 | 190 | 10、12、15 |

## 二、实木复合地板

以实木拼板或单板为面层，实木条为芯层，单板为底板制成的企口地板，以及以单板为面层、胶合板为基材制成的企口地板。

实木复合地板既有实木地板的美观自然、脚感舒适、保温性能好的长处；又克服了实木地板因单体收缩，容易起翘变形的不足，且安装简便，不需打龙骨。实木复合地板可分为三层实木复合地板、多层实木复合地板、细木工复合地板三大类。

三层结构实木复合地板，由三层实木交错压制而成。表层由优质硬木规格板条拼成，常用的树种为水曲柳、桦木、山毛榉、柞木、枫木、樱桃木等。中间为软木板条，底层为旋切单板，排列成纵横交错状。表层为胡桃木、花梨木、柚木的属于中高档的实木复合地板；表层为橡木、桦木、柞木的属于中低档的实木复合地板。

（一）实木复合地板的种类及特点表 8-7

表 8-7　实木复合地板的种类及特点

| 类　　别 | 基　本　特　点 |
|---|---|
| 三层实木复合地板 | 由三层实木交错层压制而成 |
| 多层实木复合地板 | 以多层胶合板为基材，与三层实木复合地板相同 |
| 细木工贴面地板 | 由表层、芯层、底层顺向层压制而成 |

（二）实木复合地板应具备以下技术性能：

1. 甲醛释放量。A 级产品为 9mg/100g；B 级产品为 40mg/100g；

2. 浸渍剥离。水浸不得出现剥离现象；

3. 表面耐磨。产品耐磨耗损值在 0.08 以下为优质产品；0.15 以下为合格产品；

4. 漆膜附着力。合格级以上产品的漆膜应不得脱离；

5. 静曲强度。静曲强度的最低值为 30MPa；

6. 弹性模量。弹性模量的最低值为 4000MPa；

7. 含水率。国际标准规定在 5%～14% 范围内；

8. 表面耐污染。表面不得出现污染和腐蚀。

（三）实木复合地板的规格详见表 8-8

表 8-8　实木复合地板的规格

| 类　　型 | 规格 长×宽×厚（mm） | 花　　色 |
|---|---|---|
| 普通型 | 1380×195×8 | 浅红榉木、直纹榉木、桃芯木 |
| 船甲板型 | 1285×195×8 | 梦幻橡木、黄樱橡木、富贵红木、金红榉木、金枫木、野樱桃木、自然红木、黑花梨、金檀木、鸳鸯榉木、玫瑰榉木 |

### 三、强化木地板

强化木地板又称为"浸渍纸层压木质地板"，是以一层或多层专用纸浸渍热固性树脂铺装在刨花板、中密度纤维板、高密度纤维板等人造基材表面，背面加耐磨层，经热压而成的地板。

强化木地板是最环保的地板，多用于人员较多、活动频繁的环境，如住宅的客厅、过道等经常有人走动的地方。

（一）强化木地板的优缺点

1. 优点：不需要抛光、上漆、打蜡，易清理，耐磨，价格不高等。

2. 缺点：由于厚度较薄（8mm）。脚感较差，花色品种较少，没有实木地板生动。

（二）强化木地板的规格尺寸

强化木地板的规格尺寸，长板为 285mm×195mm×8mm，短板为 121mm×195mm×8mm。

（三）强化木地板的性能

1. 吸水后的膨胀率：优等品的膨胀率应在 2%～5% 之间；一等品的膨胀率应在 4%～5% 范围内；合格品则在 10% 以下。

2. 表面耐磨度：公共场所应达到 9000 转，住宅应达到 6000 转。

3. 甲醛释放量：A 级产品是 9mg/100g，B 级产品是 30mg/100g。

4. 密度：国际标准的下限值为 0.8g/cm³。

5. 含水率：国际标准为 3%～10%。

6. 静曲强度：国际标准规定，静曲强度在 40MPa 时为优质品，30MPa 时为合格品。

7. 内组合强度：一般应在 1.0MPa 以上。

8. 表面胶合强度：一般应在 1.0MPa 以上。

9. 表面耐磨强度：表面在 3.5N 外力磨损时不出现整圈刻痕的为优质品，3.0N 外力磨损时为一等品，2.0N 外力磨损时不出现整圈刻痕的为合格品。

10. 抗冲击强度：铁球冲击后凹坑直径在 9mm 时为优质品，12mm 时为一等品。

11. 耐香烟烧灼：优等品不应出现黑斑、裂纹和鼓泡现象。

12. 耐腐蚀污染：优质品不应出现污染和腐蚀。

13. 耐水蒸气：水蒸气试验后不得有污染和腐蚀。

14. 耐冷热循环：表面耐干热和表面耐龟裂，应达到相关标准。

强化木地板的质量主要控制指标为耐磨指数、甲醛释放量、吸水膨胀率等方面。

依据产品的不同分为两个组别、六个使用级别，分别为 21、22、23、31、32、33 级。其中，21 级为最低级别，适用于家庭使用，耐用度较低；22 级适用于家庭，耐用度适中；23 级适用于家庭，耐用度较高。31 级适用于公共场所，耐用度较低；32 级适用于公共场所，耐用度适中；33 级为最高级别，适用于公共场所，耐用度较高。

（四）强化木地板的构造要求

1. 选型：浸渍纸层压木地板（强化木地板）面层应采用条状或块状材料。厚度在 8～12mm 之间为宜。

2. 铺装：可采用有垫层或无垫层的方式铺设。固定方式可以空铺或粘贴。

（1）空铺法：当采用无龙骨的空铺法铺设时，宜在面层与基层之间设置衬垫层。衬垫层应在面层与柱、墙之间的空隙内加设金属弹簧卡或木楔子，其间距宜为 200～300mm。

（2）实铺法：面层铺设时，相邻板材接头位置应错开不小于 300mm 的距离；衬垫层、垫层地板及面层与柱、墙之间均应留出不小于 10mm 的空隙。

3. 其他要求

（1）浸渍纸层压木地板（强化木地板）安装第一排时，应凹槽靠墙，地板与墙之间应留有 8～10mm 的缝隙。

（2）浸渍纸层压木地板（强化木地板）房间长度或宽度超过 8.00m 时，应在适当位置设置伸缩缝。

## 四、竹木地板

是把竹材加工后，再用胶黏剂胶合、加工成的长条企口地板。又名强力竹片拼花地板。它以优质竹材经化学、物理特殊工艺处理制成，具有防腐、防水、防蛀、防火、不霉、不变形、弹性好、表面光洁等特点，一般呈竹材天然色泽。

竹木地板的特点详见表 8-9。

表 8-9　竹地板的特点

| 类　别 | 基　本　特　点 |
| --- | --- |
| 竹木地板 | 质硬、耐磨、有弹性、纹理清晰美观，处理后不变形，色泽典雅，冬暖夏凉 |
| 竹木复合地板 | 表层和底层是竹材，芯为杉木，脚感好，其余特点同上 |

竹木地板的品种和规格尺寸有：

（一）品种

1. 普通地板。亮光碳化对节、亮光碳化散节、耐磨亚光碳化对节、耐磨亚光碳化散节、亮光本色对节、亮光本色散节、耐磨亚光本色对节、耐磨亚光本色散节；

2. 耐磨体育地板；

3. 高档无尘竹地板。

（二）规格

长度一律 930mm；宽度有 112mm、114mm、130mm、146mm 等；厚度有 9mm、15mm、18mm、21mm。

## 五、软木地板

（一）软木地板的应用

软木产品广泛应用于图书馆、幼儿园、卧室等房间中。

（二）什么是软木

软木是橡树的保护层，以树皮为原料，俗称"栓皮栎"。软木的厚度一般为 40～50mm，优质软木为 80～90mm 厚，每隔 9 年采剥一次，每棵树总共可采剥 10～12 次。

（三）软木地板的特点

1. 柔软。软木地板其实不软，"软"的是柔韧性。因为软木的细胞犹如蜂窝状，细胞中有一个个封闭的气囊，在受到外来的压力时，细胞会收缩变小；失去压力时，又会恢复原状。由于表面独有的耐磨层，至少使用 20 年不会出现开裂、破损现象。

2. 吸声。软木地板有极好的吸声效果，许多爱好音乐的人都用软木做吸声墙板。

3. 温暖。如果光脚走在软木地板上，会比走在实木地板或复合地板上感觉温暖得多。

4. 环保。软木地板是实实在在的环保产品，不但产品本身是绿色无污染的，而且由于软木的原材料具有再生性，因此对森林资源没有破坏。

5. 施工简便。施工安装方法有悬浮式和粘贴式。软木地板表面的刷漆保养同实木地板一样，一般半年保养一次即可。

## 六、选用地板时应注意的问题

（一）实木地板

1. 从原色的桦木到极深色的紫檀木，共有几十个品种可供选择。其价位也取决于木材的珍贵程度。

原色给人以亲近自然的温馨感受；白色则细腻委婉体现清洁雅致；深色给人以庄重古朴、怀旧的感觉。

桦木、柞木等价格偏低或适中；柚木、花梨木等价格很高。

2. 含水率是实木地板变不变形的最重要指标，而且并不是越低越好，一般 5％～8％为合格。南方应高些，北方应低些。

3. 实木地板有优质品、一等品、二等品之分。

抽查地板的等级时，先看外观是否有虫眼、开裂、霉变、腐朽、死节等；再检查木地板的加工精度，如公差、平整度、光洁度、色差等。

（二）实木复合地板

1. 看结构

实木复合地板以多层纵横叠加、层层牵制的结构形式最佳。它的脚感好，变形少，高质量的三层实木地板甚至无变形。

2. 看产地

实木复合地板的质量好坏主要看表面硬木层的树种和树龄，由于东南亚和南美一带原始森林较多，原木质量相对较高，生产的实木复合地板的质量相对也高，且成本低。目前，泰国、印尼已成为全球三层实木复合地板的主要产地。

3. 看表层厚度

高品质的实木复合地板表层厚度可达 4mm。视觉上质感强，色泽丰润；脚感较好，行走舒适；还可多次翻新，长期使用。

4. 看甲醛含量是否超标

因为实木复合地板中间使用胶黏剂黏结，所以甲醛是否超标值得注意。国家标准规定：甲醛含量在 40mg/100g 时，才可以进入市场；甲醛含量在 9mg/100g 时，可获得绿色标志认证。

（三）强化木地板应注意耐磨转数

耐磨转数高则表面质量高，反则反之。

（四）木地板的污染控制

1. 民用建筑工程室内的人造木板及饰面人造木板，必须测定游离甲醛含量或游离甲醛释放量。

2. 当采用游离甲醛释放量对人造地板进行分级时，具体规定见表 8-10。

**表 8-10　游离甲醛释放限量**

| 级别 | 限量（mg/m³） |
| --- | --- |
| $E_1$ | ≤0.12 |

3. 住宅、医院、老年人建筑、幼儿园、学校教室等 I 类民用建筑工程的室内装修，采用的人造木板及饰面人造木板必须达到 $E_1$ 级要求。

4. 办公楼、商店、旅馆、文化娱乐场所、书店、图书馆、体育馆、公共交通等候室、餐厅、理发店等 II 类民用建筑工程的室内装修，采用人造木板及饰面人造木板时宜达到 $E_1$ 级要求；当采用低于 $E_1$ 级人造木板时，直接暴露于空气的部位应进行表面涂覆密封处理。

# 第五节　其他木材制品

## 一、新型装饰板（又称装饰贴皮）

装饰贴皮是指以木材或纸材为原料，经加工处理而成，可粘贴于制品表面的装饰面材。一般作为二次加工材料，具体有微薄木贴皮、饰面防火板等。

微薄木贴皮是将旋切成 0.1～0.5mm 左右的微薄木片与坚韧的薄纸粘合在一起，作成卷材状的产品。它具有美丽木纹、材色悦目、真实立体的自然美效果。

饰面防火板是将多层纸材浸渍于树脂溶液后，在高温高压下压制成型，再经印花、质感制作、面层处理等工序而制成的饰面材料。它具有防火、防热、防水、防尘、耐磨、耐冲击、耐酸碱等特点。厚度为 1～2mm，有单张和薄片卷材等规格。

## 二、护壁板

护壁板又称护墙板、木台度。在以条木地板作为地面装饰装修材料的房间，往往采用此装修方式。木台度还包括门、窗包口等部位，有较严格的构造要求。表面可采用木板、企口条板、胶合板、纤维板、细木板及装饰线脚和贴面等制作。

### 三、木装饰线脚

（一）材料

1. 实木

采用材质较好的树材，通过机械加工而成。常用的树材有柚木、水曲柳、红松及白松等软木材。具有质轻、美观、易于使用等特点。

2. 中密度纤维材料

还有利用中密度板、厚胶合板等板材制作的线脚，优点是不变形。主要在施工工地进行现场制作。

（二）线脚类型

装饰线脚是现代装饰工程中应用最为普遍的材料，木装饰线脚在室内装修工程中被广泛采用。如天花边角线、墙腰线、地面踢脚线、挂镜线，以及护壁板、门板表面上造型线条的镶边等。木线脚还可以多条组合使用，以创造出复杂华丽的装饰线造型。

各类木线条立体造型各异，有多种的断面形式，例如有半圆线、平线、麻花线、鸠尾形线条等优美的曲线线条。具体线脚类型有：镶板线、腰线、内角线、天花角线等。

部分木装饰线脚造型示意见图8-3。

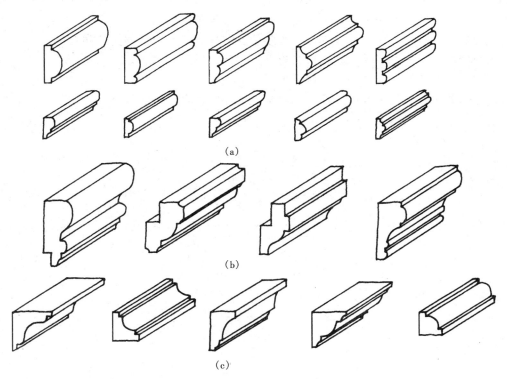

(a)

(b)

(c)

图 8-3　木装饰线脚造型示意图

（a）镶板线；（b）腰线；（c）角线

## 四、防腐木材

经防腐剂等化学药剂处理后可以抵御霉菌、细菌、真菌和昆虫等侵蚀性木材。

## 五、热处理木材

在保护介质（如水蒸气、植物油）作用下，采用高温（一般温度为 160～240℃）处理的热改性木材。

## 六、木纤维塑料复合材

以单一的针叶树和阔叶树纤维或针、阔叶材混合纤维和聚乙烯、聚丙烯等热塑性高分子材料为原料加工而成的一类复合材料。

## 七、非结构集成材

由除去木材缺陷（节子、树脂、腐朽等）的短小方木或木材的切削余料接成一定长度后，再横向经拼宽或拼厚胶合而成的实木复合材料。

# 复 习 题

1. 树木按叶形可分为两大类，这两类木材在材质特点及使用性能等方面都有哪些区别？
2. 什么叫做木材的含水率、平衡含水率、纤维饱和点？
3. 木材的含水率的大小对其自身的力学强度和体积变形的影响是怎样的？
4. 木质人造板中大芯板和胶合板在构造上有什么不同？
5. 试说明木材的防腐机理及防腐措施。
6. 建筑工程中一般使用质地较软的木材，请说明该木材的特性。

# 第九章 装饰装修用塑料

## 第一节 基 本 知 识

### 一、塑料的组成

塑料是以人工合成的或天然的高分子有机化合物（如合成树脂、天然树脂、纤维素脂或醚、沥青等）为主，添加必要的助剂与填料，在一定的条件下塑化成形，并能在常温下保持其形状的有机合成材料。生产工艺有挤出法、压延法、注塑法、压型法等。

建筑塑料制品多数是以合成树脂为基本材料，再加入一些改性作用的添加剂，经混炼、塑化并在一定压力和温度下制成的。

#### （一）树脂

树脂为塑料的主要成分，其质量占塑料总量的 40% 以上，在塑料中起胶结作用，并决定塑料的硬化性质和工程性质。塑料常以所用的树脂命名（树脂分为天然树脂和人工合成树脂），常用塑料的基本性质和应用见表 9-1。

表 9-1　常用塑料的基本性质和应用

| 树脂名称 | 树脂代号 | 密度（g/cm³） | 抗拉强度（MPa） | 耐热温度（℃） | 基本性能和应用 |
|---|---|---|---|---|---|
| 聚甲基丙烯酸甲酯 | PMMA | 1.18～1.20 | 49.0～77.0 | 65～90 | 有较好的弹性、韧性和抗冲击强度，耐低温性能好、透明度高、可制作有机玻璃 |
| 聚丙烯 | PP | 0.90～0.91 | 30.0～39.0 | 100～120 | 密度最低，耐热性较好，可制作纤维、薄膜、管材、器具和工程配件 |
| 聚苯乙烯 | PS | 1.04～1.07 | 35.0～63.0 | 65～95 | 耐水、耐腐蚀和电绝缘性好，透光、易加工和着色性好，但性脆，可制作各种板材 |
| 聚氨酯发泡树脂 | PU | 0.02～0.05 | 0.10～0.13 | 85 | 可制作泡沫塑料、保温、减震材料，可以调制涂料、胶黏剂和防水材料等 |
| 聚氯乙烯 | PVC | 1.16～1.45 | 10.5～63.3 | 66～79 | 耐酸碱，强度较低，对光和热性能不稳定，可制管材、板材、门窗、地板、防水材料 |
| 聚乙烯 | PE | 0.91～0.97 | 8.4～31.7 | 49～82 | 耐水、耐低温、耐腐蚀，稳定性、绝缘性好；物理机械性好，可燃，宜制作防水材料 |
| 环氧树脂 | EP | 1.12～1.15 | 70 | 150～260 | 耐热、化学稳定、黏结性好，吸水性低，强度高，宜制作玻璃钢、胶黏剂和涂料 |

| 树脂名称 | 树脂代号 | 密度（g/cm³） | 抗拉强度（MPa） | 耐热温度（℃） | 基本性能和应用 |
|---|---|---|---|---|---|
| 不饱和聚酯树脂 | UP | 1.10～1.45 | 42～70 | 120 | 耐腐蚀、力学性和加工性好，宜制作玻璃钢管和仿石材料 |
| 有机硅树脂 | SI | 1.45～2.00 | 18～30 | >250 | 耐高温和低温，耐腐蚀，稳定性和绝缘性好，宜做高级绝缘材料和防水材料 |

其他常用树脂的代号见表 9-2。

**表 9-2　常用树脂的代号**

| 代号 | 名称 | 代号 | 名称 |
|---|---|---|---|
| PBT | 聚对苯二甲酸丁酯 | HDPE | 高密度聚乙烯 |
| GPPS | 通用级聚苯乙烯 | LDPE | 低密度聚乙烯 |
| EPS | 聚苯乙烯泡沫 | HIPS | 耐冲击性聚苯乙烯 |
| AS-SAN | 苯乙烯-丙烯腈共聚物 | ABS | 丙烯腈-丁二烯-苯乙烯共聚物 |
| PMMA | 聚甲基丙烯酸酯 | EVA | 乙烯-醋酸乙酯共聚物 |
| PET | 聚对苯二甲酸乙二醇酯 | PA | 聚酰胺 |
| PBT | 聚对苯二甲酸丁酯 | PC | 聚醋酸树脂 |
| POM | 聚甲醛树脂 | PPO | 聚苯醚 |
| PPS | 聚亚苯基硫醚 | | |

（二）改性添加剂

为改善塑料的性质，需要加入多种作用不同的添加剂。

1. 填充料

填充料是为调节塑料的物理化学性能，提高机械强度，扩大使用范围而加入的粉状或纤维状无机化合物。如加入玻璃纤维可提高塑料的机械强度，加入云母可增强塑料的电绝缘性，加入石棉可以改善塑料的耐热性，加入填充料后可降低塑料的成本。常用的填充料还有石灰石粉、滑石粉、铝粉、木屑、木粉及其他纤维等。

2. 增塑剂

增塑剂是为提高塑料加工时的可塑性，使其在较低的温度和压力下成形。有些增塑剂还能改善塑料的强度、韧性、柔顺性。不同的塑料对增塑剂是有选择性的，增塑剂必须能与树脂相容，其性能的变化也不得影响塑料的性质。常用的增塑剂有邻苯二甲酸二丁酯、邻苯二甲酸二辛酯、磷酸三甲酚酯等。

3. 固化剂

为调节塑料固化速度，使树脂硬化的物质叫固化剂。通过选择固化剂的种类和掺量，可取得所需要的效果。常用的固化剂有胺类、酸酐、过氧化物等。

4. 稳定剂

为使塑料长期保持工程性质而加入的物质叫稳定剂。常用的稳定剂有抗老化剂、热稳定剂等，如硬脂酸盐、铅化物等。

## 5. 着色剂

在塑料中加入着色剂可以获得所需的色彩，着色剂应能与树脂混合良好，在加热加工和使用中应稳定。

塑料中常用的改性添加剂还有润滑剂、发泡剂、阻燃剂等。

### 二、建筑塑料的主要特性

（一）优点：

1. 加工性能优越

塑料可以用各种简便的方法加工成各种形状的产品，如薄板、薄膜、管材、异型材料等。

2. 质量轻

塑料的表观密度在 $0.22\sim0.8g/cm^3$，约为钢材的 $1/10\sim1/8$、铝材的 $1/2$、混凝土的 $1/3$，与木材相近。

3. 功能多样

通过改变配方与生产工艺，可以制成具有各种特殊性能的工程材料。如强度超过钢材的碳纤维复合材料；具有承重、质轻、隔声、保温的复合板材；柔软而富有弹性的密封、防水材料等。

4. 装饰性强

塑料制品不仅可以着色，而且色彩鲜艳持久。可通过照相制版印刷，模仿天然材料的纹理（如木纹、大理石纹）；还可电镀、热轧、烫金制成各种图案和花型，使其表面具有立体感和金属的质感，能满足建筑设计人员丰富的想像力和创造力。

5. 化学稳定性和电绝缘性良好

塑料制品一般对酸、碱、盐及油脂有较好的耐腐蚀性。电绝缘性可与陶瓷、橡胶媲美。

（二）缺点

塑料制品的易燃、易老化、耐热性差，是有机高分子材料的通病。近年来随着改性添加剂和加工工艺的不断发展，塑料制品的这些缺点也得到了克服。如加入阻燃剂可使它成为优于木材的具有自熄性和难燃性的产品。

经改进后的建筑塑料制品，其使用寿命完全可以与其他建筑材料相媲美，有的甚至能高于传统材料。建筑塑料的使用年限一般至少 20 年，最高可达 50 年。

# 第二节　常用的塑料制品

用于建筑的塑料制品很多，最常见的有塑料地板、塑料墙纸、塑料装饰板、塑料门窗和塑料管材及其他型材等。

### 一、塑料地板

塑料地板主要指塑料地板革、塑料地板砖等材料，它是用 PVC 塑料和其他塑料，再加入一些添加剂，通过热挤压法生产的一种片状地面装饰材料。塑料地板与涂料、地毯相比，它价格适中，使用性能较好，适应性强，耐腐蚀，行走舒适，应用面广泛。

塑料地板按掺入的树脂来分，有聚氯乙烯塑料地板、氯乙烯-醋酸乙烯塑料地板和聚乙烯或聚丙烯塑料地板。树脂中加入一定比率的橡胶可制成塑胶地板。成品有硬质、半硬质和弹性地板。外形有块状（地板砖）和卷材（地板革）两种。生产方法有热压法、压延法、注射法等。目前采用的产品多为压延法生产的半硬质 PVC 塑料地板砖。

塑料地板适用于宾馆、住宅、医院等建筑的地面，塑胶地板适用于体育场馆地坪、球场和跑道等地面装饰。下面介绍几种常用塑料地板的材料特性。

（一）PVC 地板

1. 分类

（1）印花或单色半硬质地板砖；

（2）印花或单色软质卷材地板；

（3）凹凸花纹发泡或不发泡卷材地板。塑料地板有底衬复合地板和无底衬地板。底衬材料有石棉纸、矿棉纸、玻璃纤维毡、无纺布等，底衬可提高地板的抗折强度，它变形小，但成本高。

2. 特性

（1）尺寸稳定性：与增塑剂和填料的加入量有关，增塑剂多、填料少的软质 PVC 地板尺寸稳定性差；反之，半硬质地板的尺寸稳定性就好。

（2）翘曲性：匀质 PVC 地板一般不发生翘曲，复合层地板因各层材料稳定性的差异容易出现翘曲。

（3）耐凹陷性：半硬质 PVC 地板耐凹陷性较好，其他地板在长期受压后造成的凹陷不易恢复。

（4）耐磨性：耐磨性与面层树脂的种类和填料的比率有关，填料多可提高耐磨性。几种地面材料的耐磨性比较见表 9-3。

表 9-3　几种地面材料的耐磨性比较

| 材　料　名　称 | 表观密度（g/cm³） | 磨耗质量（g） | 磨耗体积（cm³） |
|---|---|---|---|
| 半硬质 PVC 地板砖 | 1.94 | 0.200 | 0.103 |
| 预制水磨石 | 2.6 | 0.366 | 0.152 |
| 大理石 | 2.627 | 0.423 | 0.161 |
| 水曲柳木 | 0.525 | 0.294 | 0.560 |

（5）耐热耐燃性：要求地板要有一定的耐热性，遇未熄灭的烟头，地板不应被引燃，且离火后应自熄，半硬质 PVC 地板的耐热性和耐燃性最好。

（6）耐污染、耐化学性：地板表面致密光滑则吸收性小，能抗化学侵蚀。PVC 塑料地板能耐油污、耐酸碱、不腐蚀，所以易清洗。

（7）抗静电性：塑料地板经摩擦易产生静电，静电积聚易吸尘甚至产生火花而引起火灾，在 PVC 地板中加入一些抗静电剂，可避免产生静电积聚。有绝缘要求时不加抗静电剂。

（8）机械性能：高分子聚合物都有一定的耐磨性和机械强度，填料可提高硬度，这是塑料地板的主要性能指标。

（9）耐老化性：PVC 塑料易老化是影响其使用的致命弱点，生产中加入抗老化剂，可提高其抗老化性，一般寿命可达 20 年。

PVC 塑料地板装饰性好，用户可自行铺贴，但半硬质 PVC 塑料地板的隔声性能较差。

3. PVC 地板块材与卷材的比较

PVC 地板砖产品的种类很多，各有其特点，现将几种 PVC 地板砖的性能比较列于表 9-4 中。

表 9-4　几种 PVC 地板砖性能比较

| 项　　目 | 半硬质地板砖<br>（mm） | 印花地板砖<br>（mm） | 软质单色卷材<br>（m） | 不发泡印花卷材<br>（m） | 发泡印花卷材<br>（m） |
|---|---|---|---|---|---|
| 规　　格 | 300×300<br>330×330 | 303×303 | 1.0～1.5×<br>20～25 | 1.5～1.8×<br>20～25 | 1.6～2.0×<br>20～25 |
| 弹　　性 | 硬 | 软—硬 | 软 | 软—硬 | 软有弹性 |
| 耐凹陷性 | 好 | 好 | 中 | 中 | 差 |
| 耐烟头性 | 好 | 差 | 中 | 差 | 最差 |
| 耐污染性 | 好 | 中 | 中 | 中 | 中 |
| 耐机械损伤 | 好 | 中 | 中 | 中 | 较好 |
| 脚　　感 | 硬 | 中 | 中 | 中 | 好 |
| 装饰性 | 一般 | 较好 | 一般 | 较好 | 好 |
| 施　　工 | 粘贴 | 粘贴 | 平铺可粘贴 | 可不粘贴 | 平铺可不粘贴 |

4. PVC 地板的技术性能

（1）块材（表 9-5）

表 9-5　PVC 块材地板的规格和技术性能

| 名称 | 特点和用途 | 规格<br>（mm） | 技术性能 | |
|---|---|---|---|---|
| | | | 项目 | 指标 |
| PVC 塑料地板（块材） | 由 PVC 树脂、矿物填充料、增塑剂、颜料配制而成。具有轻质、耐油、耐腐蚀、防火、隔声、隔热、尺寸稳定、脚感舒适、施工方便、装饰效果好等特点 | 480×480<br>240×240<br>303×303<br>厚度 1.5、2.0、2.5、3.0<br>颜色多样 | 表观密度（g/cm³） | 2.0 |
| | | | 抗拉强度（MPa） | 11.946 |
| | | | 冲击功（N·m） | 7500 |
| | | | 延伸率（%） | 7.33 |
| | | | 吸水率（%） | 0.062 |
| | | | 耐磨（1000 转）（g/cm³） | 0.21 |
| | | | 耐燃性 | Ⅰ级（不变色、自熄） |
| | | | 耐化学腐蚀（50%，NaOH） | 良好 |
| | | | 耐化学腐蚀（36%，HCl） | 良好 |
| | | | 尺寸稳定性（%） | 0.27% |

（2）卷材（表 9-6）

表 9-6　PVC 卷材地板的规格和技术性能

| 名称 | 特点和用途 | 规格（mm） | 技术性能 | | |
|---|---|---|---|---|---|
| | | | 项目 | 指标 | |
| | | | | A 型 | B 型 |
| 弹性塑料地板（卷材） | 以 PVC 为主要原料，加入发泡剂和其他助剂制成。有 A 型、B 型、C 型、D 型、E 型普通地板和 F 型重载地板。有仿古、仿石、仿织物图样。适用于各种场合 | 幅宽 2000　厚度 1~4　A 型　1.5　B 型　1.6　C 型　2.0　D 型　4.0　E 型　1.0　F 型　3.4 | 单位面积的质量（g/m²） | 1000 | 1470 |
| | | | 残余凹陷值（mm） | ≤0.2 | ≤0.2 |
| | | | 抗拉强度（MPa） | 1.96 | 3.02 |
| | | | 延伸率（%） | ≥20 | ≥50 |
| | | | 尺寸稳定性（%） | ≤0.1 | ≤0.1 |
| | | | 非稳定性磨损率（%） | ≥6 | ≥6 |
| | | | 燃烧试验 | 7.3 | 7.5 |
| | | | 隔声性能（dB） | 8.0 | 13.0 |

（二）塑胶地板

半硬质 PVC 地板的弹性韧性较差，在塑料地板中加入一定量的橡胶，就可制成塑胶地板。塑胶地板弹性强、耐磨、耐候性好，呈现卷材状。其种类有：

1. 全塑型：是全塑胶弹性体，适于高能体育运动场地，如跑道、跳远跳高的起跑道等。

2. 混合型：它由防滑层和含有 50% 橡胶的颗粒胶层组成，适于大运动量体育场地。

3. 颗粒型：由塑胶黏合橡胶颗粒组成，适于一般球场地面。

4. 复合型：它由颗粒型塑胶作底胶层，全塑型塑胶由中胶层和防滑面层叠合黏结而成，适于田径跑道。塑胶地板的厚度为 2~25mm。

塑胶地板的结构与材料、品种规格、胶黏剂的选择，分别见表 9-7、表 9-8、表 9-9。

表 9-7　塑胶地板结构与材料

| 类　别 | | | 主要材料 |
|---|---|---|---|
| 形　状 | 结　构 | | |
| 块材 | 软质 | 单层 | 聚氯乙烯或氯化聚乙烯 |
| | 半硬质 | 单层 | 聚氯乙烯、氯乙烯-醋酸乙烯共聚物 |
| | | 多层复合 | |
| 卷材 | 无底衬 | 单层 | 聚氯乙烯或氯化聚乙烯 |
| | | 多层复合 | 聚氯乙烯 |
| | 有底衬 | 不发泡 | |
| | | 低发泡 | |
| | | 高发泡 | |

表 9-8　塑胶地板的品种规格

| 品　　种 | 规　　格（mm） | | |
|---|---|---|---|
| | 长　　度 | 宽　　度 | 厚　　度 |
| 半硬质聚氯乙烯块状塑料地板 | 300、457.2、600、914.4 | 300、457.2、600、914.4 | 1.2、1.5、1.6、2.0 |
| 不发泡聚氯乙烯卷材地板 | 900、1800、2700 | 900、1000、1800、2000 | 1.5、2.0、2.5、3.0 |
| 有底衬的发泡聚氯乙烯卷材地板 | ≥2000 | ≥1800 或 2000 | 1.5、2.0 |

表 9-9　塑胶地板胶黏剂的选择

| 地　板　名　称 | 胶　黏　剂 | 备　　注 |
|---|---|---|
| 半硬质块状塑料地板 | 聚醋酸乙烯类、丙烯酸类 | 有耐水要求时应选用环氧树脂类 |
| 卷材塑料地板 | 丙烯酸类 | 用于住宅时，可用双面胶带固定 |

**（三）塑料弹性卷材地板**

这种地板系以玻璃纤维作增强基层，采用刮涂法工艺加工而成。通过化学发泡使之有弹性，图案一般套色印刷，表面为耐磨层，用机械压花使其有浮雕效果，同时可以消除眩光并起防滑作用，有"可洗地毯"之美称。适用于较高等级的建筑中，如宾馆的客房等。

## 二、彩色橡胶地板

彩色橡胶地板使用高品质的天然橡胶、合成橡胶为基材，配以不含任何重金属的填充材料和颜料，它不含 PVC 材料，不含石粉，是绿色环保产品。

彩色橡胶地板有超强的防滑性能，卓越的减噪性能，优异的防火性能（$B_1$ 级），使用寿命可达 20 年。

彩色橡胶地板有凸起系列（500mm×500mm×3～5mm），碎花系列（500mm×500mm×3～5mm）和木纹、石纹系列、平面单色系列等多个品种。

彩色橡胶地板适用于家庭、办公、学校、医院、商场、银行、博物馆、图书馆、幼儿园、宾馆、影剧院、老年人建筑中。

## 三、塑料墙纸

塑料墙纸是目前国内外使用最为广泛的墙面装饰材料，它图案变化多，色泽丰富，通过印花、压花、发泡可以仿制许多传统材料的外观。如仿木纹、石纹、锦缎和各种织物图案，也有仿瓷砖、黏土砖的，甚至可达到以假乱真的地步。近些年来，出现了高档的发泡印花压花墙纸和印花高发泡墙纸，及满足使用功能和防水、防火、防菌等功能性墙纸，以及便于施工的无基层墙纸、预涂胶墙纸、可剥离墙纸等。

**（一）塑料墙纸的分类**

1. 普通塑料墙纸

（1）单色压花墙纸：这种墙纸是经凸版轮转热轧花机加工而成，可制成仿丝绸、织锦缎等多种花色。

（2）印花压花墙纸：这种墙纸是经多套色凹版轮转印刷机印花后再轧花而成，可制成印有各种色彩图案，并压有布纹、隐条凹凸花纹等双重花纹，故叫做艺术装饰墙纸。

（3）有光印花和平光印花墙纸：有光印花墙纸是在抛光辊轧的面上印花，表面光洁明亮；平光印花墙纸是在消光辊轧平的面上印花，表面平整柔和，以满足用户的不同需求。

2. 发泡墙纸

发泡墙纸是以 $100g/m^2$ 的纸为基材，每平方米涂塑上 $300\sim400g$ 掺有发泡剂的聚氯乙烯糊状料，印花后，再加热发泡而成。这类墙纸有高发泡印花、低发泡印花、低发泡印花压花等品种。

（1）高发泡墙纸的发泡率较大，表面含有富有弹性的凹凸花纹，是一种集装饰、吸声多功能的墙纸，常用于影剧院和住宅天花板等装饰。

（2）低发泡印花墙纸是在发泡平面印有图案的品种。低发泡印花压花墙纸采用化学压花的方法，即用有不同抑制发泡作用的油墨印花后再发泡，使表面形成具有不同色彩的凹凸花纹图案，所以也叫化学浮雕。该品还有仿木纹、拼花、仿瓷砖等花色，图样真、立体感强、装饰效果好、有弹性，适用于室内墙裙、客厅和室内走廊的装饰。

3. 特种墙纸

特种墙纸品种也很多，常用的有耐水墙纸、防火墙纸、彩色砂粒墙纸等。耐水墙纸是用玻璃纤维毡为基材，以适应卫生间、浴室等墙面的装饰要求。防火墙纸是用 $100\sim200g/m^2$ 的石棉纸为基材，并在聚氯乙烯涂塑材料中掺加阻燃剂，使其具有一定的阻燃防火性能，适用于防火要求较高的建筑和木板面装饰。表面彩色砂粒墙纸是在基材上散布彩色砂粒，再喷涂黏结剂，使表面具有砂粒毛面，一般用作门厅、柱头、走廊等局部装饰。

（二）塑料墙纸规格

目前塑料墙纸的规格有三种：

1. 窄幅小卷：幅宽 $530\sim600mm$，长 $10\sim12m$，每卷 $5\sim6m^2$；

2. 中幅中卷：幅宽 $760\sim900mm$，长 $25\sim50m$，每卷 $25\sim45m^2$；

3. 宽幅大卷：幅宽 $920\sim1200mm$，长 $50m$，每卷 $49\sim50m^2$。

小卷墙纸施工方便，选购数量和花色都比较灵活，最适合民用，家庭可自行粘贴。中卷、大卷墙纸粘贴时施工效率高、接缝少，适合专业人员施工。

（三）塑料墙纸的技术要求

1. 外观：塑料墙纸的外观是影响装饰效果的主要项目，不允许有色差、褶印、明显的污点。印花墙纸的套色偏差不能大于 $1mm$，不允许有漏印，压花墙纸的压花应达到规定深度，不允许有光面。表 9-10 所列为不同等级塑料墙纸的外观质量标准。

表 9-10　塑料墙纸的外观质量标准

| 等级<br>名称 | 优等品 | 一等品 | 合格品 |
|---|---|---|---|
| 色差 | 不允许有 | 不允许有明显差异 | 允许有差异，但不影响使用 |
| 伤痕和皱褶 | 不允许有 | 不允许有 | 允许基纸有明显褶印，但墙纸表面不许有褶子 |
| 气泡 | 不允许有 | 不允许有 | 不允许有影响外观的气泡 |
| 套印精度 | 偏差不大于 0.7mm | 偏差不大于 1mm | 偏差不大于 2mm |
| 露底 | 不允许有 | 不允许有 | 允许有 2mm 的露底，但不允许密集 |
| 漏印 | 不允许有 | 不允许有 | 不允许有影响外观的漏印 |
| 污染点 | 不允许有 | 不允许有目视明显的污染点 | 允许有目视明显的污染点，但不允许密集 |

2. 褪色性：将墙纸经碳棒光照 20h 后不应有褪色、变色现象。

3. 耐摩擦性：将墙纸用干的白布在摩擦机上干磨 25 次，用湿的白布湿磨 2 次后不应有明显的掉色，即白色布上不应沾有颜色。

4. 湿强度：将墙纸放入水中浸泡 5min 后取出用滤纸吸干，其抗拉强度应高于 2.0N/15mm。

5. 可擦性：是指粘贴墙纸的黏结剂附在墙纸正面，在黏结剂未干时，应有可能用湿布或海绵擦去而不留下明显痕迹的性能。

6. 施工性：将墙纸按图 9-1 要求用聚醋酸乙烯乳液淀粉混合（7：3）黏合剂贴在硬木板上，经过 2h、4h、24h 后观察 A、B、C 三处均不应有剥落现象。

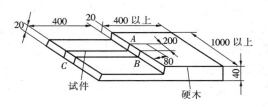

图 9-1　施工性试验示意图（mm）

在特殊场合，塑料墙纸还应进行耐燃性试验。

表 9-11 为各种等级塑料墙纸的耐摩擦性和湿强度质量标准。

表 9-11　塑料墙纸耐摩擦性和湿强度质量标准

| 项　目 | | | 指　标 | | |
|---|---|---|---|---|---|
| | | | 优等品 | 一等品 | 合格品 |
| 褪色性（级） | | | >4 | ≥4 | ≥3 |
| 耐摩擦色牢度试验（级） | 干摩擦 | 纵向 | >4 | ≥4 | ≥3 |
| | | 横向 | | | |
| | 湿摩擦 | 纵向 | >4 | ≥4 | ≥3 |
| | | 横向 | | | |
| 遮蔽性（级） | | | 4 | ≥3 | ≥3 |
| 湿润拉伸负荷（N/15mm） | | 纵向 | ≥2.0 | ≥2.0 | ≥2.0 |
| | | 横向 | | | |
| 黏结剂可擦性（横向） | | | 20 次无外观上的损伤、变化 | | |

### 四、塑料装饰板

塑料装饰板是以树脂为基料或浸渍材料经一定工艺制成的具有装饰功能的板材。塑料装饰板材质量轻，可以任意着色，可具有各种形状的断面和立面，用它装饰的外墙富有立体感，具有独特的建筑效果。施工时可采用干法施工，轻便灵活，效率高。

塑料装饰板按其原料的不同可分为：塑料金属板、硬质聚氯乙烯建筑板材、玻璃钢板、三聚氰胺装饰层板、聚乙烯低发泡钙塑板、有机玻璃板、复合夹层板等。

按外形可分为：波形板，主要用于屋面板和护墙板；异形板，是具有异型断面的长条板材，主要用作外墙护墙板；格子板，是具有立体图案的方形或矩形板材，可用于装饰平顶和外墙；夹层板，主要用于非承重墙和隔断墙。

（一）硬质聚氯乙烯建筑板材

用硬质聚氯乙烯板材作护墙板、屋面板和平顶板已广泛采用。硬质聚氯乙烯板的耐老化性能好，具有自熄性；经改性的硬质聚氯乙烯抗冲击强度也能符合建筑上的要求。

作为护墙板或层面板时，除应满足隔热、防水、透光等要求外，还要求它们具有足够的刚性，能自身支撑，能较简单地固定等。硬质聚氯乙烯板材具有三种形式，即波形板、异形板和格子板。

1. 波形板

这种板材有两种基本结构。一种是纵向的波形板，其宽度为 900～1300mm，长度没有限制，从运输的角度考虑，一般不应超过 5m。另一种是横向波形板，宽度为 500～800mm，横向的波形尺寸较小，可以卷起来，每卷长为 10～30m。硬质聚氯乙烯波形板的波形尺寸一般与石棉水泥板、塑料金属板、玻璃钢的相同，必要时可与这些材料配合使用。为得到独特的建筑效果，波形板有各种独特的断面，见图 9-2。

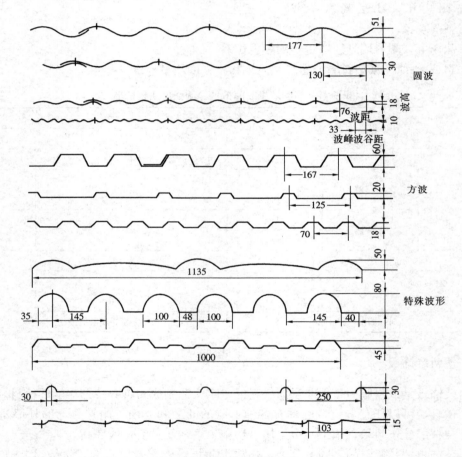

图 9-2　各种波形板断面 (mm)

硬质聚氯乙烯波形板的厚度为 1.2～1.5mm，有透明和不透明两种。透明聚氯乙烯波形板的透光率为 75％～85％，不透明聚氯乙烯波形板可任意着色。

彩色硬质聚氯乙烯波形板可作外墙，特别是阳台栏板和窗间墙装饰，鲜艳的色彩可给建筑物的立面增色。透明聚氯乙烯横波板可以作为吊顶使用，上面放灯可使整个平顶发光。纵波聚氯乙烯波形板长度不受限制，可以做成拱形屋面，中间没有接缝，水密性好，用作小型游泳池屋面尤为适宜。

2. 硬质聚氯乙烯异型板

这种异型板有两种基本结构。

（1）单层异型板材，它有各种形状的断面，一般做成方形波，以增强立面上的线条，在它的两边可用钩槽或插入配合的形式使接缝看不出来。型材的一边有一个钩型的断面，另一边有槽形的断面，连接时钩型的一边嵌入槽内，中间有一段重叠区，这样既能达到水密的要求，又能遮盖接缝，使这种柔性的连接能充裕地适应型材横向的热伸缩。由于采用重叠连接的方式，这种异型板也称为波迭板。为适应板材的热伸缩，它的宽度不宜太大，一般为100～200mm，长度虽没有限制，但由于运输的限制，最长宜为6m，厚度为1～1.2mm。

（2）中空异型板材。它们之间的连接一般采用企口的形式。在型材的一边有凸出的肋，另一边有凹槽，其刚度远比单层异型板高。

硬质聚氯乙烯异型板的安装施工采用干法，完全用机械固定的方法，从而减少了现场的湿作业。它作为窗间墙、楼间墙的外墙装饰，具有独特的装饰效果。

图 9-3 为各种硬质聚氯乙烯异形护墙板的形状、规格。

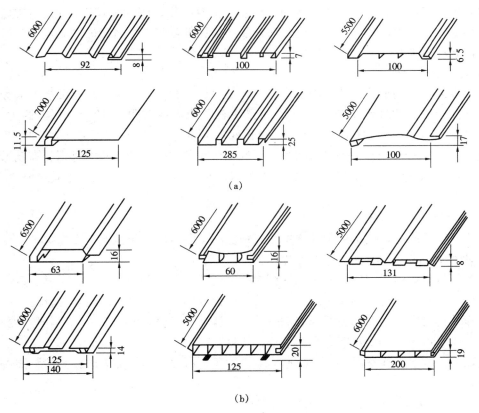

图 9-3　硬质 PVC 异型护墙板

（a）单层异型板材；（b）多孔中空异型材

3. 硬质聚氯乙烯格子板

格子板是将硬质聚氯乙烯平板用真空成型方法制成具有各种立体图案的方形或矩形格子

的板材。经真空成型后，板材刚性提高，而且能吸收聚氯乙烯的热伸缩。用格子板装饰大型建筑的正立面，如体育场的入口、宾馆门厅进口等处的立面具有独特的建筑效果。

格子板尺寸一般为 500mm×500mm，也有更大尺寸的。一块板上有两个以上格子的为多格子板，厚度一般有 2～3mm。格子板之间的平面部分在雨天时作为泄水通道。图 9-4 为各种硬质聚氯乙烯格子板的形状、规格。

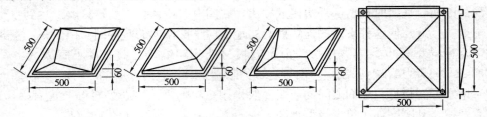

图 9-4　硬质 PVC 格子板

### （二）玻璃钢建筑板材

玻璃钢属塑料制品范畴，玻璃钢的成型方法简单，可制成具有各种断面的型材或格子板。它与硬质聚氯乙烯板材相比，抗冲击性能、抗弯强度、刚性都较好；此外它的耐热性、耐老化性、热伸缩性均较好。其透光性与聚氯乙烯相近且具有散射光的性能，作屋面采光板时，室内光线较柔和。

#### 1.玻璃钢波形板

玻璃钢波形板的形状尺寸与硬质聚氯乙烯波形板的相同，也可以与石棉水泥板等配合使用。目前国内生产的玻璃钢波形板大多为弧形板，中波板波距为 131mm，波高为 33mm；小波板波距为 63.5mm，波高为 16mm，板长度为 1800～2400mm，板宽度为 720～745mm。

玻璃钢波形板有透明板、半透明板和不透明板几种，可着色，从而达到装饰效果。

由于玻璃钢波形板的抗冲击性好、质量轻，可广泛用作屋面板，尤其是作为采光屋面板。

#### 2.玻璃钢拱形格子板

透明或半透明的玻璃钢格子板常用在大跨度的工业厂房上作屋面采光天窗。

#### 3.玻璃钢折板

玻璃钢折板是由不同角度的玻璃钢板构成的构件。折板结构本身具有支撑能力，不需要框架或屋架。对于小跨度的建筑使用这种折板，折板的厚度不大，但能承受较高的负载。

折板结构是由许多 L 形的折板构件拼装而成，墙面和屋面连成一片，使建筑物显得新颖别致，用它可建造小型建筑，如候车亭、休息室等。

玻璃钢由于可以在室温下固化成型，不需加压，所以很容易加工成较大的装饰板材，作为外墙装饰。

### （三）复合夹层板

前面介绍的几种板材大都为单层结构，只能贴在墙上起围护和装饰作用。复合夹层板则具装饰性和隔声、隔热等墙体功能。用塑料与其他轻质材料复合制成的复合夹层墙板的质量轻，是优良的轻板框架结构的墙体材料。

1. 玻璃钢蜂窝和折板结构：面板为玻璃钢平板，夹芯层为蜂窝或折板，材料可以是纸或玻璃布等。

2. 泡沫塑料夹层板：面板为塑料金属板，赋予板材较高强度，起防水、围护和装饰作用。它可以是平板，但多数是波形的，使立面有立体感和线条感。它的芯材为泡沫塑料，目前常用的是聚氨酯硬泡沫塑料，具有密度低，隔热隔声性能好，可以在生产时现场发泡等特点，同时可与板面黏结。

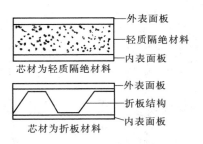

芯材为轻质隔绝材料

芯材为折板材料

图 9-5　夹层板结构

这种复合夹层板是很好的墙体材料，既有优良的保温隔热性能，在热带和寒冷地区使用均适宜，又有很好的装饰效果。图 9-5 为夹层板结构。

# 第三节　塑料门窗常用型材

将改性聚氯乙烯（UPVC）材料以挤出工艺得到的塑料异型材，内腔装入钢衬肋后，通过组装工艺制造的塑料门窗（又称塑钢门窗）已得到越来越广泛的应用。

## 一、型材的生产

采用硬质 PVC 塑料通过挤压法生产门窗型材，再组装成整套的塑料门窗，供建筑工程使用。

型材除具备塑料的一切性能外，还具有密闭性好的特点，其水密性、气密性、隔声性均超过钢、木门窗。其断面形状可完全按门窗构造、搭接形式、刚度、安装等的要求来设计，能获得较好的综合技术性能。

## 二、型材的品种

（一）按用途分类

主型材：在门窗结构中起主要作用，截面尺寸较大。如框料、扇料、门边料、分格料、门芯料等。

副型材：在门窗结构中起辅助作用。如玻璃条、门板压条以及起连接作用的连接板、连接管。另外，制作纱扇用的型材，因其截面较小，也列入副型材范围。

（二）按尺寸分类

按截面尺寸大小以框料厚度尺寸划分系列，如 60 系列、80 系列、85 系列等，都是指框料厚度尺寸分别为 60mm、80mm、85mm 等。目前已淘汰使用 80mm 以下的产品。

需要说明的是：凡与某种框料配套的所有型材不论其厚度尺寸大小，都按该框料尺寸纳入同一系列。例如与 85 系列配套使用的窗扇型材，虽然厚度为 50mm，但亦称为 85 系列型材。

## 三、型材的断面形状

组装门窗用的塑料型材断面形式，因其用途不同、门窗形式不同、面积大小不同而各异。以下主要介绍在我国目前较为通用的塑料型材断面形式。

（一）主型材

1. 平开门

（1）框材：多用 85 系列，其门框材与窗框材通用，其断面形状见图 9-6。

（2）扇材（又称门边料）：其断面形状见图 9-7。

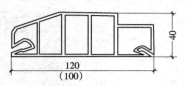

58 系列内平开门框（1.07kg/m）

图 9-6　内平开门框断面示意图

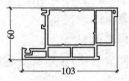

图 9-7　门扇断面示意图

（3）门芯板：其断面形状见图 9-8。门芯板的厚度有 40mm、25mm、20mm、15mm 等规格。

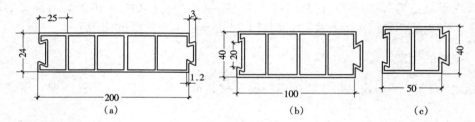

图 9-8　门芯板断面示意图

（a）门芯板（Ⅰ）（1.02kg/m）；（b）门芯板（Ⅱ）（0.64kg/m）；（c）门芯板（Ⅲ）（0.29kg/m）

2. 推拉式门窗

推拉式门窗型材常用的有 85、90 系列。

（1）框材：其断面形状见图 9-9。

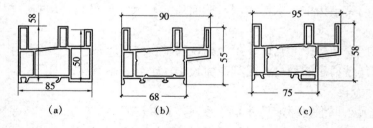

图 9-9　推拉式门窗框材断面示意图

（a）85 系列（1.22kg/m）；（b）90 系列（1.54kg/m）；（c）95 系列（1.72kg/m）

（2）门窗扇：其断面形状见图 9-10。推拉门的下部可用门芯板作半玻门。

（二）副型材

1. 玻璃压条

玻璃压条分为单玻压条、双玻压条，均与推拉门窗 85、90、95 系列相搭配。其断面形状见图 9-11、图 9-12。

236

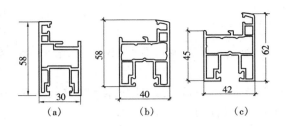

图 9-10　推拉式门窗扇型材断面示意图

(a) 85 系列 (0.78kg/m)；(b) 90 系列 (0.91kg/m)；

(c) 95 系列 (1.02kg/m)

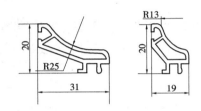

95 单玻压条(0.30kg/m) 90 双玻压条(0.27kg/m)

图 9-11　玻璃压条断面示意图 (一)

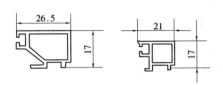

85 单玻压条(0.25kg/m)　85 双玻压条(0.21kg/m)

图 9-12　玻璃压条断面示意图 (二)

2. 门板压条

对于不同门板厚度可选用不同尺寸的压条。小于 40mm 的门板压条可与窗玻璃压条通用。对于厚度为 40mm 以上的门板选用专用的门板压条，见图 9-13。

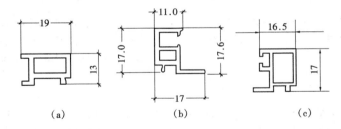

图 9-13　门板压条

(a) 用于框式门；(b) 用于框式半玻门；(c) 用于门板双玻压条

3. 其他副型材还有包边料、拼樘料、纱窗和纱门料等，这里不再一一赘述。

## 四、密封嵌缝条

(一) 密封嵌缝条的制作材料

密封嵌缝条的制作原料有：

1. 天然橡胶：产量低、价格高，采用的较少。

2. 人工合成橡胶：弹性好、价格低，可以代替天然橡胶。

3. 高弹性塑料：采用超高聚合改性 PVC 树脂，加入大量增塑剂和其他助剂，经混炼挤出，制成各种断面的条形制品，各种性能均优于人工合成橡胶，是当前的主导产品。

（二）密封嵌缝条的类型

1. 玻璃密封条

玻璃密封条又称 K 形密封条，是安装门窗玻璃的专用密封条，按照安装的方法可分为压入式和穿入式两种。

（1）压入式：是将密封条箭头形状部分用压轮压入型材的槽内，在成窗（门）组焊完成后安装，密封条拐角处须成 45°斜面对接，见图 9-14(a)。

（2）穿入式：是将密封条丁字部分直接穿入型材槽内，在成窗（门）组装前即装入槽内一道焊接。穿入式密封条的材料必须是全塑的（含有橡胶成分的材料不能与异型材一道焊接），见图 9-14(b)。

2. 框扇密封条

框扇密封条又称 V 形密封条，也分为压入式和穿入式两种。压入式框扇密封条见图 9-15(a)，穿入式框扇密封条见图 9-15(b)。

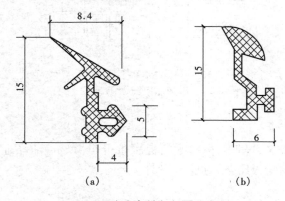

（a）        （b）

图 9-14　玻璃密封条断面示意图
（a）压入式密封条断面；（b）穿入式密封条断面

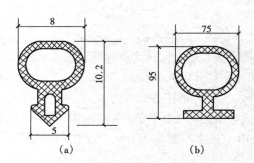

（a）       （b）

图 9-15　塑料门窗框、扇接缝
密封条断面示意图
（a）压入式密封条断面；（b）穿入式密封条断面

（三）玻璃隔垫条（块）

在玻璃安装前先在塑料门窗扇料槽内放入弹性隔垫条（块）。单层玻璃在下部槽内设 2 块圆形或方形弹性垫，见图 9-16；双层玻璃在上下扇料槽内设特制隔垫将双层玻璃隔开固定，见图 9-17。塑料垫可做成硬质贴合软层或半软质 PVC 垫条（块）。

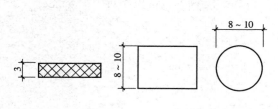

图 9-16　单层玻璃弹性垫条（块）示意图

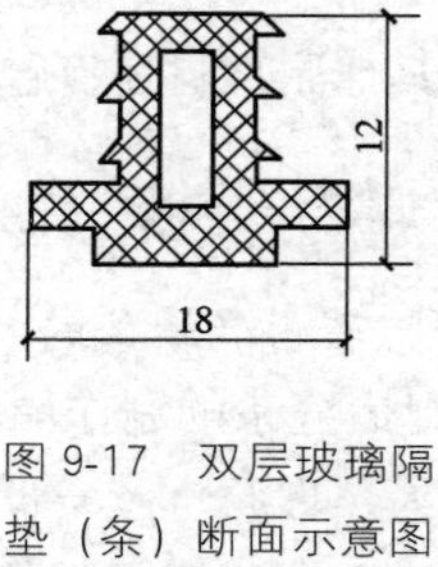

图 9-17　双层玻璃隔
垫（条）断面示意图

（四）纱窗固定压条

纱窗固定密封条用于纱窗压嵌固定和密封，见图 9-18。

238

（五）毛毡条

毛毡条用于推拉门窗接缝密封、门窗导槽内侧与导轨密封以及纱扇与玻璃扇接缝密封，是采用尼龙材料制成毛刷和毡垫，然后合成毛毡条，装于推拉扇封边条和导槽内侧卡槽内。毛毡条断面见图9-19。

0.027kg/m

图9-18　纱窗
密封压条断面

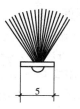

图9-19　推拉窗搭
接缝毛毡条断面

## 五、塑料门窗用钢衬筋

为了达到塑料门窗抗风压等性能的要求，门窗框、扇应具有一定的刚度和强度，但是纯塑料门窗异型材的惯性矩 $J=50\sim30\mathrm{kg}\cdot\mathrm{m}^2$，只能满足50系列以下且长度小于1000mm的异型材。当长度大于1000mm时，必须在塑料异型材较大空腔内插入钢衬筋，以提高塑料门窗的刚度与强度。

（一）钢衬筋的断面

钢衬筋的各种断面是根据异型材的断面大小、空腔形状、刚度要求等因素确定的。钢衬筋的壁厚一般应不小于1.5mm，其断面形式见图9-20。

（二）钢衬筋的使用规定

1. 平开窗

（1）窗框构件长度应等于或大于1300mm，窗扇构件长度应等于或大于1200mm。

（2）中横框和中竖框构件应等于或大于900mm。

（3）采用大于50系列的异型材的，窗框构

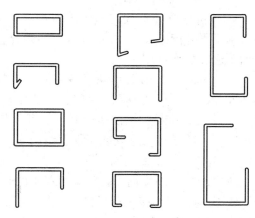

图9-20　钢衬筋断面形式示意图

件长度应等于或大于1000mm，窗扇构件长度应等于或大于900mm。

（4）安装五金配件的部位要设钢衬筋。

2. 推拉窗

（1）窗框构件长度应等于或大于1300mm。

（2）断面厚度为45mm以上的型材，窗扇边框的长度应等于或大于1000mm；断面厚度为25mm以上的型材，窗扇边框的长度应等于或大于900mm。

（3）窗扇下框长度应等于或大于700mm，滑轮直接承受玻璃质量的不加钢衬筋。

（4）安装五金配件的部位要设钢衬筋。

（5）钢衬筋要和空腔内壁贴紧，其尺寸应与型材内腔尺寸一致。钢衬筋的长度方向其两

端应比框料长度适当减小，以不影响端头焊接和型钢涨缩变形为宜。用于固定每根钢衬筋的紧固件不应少于 3 个，其间距不大于 300mm，距型钢端头不大于 100mm。固定后的钢衬筋不得松动。

（6）紧固件应采用 $\phi4mm$ 的大头自攻螺钉或加放垫圈的自攻螺钉，所钻基孔的孔径不大于 3.2mm，以保证紧固度。

3．钢衬筋的材质

（1）钢衬筋材质应为普通钢（要做防锈处理）、不锈钢或镀锌铁皮。钢材厚度 1.2～1.5mm，个别情况可选用 2.0mm。

（2）钢衬筋自身要有一定的刚度，断面的形状、大小、尺寸规格要按主型材空腔的规格、形状、尺寸设计。

（3）钢衬筋的长度以不影响热熔焊接为依据，一般比异型材两端短 7～12mm。

## 六、塑料门窗用五金配件

塑料门窗的五金配件包括铰链、风撑、开关执手、锁闭器、门锁、滚轮等，其结构形式和钢木门窗的五金配件不完全相同，原材料都是采用不锈钢或硬塑制成。

塑料门窗的五金配件要求防锈、防腐，有一定的强度，开启使用灵活，关闭紧密，使用耐久或与塑料门窗寿命同步。

（一）五金配件品种

1．铰链：有合页式（多为不锈钢材料，用于平开门窗）、长脚合页式（多为不锈钢材料，用于平开门暗装）、插销式（多为铝合金或钢制）和四边杆式（铝合金或不锈钢制），可根据用途和档次选用。

2．开关执手：分为单动（多为尼龙材料）和联动（多为铜、铝合金）两种。后者用于尺寸较大的窗，可使窗扇关闭时减小变形，增加密封性。

3．滚轮：推拉门窗的滚轮有大轮和小轮两种。大轮的滑动性能好。滚轮的支架多为镀锌薄钢板，轮子多为尼龙或其他塑料制品。

4．风撑：对于使用插销式、铰链式的平开窗，需要安装风撑以调整窗的开度并加以固定。风撑的材料多为铝或镀锌钢。对于四联式铰链可省去风撑。

5．门锁：门锁多为球形锁，可与木门、铝合金门通用。例如内门可选用叶片插芯门锁，外门可选用外装双面门锁。

推拉门半圆锁及插销锁是专门用于推拉门关闭后锁住门扇用的。

6．欧式双功能铰链配件

（1）外平开/内下悬两用型：外平开时由铰链控制，内下悬时铰链脱开，由连杆滑槽控制。窗的执手既是锁闭器，又是平开、下悬的转换器。扇的四周都有锁闭点，通过上角伸臂铰链来控制下悬开启角度。

（2）外平开/立悬两用型：它是将内下悬上角伸臂铰链控制件取消，在窗扇、框上下中点设置立悬五金件。立悬五金件分为两种：一种采用不锈钢轴立悬铰链和多锁闭点执手组合；一种采用不锈钢滑撑铰链和多锁闭点执手组合。

7．固定铁件：用于门窗与洞口墙体之间的固定和连接。一般用 1.5mm 厚的普通钢板加工成型，表面应涂防锈漆，典型形状见图 9-21。

240

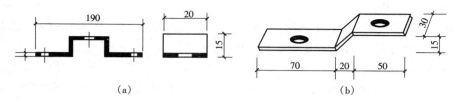

图 9-21　门窗固定铁件形状

（a）双点固定；（b）单点固定

（二）五金配件的选择

所有金属五金配件，如铰链、螺丝、螺钉、执手、锁闭器等均应采用不锈钢制品，严禁采用普通钢材制品。

# 第四节　断桥式铝塑复合门窗

## 一、断桥式铝塑复合门窗的特点

断桥式铝塑复合窗又称为断桥铝合金窗。断桥式铝塑复合窗的原理是利用塑料型材（隔热性能高于铝型材 1250 倍）将室内外两层铝合金既隔开又紧密地连接成一个整体，构成一种新型的隔热型的铝型材。采用这种型材做门窗，其隔热性与塑料窗一样可以达到国标级标准，彻底解决了铝合金热传导系数高、散热快、不符合节能要求的致命问题。同时，采取一些新的结构配合形式，彻底解决了铝合金推拉窗密封不严的老大难问题。该产品两面为铝材，中间用塑料型材腔体做断热材料。这种创新结构的设计，兼顾了塑料和铝合金两种材料的优势，同时满足装饰效果和门窗强度以及耐老化性能的多种要求。

## 二、断桥式铝塑复合门窗的构造

超级断桥铝塑型材可实现门窗的三道密封结构，合理分离水气腔，成功实现气水等压平衡，显著提高门窗的水密性和气密性。这种窗的气密性比任何单一铝窗、单一塑料窗都好，能保证风沙大的地区室内窗台和地板无灰尘，同时可以保证在高速公路两侧 50m 内的居民不受噪声干扰，其性能接近平开窗。

## 三、断桥式铝塑复合门窗的性能

（一）保温隔热性能好

断桥式铝塑复合窗采用隔热型材内外框软性结合，立框采用一胶条、双毛条的三密封结构，关闭严密，气密、水密性能极好；保温性能优越，窗扇采用中空玻璃结构；隔声、隔热、保温效果卓越。传热系数 $K$ 检测数值为 $2.23\sim2.94\mathrm{W}/(\mathrm{m}^2\cdot\mathrm{K})$。采用断桥式铝塑复合窗可大量节省采暖和制冷费用。

（二）防水性能好

利用压力平衡的原理设计有排水系统，下槛设计成斜面阶梯式，设有排水口，有利于排除雨水，水密性好、排水畅通。

（三）防结露、结霜

由于有三道密封结构，合理分离了水、气腔，成功实现了气、水等压平衡，显著提高了门窗的水密性和气密性，达到窗净明亮的效果。

（四）防蚊虫纱窗

通过安装隐形纱窗来实现，隐形纱窗可内外使用。具有防蚊虫、苍蝇的功能，尤其适合北方多蚊虫地区。

（五）防盗、防松动装置

配上标准的五金锁具保证窗户在使用中稳固和安全。

（六）防噪、隔声

断桥式铝塑复合窗经过精心设计、接缝严密，可以达到隔声 30～40dB。能保证在高速公路两侧 50m 的居民不受噪声干扰，毗邻闹市也能保证室内宁静无扰。

（七）防火

铝合金为金属材料，隔热条材质为 FA66＋GF25（尼龙隔热条）。不燃烧、耐高温性能好。

（八）防风沙、抗风压

内框竖直料型采用空腔设计，抗风压变形能力强，抗震效果好。可用于高层建筑和一般民用住宅，亦可设计成大面积窗型。气密性比铝合金窗、塑料窗都好，在风沙大的地区可以做到窗台、地面无灰尘。

（九）不变形、强度高、免维护

断桥式铝塑复合窗抗拉伸和抗剪切及抵御热变形能力强，坚固耐用的型材不易受酸、碱侵蚀，不宜变黄褪色。

（十）断桥式铝塑复合窗色彩丰富、极具装饰性

型材可以有不同颜色满足个性化设计要求。铝型材采用流线型设计，造型豪华气派。

（十一）断桥式铝塑复合窗在生产过程中不会产生有害物质属于绿色建材

所有材料均可回收再利用，有利于循环经济。

（十二）门窗类型多、开启形式多样

有平开式、内倾式、上悬式、推拉式、平开与内倾的复合式等，特别适用于公共建筑、居住建筑选用。

断桥式铝塑复合门窗的突出优点是强度高、保温隔热性能好、刚度高、防火性好、采光面积大、耐大气腐蚀性好、使用寿命长、装饰效果好等。高档的断桥式铝塑复合门窗是高档建筑门窗的首选产品。

### 四、断桥式铝塑复合门窗的选用

（一）看用料是否达标：断桥式铝塑复合门窗铝型材的壁厚、强度和氧化膜等均应达到国家规定的标准。壁厚应在 1.4mm 以上，抗拉强度应达到 157N/mm²，屈服强度要达到 15708N/mm²，氧化膜的厚度应达到 10μm 等。

（二）看加工是否细致：优质的断桥式铝塑复合门窗应加工精细、安装讲究、密封性能好、开关自如等。

（三）看价格是否经济：在一般情况下优质的断桥式铝塑复合门窗生产成本高，价格比

铝合金门窗要高出 30％左右。

（四）门窗配件是否质地优良：

1. 隔热条：必需选用 PA66 尼龙隔热条。

2. 五金：应选用优质产品。

3. 玻璃：应选用原片是浮法玻璃的中空玻璃，原片厚度应一致。

4. 密封条：应选用三元乙丙橡胶产品，密封胶应选用硅酮耐候胶。

# 第五节　其他装饰用塑料型材（线材）

### 一、楼梯扶手

塑料扶手代替木质扶手，不仅节省木材，而且不需涂装，手感舒服。它的加工也远比木材简单，省工省料。

目前塑料扶手材质有软质的、半硬质的、低发泡的。断面有开放式的和中空式的等，见图 9-22。

### 二、踢脚线和挂镜线

用挤出法制造的塑料踢脚线和挂镜线造型美观，富有立体感，其断面、颜色可满足设计要求，可以制成中空式，以便铺设暗线。外观可仿木材或仿天然石材。见图 9-23。

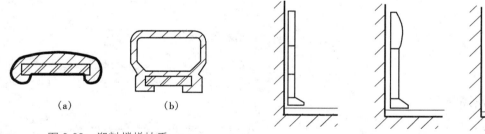

图 9-22　塑料楼梯扶手

（a）开放式；（b）中空式

图 9-23　塑料踢脚线

### 三、百叶窗叶片

图 9-24 为各种断面的卷帘式塑料百叶窗叶片，采用硬 PVC 制造。在它的顶部有一个挂钩，下部有一个吊钩，相互可以连接起来，活动自由，不用时可以卷起来。

### 四、装饰嵌线和盖条

装饰嵌线用于家具等边角处，盖条用来封盖石膏板、塑料板材的接缝，起保护作用和装饰作用。

### 五、楼梯防滑条

塑料防滑条用在楼梯踏步的直角处，见图 9-25。它的耐磨性好，比水泥金刚砂或钢筋

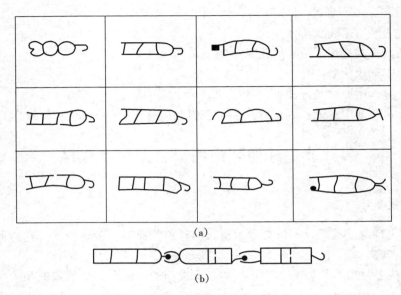

(a)

(b)

图 9-24　塑料卷帘式百叶窗断面

(a) 各种形式百叶断面示意图；(b) 卷帘组示意图

![楼梯踏步防滑条]

图 9-25　楼梯踏步防滑条

防滑条美观。

### 六、塑料隔断

用硬质 PVC 门框和门芯板异型板拼起来可以做成各种尺寸的室内隔断，这种隔断美观、洁净，便于清洗，并有一定的隔热、隔声性能，适用于工厂车间的分隔，餐厅、办公、浴室、火车、轮船等隔断。

### 七、塑料装饰线条

塑料装饰线条是用硬质 PVC 塑料制成，其耐磨性、耐腐蚀性、绝缘性较好，经加工一次成形后不需再装饰处理。塑料装饰线条有压角线、压边线、封边线等几种，其外形和规格与木线条相同。常见规格见表 9-12。塑料装饰线条的固定方法，通常用螺钉或胶黏剂固定。

**表 9-12　塑料装饰线条**

| 产品名称 | 规格 （mm） | |
|---|---|---|
| 塑料线条 | 15×15，25×25<br>30×20，40×30 | （长 2m） |
| 钙塑压条 | 各种花纹 | |
| PVC 挂镜线 | 宽×高×长 48×12×2000 | |
| 塑料挂镜线 | 宽×高×长 45×12×2000 | |
| PVC 踢脚线 | 宽×厚×长 120×12×2000 | |
| 塑料挂镜线 | 棕色，宽×厚 46×20 | |
| 塑料踢脚线 | 长度自定，150 高、75 高 | |
| 护墙板 | 100mm 高×8.7mm 厚×任意长 | |
| 踢脚板 | 100mm 高×15mm 厚×任意长 | |
| 挂镜线 | 50mm 高×30mm 厚×任意长 | |

# 第六节 有 机 玻 璃

## 一、有机玻璃的诞生和发展

有机玻璃是一种高分子透明材料，它的化学名称叫聚甲基丙烯酸甲酯，英文简称 PM-MA（又称为热塑性塑料），是由甲基丙烯酸甲酯聚合而成的。

PMMA 是以丙烯酸及其酯类聚合所得到的聚合物，统称丙烯酸类树酯，相应的塑料统称聚丙烯酸类塑料，其中以聚甲基丙烯酸甲酯应用最广泛。聚甲基丙烯酸甲酯俗称有机玻璃，是迄今为止合成透明材料中质量最优异的。

如果在生产有机玻璃时加入各种染色剂，就可以聚合成为彩色有机玻璃；如果加入荧光剂（如硫化锌），就可聚合成荧光有机玻璃；如果加入人造珍珠粉（如碱式碳酸铅），则可制得珠光有机玻璃。

## 二、有机玻璃的特征

（一）应用

有机玻璃应用广泛，不仅在商业、轻工、建筑、化工等方面，而且在广告装潢中应用十分广泛，如：标牌、广告牌、灯箱的面板和中英文字母面板。

有机玻璃选材要取决于造型设计，什么样的造型，用什么样的有机玻璃，色彩、品种都要反复考量，使之达到最佳效果。有了好的造型设计，还要靠精心的加工制作，才能成为一件优美的工艺品。

（二）特点

表面光滑、色彩艳丽、密度低、强度较高、耐腐蚀、耐湿、耐晒、绝缘性能好、隔声性好。

（三）形状

可分管形材、棒形材、板形材三种。

（四）种类

1. 有色透明有机玻璃：俗称彩板，透光柔和，用它制成的灯箱、工艺品，使人感到舒适大方。有色的有机玻璃又分为：透明有色、半透明有色和不透明有色三种。有机玻璃光泽不如珠光有机玻璃鲜艳，质脆、易断，适于制作表盘、盒、医疗器械和人物、动物的造型材料。

2. 无色透明有机玻璃：透明度高，宜制灯具。用它制成的吊灯、玲珑剔透。半透明有机玻璃类似磨砂玻璃，反光柔和，用它制成的工艺品，使人感到舒适大方。无色透明有机吊灯，玲珑剔透。

3. 珠光有机玻璃：是在一般有机玻璃加入珠光粉或荧光粉、合成鱼磷粉制成。这类有机玻璃色泽鲜艳，表面光洁度高，外形经模具热压后，即使磨平抛光，仍保持模压花纹，形成独特的艺术效果。用它可制作人物、动物造型、商标、装饰品及宣传展览材料。

4. 压花有机玻璃：分透明、半透明无色，其性能质脆，易断。

### 三、有机玻璃的优点

（一）高度透明性：有机玻璃是目前最优良的高分子透明材料，透光率达到 92%，比玻璃的透光度高。称为人造小太阳的太阳灯的灯管是石英做的，这是因为石英能完全透过紫外线。普通玻璃只能透过 0.6% 的紫外线，但有机玻璃却能透过 73%。

（二）机械强度高：有机玻璃的相对分子质量大约为 200 万，是长链的高分子化合物，而且形成分子的链很柔软，因此，有机玻璃的强度比较高，抗拉伸和抗冲击的能力比普通玻璃高 7～18 倍。有一种经过加热和拉伸处理过的有机玻璃，其中的分子链段排列得非常有次序，使材料的韧性有显著提高。用钉子钉进这种有机玻璃，即使钉子穿透了，有机玻璃上也不产生裂纹。这种有机玻璃被子弹击穿后同样不会破成碎片。因此，拉伸处理的有机玻璃可用作防弹玻璃，也可用作军用飞机上的座舱盖。

（三）质量轻：有机玻璃的密度为 $1.18g/cm^3$；同样大小的材料，其质量也只有普通玻璃的一半，金属铝（属于轻金属）的 43%。

（四）易于加工：有机玻璃不但能用车床进行切削，钻床进行钻孔，而且能黏结成各种形状的器具，也能用吹塑、注射、挤出等塑料成型的方法加工成大到飞机座舱盖，小到假牙和牙托等形形色色的制品。

### 四、有机玻璃的制作方法

（一）粘贴法

将有机玻璃切割成一定形状后，在平面上粘贴而成。

（二）热压法

将有机玻璃薄板加热后，在模具中热压成型。这种造型法制成的工艺品具有形体丰满、曲线流畅、立体感强的特点，有浮雕的效果。热压模可用木材、油泥塑形，然后用铸铅、石膏材料作阴阳模，有机玻璃加热后即可压制成型。

（三）镶嵌法

将不同色彩的有机玻璃块切割成所需的几何图形，在底板上镶嵌拼接而成。这种方法要求拼接严密，棱角分明，能收到色彩强烈，又浑然一体的效果。

（四）立磨法

将棒形有机玻璃或厚板形有机玻璃黏结后，直接在砂轮上磨制、抛光成型。用此法制作的工艺品与某种雕塑相似，有丰富多彩的表面形状，构成别具一格的艺术形象。

（五）卧磨法

将板形有机玻璃重叠粘贴在一起，然后直接削磨断面成型。此法制成的工艺品能得到色泽多变、浑朴自然的效果。

（六）热煨法

将有机玻璃加工到一定形状，将有机玻璃加热，直接用手迅速捏制成型。用此法制成的工艺品具有线条奔放、形象简洁等优点。

### 五、有机玻璃的类型

（一）无色透明有机玻璃

无色透明有机玻璃是以甲基丙烯酸甲酯为原料，在特定的硅玻璃模或金属模内聚合而成。

无色透明有机玻璃在建筑工程上主要用作门窗玻璃、指示灯罩、装饰灯罩及采光屋面。

无色透明有机玻璃的性能见表 9-13。

表 9-13　无色透明有机玻璃的性能

| 物理机械性能 | | | | | | | | | | | | 电气性能 |
| 表观密度 (g/cm³) | 吸水率 (%) | 伸长率 (%) | 抗拉强度 (MPa) | 抗压强度 (MPa) | 抗弯强度 (MPa) | 冲击强度 (缺口) (MPa) | 硬度 布氏 | 硬度 洛氏 | 热变形温度 (℃) | 耐热性(℃) 马丁 | 耐热性(℃) 连续 | 熔点 (℃) | 热胀系数 (10⁻⁵/℃) | 介电系数 (10⁶/Hz) | 击穿电压 (kV/mm) |
| 1.18~1.20 | 0.3~0.4 | 2~10 | 49.0~77.0 | 84.0~126.0 | 96.0~120.0 | 0.8~1.0 | 14~18 | M₈₅~M₁₀₅ | 74~107 | 60~88 | 100~120 | >108 | 5~9 | 3~3.6 | 20 |

注：1. 马丁耐热度：表示材料长期使用时所承受的最高温度，但瞬时使用条件下的温度可远超过此数值。

2. 介电系数：表示材料的绝缘性能。其介电系数越大，绝缘性越好。

3. 击穿电压：指使绝缘体或介质失去绝缘性能而被电流击穿的电压，其数值越大，电绝缘性越好。

（二）有色有机玻璃

有色有机玻璃是指在甲基丙烯酸甲酯单体中，配以各种颜料聚合而成。有色有机玻璃又分透明有色、半透明有色、不透明有色三大类。

有色有机玻璃在建筑工程中主要用作建筑装饰材料及宣传牌、标志牌、灯箱等。

（三）珠光有机玻璃

珠光有机玻璃是在甲基丙烯酸甲酯单体中加入珠光粉或荧光粉合成鱼鳞粉，并配以各种颜料聚合而成。

珠光有机玻璃在建筑工程中主要用作建筑装饰、宣传牌及灯具装饰。

# 复 习 题

1. 什么叫塑料？它的原材料有哪些？

2. 建筑塑料的主要特性有哪些？PVC 塑料为什么在建筑工程中应用广泛？

3. 简述塑料门窗型材的生产方法、型材特点。

4. 简述 PVC 塑料门窗型材所具备的性能。

5. 简述 PVC 塑料门窗型材系列的规定。

6. 什么叫"断桥式铝塑复合门窗"？推广它的意义何在？

# 第十章　建筑涂料与胶黏剂

## 第一节　建筑涂料概述

### 一、定义

涂覆于物体表面能形成具有保护、装饰或特殊功能（如绝缘、防腐、标志等）的固态涂膜的一类液体或固体材料，统称为"涂料"。

早期的涂料主要采用天然树脂（人造树脂、合成树脂）、干性油（桐油、亚麻油、苏子油等）、半干性油（豆油、菜籽油、棉籽油等）制作，故称为油漆。后来，人们习惯把采用溶剂型材质制作的涂料叫作油漆；把采用乳液型材质制作的叫作乳胶漆。现在，不管过去称为"油漆"的材料，还是后来称为"乳胶漆"的材料，现在统称为"涂料"。

### 二、涂料的主要功能

#### （一）保护作用

暴露在室外大气中的屋顶、外墙面要经受空气、酸雨、温度变化、冻融的作用会产生风化的自然损坏；室内的墙面、地面在潮气、水气、磨损等作用下也会产生损坏和变形。如金属材料的锈蚀、木材的腐朽等。室内和室外的材料采用涂料封装后，会使这些材料的耐磨、耐候、耐腐蚀、抗污染等性能发生明显的改变。

#### （二）装饰作用

涂料的花色品种繁多、施工方法多样（包括喷涂、弹涂、滚涂、拉毛等），可以获得纹理、图案、质感等多样装饰效果，使建筑装饰饰面与建筑形体、建筑环境协调一致。

#### （三）其他作用

涂料还可以满足采光、吸声、隔声等建筑物理方面的要求；亦可满足防火、防腐、防静电、防腐等特殊性能要求。

### 三、涂料的原材料组成

建筑涂料是由多种物质经混合、溶解、分散等工艺生产而得。涂料中各组分，按其作用，一般可分为主要成膜物质、次要成膜物质和辅助成膜物质，见图10-1。

#### （一）主要成膜物质

1. 油料

油料是涂料工业中使用最早的成膜材料，是制造油性涂料和油基涂料的主要原料，但并非各种涂料中都要含有油料。

涂料中使用的油料主要是植物油，按其能否干结成膜以及成膜的快慢，分为干性油（桐

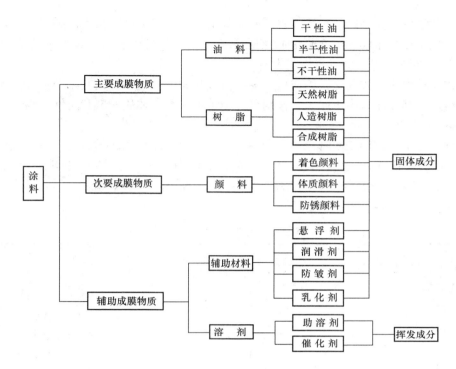

图 10-1　涂料的组成

油、梓油、亚麻油、苏子油等）、半干性油（豆油、菜籽油、棉籽油等）、不干性油（蓖麻油、椰子油、花生油等）。干性油涂于物体表面，受到空气的氧化作用和自身的聚合作用，经过约一周的时间能形成坚硬的油膜，且耐水而富于弹性。半干性油干燥时间较长，约需一周以上的时间，形成的油膜较软而且有发黏现象。不干性油在正常条件下不能自行干燥而形成油膜，不能直接用于制造涂料。

2. 树脂

只用油料虽可制成涂料，但这种涂料形成的涂膜在硬度、光泽、耐水、耐酸碱等方面的性能往往不能满足现代科学技术的要求。因此，在现代建筑涂料中，作为涂料的主要成膜物质，大量采用性能优异的树脂。

涂料用的树脂有天然树脂、人造树脂和合成树脂三类。天然树脂为松香、虫胶、沥青等；人造树脂由天然高分子化合物经加工而制得，如松香甘油酯（酯胶）、硝化纤维等；合成树脂是由有机单体经聚合或缩聚而制得，如过氯乙烯树脂、环氧树脂、酚醛树脂、醇酸树脂、丙烯酸树脂等。利用合成树脂制得的涂料性能优异，涂膜光泽好，是现代涂料生产中首选的树脂。

由于每种树脂各有其特性，为了满足多方面要求，往往在一种涂料中采用几种树脂或树脂与油料的混合，因此要求应用于涂料的树脂之间或树脂与油料之间应有很好的混溶性。另外，为了满足施工需要的黏度，树脂在溶剂中应具有良好的溶解性。

（二）次要成膜物质

次要成膜物质也是构成涂膜的组成部分，主要指涂料中的颜料。颜料是一种不溶于水、溶剂或涂料基料的微细粉末状有色物质，它能均匀分散在涂料介质中形成悬浮物。颜料能使涂膜具有各种颜色，使涂料品种增多；同时还能增加涂膜的强度，减少涂膜的收缩；阻止紫外线穿透，从而提高涂膜的耐久性和抗老化能力。有些特殊颜料能使涂膜具有抑制金属腐蚀、耐高温的特殊效果。

颜料的品种很多，按其化学组成可分为有机颜料和无机颜料；按其来源可分为天然颜料与人造颜料；按其在涂料中所起主要作用可分为着色颜料、体质颜料和防锈颜料。

1. 着色颜料

着色颜料的主要作用是使着色物遮盖物面，是颜料中品种最多的一类。着色颜料按它们在涂料使用时所显示的色彩可分为红、黄、蓝、白、黑、金属光泽等，如氧化铁红（$Fe_2O_3$）、氧化铁黄[$FeO(OH) \cdot nH_2O$]、群青（$Na_6Al_4Si_6S_4O_2$）、钛白（$TiO_2$）、铝粉（Al）等。着色颜料常用品种见表 10-1。

表 10-1　着色颜料常用品种

| 颜　　色 | 化 学 组 成 | 品　　　种 |
|---|---|---|
| 黄色颜料 | 无机颜料 | 铅铬黄、铁黄 |
| | 有机颜料 | 耐晒黄、联苯胺黄等 |
| 红色颜料 | 无机颜料 | 朱红、铁红等 |
| | 有机颜料 | 甲苯胺红 |
| 蓝色颜料 | 无机颜料 | 铁蓝、钴蓝、群青 |
| | 有机颜料 | 酞菁蓝等 |
| 白色颜料 | 无机颜料 | 氧化锌、太白粉 |
| 黑色颜料 | 无机颜料 | 炭黑、石墨、铁黑等 |
| | 有机颜料 | 苯胺黑等 |
| 绿色颜料 | 无机颜料 | 铬绿、锌绿等 |
| | 有机颜料 | 酞菁绿等 |
| 金属颜料 | | 铝粉、铜粉等 |

2. 体质颜料

体质颜料又称"填充颜料"，其作用是改善涂膜机械性能，增加涂膜厚度，减少涂膜收缩、提高涂膜耐磨能力、降低涂膜成本等。体质颜料大部分为白色或无色，它在涂料中的遮盖能力很低，基本上是透明的，不能阻止光线透过涂膜，也不能给涂料以美丽的颜色，即不具备遮盖力和着色力。体质颜料主要是一些碱土金属盐，硅酸盐和镁、钴金属盐类，如硫酸钡、碳酸钙、滑石粉、云母粉、瓷土等。

3. 防锈颜料

防锈颜料主要用于防止金属材料的锈蚀。常用的有红丹（$Pb_3O_4$）、锌铬黄（$ZnCrO_4$）、氧化铁红（$Fe_2O_3$）和铝粉等。红丹是目前钢铁防锈涂料的主要防锈颜料。铝及铝合金所用的防锈颜料是锌铬黄。

（三）辅助成膜物质

辅助成膜物质不能构成涂膜，但对涂膜的成膜过程有很大影响，或对涂膜的性能起一些辅助作用。辅助成膜物质主要包括溶剂和辅助材料两大类。

1. 溶剂

溶剂是能挥发的液体，具有溶解成膜物质的能力，可降低涂料的黏度以达到施工的要求，但它能影响涂膜的形成质量和涂料的成本。

（1）溶剂的基本性质

1）溶解能力：某些树脂或油脂只能溶于某些类型的溶剂中。有机化合物分子一般分为极性和非极性两种，极性固体很容易溶于极性溶剂而不溶于非极性溶剂。溶剂具有与胶黏剂相类似的官能团时，则具有最好的溶解度。例如：带有羟基的极性较强的树脂能很好地溶解在酒精中；过氯乙烯树脂能溶于氯化烃中；干性油、沥青和弱极性分子的树脂不溶于极性溶剂而能很好地溶解在汽油、松香水、松节油等烃类化合物中。由溶解能力高的溶剂制成的涂料黏度低、浓度高，故涂刷后能得到机械强度高的厚涂膜。某些溶剂不能单独使用，只有在助溶剂的作用下才有溶解能力。

2）挥发性：溶剂的挥发性取决于它的蒸汽压。使用易挥发的溶剂，涂膜能很快干燥，但溶剂蒸发得过快，能引起涂膜周围空气迅速冷却，会在尚未干燥的涂膜上形成冷凝水，并可能引起胶黏剂局部沉淀而使涂膜发白。此时最好使用中等挥发的溶剂，如乙醇、二甲苯或各种不同挥发度的溶剂混合物。随着溶剂的挥发，胶黏剂的浓度增加，溶剂的挥发速度也随之缓慢，涂膜形成之后通常还剩 2%～5% 的溶剂，有时需几昼夜才能完全挥发掉。

3）易燃性：除了氧化烃类外，有机溶剂几乎都是易燃液体，其挥发气体与空气混合后，如果浓度适合具有爆炸性，选用溶剂时必须注意。

4）毒性：有些溶剂的挥发性气体吸入后能伤害人体，如氧化烃类的蒸气有麻醉作用等。一般说来，松香水和松节油毒性不强。

（2）溶剂的基本种类

1）石油溶剂：主要是链状化合物，是由石油分馏而得。在涂料中最常用的为 150℃～200℃ 馏出物，俗称松香水。它的最大优点是无毒，溶解能力属中等，可与很多有机溶剂互溶，可溶解油类和黏度不太高的聚合物，且价格低廉，在涂料工业中用量很大。

2）煤焦油溶剂：由煤焦油蒸馏而得，包括苯、甲苯、二甲苯等，多属于芳香烃类溶剂，溶解力大于烷烃溶剂，能溶解很多树脂，但对人体毒性较大，因此使用时要慎重。一般二甲苯和甲苯的溶解能力强，挥发速度适当，工程中较常用。

2. 辅助材料

成膜物质、颜料和溶剂，是涂料的原材料。但为了改善涂料性能，常使用一些辅助材料。包括催干剂、增塑剂、润湿剂、悬浮剂、紫外线吸收剂、稳定剂等，这些材料各具特长，用量很少，一般是百分之几或更少，但作用显著。涂料中的催干剂、增塑剂用量较多，特种涂料中还有阻燃剂、杀菌剂等。

## 四、建筑涂料分类、命名及型号

建筑涂料是用于建筑物外墙、内墙、顶棚、地面、卫生间等部位涂料的统称。实际上建筑涂料还包括防火涂料、防水涂料、防腐涂料、保温隔热涂料等功能性涂料。

（一）建筑涂料命名及型号

对涂料型号的划分是以主要成膜物质为依据。如果主要成膜物质是混合树脂，则按其中在涂膜中起主要作用的一种树脂为基础而划分类别。用汉语拼音字母为代号标示，见表 10-2。

表 10-2　涂料的分类和命名代号

| 序　号 | 代　号 | 名　称 | 序　号 | 代　号 | 名　称 |
|---|---|---|---|---|---|
| 1 | Y | 油质漆类 | 10 | X | 烯烃树脂漆类 |
| 2 | T | 天然树脂漆类 | 11 | B | 丙烯酸树脂漆类 |
| 3 | F | 酚醛树脂漆类 | 12 | Z | 聚酯树脂漆类 |
| 4 | L | 沥青漆类 | 13 | H | 环氧树脂漆类 |
| 5 | C | 醇酸树脂漆类 | 14 | S | 聚氨酯漆类 |
| 6 | A | 氨基树脂漆类 | 15 | W | 有机聚合物漆类 |
| 7 | Q | 硝基漆类 | 16 | J | 橡胶漆类 |
| 8 | M | 纤维素漆类 | 17 | E | 其他漆类 |
| 9 | G | 过氯乙烯漆类 | | | |

为了更好地区别同一类型中的各类油漆涂料的品种，又在每一种涂料名称前加个基本名称代号。涂料基本名称代号见表 10-3。

表 10-3　涂料的基本名称代号

| 代　号 | 基本名称 | 代　号 | 基本名称 | 代　号 | 基本名称 |
|---|---|---|---|---|---|
| 00 | 清　油 | 30 | （浸渍）绝缘漆 | 62 | 示温漆 |
| 01 | 清　漆 | 31 | （覆盖）绝缘漆 | 63 | 涂布漆 |
| 02 | 厚　漆 | 32 | （绝缘）磁漆 | 64 | 可剥漆 |
| 03 | 调和漆 | 35 | 硅钢片漆 | 66 | 感光漆 |
| 04 | 磁　漆 | 37 | 电阻漆 | 67 | 隔热涂料 |
| 05 | 烘　漆 | 38 | 半导体漆 | 80 | 地板漆 |
| 06 | 低　漆 | 41 | 水线漆 | 81 | 鱼网漆 |
| 07 | 腻　子 | 42 | 甲板漆 | 82 | 锅炉漆 |
| 09 | 大　漆 | 44 | 船底漆 | 83 | 烟囱漆 |
| 12 | 乳胶漆 | 50 | 耐酸漆 | 84 | 黑板漆 |
| 13 | 其他水溶性漆 | 51 | 耐碱漆 | 85 | 调色漆 |
| 14 | 透明漆 | 52 | 防腐漆 | 86 | 标志漆、马路画线漆 |
| 16 | 锤纹漆 | 53 | 防锈漆 | 98 | 胶　液 |
| 19 | 晶纹漆 | 54 | 耐水漆 | 99 | 其　他 |
| 23 | 罐头漆 | 55 | 耐热漆 | | |

现举例说明：油漆涂料中仅腻子就有很多种，如 C07-5 灰醇酸腻子、H07-5 灰环氧腻子等。产品名称前 C、H 是表示这两种腻子的主要成膜物的代号，07 是涂料基本名称代号，5 是表示涂料产品的序列，在二、三位数之间加一短划线（读成"至"），把基本名称与产品序号分开。

（二）建筑涂料分类

建筑涂料的分类方法包括：按构成涂膜主要成膜物质的化学成分划分；按构成涂膜的主要成膜物质划分；按建筑涂料的主要功能划分；按建筑物的使用部位划分等。

1. 按主要成膜物质的化学成分划分

（1）有机涂料

有机涂料包括三种类型：

1）溶剂型涂料

溶剂型涂料是以高分子合成树脂为主要成膜物质，有机溶剂为稀释剂，加入适量的颜料、填料（体质颜料）及辅助材料，经研磨而成的涂料。

溶剂型涂料形成的涂膜细腻光洁而坚韧，有较高的硬度、光泽和耐水性、耐候性，气密性好，耐酸碱，对建筑物有较强的保护性，使用温度可以低至 0℃。它的主要缺点是：易燃，溶剂挥发对人体有害，施工时要求基层干燥，涂膜透气性差，而且价格较贵。

2）水溶性涂料

水溶性涂料是以水溶性合成树脂为主要成膜物质，以水为稀释剂，加入适量的颜料、填料及辅助材料，经研磨而成的涂料。

这类涂料的水溶性树脂，可直接溶于水中，与水形成单相的溶液。它的耐水性较差、耐候性不强、耐洗刷性差，一般只用于内墙涂料。

3）乳胶涂料

乳胶涂料又称乳胶漆。它是由合成树脂借助乳化剂的作用，以 $0.1 \sim 0.5 \mu m$ 的极细微粒子分散于水中构成的乳液，并以乳液为主要成膜物，加入适量的颜料、填料、辅助材料，经研磨而成的涂料。

这种涂料由于省去了价格较贵的有机溶剂，以水为稀释剂，所以价格较便宜；且无毒、不燃、对人体无害；有一定的透气性，涂布时不需要基层很干燥，涂膜固化后的耐水、耐擦洗性较好，可作为内外墙建筑涂料。但施工温度一般应在 10℃ 以上，用于潮湿的部位时易发霉，需加防霉剂。

（2）无机涂料

无机涂料是最早的一类涂料，传统的石灰水、大白粉、可赛银等就是以生石灰、碳酸钙、滑石粉等为主要原料加适量动植物胶配制而成的内墙涂刷材料。它的耐水性差、涂膜质地疏松、易起粉，目前早已被以合成树脂为基料配制成的各种涂料所取代。但硅溶胶、水玻璃的出现又赋予它以新的生命。目前，以硅酸钾为主要胶结剂的 JH80-1 和以硅溶胶为主要胶结剂的 JH80-2 系列的无机涂料，已成功地用于内外墙的装修。

无机涂料的特点：

1）资源丰富、生产工艺较简单、价格便宜、节约能源、减少环境污染；

2）黏结力较强，对基层处理要求不是很严；

3）材料的耐久性好、遮盖力强、装饰效果好；

4）温度适应性好。碱金属硅酸盐系列的涂料可在较低的温度下施工，双组分固化成膜受气温的影响较小；

5）颜色均匀，保色性好；

6）有良好的耐热性、遇火不燃、无毒等特性，因此无机涂料是一种有发展前途的建筑涂料。

（3）无机-有机复合涂料

有机涂料或无机涂料虽有上述很多优点，但在单独使用时，总有这样或那样的不足，为取长补短，各自发挥优势，无机、有机相结合的复合涂料相继出现。如聚乙烯醇水玻璃内墙涂料，就比单纯使用聚乙烯醇涂料的耐水性有所提高；硅溶胶、丙烯酸系列复合的外墙涂料在涂膜的柔韧性及耐候性方面更能适应大气温度差的变化。总之，无机、有机复合建筑涂料在降低成本、改善建筑涂料的性能、更好地适应建筑装饰的要求等方面提供了一条更切实可行的途径。

2. 按主要成膜物质分类

建筑涂料按构成涂膜的主要成膜物质，可将涂料分为聚乙烯醇系建筑涂料、丙烯酸系建筑涂料、氯化橡胶外墙涂料、聚氨酯建筑涂料和水玻璃及硅溶胶建筑涂料等。

3. 按建筑物的使用部位

按建筑物的使用部位，可将建筑涂料分为外墙涂料、内墙涂料、顶棚涂料、地面涂料和屋面防水涂料等。根据它们涂刷于建筑物的部位不同，对涂料性能的要求，亦有各自不同的侧重。

4. 其他分类

建筑涂料按功能分为装饰性涂料、防火涂料、保温涂料、防腐涂料、防水涂料等，以及按涂膜的状态将涂料分为薄质涂料，厚质涂料，砂壁涂料及变形凹、凸花纹涂料等。

# 第二节 外 墙 涂 料

## 一、特点与性能

外墙涂料的主要功能是装饰和保护建筑物的外墙面。外墙涂料应具有以下特点：

（1）装饰效果好：应用丰富的色彩和质感来美化建筑物表面，改变建筑物外观形象；色彩应经久耐用，以保持装饰性；

（2）耐水性好：外墙面暴露在大气中，经常受雨水冲刷，因而应有较好的耐水性；

（3）耐候性好：涂层暴露在大气中，要经受冷热和日光、紫外线的辐射，风沙、酸雨的侵蚀等，因而应有较好的耐候性和抗老化性；

（4）耐污染性好并易清洁；

（5）耐霉变性能好：涂膜可以抑制霉菌和藻类繁殖生长；

（6）施工维修方便，价格合理。

## 二、外墙涂料的主要品种

### （一）合成树脂乳液外墙涂料

以合成树脂乳液为主要成膜物质，与颜料、体质颜料及各种助剂配制而成的，施涂后能形成表面平整的薄质涂层的外墙涂料。

常用的合成树脂乳液外墙涂料见表 10-4。

表 10-4　常用合成树脂乳液外墙涂料

| 涂料品种 | 基 本 特 点 | 适 用 范 围 |
|---|---|---|
| 乙丙乳液普通型外墙涂料 | 以醋酸乙烯-丙烯酸酯共聚乳液为基料制成，涂膜干燥快，一种常用的中、低档乳液型外墙涂料 | 适用于一般住宅、商店、宾馆和工业建筑物外墙面涂装 |
| 苯丙乳液普通型外墙涂料 | 各项性能指标达到或超过一等品或优等品要求，是一种广泛使用的中档外墙涂料，也可作为高级苯丙乳液外墙涂料底漆用 | 适用于维护翻新方便的多层及低层建筑物外墙面涂装 |

| 涂料品种 | 基 本 特 点 | 适 用 范 围 |
|---|---|---|
| 氟碳树脂外墙涂料 | 用偏氟树脂为基料,加入高性能钛白粉、颜料、助剂、抗老化剂混合制成,具有良化的耐候性、耐污染性、耐化学侵蚀性,可在常温下固化,是外墙涂料、仿幕墙涂料的首选产品 | 适用于多层、高层及仿幕墙工程 |
| 苯丙乳液高性能外墙涂料 | 苯乙烯-丙烯酸酯共聚乳液用量达 55%~56%,用金红石型钛白粉为颜料配制而成,有光、半光、无光、薄质、厚质等系列产品。涂膜光泽度高,遮盖力强,耐水性、耐洗刷性、耐候性、耐玷污性好,属高性能、高档外墙涂料 | 适用于多层、高层和要求耐久及高级装饰建筑物外墙面装饰 |

（二）溶剂性外墙涂料

以合成树脂为主要成膜物质，与颜料、体质颜料及各种功能助剂配制而成的，施涂后能形成表面平整的薄质涂层的外墙涂料。

常用的溶剂性外墙涂料见表 10-5。

### 表 10-5　常用溶剂型外墙涂料

| 涂料种类 | 基 本 特 点 | 适 用 范 围 |
|---|---|---|
| 以丙烯酸酯建筑透明涂料 | 以丙烯酸酯为主,加少量硝酸纤维素、三聚氰胺树脂制成,透明、光泽好、色泽接近水白,长时间保持不变;涂膜硬度、耐水性、保色性、耐热性、防腐性好 | 主要用于木质地面装饰、木质墙裙等的罩面涂饰 |
| 丙烯酸酯建筑涂料 | 以丙烯酸酯树脂为基料制成的溶剂型建筑涂料,具有对墙面较强的渗透作用,黏结牢固,涂膜表面光滑坚韧;耐水洗刷性优异,具有优良的光泽保持性,不褪色、不粉化、不脱落、施工方便,不受气候条件限制,具有高的耐候性、耐污染性和耐化学腐蚀性 | 适用于建筑物、构筑物户外墙面涂装及有特殊防水和高级装饰性要求的场合使用。也可做复合涂料的罩面层 |
| 聚氨酯、丙烯酸酯复合型建筑涂料 | 溶剂型双组分高性能外墙涂料,具有优异的耐光、耐候性,在室外紫外线照射下不分解、不粉化、不黄变,对水泥基层有良好附着力,具有优良的户外耐久性 | 适用于外墙面、构筑物表面的高级装饰 |
| 聚酯、丙烯酸酯复合型建筑涂料 | 以聚酯、丙烯酸酯树脂为基料配制而成,成本比聚氨酯、丙烯酸酯涂料低;单组分施工方便;涂膜强度高,耐污染性好,但耐黄变性不良,不宜制成纯白色涂料 | 适用于要求深色,对耐玷污性能要求较高的建筑物、构筑物户外装饰 |
| 有机硅、丙烯酸酯复合型建筑涂料 | 在丙烯酸酯树脂结构中引入一定数量的有机硅官能团进行改性制成复合树脂为基料,制得涂料可常温自干,较未改性的丙烯酸酯涂料具有更优良的耐候性、耐热性;涂膜具有良好的疏水性和耐玷污性,长期处于户外环境仍能保持涂膜完整和装饰效果 | 是较理想的一种外墙装饰涂料,适用于高层、超高层及户外要求高档高性能装饰的涂饰 |
| 聚氨酯、环氧树脂复合型建筑涂料 | 以环氧树脂、聚氨酯树脂为基料配制而成双组分涂料,甲、乙组分按规定比率现场配制使用。涂料具有黏结力强、防水、耐化学腐蚀性能、热稳定性和电绝缘性良好,耐候性好,装饰效果好,耐久性可达 8~10 年以上,具有高光瓷釉特征,又名瓷釉涂料 | 适合于建筑物的内外墙面、地面及厨房、卫生间、水池、浴池、游泳池等使用,还可用于油槽车、储油罐等防腐涂层 |

| 涂料种类 | 基 本 特 点 | 适 用 范 围 |
|---|---|---|
| 聚氨酯溶剂型外墙涂料 | 以聚氨酯树脂溶液为基料，掺入颜料、填料、助剂等配制而成的双组分溶剂型涂料，涂膜丰满，光亮平整、耐玷污、耐候性优越，保色性好，可直接涂刷在混凝土、水泥砂浆表面及其他建筑物、构筑物表面 | 适用于高层住宅、公共建筑外墙及卫生间、高级净化车间等墙面、地面涂装 |
| 氯化橡胶建筑涂料 | 以氯化橡胶为基料，加入溶剂、颜（填）料和助剂等配制而成的溶剂型涂料。涂层干燥快，具有优良的附着力和耐水、耐碱、耐酸、盐水溶液等腐蚀，耐化学腐蚀性好，耐磨、防霉、阻燃，水蒸气渗透率是所有涂料中最低的，并与一般树脂有良好的混溶性并可以联合使用，利于改性，对建筑物具有良好的"再涂性"。可在 −20～50℃ 环境下施工 | 可用于外墙、地面、马路画线和游泳池、水泥污水池的防护装饰；对湿霉地区、沿海建筑物外墙装饰具有优异的耐久性和独特装饰效果 |

### （三）外墙无机建筑涂料

以碱金属硅酸盐或硅溶液为主要胶黏剂，与颜料、体质颜料及各种助剂配制而成的，施涂后形成薄质涂层的外墙涂料。有时还将无机涂料与有机涂料一起使用，形成有机-无机复合涂料。常用的外墙无机建筑涂料和有机-无机复合涂料见表 10-6。

**表 10-6  外墙无机建筑涂料和有机-无机复合涂料**

| 涂料种类 | 基 本 特 点 | 适 用 范 围 |
|---|---|---|
| 硅溶胶-合成树脂建筑涂料 | 采用硅溶胶与合成树脂共聚反应制成复合乳液，加入助剂、颜料、填料研磨成的涂料，其黏结性、透气性较好，成膜快、耐水、耐潮、耐洗刷，表面光滑 | 适用于在水泥砂浆基层上涂装，是一种高档高性能无机-有机复合外墙涂料，也可用于内墙涂料，用于高层、超高层建筑、色彩丰富，涂饰效果极好 |
| （硅溶胶＋苯丙乳液）复合涂料 | 硅溶胶和苯丙乳液混溶固化成膜，这种无机-有机复合涂料既保持了无机涂料的硬度等优点，又具有一定的柔韧性，保持有机涂料的快干和易刷性，并具无机和有机涂料的优点。这种涂料在国内有些外墙应用已近 10 年，仍有一定装饰效果，可见其有好的耐候性、耐久性 | 一种较高性能的有机-无机复合外墙涂料 |
| （硅溶胶＋聚醋酸乙烯乳液）复合涂料 | 由硅溶胶和聚醋酸乙烯乳液复合而成的涂料 | 一般性外墙涂料 |
| （丙烯酸酯乳液＋硅溶胶）复合涂料 | 在生产丙烯酸酯类乳液时引入硅溶胶，使之参与单体的共聚反应，从而制得硅溶胶-丙烯酸酯复合乳液，以此复合乳液为主要成膜剂配制成复合涂料，其黏结性、透气性、耐水性、抗冻融性、耐洗刷性、耐候性、耐久性都异常优异 | 适合于混凝土、水泥砂浆基层表面涂装的一种高性能有机-无机复合装饰涂料 |
| 聚合物水泥类复层涂料（CE） | 由聚合物分散体和硅酸盐水泥复合而成，成本低，施工方便，装饰效果、耐用期不理想，属低档涂料 | 适用于一般的装修要求不高的低档装修建筑物，不需做底涂层 |

| 涂料种类 | 基 本 特 点 | 适 用 范 围 |
|---|---|---|
| 硅酸盐类复层涂料（Si） | 由合成树脂乳液和硅溶胶混合配制而成，固化速度快，施工方便，黏结力较强（与CE类相比）；不泛碱，成膜温度较低、黏结力强，耐老化性能好（与E相比） | 适用于一般的对装修要求不高的低档装修的建筑物 |
| 合成树脂乳液类复层涂料（E） | 一般作外墙涂料时以苯丙乳液为基料配制而成；作内墙涂料时，以聚醋酸乙烯乳液为基料配制而成。与各种墙面黏结强度高，装饰效果好，耐水、耐碱性好 | 适用于一般的低、中档装修的建筑物，内、外墙都适用 |
| 反应固化型合成树脂乳液类复层涂料（RE） | 以双组分环氧树脂乳液为主要基料配制而成，黏结强度高，耐水性好、耐玷污性强，耐久性优良，是四种复层涂料中性能最好的一种，但为双组分，使用不方便 | 不需做底涂层，适用一般民用、公共、工业建筑物外墙装修 |
| 有机-无机复合类复层涂料 | 由（硅溶胶＋苯丙乳液）复合制成的有机-无机复合涂料为主涂层的复层涂料，技术价格综合性能优于上述四种复层涂料，其黏结强度、耐水性、耐玷污性、耐久性远优于（E、RE）两种复合涂料 | 可用于多层、高层要求长期性保护、装饰的建筑物外墙装修 |

注：1. 聚合物水泥系复层涂料，代号CE，用混有聚合物分散剂的水泥作为黏结料；

2. 硅酸盐系复层涂料，代号Si，用混有合成树脂乳液的硅溶胶等作为黏结料；

3. 合成树脂乳液系复层涂料，代号E，用合成树脂乳液作为黏结料；

4. 反应固化型合成树脂乳液系复层涂料，代号RE，用环氧树脂乳液等作为黏结料。

（四）砂壁状外墙涂料

砂壁状涂料（俗称真石漆）是采用合成树脂乳液、天然彩砂（石英砂）、多种功能性助剂复配而成，经过喷涂（或抹涂）施工形成具有天然石材装饰效果的建筑涂料，是合成树脂乳液砂壁状建筑涂料的一种。通过采用不同颜色、不同粒径的天然彩砂组合搭配可以形成多种装饰效果。因砂壁状涂料颜色取决于天然彩砂的颜色，因此砂壁状涂料具有较高的颜色稳定性，同时涂膜耐水性、耐碱性和户外耐久性也较好。但由于涂膜一般比较粗糙，因此耐沾污性稍差，容易积灰尘。可以通过施工工艺和配方调整改进涂膜的耐沾污性。

（五）溶剂型金属漆和水性金属漆

金属漆是用金属颜料，如铜粉、铝粉等作为颜料所配制的一种高档建筑涂料。金属漆具有金属闪光质感，能够提高建筑物的档次，充分彰显高贵、典雅的气质。一般有水性和溶剂型两种。由于金属粉末在水和空气中不稳定，常发生化学反应而变质，因此其表面需要进行特殊处理，致使用于水性涂料中的金属粉价格昂贵，使用受到限制，目前还主要以溶剂型涂料为主。

（六）其他品种的外墙涂料

1. 过氯乙烯外墙涂料

过氯乙烯外墙涂料是将合成树脂用作外墙装饰最早的外墙涂料之一。它是以过氯乙烯树脂为主，掺用少量的其他改性树脂共同组成主要成膜物质，添加一定量的增塑剂、填料、颜料和助剂等物，经混炼、切片、溶解、过滤等工艺制成的一种溶剂性的外墙涂料，也可用于内墙装饰。该涂料的色彩丰富、涂膜平滑、干燥快，在常温下1h可全干，冬季晴天亦可全天施工，且具有良好的耐候性，耐水性也很好。但其热分解温度低，一般应在低于60℃的环境下使用。涂膜的表干很快，全干较慢，完全固化前对基面的黏结较差，基层含水率不宜大于8%，施工中应予以注意。主要技术性能见表10-7。

表 10-7　过氯乙烯涂料技术性能指标

| 项　　目 | 技术性能指标 |
|---|---|
| 色泽外观 | 稍有光亮，涂膜平整无刷痕，无粗粒 |
| 黏度（涂-4 黏度计）（s） | 70～150 |
| 干燥时间（20±2）℃（min） | 表干≤45，实干≤90 |
| 流平行 | 无刷痕 |
| 遮盖力（g/m²） | ≤250 |
| 附着力（%） | 100 |
| 抗冲击功（N·m） | 1.5～5 |
| 耐水性（浸泡 24h） | 无变化 |

**2. BSA 丙烯酸外墙涂料**

BSA 丙烯酸外墙涂料是以丙烯酸酯类共聚物为基料，掺入各种助剂及填料加工而成的水乳型外墙涂料。该涂料具有无气味、干燥快、不燃、施工方便等优点，用于住宅、商业建筑、工业厂房等建筑物的外墙饰面，具有较好的装饰效果。

BSA 丙烯酸外墙涂料的主要技术性能指标见表 10-8。

表 10-8　BSA 丙烯酸外墙涂料的主要技术性能指标

| 序　号 | 项　　目 | 指标 | |
|---|---|---|---|
| | | 一等品 | 合格品 |
| 1 | 干燥时间（h） | ≥2 | |
| 2 | 对比率（白色和浅色） | ≮0.90 | ≮0.87 |
| 3 | 耐水性（96h） | 无异常 | |
| 4 | 耐碱性（48h） | 无异常 | |
| 5 | 耐洗刷性（次） | ≮1000 | ≮500 |
| 6 | 耐人工老化性<br>粉化（级）<br>变色（级） | 250h<br>1<br>2 | 200h |
| 7 | 涂料耐冻融性 | 不变质 | |
| 8 | 涂层耐温变性（10 次循环） | 无异常 | |

**3. 聚氨酯丙烯酸外墙涂料**

聚氨酯丙烯酸外墙涂料是由聚氨酯丙烯酸酯树脂为主要成膜物质，添加优质的颜料、填料及助剂，经研磨配制而成的双组分溶剂型涂料。

聚氨酯丙烯酸外墙涂料适用于建筑物混凝土或水泥砂浆外墙的装饰，如高级住宅、商业建筑、宾馆建筑的外墙饰面，其实际装饰效果可达 10 年以上。

聚氨酯丙烯酸外墙涂料，其主要技术性能指标见表 10-9。

表 10-9　聚氨酯丙烯酸外墙涂料的主要性能指标

| 序　号 | 项　　目 | | 指　　标 |
|---|---|---|---|
| 1 | 在容器中的状态 | | 搅拌后均匀，无结块 |
| 2 | 固体含量（%） | | ≮45 |
| 3 | 细度（μm） | | ≥45 |
| 4 | 施工性 | | 施工无困难 |
| 5 | 遮盖力（g/m²） | | ≥140 |
| 6 | 颜色及外观 | | 符合其标准样板<br>在其色差范围内，表面平整 |
| 7 | 干燥时间（h） | 表　干 | ≥2 |
| | | 实　干 | ≥24 |

| 序　号 | 项　目 | 指　标 |
|---|---|---|
| 8 | 耐水性（144h） | 不起泡、不掉粉、允许轻微失光和变色 |
| 9 | 耐碱性（24h） | 不起泡、不掉粉、允许轻微失光和变色 |
| 10 | 耐洗刷性（次） | ≮3000 |
| 11 | 耐玷污性5次<br>反射系数下降率（%） | ≥15 |
| 12 | 耐人工老化性，250h<br>粉化、级<br>变化、级 | 不起泡、不剥落、无裂纹<br>≥2<br>≥2 |
| 13 | 耐冻融循环性，10次 | 不起泡、不剥落、无裂纹、无粉化 |

# 第三节　内墙涂料及顶棚涂料

内墙涂料也可用作顶棚涂料，它的主要功能是装饰及保护内墙墙面及顶棚，使其美观，达到良好的装饰效果。

## 一、内墙涂料应具有以下特点

**（一）色彩丰富、质地平滑**

内墙涂料的色彩一般应浅淡、明亮，由于使用者对色调的喜爱不同，要求色彩鲜明、品种丰富。内墙与人的目视距离最近，要求内墙涂料应质地平滑、细腻，色调柔和。

**（二）耐碱、耐水性好，且不易粉化**

由于墙面多带有碱性，室内湿度较高，同时为保持内墙洁净，有时需要洗刷，所以内墙涂料必须有一定的耐水、耐洗刷性。

**（三）透气性、排湿性好**

为避免墙面因温度变化而出现结露现象，要求内墙涂料应有较好的透气性和排湿性。

**（四）无毒、无污染、无对人体有害的成分。**如：甲醛、甲苯、氯等有害物质应在允许的范围内。

**（五）涂刷方便，重涂性好**

## 二、常用的内墙、顶棚涂料有以下几种

**（一）合成树脂乳液内墙涂料（乳胶漆）**

以合成树脂乳液为成膜物质，与颜料、体质颜料及各种助剂配制而成的，施涂后能形成表面平整的薄质涂层的内墙用建筑涂料为合成树脂乳液内墙涂料，市场上统称乳胶漆。是家居装饰广泛应用的内墙涂料，常用品种有硅-丙乳液涂料、乙-丙乳液涂料、丙烯酸乳液涂料、聚氨酯-丙烯酸涂料，其性能见表10-10。

1. 硅-丙乳液涂料

硅-丙乳液涂料又称硅溶胶-丙烯酸乳液涂料，是采用硅溶胶与丙烯酸树脂乳液混合共聚制成主要成膜物，再加助剂、溶剂、颜料、填料经研磨而制成的涂料。

（1）特点

它既保持了无机涂料的硬度，又具有一定的有机柔韧性、快干和易刷涂性，涂刷干燥后表面平滑光洁，不起粉，耐候性、耐久性较好，具有很好的装饰性，且价格较低，是一种使用广泛的品种。硅-丙乳液涂料可制成多彩涂料。

表 10-10　合成树脂乳液内墙涂料的技术性能指标

| 项　　目 | 指　　标 |
|---|---|
| 在容器中的状态 | 无硬块，搅拌后呈均匀状态 |
| 固体含量 [（120±2）℃，2h，％] | ≥45 |
| 低温稳定性 | 不凝聚，不结块，不分离 |
| 遮盖力（白色及浅色，g/m²） | ≤250 |
| 颜色及外观 | 表面平整，符合色差范围 |
| 干燥时间（h） | ≤2 |
| 耐洗刷性（次） | ≥300 |
| 耐碱性（48h） | 不起泡，不掉粉，允许轻微失光和变色 |
| 耐水性（96h） | 不起泡，不掉粉，允许轻微失光和变色 |

（2）技术性能

硅-丙乳液内墙涂料的技术性能见表 10-11。

表 10-11　硅-丙乳液内墙涂料技术性能指标

| 项　　目 | 单位 | 性 能 指 标 | 备　　注 |
|---|---|---|---|
| 固体含量 | ％ | 35～40 | |
| 黏度 [涂-4 黏度计，（25±1）℃] | s | 35～65 | |
| 细度（刮板法） | μm | ≤80 | |
| 表面干燥时间（25℃，湿度＜75％） | min | ≤30 | |
| 附着力（％） | ％ | 100 | 水泥砂浆板或石棉水泥板 |
| 耐水性（25℃浸 24h） | | 无剥落、起泡、皱皮等现象 | 试件为玻璃板 |
| 耐热性 [（80±2）℃，5h] | | 无发黏、开裂等现象 | |
| 耐洗刷性 | | 重压 200g 湿绸布揩 20 次，不掉粉 | 试件为玻璃板 |
| 紫外光照射（20h） | | 不起壳、稍有变色 | |
| 漆膜情况 | | 平整无光 | |
| 涂刷性能 | | 无刷痕、稍有小气泡 | |
| 沉淀分层情况 | | 24h 沉淀 5mm | 100mL 量筒中静放观察 |

（3）品种和用途

硅-丙乳液内墙涂料颜色有：奶白、奶黄、湖蓝、果绿、淡青、橘黄、淡橘红等。一般适用于住宅、商店、学校、医院、旅馆、剧院等建筑室内墙面、顶棚装修。

2. 聚氨酯-丙烯酸乳液涂料

由聚氨酯-丙烯酸酯共聚乳液加助剂、溶剂、少量颜色、填料，经搅拌、研磨等工序制成的一种涂料。

（1）特点

聚氨酯-丙烯酸乳液涂料无毒、无味、干燥快、遮盖力强，涂后表面光洁，冬季在较低温度下不冻结，耐潮湿，耐擦洗，施工易操作。涂料中加入聚苯乙烯泡沫塑料颗粒，喷涂墙

260

面或顶棚，可取得很好的装饰效果。

（2）技术性能

聚氨酯-丙烯酸乳液涂料的主要技术性能指标见表 10-12。

表 10-12　聚氨酯-丙烯酸乳液涂料主要技术性能指标

| 项　目 | 单　位 | 技　术　指　标 |
|---|---|---|
| 表面干燥时间 | min | 35℃，相对湿度 65%±5%，<30 |
| 耐热性 | | 80℃（2～6h 不发黏、不开裂、不脱粉） |
| 附着力（%） | % | 100 |
| 遮盖力 | g/m² | ≤300 |
| 耐水性 | | 浸水 24h 不起泡，不脱粉 |
| 黏度（涂-4 黏度计） | s | （25±1）℃，55～75 |
| 涂刷效果 | | 表面平整，不脱粉 |
| 沉降值 | mm | （25±1）℃，24h；≤3mm |
| 耐湿擦 | 次 | 50 次无变化，不脱粉 |

（3）用途

聚氨酯-丙烯酸乳液涂料耐水、耐擦洗、耐潮，适用范围与硅-丙乳液涂料完全相同。另外还可用于厨房、厕所、仓库等潮湿房间。

3. 乙-丙乳液涂料

乙-丙乳液涂料，是以聚乙烯与丙烯酸酯共聚乳液为主要成膜物质，掺入适量的填料及少量的颜料，加入助剂、溶剂，经研磨、分散后配制而成。

（1）特点

乙-丙乳液涂料分为半光和有光两种涂料，其耐碱性、耐水性、耐久性都很好，并具有光泽，是一种高档内墙涂料。还具有外观细腻、保色性好等特点。

（2）技术性能

乙-丙乳液涂料的主要技术性能指标见表 10-13。

表 10-13　乙-丙乳液涂料主要技术性能指标

| 项　目 | 技术性能指标 |
|---|---|
| 黏度（涂-4 黏度计，25℃）（s） | 30～50 |
| 光泽（%） | ≤20 |
| 固体含量（%） | ≥45 |
| 柔韧性（级） | 1 |
| 冲击功（N·m） | ≥4 |
| 耐水性（浸水 96h，板面破坏）（%） | ≤5 |
| 最低成膜温度（℃） | ≥5 |
| 遮盖力（g/m²） | ≤170 |

（3）用途

乙-丙乳液涂料，是一种中高档内墙涂料。适用于居住、学校、商业、影剧院、办公、旅馆等建筑内墙涂料。

4. 丙烯酸乳液涂料

丙烯酸乳液涂料是以丙烯酸酯乳液为基料，加助剂、增稠剂、填料等，经混合、搅拌、研磨、过滤等工序制成。也可以加水稀释研磨制成水性涂料。

（1）特点

丙烯酸乳液涂料无毒、无味、不燃、透气性好、耐水性好、附着力强、色彩鲜艳，它属于一种高档涂料，它的生产和其合成树脂乳液无太大差别，只是生产配料更讲究，乳液的固体含量较高，约为50％，用量约为涂料质量的30％。掺入防霉剂即可制成防霉涂料。掺入防锈剂可能成防锈漆。

（3）丙烯酸乳液涂料主要技术性能指标见表10-14。

表 10-14　丙烯酸乳液涂料主要技术性能指标

| 项　　　　目 | 技术性能指标 |
| --- | --- |
| 涂膜颜色与外观 | 符合标准样本及色差范围，平整无光 |
| 黏度［涂-4黏度计，(20±1)℃］(s) | 35～45 |
| 固体含量（%） | ≥45 |
| 干燥时间（25℃，湿度5%～65%）(h) | 实干≤2 |
| 遮盖力（g/m²） | 白色及浅色，≤300 |
| 耐热性（80℃，6h） | 无变化 |
| 耐水性 | 96h漆膜无变化 |
| 附着力（%） | 100 |
| 冲击功（N·m） | ≥4 |
| 硬度（刷于玻璃板干后，48h摆杆法） | ≥0.3 |

（二）其他内墙装饰涂料

1. 幻彩涂料

幻彩涂料又称梦幻涂料，是用特种树脂乳液和专门的有机、无机颜料制成的高档水性内墙涂料。

幻彩涂料的种类较多，按组成的成分不同分为：用特殊树脂与专门的有机、无机颜料复合而成的；用特殊树脂与专门制得的多彩金属化树脂颗粒复合而成的；用特殊树脂与专门制得的多彩纤维复合而成的。其中使用较多、应用较为广泛的为第一种，该类又按是否使用珠光颜料分为两种。特殊的珠光颜料赋予涂膜以梦幻般的感觉，使涂膜呈现珍珠、贝壳、飞鸟、游鱼等所具有的优美光泽。

幻彩涂料适用于混凝土、砂浆、石膏、木材、玻璃、金属等多种基层材料，它要求基层材料清洁、干燥、平整、坚硬。

幻彩涂料主要应用于办公室、住宅、宾馆、商店、会议室等的内墙、顶棚等场合。

2. 仿绒涂料

仿绒涂料不含纤维，是由树脂乳液和不同色彩聚合物微料配制的涂料。其涂层富有弹性，色彩图案丰富，有一种类似于织物的绒面效果，给人以柔和、高雅的感觉。适用于内墙装饰，也可用于室外，特别适合于局部装饰。

3. 纤维涂料

纤维涂料也称为锦壁涂料，是由织物纤维配制而成的，可采用抹涂施工，形成2～3mm厚的饰面层。适合局部装饰与木质护墙板配合使用进行室内装饰，装饰效果柔和华贵。

4. 纳米改性内墙漆

纳米改性内墙漆是利用纳米技术改性的新型高档内墙涂料，涂料使用的纳米改性剂，具有独特的表面结构，使之具有不被水浸湿的特点，能最大限度地降低水和灰尘与涂料的附着力，从而使墙面保持长久的清洁和干爽。该涂料除具有上述独特的纳米改性性能外，耐酸碱、耐擦洗、保色、保光及与墙体黏结力等方面均优于传统高档内墙乳胶漆，具有气味清新、安全健康、绿色环保、涂膜美观典雅、牢固耐久等特性。

纳米抗菌内墙漆采用纳米光催化和金属离子双重杀菌机理，属纯物理作用，不含任何化学杀菌成分，作用持久、安全，为无毒级产品。纳米光催化剂在光照条件下具有分解有害气体、有机污染物的功能，对降低室内有害气体含量、净化空气有一定的作用。零 VOC 抗菌漆，除具有与纳米抗菌内墙漆相同的抗菌作用外，气味极低，挥发性有机化合物 VOC 接近于零，做到了无菌、无味与高品质的统一。

（1）适用范围

适用于混凝土、水泥砂浆、水泥板、石膏板等材质的内墙面和顶棚，也适用于内墙旧的有机物涂层表面的重涂。

纳米抗菌内墙漆及零 VOC 抗菌漆尤其适用于家庭、宾馆、医院和学校等场所的室内装修，可满足对卫生条件要求较高的食品、制药等行业及老人、儿童房间装修的需要。

（2）技术性能指标

纳米改性内墙漆的技术性能指标见表 10-15。

表 10-15　纳米改性内墙漆的技术性能指标

| 检　测　项　目 | | 国标（优等品） | 纳米改性内墙漆 | 纳米抗菌内墙漆 | 绿天使零 VOC 抗菌漆 |
|---|---|---|---|---|---|
| 对比率（白色或浅色） | | ≥0.95 | ≥0.95 | ≥0.95 | ≥0.95 |
| 耐碱性（24h） | | 无异常 | 无异常 | 无异常 | 无异常 |
| 耐洗刷性（次） | | ≥1000 | ≥20000 | ≥6000 | ≥6000 |
| 拒水性（度） | | — | 接触角≥135 | — | — |
| 挥发性有机化合物（VOC）（g/L） | | ≤200 | 40 | 37 | 0.6 |
| 游离甲醛（g/kg） | | ≤0.1 | 0.004 | 0.01 | 0.02 |
| 重金属(mg/kg) | 可溶性铅 | ≤90 | 16 | 17 | 7 |
| | 可溶性镉 | ≤75 | 3 | 3 | 11 |
| | 可溶性铬 | ≤60 | 4 | 4 | 2 |
| | 可溶性汞 | ≤60 | 0.07 | 0.08 | 0.08 |
| 抗菌性（抑菌环宽度）（mm） | 金黄色葡萄球菌 | — | — | ≥1 | ≥1 |
| | 大肠杆菌 | — | — | ≥1 | ≥1 |
| | 霉　菌 | — | — | ≥1 | ≥1 |

（3）选用要点

1）几种纳米内墙漆的耐洗刷性及有害物质限量，均优于国家标准，可以满足较高设计标准的要求；

2）对抗菌性有较高要求时，优先选用纳米抗菌内墙漆；

3）对室内卫生环保有较高要求时，优先选用零 VOC 抗菌漆；

4）配套材料宜选用多功能抗碱封闭底漆。

5. 云彩涂料

以合成树脂乳液为主要成膜物质，以珠光颜料为主要颜料，具有特殊流变特性和珍珠光泽的涂料。

6. 适用于顶棚的建筑涂料有：白水泥浆、顶棚涂料（一般与内墙涂料相同）。燃烧性能等级属于 A 极。

（三）功能性建筑涂料

功能性建筑涂料是指除了具有一般建筑涂料所具有的保护功能和装饰功能以外，还可赋予建筑物某些特殊使用功能的涂料。目前见诸于市场上的功能性建筑涂料，主要有饰面型防火涂料、防蚊蝇涂料、防霉抗菌涂料、防结露涂料、防尘污涂料、防辐射涂料、防电波干扰涂料、电热涂料、吸声涂料及保温隔热涂料等。

1. 饰面型防火涂料

饰面型防火涂料，既具有阻燃防火性能，又具有装饰性。

2. 防蚊蝇涂料

防蚊蝇涂料又称杀虫涂料，具有装饰和保护功能，还能够杀灭苍蝇、蚊子、蟑螂、跳蚤、臭虫和蜘蛛等虫害，可用于住宅、医院、宾馆、办公室、公共厕所、仓库、车船、食品厂、饭店和剧院等场所。防蚊蝇涂料品种较多，一般均采用合成树脂乳液为成膜物质，并采用复合杀虫剂。杀虫剂组分均衡而缓慢地从涂层表面析出，具有长效低毒作用，涂料为水性涂料，符合环保要求，对人体健康不会有不利影响。

防蚊蝇涂料应严禁和其他涂料混用，以免削弱甚至于使防蚊蝇涂料丧失功效。

3. 防霉抗菌涂料

在潮湿的建筑物内、外墙墙面，地面，顶棚等部位存在着霉菌。受到霉菌侵蚀的涂层会褪色、玷污以致脱落。在医院、食品加工厂、酿造厂、制药厂等带有霉菌的室内环境中，墙面常会附着各种霉菌滋生、繁殖，会使室内受到霉菌侵蚀，从而威胁人们的健康。这些场所应使用具有防霉、抗菌功能的涂料。

防霉抗菌涂料是水性涂料，符合环保要求，同时涂料的防霉抗菌性能也具有广谱、高效、持久的防霉、抑制真菌生长和杀灭真菌的作用。

4. 内墙防水涂料

这种涂料是以丙烯酸酯为基料，加入防水剂、助剂、颜料、填料等经研磨制成。具有良好的耐擦洗、防潮性、防水性能，质感细腻、色彩鲜艳持久，耐碱性达 720h，耐水性达 3000h，装饰效果好，表面光亮度可接近瓷砖效果。一般采用刷涂施工。要求基底抹防水砂浆、刮防水腻子。适用于浴室、厕所、厨房等潮湿部位。

5. 有机硅建筑防水剂

这种涂料的主要成分为甲基硅酸钠。它无色、透明，保护物体色彩不褪，具有防水、防潮、防尘、防渗漏、防腐蚀、防风化、防开裂、防老化等特点。有机硅建筑防水剂适用于土壁、石墙、文物、浴室、厕所、厨房墙面的罩面，刷涂、喷涂施工均可。施工后 24h 内应防止雨淋。该涂料以水为稀释剂。

6. 丙烯酸厂房防腐漆

这种涂料的主要成分为丙烯酸树脂。它具有快干、保色、耐腐蚀、防潮湿、防烟雾、防霉变等特点。这种涂料主要用于厂房内外墙防腐与涂刷装修，喷涂、刷涂、辊涂均可，表面干燥只需 1/3h，全部干燥只需 1/2h。

7. 钢结构防火涂料

这种涂料的主要成分为无机胶、蛭石、骨料，涂层厚度 28mm，耐火极限 3h（涂层厚度在 20～25mm 时，即能满足一级耐火标准要求）。钢结构防火涂料适用于钢结构和钢筋混凝土结构的梁、柱、墙及楼板的防火阻挡层。可以采用喷涂施工，最低施工温度为 5℃。

8. WS-1 型卫生灭蚊涂料

这种涂料的主要成分为聚乙烯醇、丙烯酸树脂，属于复合灭蚊涂料。它无臭、无毒，对人畜无害，可触杀蚊蝇、蟑螂，速杀效果达 100%，有效期为 2 年。这种涂料可用于城乡住宅、医院、宾馆、畜舍以及有卫生要求的商店、工厂的内墙粉刷，一般刷两次即可。

9. 丙烯酸文物保护涂料

这种涂料的主要成分为甲基丙烯酸树脂，它具有耐候、耐热、防霉、抗风化、渗透性好的特点，分为 1# 和 2#。丙烯酸文物保护涂料主要用于室内文物和遗产的保护。一般采用滴、淋、刷、喷施工均可。1#、2# 可以单独使用，也可以配合使用。配合使用时先涂 1#，再涂 2#，其保护效果更佳。

10. CT-01-03 微珠防火涂料

这种涂料的主要成分为无机空心微珠。它具有防火、隔热、耐高温的性能。耐火度为 1200℃，喷火 1h 不燃。耐水性达 960h，耐碱性达 170h，耐酸性达 170h。这种防火涂料主要用于钢木结构和混凝土、钢筋混凝土结构。采用喷、刷施工均可。

11. 预应力混凝土楼板防火隔热涂料

这种涂料的主要成分为无毒黏结剂、珍珠岩、硅酸铝。在预应力钢筋混凝土楼板上喷涂涂料 5mm，耐火极限可提高 2h。采用本品一般喷 3 遍，最低施工温度为 5℃。

12. B67-1 阻尼涂料

这种涂料的主要成分为丙烯酸树脂和环氧树脂。它具有减振、隔声、隔热、密封等特点，耐水性达 24h。B67-1 阻尼涂料，主要用于隔声，采用刷、喷施工均可，一般涂层厚度为基板厚度的 2 倍或钢板质量的 20% 时，阻尼效果最好。

13. 水性内墙防霉涂料

这种涂料是由合成树脂，借助乳化剂在水中构成乳液为主要成膜物，加入颜料、填料、助剂和防霉剂，经研磨而成。它是以水为稀释剂，无毒、不燃，有一定透气性，耐水防霉，耐擦洗。适用于潮湿房间，施工要求气温在 10℃ 以上。

14. 反射隔热涂料：以合成树脂乳液为成膜物质，与功能性颜（填）料（如红外颜料、空心微珠、金属微粒等）及助剂等配制而成，施涂于建筑物表面，具有较高太阳光反射比和较高半球发射率。

15. 水性氟涂料

主要成膜物质分为三种：

（1）PVDF（水性含聚偏二氟乙烯涂料）；

（2）PEVE（水性氟烃/乙烯基醚（脂）共聚树脂氟涂料）；

（3）含氟丙烯酸类为水性含氟丙烯酸/丙烯酸酯类单体共聚树脂氟涂料。

16. 交联型氟树脂涂料

指以含反应性官能团的氟树脂为主要成膜物，加颜料、填料、溶剂、助剂等，以脂肪族多异氰酸酯树脂为固化剂的双组分常温固化型涂料。

17. 水性复合岩片仿花岗石涂料

以彩色复合岩片和石材颗粒等为骨料，以合成树脂乳液为主要成膜物质，通过喷涂等施工工艺在建筑物表面上形成具有花岗岩质感涂层的建筑涂料。

18. 水性多彩建筑涂料

将水性着色胶体颗粒分散于水性乳胶漆中制成的建筑涂料。

19. 防腐涂料：包括

（1）醇酸涂料　以醇酸树脂为主要成膜物质配制而成的涂料。

（2）环氧涂料　以环氧树脂为成膜物质配制而成的涂料。

（3）环氧沥青涂料　以环氧树脂和煤焦沥青为成膜物质，加入颜料、体质颜料、溶剂及固化剂配制而成的涂料。

（4）氯化橡胶涂料　以氯化橡胶为主要成膜物质配制而成的涂料。

（5）氯磺化聚乙烯涂料　以氯磺化聚乙烯橡胶为主要成膜物质配制而成的涂料。

（6）聚苯乙烯涂料　以聚苯乙烯为成膜物质，加入颜（填）料、助剂等配制而成的涂料。

（7）聚氯乙烯含氟涂料　含萤丹填料的聚氯乙烯涂料。

（8）有机硅耐高温防腐蚀涂料　以有机硅聚合物或有机硅改性聚合物为主要成膜物质配制而成的耐高温防腐蚀涂料。

（9）高氯化聚乙烯防腐涂料　以高氯化聚乙烯树脂为主要成膜物质配制而成的防腐涂料。

（10）氯醚涂料　以氯醚树脂、改性树脂为主要成膜物质配制而成的涂料。

（11）防锈底涂料　以环氧树脂和煤焦沥青为成膜物质，加入防锈颜料及各种助剂经研磨分散配制而成的底层涂料。

（12）富锌底涂料　指直接与被涂覆材料界面接触的、锌粉含量较高的底层涂料。

（13）环氧云铁涂料　含鳞片状云母氧化铁填料的环氧涂料。

（14）聚氨酯涂料　以聚氨酯树脂为主要成膜物质配制而成的涂料。

（15）氟碳涂料　以氟烯烃聚合物或氟烯烃与其他单体的共聚物为成膜物质的涂料。

（16）聚有机硅氧烷涂料　以聚有机硅氧烷与其他单体共聚物为成膜物质的涂料。

（17）无溶剂型涂料　不含可挥发性组分的液体涂料。

20. 电缆防火涂料：涂覆于电缆表面、具有防火阻燃及一定装饰作用的涂料。

（四）水性内墙乳胶漆

1. 适用范围

水性内墙乳胶漆可以用于建筑物的内墙和体育场馆、桥梁等的表面涂饰。

2. 技术性能指标

水性内墙乳胶漆的技术性能指标见表 10-16。

表 10-16　水性内墙乳胶漆的技术性能指标

| 项目 | 指标 | 项目 | 指标 |
|---|---|---|---|
| 干燥时间 | ≤2h | 耐碱性（24h） | 无异常 |
| 对比率 | ≥0.95 | 低温稳定性 | 不变质 |
| 耐洗刷次数 | ≥1000 | 容器中状态 | 无硬块，搅拌混合后呈均匀状态 |
| 操作性 | 涂刷两道无障碍 | | |

3. 施工要点

（1）涂刷前应确保基材表面清洁、干燥和牢固，无疏松物及油污，墙面含水率应小于10%，pH值小于10，施工环境湿度低于85%，施工温度为5～10℃。

（2）一般涂刷两遍，两遍之间应间隔至少2h。

（3）外墙金属漆采用喷涂时，底漆应采用辊涂或喷涂方式，其他外墙涂料底漆可用刷涂、辊涂。使用前应搅拌均匀，可用少量清水稀释后刷涂。

室内装饰装修材料内墙涂料中有害物质限量参见表10-17。

**表 10-17　室内装饰装修材料内墙涂料中有害物质限量**

| 项　　目 | | 限 量 值 |
|---|---|---|
| 挥发性有机化合物（VOC）（g/L） | | ≤200 |
| 游离甲醛（g/kg） | | ≤0.1 |
| 重金属（mg/kg） | 可溶性铅 | ≤90 |
| | 可溶性镉 | ≤75 |
| | 可溶性铬 | ≤60 |
| | 可溶性汞 | ≤60 |

# 第四节　地　面　涂　料

## 一、地面涂料的特点与性能

### （一）定义

涂装在水泥砂浆、混凝土等基面上，对地面起装饰、保护作用，以及具有特殊功能（防静电性、防滑性等）要求的地面涂装材料为地面涂料。

### （二）特点与性能

1. 耐磨性好：耐磨性是地面应具有的主要功能之一，人的行走、物品的拖移都要磨损地面，所以地面涂料必须具有良好的耐磨性。

2. 耐碱性好：因为地面涂料要涂刷在水泥砂浆面层上，应具有良好的耐碱性，且应与水泥地面有良好的黏结力。

3. 耐水性：为了保持地面的清洁，用水擦洗是必不可少的。因此，要求地面必须具有良好的耐水洗刷的性能。

4. 抗冲击性：地面容易受重物冲击，要求地面涂料的涂层在受到重物冲击时，不易开裂或脱落，必须时只允许出现轻微的凹痕。

5. 施工方便、重涂容易：地面涂料大多数用于民用建筑的地面涂饰，应便于施工和磨损后的修补与重涂。

6. 绝缘性能好：计算机房、洁净室、电话机房等特殊房间应满足不产生静电的要求。

7. 耐火性能好：地面涂料可以达到二级耐火标准的要求。需要进行防火的房间地面，特别是仓储房间应首选地面涂料。此外，轮船、军舰的甲板应选择甲板涂料（俗称"甲板漆"），既耐磨又防火。

## 二、地面涂料的品种

目前国产地面涂料有很多种，这里介绍几种有代表性的地面涂料，其性能见表10-18。

表 10-18　地面涂料性能表

| 涂料名称 | 性能特点 | 备注 |
|---|---|---|
| 聚氨酯弹性彩色地面涂料 | 邵氏硬度　80～96<br>断裂强度　20～31MPa<br>黏结强度　3.5～5MPa<br>耐撕力　5.8～6.9MPa<br>伸长率　220%～280%<br>耐磨耗　0.1～0.15<br>耐油、耐火、耐一般酸碱腐蚀，有弹性、黏结力强，与地面黏结牢固，不会因基层微裂而导致地面裂开，整体性好，便于清扫，光平柔软 | 适用于旅游建筑，机械加工车间，纺织、化工、电子仪表及文化体育建筑<br>做法有两种：（1）在基层上先用带色聚合物水泥砂浆打底，干燥磨平后涂刷1～2道聚氨酯；（2）在基层上先涂刷一道底漆，然后涂1.3～1.5mm主漆，最后涂刷一道罩面漆 |
| 丙烯酸彩色地面涂料 | 遮盖力　230g/m²<br>附着力　100%<br>耐碱性　好<br>黏度　16s<br>冲击强度　>50kg·cm<br>耐热性　150℃　5h<br>耐磨性　金刚砂磨耗量35.8kg<br>耐水试验后磨耗量　33.7kg<br>耐碱试验后磨耗量　31.4kg<br>水溶性涂料，黏结力强，表面结膜牢固，施工简便，易流平 | 适用于水泥、木质基层，刷涂施工基层需清洁，水泥砂浆或混凝土基层需有一定强度，含水率<15%，最低施工温度5℃<br>表干30min<br>实干24h |
| 水性地面涂料 | 耐磨性　<0.006g/cm²<br>黏度　12～20s<br>黏结强度　2.45MPa<br>耐水性　7d<br>耐热性　100℃　1h<br>遮盖力　150g/m²<br>附着力　100%<br>硬度　>6H<br>无毒、不燃、光洁、不起砂、不开裂、经久耐用，可以做成几何图案、木纹图案等地面。<br>由A、B、C组成涂料。<br>A—42.5级水泥<br>B—涂料色浆<br>C—206罩光涂料 | 适用新、旧水泥砂浆地面<br>刮涂施工，基层要平整，最低施工温度5℃<br>地面使用前打一次地板蜡 |
| 聚氨酯地板漆 | 附着力　<2级<br>光泽度　>90%<br>抗冲击强度　≥4.9MPa<br>耐水性　48h<br>漆膜坚韧、耐磨、具有良好的防腐蚀性 | 适用于水泥地面、木质地板<br>表干30min<br>实干24h |

| 涂料名称 | 性能特点 | 备注 |
|---|---|---|
| 地板调和漆 | 遮盖力　50g/m²<br>抗冲击强度　4.9MPa<br>黏度　70～100s<br>光泽度　85%<br>细度　40μm<br>漆膜坚硬，防潮耐磨 | 适用于室内地板及木器家具<br>涂刷均匀同其他涂料<br>表干 6h<br>实干 18h |
| 水性丙烯酸酯球场涂料 | pH 值　7～8<br>含固量　50%<br>感触柔软，富有弹性耐候不打滑，使用三年不脱落 | 适用于球场跑道，人行道刮涂施工 |
| 丙烯酸酯-聚氨酯复合涂层装饰纸涂塑地板 | 耐水性　72h<br>耐碱性　好<br>人工老化　8h 轻微失光<br>耐磨耗量　3.9mg<br>光泽度　83.6%<br>图案色彩丰富、耐水、耐碱、耐磨性较好 | 适用人流小的民用建筑水泥地面，基层刮腻子平整，刮装饰纸，涂三遍丙烯酸酯复合涂料，再涂刷一道聚氨酯罩面清漆 |
| 环氧涂布地面涂料 | 耐碱性　好<br>耐酸性　30%<br>耐热性　24h（100℃）<br>冲击强度　35.1kg·cm<br>抗拉强度 7.3～10.3MPa<br>耐老化　96h 轻微色变<br>耐酸、耐碱、耐老化强度高，整体性好，装饰效果好 | 适用旅馆、餐饮建筑、卫生间、试验室、净化车间<br>甲、乙双组分涂料<br>甲为环氧树脂、颜料、溶剂、填料<br>乙为固化剂、助剂<br>表干　2h<br>实干　24h |

表 10-18 中所列地面涂料，可分为树脂系列地面涂料和装饰纸涂塑地面涂料。用于地面涂料的树脂有：丙烯酸树脂（B）、聚酯树脂（Z）、聚氨酯树脂（S）、过氧乙烯树脂（G）、环氧树脂（H）等。有的涂料用其中一种树脂，也有的是几种树脂的共聚物，使涂料性能更佳。

（一）硅酸盐类复合地面涂料

这种涂料由硅溶胶和合成树脂乳液混合作为基料，加入助剂、增稠剂、填料、细砂后经研磨而成。该涂料具有固化快、黏结力强、耐磨、耐冲击、不泛碱，成膜温度低的特点，耐老化、耐水、耐久、无毒、无污染、易修补，加入彩砂可取得天然石质感和色彩。又称为仿石地面，它施工方便，可喷、可涂，还可根据颜色不同刷涂各种分块和艺术图案。为增加光亮度可在表面再喷一道乳液透明涂料，或表面打蜡。它属于无机-有机涂料。

这种涂料适用于住宅、办公、厅堂、舞厅等文娱场所。

（二）聚氨酯弹性彩色地面涂料

这种涂料是三组分常温固化的聚氨基甲酸酯材料，其特点是地面涂层具有弹性和一定的硬度，机械强度高，具有优越的耐磨性能，耐油耐水，耐一般酸碱腐蚀，黏结及抗裂性能好；地面涂层整体性好，色彩丰富多样，脚感舒适、柔软及美观耐用。适用范围包括宾馆、展览厅等建筑的走道、人流众多的公共场所、卫生间以及净化防尘的精密仪器车间、耐油污地面等。

聚氨酯弹性彩色地面涂料的组成为主涂层涂料、底漆、罩面漆等。

1. 主涂层涂料

（1）甲组分：是由含羟基材料和异氰酸酯在一定的工艺条件下加聚而成的预聚物。本涂料使用的异氰酸酯材料包括甲苯二异氰酸酯和二苯基甲烷二异氰酸酯，两者混合可取得较好的强度、耐磨性和延伸性；本涂料使用的羟基材料为聚丙二醇醚或聚丙三醇醚等羟基聚醚树脂。合理地选定以上各材料的配合比，在一定的工艺条件下进行加聚反应，即为甲组分涂料聚氨酯树脂。

（2）乙组分：本涂料的乙组分材料由颜料、增塑剂、各种助剂及填料等组成。该组分的主要作用是提供涂层需要的颜色、厚度，还能提高涂层的耐久性及难燃自熄性。

（3）丙组分：为本涂料的固化剂部分，常配用的固化剂有胺类、有机磷类、聚醚类及金属化合物类等，一般可选用其中一种，也可几种混合使用。

2. 底漆

底漆的主要作用是基层处理剂，以增加主涂层与基层的黏结能力，它的组成是聚氨酯清漆加适量的专用稀释剂。

3. 罩面漆

即聚氨酯清漆。

（三）环氧涂布地面涂料

这种地面涂料是以环氧树脂和改性胺为主要材料的双组分涂料。其特点是黏结强度高、收缩小、防潮防水、耐磨、抗酸碱、耐污染。它颜色多种多样、美观大方、装饰效果好，且施工方便，可刷涂、刮涂。最有代表性的产品有 H80 地面涂料、UP 或 EP 涂布地面涂料。适用于高级建筑的地面，卫生间地面，试验室、厂房等耐酸碱腐蚀的地面。其价格比聚氨酯地面涂料价格低，相当于现浇水磨石地面的造价。

环氧涂布地面涂料包括环氧砂浆、地面腻子、底漆、中涂层涂料、面层涂料、罩面清漆等配套材料。其中主要组成为环氧树脂、固化剂、着色颜料、溶剂、填料及各种助剂。这种双组分涂料的甲组分主成分为低分子量的环氧树脂（环氧氯丙烷和双酚 A 在苛性碱作用下缩聚成的高分子化合物）、着色颜料、非活性混合溶剂、填料及各种助剂；乙组分主要成分为改性胺固化剂、溶剂及助剂等。

（四）其他树脂型地面涂料

树脂系列地面涂料有很多种。乙-丙共聚乳液地面涂料的性能较好和价格较低。聚氨酯地面涂料性能优异但价格太高。丙烯酸乳液涂料，可用于各种地面刷涂，价格适中，涂层较硬，耐久、耐酸、耐碱、耐老化、耐热，是人们广泛使用的涂料。另外还有一些特殊性能的地面涂料，如 AAS 隔热防水涂料、特韧性丙烯酸球场涂料等。

（五）装饰纸涂塑地面材料

这种材料是根据高级装饰地面彩色照相制版印刷而成的特制装饰纸及透明耐磨罩面涂料，经过粘贴、涂刷等工序做成的装饰纸涂塑地面材料。其特点是真实感强、色泽明快、图案多样、装饰效果良好；耐水、耐磨性、耐碱性较好，施工简便，且价格低廉，适用于住宅、会议室、办公室等民用建筑地面。但不宜用于公共场所。装饰纸涂塑地面的基层应注意防潮、防腐。

装饰纸涂塑地面的材料组成：装饰纸、黏结材料、罩面涂料。装饰纸可用 $80g/m^2$ 的胶版纸，其双向胀缩率相近。图案可根据用户要求照排印制，如可照排水曲柳地面、石材地面等，然后印制在纸上，纸幅面宽在 $800\sim1000mm$ 左右。黏结材料，首层地面多采用防潮性能较好的黏结剂，如乙-丙乳液与脲醛树脂混合液；楼层地面可用 108 胶作胶黏剂；罩面涂料是保护纸面并具有光泽表面的作用，一般用丙烯酸涂料涂刷二遍。要求较高时，可再涂刷一道聚氨酯清漆，以提高地面的耐磨性和防水性。

（六）自流平涂料

自流平地面是在地面基层上，使用具有自动流平性能或稍加辅助流平功能的涂料制作的地面。自流平地面特点是表面平整光洁、装饰性好，可以满足 100 级洁净度的要求。

随着现代工业技术和生产的发展，一些生产车间如：食品、烟草、电子、精密仪器仪表、医药、医院手术室、汽车、机场用品等均要求空气含尘量低的洁净生产车间，对地面耐磨、耐腐蚀、洁净度的要求越来越高，一般均采用自流平地面来实现。

1. 自流平地面的涂料

（1）水泥基自流平涂料；

（2）树脂自流平涂料；

（3）树脂水泥复合砂浆自流平涂料。

2. 自流平地面系统

（1）水泥基自流平地面系统：由基层、水泥基自流平地面用界面剂、水泥基自流平层构成的面层。

（2）树脂自流平地面系统：指由基层、底涂层、自流平树脂地面涂层或基层、底涂层、中涂层、自流平树脂地面涂层构成的面层。

（3）树脂水泥复合砂浆自流平地面系统：由基层、底涂层、自流平树脂水泥复合砂浆层构成的面层。

3. 自流平地面系统的适用场合、施工厚度和基层要求（表 10-19）

表 10-19　自流平地面系统的适用场合、施工厚度和基层要求

| 类型 | | 适用场合 | 施工厚度（mm） | 基层要求 |
|---|---|---|---|---|
| 水泥基自流平系统 | 面层采用 | 轻载/中载 | ≥5.0 | 抗压强度≥25MPa 表面抗拉强度≥1.0MPa |
| | 垫层采用 | 轻载/中载 | ≥3.0 | 抗压强度≥20MPa 表面抗拉强度≥1.0MPa |
| 树脂自流平系统 | | 轻载 | ≥1.0 | 抗压强度≥25MPa 表面抗拉强度≥1.0MPa |
| | | 中载 | ≥2.0 | 抗压强度≥20MPa 表面抗拉强度≥1.0MPa |
| | | 重载 | ≥3.0 | 抗压强度≥30MPa 表面抗拉强度≥1.5MPa |

| 类型 | 适用场合 | 施工厚度（mm） | 基层要求 |
|---|---|---|---|
| 树脂水泥复合砂浆<br>自流平系统 | 中载 | ≥2.0 | 抗压强度≥25MPa<br>表面抗拉强度≥1.0MPa |
| | 重载 | ≥3.0 | 抗压强度≥30MPa<br>表面抗拉强度≥1.5MPa |
| | 超重载 | ≥4.0 | 抗压强度≥30MPa<br>表面抗拉强度≥2.0MPa |

4. 自流平材料的构造要求

（1）基层有坡度时，水泥基自流平砂浆可用于坡度小于或等于1.5%的地面；对于坡度大于1.5%但不超过5%的地面，基层应采用环氧底涂撒砂处理，并应调整自流平砂浆流动度；坡度大于5%的基层不得使用自流平砂浆。

（2）水泥基自流平砂浆可用于地面找平层，也可用于地面面层。当用于地面找平层时，其厚度不得小于2mm；当用于地面面层时，其厚度不得小于5mm。

（3）石膏基自流平砂浆不得直接作为地面面层使用。当采用水泥基自流平砂浆作为地面面层时，石膏基自流平砂浆可用于找平层，其厚度不得小于2mm。

（4）环氧树脂和聚氨酯自流平地面面层厚度不得小于0.8mm。

（5）当采用水泥基自流平砂浆作为环氧树脂和聚氨酯地面的找平层时，水泥基自流平砂浆的强度等级不得低于C20。当采用环氧树脂和聚氨酯作为地面面层时，不得采用石膏基自流平砂浆做找平层。

（6）基层有坡度设计时，水泥基或石膏基自流平砂浆可用于坡度小于等于1.5%的地面；对于坡度大于1.5%但不超过5%的地面，基层应采用环氧底涂撒砂处理，并应调整自流平砂浆流动度；坡度大于5%的基层不得使用自流平砂浆。

（7）面层分隔缝的设置应与基层的伸缩缝保持一致。

（七）其他类型的地面涂料

1. 地坪涂装涂料

指涂装在水泥砂浆、混凝土等基面上，对地面起装饰、保护作用，以及具有特殊功能（防静电性、防滑性等）要求的地面涂装材料。

综合相关技术资料，适用于楼、地面的建筑涂料有：溶剂型、无溶剂型和水性三大类。其中有机材料的性能优于无机材料，有机涂层属于B₁级难燃材料。施工涂刷遍数为三遍。

2. 耐磨环氧涂料

这种涂料的性能为耐磨耐压、耐酸耐碱、防水耐油、抗冲击力强、经济适用。主要应用于停车场的停车部位等。无溶剂自流平型的环氧涂料适用于洁净度较高的地面。

3. 无溶剂聚氨酯涂料

这种涂料的特点为无溶剂、无毒、耐候性优越、耐磨耐压、耐酸耐碱、耐水、耐油污、抗冲击力强、绿色环保。主要应用于高度美观环境、符合舒适和减低噪声要求的场所，如学校教室、图书馆、医院等场所。

4. 环氧彩砂涂料

这种涂料是一种以彩色石英砂和环氧树脂形成的无缝一体化的新型复合装饰地坪。具有耐磨、耐化学腐蚀、耐温差变化、防滑等优点，但价格较高。适用于具有环境优雅、清洁等功能要求的公共场所，如展厅、高级娱乐场等。

# 第五节 胶 黏 剂

## 一、概述

胶黏剂是指具有良好的黏结性能，能把两物体牢固地胶接起来的一类物质。

胶黏剂一种是黏结同一种材质物件，称为专用胶黏剂；另一种是可以黏结不同材质物件或一种胶黏剂可黏结多种材质物件，俗称万能胶。事实上不可能用一种胶黏剂代替所有胶黏剂。

胶黏剂是一种用途极为广泛的材料，包括：机械行业、电子行业、化工行业、军火行业、土建行业、日用生活领域等，可以说在生产、办公、生活、修补各领域中胶接技术无处不在。

（一）胶黏剂的组成

胶黏剂一般主要有黏结料、固化剂、增韧剂、稀释剂、填料和改性剂等几种。对于某一种胶黏剂来说，不一定都含有这些成分，或也不限于这几种成分，而主要是由它的性能和用途来决定其组分。

1. 黏结料：黏结料简称黏料，它是胶黏剂中最基本的组分，它的性质决定了胶黏剂的性能、用途和使用工艺。一般胶黏剂是用黏料的名称来命名的。

2. 固化剂：有的胶黏剂（如环氧树脂）若不加固化剂，本身不能变成坚硬的固体。固化剂也是胶黏剂的主要成分，其性质和用量对胶黏剂的性能起着重要作用。

3. 增韧剂：为了提高胶黏剂硬化后的韧性和抗冲击能力，常根据胶黏剂的种类，加入适量的增韧剂。

4. 填料：填料一般在胶黏剂中不发生化学反应，但加入填料可以改善胶黏剂的机械性能；同时，填料价格便宜，可显著降低胶黏剂的成本。

5. 稀释剂：加稀释剂的主要目的是为了降低胶黏剂的黏度，便于施工操作，提高胶黏剂的湿润性和流动性。

6. 改性剂：为了改善胶黏剂的某一性能，满足特殊工艺要求，常加入一些改性剂。如为提高胶接强度，可加入偶联剂。另外还有防老化剂、稳定剂、防腐剂、阻燃剂等。

（二）胶黏剂的分类

胶黏剂品种繁多、用途不同、组成各异，目前大都从黏料性质、胶黏剂用途及固化条件等来划分。

1. 按性质划分

胶黏剂按其所用黏料性质不同进行分类，见图 10-2。

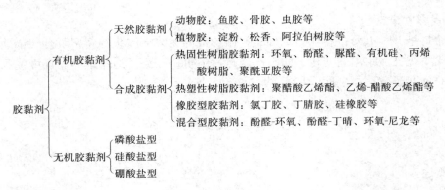

图 10-2　胶黏剂的分类

### 2. 按用途划分

（1）结构型胶黏剂：其胶接强度较高，至少与被黏物本身的材料强度相当。一般剪切强度高于 15MPa，不均匀扯离强度高于 3MPa。如环氧树脂胶黏剂。

（2）非结构型胶黏剂：有一定的胶接强度，但不能承受较大的力。如聚醋酸乙烯酯等。

（3）特种胶黏剂：能满足某种特殊性能和要求的胶黏剂。根据不同用途的需要，可具有导电、导磁、耐腐蚀、耐高温、耐超低温、厌氧、光敏、防腐等特性。

### 3. 按固化条件分

按固化条件可分为室温固化胶黏剂、低温固化胶黏剂、高温固化胶黏剂、光敏固化胶黏剂、电子束固化胶黏剂等。

胶黏剂在建筑上的应用十分广泛，它不但应用于建筑施工及建筑室内外装修黏结，还常用于防水工程、管道工程、新旧混凝土的接缝以及金属构件修补等场合。

## 二、墙纸、墙布胶黏剂

**（一）裱糊用的胶黏剂应具备以下特点**

1. 水溶性、施工条件好；

2. 黏结力强，对基层与底纸均适合；

3. 有一定的防潮能力；

4. 干燥后有一定的延性，适应墙纸的伸缩变形；

5. 防霉变，不能在墙纸表面产生斑点；

6. 有防火要求的墙纸，应能耐高温。

胶黏剂有成品材料和现场调配两种。成品胶黏剂有粉状与液状两种形式，它具有性能好，施工方便，现场加适量水后即可使用的特点。

**（二）裱糊墙纸常用胶黏剂的性能和用途见表 10-20**

表 10-20　墙纸、墙布常用胶黏剂

| 名　称 | 说　明　和　特　点 | 用　途 |
|---|---|---|
| 聚醋酸乙烯乳胶 | 又称白乳胶，以醋酸乙烯为基料，经乳液聚合而制得的一种芳香白色乳状胶液，常温自干，成膜性、黏结性好，耐霉菌性良好，不含有机溶剂，无刺激性气味。但耐潮性差，使用量在减少 | 可直接粘贴纸制品和用于木材黏结，但有耐潮、耐水要求的房间或部位不可使用 |

| 名　　称 | 说 明 和 特 点 | 用 　途 |
|---|---|---|
| 乙-脲混合型胶黏剂 | 按配方将聚乙烯树脂和脲素树脂乳液聚合而成，比白乳胶更耐水耐潮。其黏结力极强，常温下干燥快，无刺激气味，色白，储存期比白乳胶长 | 适用于有一般耐潮要求的室内墙面和顶棚黏结墙布、墙纸和用于装饰板、镶板、人造板、木板的粘贴 |
| 乙-丙溶液胶 | 用适当分子量聚乙烯与丙烯酸酯混合加热溶于水，加溶剂、增稠剂、固化剂等配成的5%溶液胶，它耐潮性差，价格便宜 | 可直接粘贴墙纸，但在湿度高的房间和地区不宜使用 |

### 三、墙纸、墙布裱糊常用的几种胶黏剂简介

**（一）乙-丙胶黏剂**

乙-丙烯醇胶黏剂是以乳液状态存在和使用的一类胶黏剂，简称PEAC。它是由聚乙烯PE单体和丙烯酸酯共混，以水为介质，加入乳化剂、引发剂及其他辅助材料，经乳液聚合而制成的高聚物。

1. 主要特性

这种乳液型胶黏剂与溶剂型胶黏剂相比主要优点是无毒，无火灾危险，黏度低，价格低廉。除此之外，它还具有初始黏结力较强，韧性较好，适用期长，对油脂有较好的抵抗力，黏结时对压力要求不严格等特点。该胶的主要缺点是耐热性低、耐水性差、怕潮湿、怕冻、易干、固化干燥时间较长等。

2. 主要用途

PEAC是一种用途较广的非结构胶，可用于纸张、木材、皮革、泡沫塑料、纤维织物等多孔材料的黏结。在水泥中加入适量的PEAC，可提高其抗压、抗拉强度及弹性。

**（二）改性聚乙烯胶黏剂**

这种胶的外观为无色透明胶体，是以聚乙烯乳液加助剂、增韧剂、固化剂等，在酸性介质中进行加热共混而得的一种透明水溶性胶体。

1. 主要特性

这种胶黏剂的主要优点是无臭，无毒，无火灾危险，黏度低，价格低廉，黏结性能较好；其黏结强度≥0.9MPa，固含量为10%，密度为$1.05g/cm^3$，pH值为7～8；其稳定性在10℃以上环境中储存不发生变化，但在低温下容易形成冻胶。

2. 主要用途

这种胶主要用于墙布、墙纸与墙面的粘贴，室内涂料的胶料、外墙装饰的胶料及室内地面涂层胶料。

**（三）醇溶型聚乙烯胶黏剂**

这种胶黏剂是由醇溶剂与聚乙烯树脂在酸性介质下共混，加入固化剂、增韧剂而成，外观呈微黄色或无色透明胶体，是完全"绿色环保产品"。

1. 主要特性

这种胶具有无毒，无味，不燃，固化剂中不含甲醛、甲苯等有毒物质，施工中无刺激性气味等特性。其耐磨性、剥离强度及其他性能均很好。固含量≥10%，pH值为7～8。

2. 主要用途

这种胶主要用于墙布、墙纸、瓷砖及水泥制品等的粘贴；也可以作为地面、内外墙涂料的基料。使用温度在 10℃以上，储存期为六个月。

**（四）改性聚醋酸乙烯胶黏剂（新白乳胶）**

这种胶黏剂是由改性醋酸乙烯与乙烯经聚合而成，共聚体简称 EVA。

**1. 主要特性**

这种胶外观为乳白色稠厚液体，具有常温固化，配制使用方便，固化较快，黏结强度较高等特性；其黏结层具有较好的韧性和耐久性，不易老化；固体含量为（50±2)％，pH 值为 4~6，颗粒直径为 0.5~5μm，黏度为 50~100s，其稳定性为 1h 无分层现象。

**2. 主要用途**

广泛用于粘贴墙纸、水泥增强剂、防水涂料等领域，是木材的主要胶黏剂，是原白乳胶的换代产品。

**（五）SG 8104 墙纸胶黏剂**

这种胶是一种无臭、无毒的白色胶液。

**1. 主要特性**

此胶的耐水、耐潮性好，浸泡一周后不开胶，黏结强度 0.4~1MPa；尤其是初始黏结力强，用于顶棚粘贴的墙纸不会下坠，对温度、湿度引起的胀缩适应性能好，不开胶。

**2. 主要用途**

此胶适用于在水泥砂浆、混凝土、水泥石棉板、石膏板、胶合板等墙面粘贴纸基塑料墙纸；施工环境温度不宜低于 10℃；在 15℃环境温度下可储存两个月。

**（六）粉末墙纸胶**

这是一种粉末状胶黏剂，使用时用 1 份质量的粉末胶加 10~15 份质量的水，搅拌 10min 后使用。

**1. 主要技术性能**

粉末墙纸胶的特点是黏结力好，干燥速度快，墙纸在刚粘贴后不剥落，边角不翘起，1d 后基本干燥，干后黏结牢固；剥离试验时，胶接面黏结良好；室内湿度 85％以下时 13 个月内不翘边、不脱落、不鼓泡。

**2. 主要用途**

适用于水泥抹灰、石膏板、木板墙等墙面上粘贴塑料墙纸。

**（七）其他类型的胶黏剂**

用于墙纸、墙布粘贴的胶黏剂还有 801 压敏胶、8404 墙布胶黏剂、841 胶黏剂等。

## 四、塑料地板胶黏剂

铺贴塑料地板时多采用胶黏剂粘贴。对胶黏剂的性能要求是：黏结强度高，感温性好，有一定耐碱性和防水性，施工容易，固结期要适当并有足够的储存期。常用的地板胶黏剂有：沥青胶黏剂、聚醋酸乙烯溶剂胶黏剂，它们适用于水泥或木质基层。合成橡胶胶黏剂、环氧树脂胶黏剂，它们适用于水泥、木质及金属基层。胶黏剂的选用，一定要根据地板品种、特性和环境条件合理确定。

**（一）聚醋酸乙烯类胶黏剂（白乳胶）**

这是以醋酸乙烯共聚物乳液为基料配制而成的塑料地板胶黏剂。

这类地板胶黏剂的主要特点是黏结强度高、无毒、无味、快干、耐老化、耐油等；而且兼有价格便宜，施工安全、简便，存放稳定，耐老化等优点。主要适用于聚氯乙烯塑料地板、木制地板与水泥面的黏结。其中 PAA 胶黏剂还可用于水泥地面、木板地面粘贴塑料地板。

1. 水性 10 号塑料地板胶

这种胶的主要技术性能是：钙塑板-水泥之间抗剪强度$\geqslant 1.0$MPa，在 40℃、相对湿度 95％的条件下，100h 后抗剪强度不降低。

2. PAA 胶黏剂

这种胶的主要技术性能是：水泥石棉板-塑料剥离强度 1d 达 0.5MPa，7d 达 0.7MPa，10d 达 1.0MPa；耐热性达 60℃；耐寒性达－15℃。主要含改性醋酸乙烯，无毒、无味、黏结力较好。

3. 水乳性地板胶黏剂

这种胶的主要技术性能是：剪切强度 1d 达 0.465MPa，3d 达 0.692MPa，7d 达 0.807MPa；与铁黏结后浸水 10h 达 0.54MPa；与木材黏结后浸水 8h 达 2.5MPa。

（二）合成橡胶类胶黏剂

这类胶黏剂是以氯丁橡胶为基料加入其他树脂、增稠剂、填料等配制而成。

这类胶黏剂的主要优点是：

1. 其主体材料本身富有高弹性和柔韧性，因此赋予胶层以优良的挠曲性、抗震性和抗蠕变性，可适应动态条件下的黏结和不同膨胀系数材料之间的黏结；

2. 氯丁胶的分子结构比较规整、容易结晶、排列紧密，分子链上又有较大的氯原子存在，因此在不硫化的情况下也具有较高的内聚力；

3. 固化速度快，黏结后内聚力迅速提高，初黏力高；

4. 氯丁胶由于极性强，对大多数材料都具有良好的黏结力；

5. 氯丁胶分子链上的氯原子对双键起保护作用，使之活性减小，因而具有较好的耐热性、耐燃性、耐油性、耐候性和耐溶剂性；

6. 为了进一步改善氯丁胶的黏结性和耐热性，常采用各种不同合成树脂对其进行改性。并根据不同黏结物，加入不同助剂、增韧剂、溶剂，制成各种不同改性氯丁橡胶胶黏剂。它无毒、黏结力较好，耐热性提高，其缺点是储存稳定性不好，耐低温性能不良，使用温度要求 10℃以上。

这类胶黏剂适用于半硬质、硬质、软质聚氯乙烯塑料地板与水泥地面的黏结；也适用于硬木拼花地板与水泥地面的粘贴；另外，还可用于金属、橡胶、玻璃、木材、皮革、水泥制品、塑料和陶瓷等的黏结。

这类胶黏剂的品种很多，用于粘贴塑料地板的黏结剂除上面介绍的几种外，还有聚氨酯胶黏剂、1 号塑料地板胶、CX 404 胶黏剂、XY-409 胶黏剂、醇溶型聚乙烯黏结剂、第二代丙烯酸酯黏结剂等品种。这些不同品种的胶黏剂是由不同生产厂出产的，虽然主体基料相同，但组成配比各不相同，所以在技术性能上有一定的差异。

（三）聚氨酯类胶黏剂

聚氨酯是多元异氰酸酯与多元醇相互作用的产物。作为胶黏剂使用时，不是采用聚氨酯高聚物，而是采用端基分别是异氰酸基和羟基的两种低聚物。在黏结过程中，它们相互作用生成高聚物而硬化，多元异氰酸酯本身也可单独作为胶黏剂使用。

聚氨酯胶的主要特点是：

1. 结构中含有极性的异氰酸基（—NCO），对各种材料都有较强的黏结性；

2. 异氰酸基有很高的反应活性，能与含活泼氢的基团（—OH、—NH$_2$、—COOH 等）发生作用，可制成双组分常温固化胶，也可制成单组分常温固化胶。固化时通过空气中的水分起作用；

3. 该类胶有较强的韧性，可用来胶接软质材料；

4. 有良好的耐超低温性能，而且随着温度的降低，黏结强度反而升高。因此，它是超低温环境下理想的胶接材料和密封材料；

5. 这类胶黏剂耐溶性、耐油性、耐老化性优良，能在室温下固化，也可加热固化。其主要缺点是耐热性不高，机械强度也比较低，所以通常作为非结构胶使用。

由于聚氨酯类胶黏剂具有上述特点，因而它的适应范围很广，可以黏结多种金属和非金属材料，例如塑料、木材、橡胶、铝、钢、铸铁、玻璃、陶瓷、皮革、织物等。

聚氨酯类胶黏剂可分为纯异氰酸酯制成的胶黏剂及由聚酯（或聚醚）树脂与二异氰酸酯的混合物或由二者的加成物制成的胶黏剂两类。前者为单组分胶液，后者是双组分胶液，甲组分是含羟基的聚酯或聚醚树脂，乙组分是固化剂，分子中含有活性极高的异氰酸酯基。

目前，常用的品种有 405 胶，它是由有机异氰酸酯和末端含有羟基的聚酯所组成，能在室温下固化，具有很强的黏结力。它胶膜柔软，还具有耐溶、耐油、耐水、耐弱酸、耐震等性能。它有 405-(1)和 405-(2)两组分，使用时两组分的配比为 405-(1)：405-(2)=100：50。这种胶用于塑料-水泥黏结，1d 剪切强度可达 1.3MPa 以上。使用时，应将被黏材料表面的油污用溶剂去净，再行砂毛，然后分别在被黏面涂胶，经 30～40min 后进行黏结。室温（28～30℃）固化 2d 后即可使用。

（四）环氧树脂类胶黏剂

环氧树脂是指在分子中含有两个以上环氧基团（ —C——C— ）的化合物。

环氧树脂的品种很多，目前产量最大、使用最广的为双酚 A 醚型环氧（E 型）。它是由二酚基丙烷（双酚 A）和环氧氯丙烷在碱性条件下缩聚而成。根据反应条件的不同，制得的环氧树脂相对分子质量可为 340～7000 不等，外观由黏性液体到固体树脂。其中相对分子质量小于 700、软化点低于 50℃者称为低分子量环氧树脂。一般环氧胶均采用低分子量环氧树脂，作为固体胶黏剂或热熔胶使用可采用高分子量环氧树脂。

双酚 A 环氧树脂的主要缺点是耐热性差、韧性差、耐紫外线及辐射性差，目前，已淘汰。近年来已研制了一些新的环氧树脂品种，如非双酚 A 环氧、脂肪族环氧树脂及其他类型的环氧树脂，从而大大改善了环氧树脂的性能。

环氧树脂胶对各种金属材料和非金属材料如钢铁、铝、铜，玻璃、陶瓷、木材、水泥制品等均有良好的黏结性能，素有"万能胶"之称，是目前应用最广泛的胶种之一。

这类胶黏剂的主要特点如下：

1. 黏结强度高，由于环氧树脂中含有环氧基、羟基等极性基因，因而与大多数材料具有优良的黏结性。环氧树脂与固化剂、改性剂等配合后发生化学反应，使分子间互相交联，保证了内聚强度，因而具有较高的黏结强度。如以液态羧丁腈改性的环氧胶KH-802对普通碳钢进行胶接，其抗剪强度可达40～50MPa；

2. 这类胶可用不同固化剂在室温或加温情况下固化；

3. 不含溶剂，能在接触压力下固化，反应过程中不放出小分子，收缩率仅为1%～2%；

4. 固化后的产物具有良好的电绝缘性、耐腐蚀性、耐水性和耐油性等；

5. 和其他高分子材料及填料的混溶性好，便于改性。

环氧树脂类胶黏剂一般由两个主要组分组成，主体是环氧树脂，另一个是固化剂。为了适应不同用途需要，又可加入各种不同的辅助材料，如增塑剂、增韧剂、稀释剂、固化促进剂、偶联剂、填料等。

（五）其他塑料地板胶黏剂

塑料地板胶的品种很多，除上面介绍的不同类型、品种的胶黏剂外，还有一些其他品种的塑料地板胶。

1. 耐水胶黏剂

它是以合成树脂为基料，加入溶剂、耐水增稠树脂、稳定剂、增塑剂、填料而制成的一种溶剂型塑料地板胶黏剂。它具有初黏强度高、施工简单、干燥速度快、价格低廉、耐热（60℃）、耐寒（−15℃）等性能，适用于塑料地板与水泥地面的黏结，并可在潮湿环境中长期使用。

这种胶黏剂使用时要求水泥地面清洁、干燥、平整，含水率应控制在7%以下，胶黏剂由现场配制，并按需用面积配制胶黏剂用量，其配比为清浆∶填料＝1∶1.2（填料使用前应用20目的金属筛网过筛），将二者调合均匀后即可使用。该胶黏剂是易燃物品，应存放于阴凉通风处，储存期为六个月。

2. 水性高分子胶黏剂

这是以几种高聚物为基料，加入填充料而制成的水溶性胶黏剂，具有不燃、无毒、无刺激气味、水溶性好、粘贴施工方便、能在潮湿基底粘贴等特点；有一定的初始黏结强度，胶结后抗水性好，价格比较便宜。

该胶主要用于PVC硬质、半硬质、软质塑料地板与水泥地坪的黏结，亦可用PVC塑料板与木材、木材与混凝土、瓷砖与水泥墙面等界面的黏结。

这种胶黏剂使用时要求基底平整、清洁、无尘，胶倒在基底后用刮刀将胶刮平刮匀，胶层厚度控制在2～3mm；使用环境温度必须高于15℃；该胶黏剂储存期六个月，储存温度在0℃以上。

3. 塑料地板胶黏剂

这是一种以合成胶乳为主体的水溶性胶黏剂，初期黏度高，使用安全可靠，对水泥、木材等材料有很好的黏结力，适用于在木板地面或水泥地面粘贴塑料地板。施工地面要求平整、清洁、无污、无裂缝；用刮板将胶刷匀后，晾置10min后即可粘贴塑料地板；本胶刷胶面积宜为2m²左右，且边刷、边晾、边粘。

4. LD-4116高强力快干地板胶

这是由多种化工原料配制而成的一种新型胶黏剂，具有黏结力强、固化速度快、冬季不结冻、操作简便、省工省料等特点，适用于塑料地板与水泥地面的黏结。使用时地面宜平整、干燥、无油污，用刷涂或刮涂的方法将黏结面涂胶，晾置数分钟后待胶面不黏手后即可黏结，并用橡皮锤敲实。胶液在使用时因溶剂挥发、黏度增高时，可酌量加入稀释剂。保存期不超过六个月，如六个月未发生凝胶，仍可继续使用。

### 五、瓷砖、大理石类胶黏剂

这类胶黏剂具有黏结强度高、能改善水泥砂浆黏结力并可提高水泥砂浆的防水性，同时具有耐水、耐化学侵蚀、耐气候、操作方便、价格低廉等特点，适用于大理石、花岗石、陶瓷锦砖、面砖、瓷砖等与水泥基层的黏结；有些也适用于钢铁、玻璃、木材、石膏板等基面的粘贴。在装饰工程中主要用于厨房、浴室、厕所、水池等长期受水浸泡或其他化学侵蚀的部位。

（一）AH-93 大理石胶黏剂

这是一种由环氧树脂等多种高分子合成材料组成基材配制成的单组分膏状胶黏剂，具有黏结强度高、耐水、耐气候、使用方便等特点，适用于大理石、花岗石、马赛克、面砖、瓷砖等与水泥基层的黏结。这种胶的外观为白色或粉色膏状黏稠体，黏结强度高于 20MPa，浸水强度达 1MPa 左右。

（二）SG-8407 内墙瓷砖胶黏剂

这种胶能改善水泥砂浆黏结力，并可提高水泥砂浆的防水性，适用于在水泥砂浆、混凝土上黏贴瓷砖、地砖、面砖和马赛克等。该胶在自然空气中黏结力可达 1.3MPa；在 30℃水中浸泡 48h 后黏结力应达到 0.9MPa；在 50℃湿热气中 7d 黏结力仍可达 1.3MPa。

（三）TAM 型通用瓷砖胶黏剂

这种胶是以水泥为基材，用聚合物改性后制成的粉末状胶黏剂，使用时只需加水搅拌便获得黏稠的胶浆。它具有耐水、耐久性好、操作方便、价格低廉等特点，适用于在混凝土、砂浆墙面、地面和石膏板等表面粘贴瓷砖、马赛克、天然大理石、人造大理石等。该胶为白色或灰色粉末，室温 28d 剪切强度超过 1MPa；室温 24h 抗拉强度超过 0.036MPa；室温 14d 抗拉强度超过 0.153MPa。

（四）TAS 型高强度耐水瓷砖胶黏剂

这是一种双组分的高强度耐水瓷砖胶，具有耐水、耐候、耐各种化学物质侵蚀，强度高等特点，适用于在混凝土、钢铁、玻璃、木材等表面粘贴瓷砖、墙面砖、地面砖。这种双组分胶黏剂混合后寿命大于 4h，操作时间大于 3h，剪切强度在室温下 28d 高于 2.0MPa。

（五）TAG 型瓷砖勾缝剂

此勾缝剂呈粉末状，具有各种颜色，是瓷砖胶黏剂的配套材料，具有良好的耐水性，可用于游泳池中的瓷砖勾缝。适用于白色或彩色瓷砖勾缝，勾缝在 3mm 以下不开裂。

（六）SG-791 建筑轻板胶黏剂

此胶主要含醋酸乙烯，具有无毒、无臭、耐久、耐水、冻融后不影响黏结强度，宜在潮湿处使用等优点，适宜于在混凝土水泥砂浆墙、地面上粘贴瓷砖、马赛克、大理石、花岗石等。扯离强度为 2.0～5.0MPa，抗拉强度为 1.2～1.7MPa，压剪强度为 1.5～3.0MPa。存放温度高于－10℃，每次调制的胶量要在 20min 内用完。

### 六、玻璃、有机玻璃专用胶黏剂

（一）AE 室温固化透明丙烯酸酯胶

这种胶是无色透明黏稠液体，能在室温下快速固化，一般 4～8h 内即可固化完全。固化后透光率和折射系数与有机玻璃基本相同，AB 两组分混合后室温下可使用一星期以上，具有黏结力强、操作简便等特点。AE 胶分 AE-01 和 AE-02 两种型号，AE-01 适用于有机玻璃、ABS 塑料、丙烯酸酯类共聚物制品黏结；AE-02 适用无机玻璃、有机玻璃以及玻璃钢黏结。AE 胶的黏度可根据需要调节，它无毒性，黏结有机玻璃的拉伸剪切强度超过 6.2MPa。

（二）硅酮结构密封胶

这种胶黏剂为膏状体铝管密封包装，具有黏结牢固、耐久性好、抗老化、易操作等特点，既黏结，又防水，是幕墙安装中接缝密封、黏结玻璃的高档材料。幕墙安装采用的中性硅酮结构密封胶产品分单组分和双组分，其性能应符合国家标准《建筑用硅酮结构密封胶》（GB 16776—2005）的规定，要在保质期内使用。

（三）WH-2 型有机玻璃胶黏剂

此胶是一种无色透明胶状液体，黏结时工作温度在－10～60℃，具有耐水、耐油、耐碱、耐弱酸、耐盐雾腐蚀等特点。

（四）改性丙烯酸酯胶黏剂

此胶主要含改性丙稀酸酯，具有耐海水浸泡、防腐蚀、耐磨耗的优点。耐温性为－60～200℃，抗剪强度达 25MPa。

## 七、塑料薄膜类胶黏剂

（一）641 软质聚氯乙烯胶黏剂

这种胶适用于黏合聚氯乙烯薄膜、软片等材料，也可用于聚氯乙烯材料的印花、印字。

（二）BH-415 胶黏剂

这是一种塑料贴面胶黏剂，为白色乳液，主要用于 PVC（硬质、半硬质、软质）膜片与胶合板、刨花板、纤维板等木制品黏结，PVC 膜与纸、印刷纸的黏结，PVC 与聚氨酯泡沫塑料黏结等。这种胶耐热性好，耐热蠕变性能好，耐久性、初黏性能好。

（三）920 胶黏剂

这种胶适用黏结聚氯乙烯薄膜、泡沫塑料、硬质 PVC 塑料板、人造革等。该胶应在避光、干燥处存放。该胶黏剂属于易燃品。

## 八、竹木类胶黏剂

竹木专用胶黏剂有三类，分别是：

（一）脲素树脂类胶黏剂

它由脲素与低分子量乙烯共聚而成，是竹木类专用胶黏剂。

这类胶黏剂的主要特点是无色、耐光性好、毒性小、价格低廉等，具有耐水、耐热、不发霉、耐微生物侵蚀等优点。主要品种如下：

1.531 脲素树脂胶，可在室温或加热条件下固化；

2.563 脲素树脂胶，可在室温下 8h 或 110℃温度下 5～7min 固化；

3.5001 脲素树脂胶，使用时要加氯化铵水溶液，可在常温下固化或加热固化。

（二）丙烯酸树脂类胶

这类胶的主要品种有：

1. 水溶性丙烯酸树脂胶，它是由水溶性丙烯酸树脂配合固化剂组成的热固型胶黏剂。具有常温下固化的特点；

2. 1016 木材胶黏剂，它是由水溶性丙烯酸树脂胶和固化剂组成的冷固型胶黏剂。具有耐水、黏结强度高、施工设备要求不高等特点；

3. 206 胶，它是由丙烯酸树脂和固化剂组成，具有室温固化、胶膜性脆的特点。

（三）醋酸乙烯类胶黏剂

这类胶黏剂的品种有：

1. 聚醋酸乙烯乳液亦称白胶或白乳胶：由聚醋酸乙烯乳液和增塑剂等组成，具有常温自干、成膜性好、耐候、耐霉菌性良好等性能。它不含有机溶剂，无刺激性臭味，黏结木材的强度≥9MPa。

此乳胶储存于常温室内，储存温度一般以 10～40℃为宜，不能低于 5℃，储存期为半年。到期后若乳胶无分层、发臭及其他不正常现象，则仍可使用。

此类乳胶各生产厂的牌号都不一样，应注意选用。

2. 醋酸乙烯共聚乳液：该胶一般有两种系列：AVA 型系是由醋酸乙烯与丙烯酸丁酯共聚的乳胶液。AVM 型系是由醋酸乙烯与顺丁烯二酸二丁酯共聚的乳胶液。此胶具有增塑性、黏结强度高、对环境无污染等特点，黏结木材的抗剪强度可达 8MPa。

胶液要求在 4℃以上密封储存，储存期为 1 年。

## 九、混凝土界面胶黏剂

这类胶黏剂常用于混凝土制品的黏结、修补及在混凝土表面黏结木材、金属、陶瓷等材料。常用的品种如下。

（一）A-1 型水泥制品修补膏

此胶主要成分是多组分环氧树脂，并掺有表面活性剂、紫外线屏蔽剂、触变剂等多种成分，与混凝土、木材、金属、玻璃、陶瓷等多种材料有良好的黏结力。修补产品外观好，配制使用安全、方便，并能用于立面、天花板的修补；其黏结强度在 20℃温度下经 1d 可达 5MPa，经 28d 可达 7.7MPa；固化收缩率为 0.08%。

此胶使用时，应先将黏结面油污去除、擦净，按甲：乙＝100：26 质量比混匀后涂于黏结面，温度 10℃以上时，1d 后即干硬，受力部位需经 3～5d 后使用。

（二）YH-82 环氧树脂低温固化剂

这种环氧树脂胶可在 −10～5℃低温条件下固化。用它配制的环氧砂浆胶黏剂，可在 −10～5℃的低温条件下黏结、修补混凝土和钢筋混凝土构件，具有黏结强度高、配制容易、涂刷方便等特点。

1. 环氧砂浆配比（质量比）：E44 或 E51 环氧树脂 100 份；乙二醇缩水甘油醚 20 份，糠醇 5 份；YH-82 固化剂 30 份；42.5 级普通硅酸盐水泥 100 份；砂 250 份。

2. 配制过程：首先将 E44 或 E51 环氧树脂、糠醇和乙二醇缩水甘油醚均匀拌和配成环氧树脂混合液。另外把水泥和砂均匀掺和，然后将 YH-82 固化剂加入到环氧树脂混合液中，搅拌均匀后倾倒在已掺和均匀的水泥和砂的混合物中，再拌和均匀即可使用。

3. 使用方法：将要黏结、修补的混凝土表面凿毛，用钢丝刷刷去松动的水泥砂浆及石子，并用压力水把黏结或修补面冲洗干净，之后把配好的环氧砂浆涂刷在黏结或修补面上，即可将混凝土黏结或修补好。

### 十、腻子

由胶黏剂、填料和助剂等原材料配制成的材料叫"腻子"，作用是为基层找平。用于外墙找平的腻子叫"外墙腻子"。用于内墙、顶棚找平的腻子叫"内墙腻子"。

## 第六节　涂料中有害物质的控制

### 一、涂料

《民用建筑工程室内环境污染控制规范》GB 50325—2010（2013 年版）规定：

（一）民用建筑工程室内用水性涂料和水性腻子，应测定游离甲醛的含量，其限量应符合表 10-21 的规定。

**表 10-21　室内用水性涂料和水性腻子中游离甲醛限量**

| 测定项目 | 限量 | |
|---|---|---|
| | 水性涂料 | 水性腻子 |
| 游离甲醛（g/kg） | ≤100 | |

（二）民用建筑工程室内用溶剂型涂料和木器用溶剂型性腻子，应按其规定的最大稀释比率混合后，测定 VOC 和苯、甲苯、甲苯＋二甲苯＋乙苯的含量，其限量应符合表 10-22 的规定。

**表 10-22　室内用溶剂型涂料和木器用溶剂型性腻子中 VOC 和苯、甲苯、甲苯＋二甲苯＋乙苯限量**

| 涂料类别 | VOC（g/L） | 苯（%） | 甲苯、二甲苯＋乙苯（%） |
|---|---|---|---|
| 醇酸类涂料 | ≤500 | ≤0.3 | ≤5 |
| 硝基类涂料 | ≤720 | ≤0.3 | ≤30 |
| 聚氨酯类涂料 | ≤670 | ≤0.3 | ≤30 |
| 酚醛防锈漆 | ≤270 | ≤0.3 | — |
| 其他溶剂型涂料 | ≤600 | ≤0.3 | ≤30 |
| 木器用溶剂型腻子 | ≤650 | ≤0.3 | ≤30 |

（三）聚氨酯漆测定固化剂中游离甲苯二异氰酸酯（TDI、HDI）的含量后，应按其规定的最小稀释比率计算出聚氨酯漆中游离甲苯二异氰酸酯（TDI、HDI）含量，且不应大于 4g/kg。

### 二、胶黏剂

《民用建筑工程室内环境污染控制规范》GB 50325—2010（2013 年版）规定：

（一）民用建筑工程室内用水性胶黏剂，应测定挥发性有机物（VOC）和游离甲醛的含量，其限量应符合表 10-23 的规定。

表 10-23　室内用水性胶黏剂中 VOC 和游离甲醛限量

| 测定项目 | 限量 | | | |
|---|---|---|---|---|
| | 聚乙酸乙烯酯胶黏剂 | 橡胶类胶黏剂 | 聚氨酯类胶黏剂 | 其他胶黏剂 |
| 挥发性有机化合物（VOC）（g/L） | ≤110 | ≤250 | ≤100 | ≤350 |
| 游离甲醛（g/kg） | ≤1.0 | ≤1.0 | — | ≤1.0 |

（二）民用建筑工程室内用溶剂性胶黏剂，应测定挥发性有机物（VOC）、苯、甲苯＋二甲苯的含量，其限量应符合表 10-24 的规定。

表 10-24　室内用溶剂性胶黏剂中 VOC、苯、甲苯十二甲苯限量

| 项目 | 限量 | | | |
|---|---|---|---|---|
| | 氯丁橡胶胶黏剂 | SBS 胶黏剂 | 聚氨酯类胶黏剂 | 其他胶黏剂 |
| 苯（g/kg） | ≤5.0 | | | |
| 甲苯＋二甲苯（g/kg） | ≤200 | ≤150 | ≤150 | ≤150 |
| 挥发性有机物（g/L） | ≤700 | ≤650 | ≤700 | ≤700 |

（三）聚氨酯胶黏剂应测定游离甲苯二异氰酸酯（TDI）的含量，按产品推荐的最小稀释量计算出聚氨酯漆中游离甲苯二异氰酸酯（TDI）的含量，且不应大于 4g/kg。

### 三、水性处理剂

《民用建筑工程室内环境污染控制规范》GB 50325—2010（2013 年版）规定：民用建筑工程室内用水性阻燃剂（包括防水涂料）、防水剂、防腐剂等水性处理剂，应测定游离甲醛的含量，其限量应符合表 10-25 的规定。

表 10-25　室内用水性阻燃剂、防水剂、防腐剂中游离甲醛限量

| 测定项目 | 限量 |
|---|---|
| 游离甲醛（mg/kg） | ≤100 |

### 四、其他要求

1. 民用建筑工程的室内装修时，不应采用聚乙烯醇缩甲醛水玻璃内墙涂料、聚乙烯醇缩甲醛内墙涂料和树脂以硝化纤维素为主、溶剂以二甲苯为主的水包油型（O/W）多彩内墙涂料。

2. 民用建筑工程的室内装修时，不应采用聚乙烯醇缩甲醛类胶黏剂。

# 复　习　题

1. 简述涂料原材料的组成与生产方向。

2. 厚涂料、薄涂料各应用在何处?
3. 简述涂料应用应注意的事项。
4. 简述选择涂料的原则。
5. 简述胶黏剂的选用原则。

# 第十一章　装饰装修用织物

## 第一节　装　饰　织　物

**一、装饰织物的品种**

（一）装饰织物的成型方法

1. 织花

织花是由相互垂直的经纬线反复穿梭、纺织而成的各种织物。织花的制作工艺简捷，选用材料也较为广泛，如各色棉、麻、丝线等，是大部分织物所使用的制作方法。织花既可以平织进行色与色的变换，使之呈彩条状，也可以挑织出各种几何形的花纹。用织花织成的织物，纹路清晰、密实，花纹具有规律性。它朴素大方，工艺简捷明快，是窗帘、陈设覆盖物等织物的主要成型方法。

2. 栽绒

栽绒是用木框拉成经线，用毛线在经线上连续打结，用织刀截断毛线，下框后再经片剪而成。其质地松软并有弹性，主要是编织高级地毯、挂毯的主要方法。可织细致花纹与图案。如选用丝线栽绒，会显得更加华丽高贵。

3. 胶背

胶背是使用特殊工具，将毛线穿过并植在底布上，为固定毛线，将成品的背面涂上胶料，因此得名"胶背"。胶背有栽绒的编织效果，也是制作地毯的主要方法，由于不必使用手工打结，故可提高效率，降低制作成本。

4. 绳编

绳编是选用线、麻、丝或布等绳线，做成不同形状的绳套，再将套与套相互连接成片，即成绳编织物。绳编织物有密集凸起或稀疏出孔的艺术效果，还有将铜片、石片、木片、竹片镶入等做法。其编制纹路有疏密、粗细、长短、凹凸的变化，具有规律、粗犷之美感。一般是制作艺术悬挂物的手法。

5. 编结

编结分为棒针编结和钩针编结两种。是选用不同棒针或钩针等编织工具，将各色毛线、棉线或丝线编结而成的一种手工织物。它可以运用不同手法，编织出多种花饰图案，其制品外形变化随意、针法繁多、起伏明显，如各色线混合使用，外观效果更加有趣。

（二）装饰织物的印染修饰

1. 扎染

扎染是用线绳或木版把织物捆扎、缠绕后浸入染液内染色，形成深浅不一花纹的工艺手法。扎染工艺简便，染色线条具有粗细、长短、虚实的变化，艺术效果丰富、朴素而含蓄。

## 2. 蜡染

蜡染工艺是在织物上按照预先画好的图案，用溶蜡描绘一遍，然后浸入染液中，冷染上色。经加热除蜡后，花纹即会显现出来。蜡染既可制成单色，也能多次套色。其成品有明显的蜡纹，图案丰富，古朴典雅，有浓厚的地方特色。

## 3. 印花

印花包括丝网印花和转移印花。丝网印花是先制作镂空花纹的网板，然后将网板放置于需要印染的织物上，使色浆通过印板被刮印到织物上；转移印花的做法是先将染料绘制于纸上（或分散染料图样纸），然后将织物压在带有染料的图案上，在高温及压力的作用下，纸上的染料会转移印制到织物上面。在印花工艺中，套色、花型不受布局、大小的限制，其画法活泼多样，图案生动，色彩鲜艳，是应用较为普遍的装饰手法。

## 4. 绣花

绣花可用多种织物做底布，在其上描绘出要绣的花样，用不同材质的线，以不同的针法绣制而成。按材质不同还可分为棉绣、丝绣、毛绣、麻绣等。绣花装饰五彩缤纷，艺术效果细致、华丽、高雅。

## 5. 补花

补花是采用各色布料或其他织物剪成花样，黏结或缝缀在底布上而成的一种装饰。补花可利用边角下料进行制作，艺术效果"独特"，颇具地方乡土特色。

## 二、装饰织物的种类及功能

装饰织物可用于建筑室内装修的许多部位，并且可以配合室内陈设，创造出艺术环境气氛。装饰织物按照使用部位可分为以下类别：

（一）地毯

地毯给人们提供了一个富有弹性、温暖、舒适的地面环境，它具有防寒、防潮、减少噪声等功能，并可创造象征性的空间。

（二）窗帘、帷幔

窗帘、帷幔具有分隔空间，避免干扰，调节室内光线，防止灰尘进入，保持室内清静，隔声消声等作用；而且冬日保暖，夏日遮阳。从室内装饰效果看，窗帘、帷幔还可以丰富室内空间构图，增加室内装饰的艺术气氛。

窗帘、帷幔的材质，一般有粗料、绒料、薄料、网扣及抽纱的区别。窗帘按开启方式分为：平拉式、垂幔式、挽结式、波浪式、半悬式、百叶式等多种。

（三）家具、陈设覆盖织物

它们的主要功能是防磨损、防灰尘、衬托和点缀环境气氛等。主要包括床罩、沙发巾、桌台覆盖物等。

（四）靠垫

靠垫包括坐具、卧具（沙发、椅、凳、床等）上的附设品。可以用来调节人体的坐卧姿势，使人体与家具的接触更为贴切。其艺术装饰性也是不容忽视的。

（五）其他织物

织物的使用除上述各方面外，还有壁挂、墙纸、墙布、屏风、摆设等。壁挂包括壁毯及悬挂织物等，墙纸、墙布用于墙壁和天棚等处，它们都具有很好的使用价值和装饰性。

# 第二节　地　毯

## 一、地毯的分类

### （一）按材质分类

地毯按所用材质的不同可分为以下五类：

**1. 羊毛地毯**

羊毛地毯即纯毛地毯，采用粗绵羊毛为原料编织而成，具有弹性强、拉力强、光泽好的优点，为高档铺装地面材料。由于价格因素，使其在日常生活中很少使用，但作为艺术品在室内设计中应用的实例，是屡见不鲜的。

**2. 混纺地毯**

混纺地毯是以羊毛纤维与合成纤维混纺后编织而成的地毯。合成纤维的掺入，可明显地改善羊毛的耐磨性，克服其易腐蚀、易虫蛀的缺点，从而提高地毯的使用期限，且装饰性不亚于纯毛地毯，使地毯成本也有所下降。

**3. 化纤地毯**

化纤地毯是完全采用合成纤维制作的地毯，其外观和触感与羊毛地毯相似，是中、低档地毯的主要品种。现常用的合成纤维主要有丙纶、腈纶、涤纶等。

**4. 塑料地毯**

塑料地毯是采用聚氯乙烯树脂、增塑剂等多种辅助材料，经均匀混炼、塑制而成的一种轻质地毯材料。也有的可以制作成塑料人工草坪，应用于室内外环境。

**5. 剑麻地毯**

剑麻地毯是采用植物纤维剑麻（西沙尔麻）为原料，经纺纱、编织、涂胶、硫化等工序制成。产品分素色和染色两种，有斜纹、罗纹、鱼骨纹等多种花色。剑麻地毯具有耐酸、耐碱、无静电现象等特点，但弹性较差、手感粗糙。它适用于公共场所的地面铺设。

### （二）按编织工艺分类

地毯的编织工艺，决定了地毯的使用性能和装饰性能。编织地毯和簇绒地毯在外观与内在质量上，有着很大的区别。地毯的打结方法见图11-1。地毯断面形式见图 11-2。

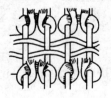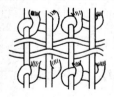

图 11-1　手工编织地毯打结方法

地毯按生产编织工艺的不同，可分为以下三类：

**1. 手工编织地毯**

（1）手工打结地毯：经手工将绒头纱线在毯基的经纬线之间拴上绒簇结，形成绒头织成手工地毯。绒头结型有 8 字结（波斯结）、马蹄结（土耳其结）、双结等。120 道以上的手工打结地毯是手工地毯中的高档品。

（2）手工簇绒地毯（胶背地毯）：经手工通过钉枪将绒头纱线刺入底基布在毯面上形成绒头列，在背面涂上胶黏剂固定绒头，同时涂敷一层背衬布（双格布）的手工地毯，绒头可以是割绒头式圈绒头。手工簇绒胶背地毯是中档产品。

**2. 机织地毯**

（1）机织提花地毯：通过织机经过一道或多道工序生产的使染色绒头纱线与毯基经纬线交织在一起，织造出多种色彩和图案花纹的地毯。根据使用设备的不同，有威尔顿和阿克明斯特两种。它是机织地毯的高档产品。

（2）簇绒地毯：通过簇绒机将绒头纱线刺入预先制成的底基布上形成绒头列。在背面涂敷胶黏剂固定绒头，一般都贴敷一层背衬材料。簇绒地毯有三个品种即割线（平面形、高低形）、圈绒（平面形、高低形）、割绒圈绒组合。簇绒地毯以素色为主，它在机织地毯中属于中档产品。

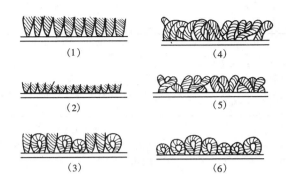

图 11-2　地毯断面形式

1—高簇绒；2—低簇绒；3—圈簇线混合式；4—粗毛高簇绒；5—粗毛低簇绒；6—粗毛圈簇绒混合式

（3）针刺地毯：利用针刺法对纤维网进行穿刺，使纤维互相缠结成片状，一般指采用单面浸渍胶液加以固结而生产的地毯。针刺地毯有条纹形、花纹形、绒面形和毡面形。针刺地毯在机织地毯中属低档产品。

3．无纺地毯

无纺地毯是指无经纬编织的短毛地毯，是另一种生产化纤地毯的方法。它是将绒毛用特殊的勾针扎刺在以合成纤维构成的网布底衬上，然后背面涂胶使之粘牢，故又称针刺地毯或黏结地毯。这种地毯生产工艺简单、成本低廉，其弹性和耐久性较差，为地毯中的低档产品。

## 二、地毯的纤维性能比较

（一）地毯毯面纤维的分类

1．天然纤维地毯：包括棉、毛、丝、麻等品种。

2．合成纤维：包括丙纶、腈纶、涤纶、尼龙 6、尼龙 66 等品种。合成纤维的特性比较见表 11-1。

表 11-1　合成纤维特性比较

| 特　性 | 丙　纶 | 腈　纶 | 涤　纶 | 尼　龙 6 | 尼　龙 66 |
|---|---|---|---|---|---|
| 原液染色性 | ★★★ | ★ | ★★★ | ★★★ | ★★★ |
| 纤维、纱绒染色 | — | ★ | ★ | ★★★ | ★★★ |
| 弹性恢复率（%） | 40 | 65 | 68 | 97 | 97 |
| 耐磨性 | △△ | △△ | △ | ★ | ★★ |
| 抗污染性 | ★★ ＊＊＊ | △ | △ | ★ | ★★ |
| 易清洗性 | △ | △ | △ | ★ | ★★ |
| 抗起球性 | ★★ | ★ | ☆ | ★★★ | ★★★ |
| 抗静电性 | ★ | ★ | ★ | ★★★ ＊＊ | ★★★ ＊＊ |

| 特　性 | 丙　纶 | 腈　纶 | 涤　纶 | 尼　龙 6 | 尼　龙 66 |
|---|---|---|---|---|---|
| 抗化学试剂性能 | △ | △ | △ | ★ | ★★ |
| 阻燃性 | △△ | △△△ | △△ | ★★ | ★★ |
| 防霉/防蛀 | ★★ | ★★ | ★★ | ★★ | ★★ |

注：（1）☆一般，★好，★★很好，★★★极好，△差，△△很差，△△△极差；

（2）＊＊尼龙在加入永久导电纤维后，具有优异的抗静电性能；

（3）＊＊＊去油质污染困难。

3. 混纺纤维：按纤维的特性，取长补短，按一定比率搭配纺成混合纤维。

（二）天然纤维地毯的基本特点

天然纤维织造地毯以羊毛和真丝最为普遍，其特点见表11-2。

**表 11-2　羊毛地毯与真丝地毯的特点**

| 地 毯 种 类 | 基 本 特 点 适 用 范 围 |
|---|---|
| 羊 毛 地 毯 | 　　羊毛为天然纤维，毛鳞片锁住的水分使其具有天然抗静电性，但随着空调除湿及地毯的清洗，天然抗静电性会消失，而产生静电。羊毛具有吸水性，易发霉，易滋生微生物，耐磨性差，不易清洗与保养，色牢度差，无法避免水印的出现等特点。羊毛地毯历史悠久，尤其是手工编织的工艺精湛地毯，图案优美，故又称工艺地毯，具有极高的使用与收藏价值，现在为高级宾馆及重要场合选择装饰地毯的重要品种 |
| 真 丝 地 毯 | 　　用天然蚕丝织就，是天然长纤维，闪烁优雅光泽，大多用丝绸机织成，图案精细、典雅，是壁饰挂毯使用的主要材料。因其纤维为天然蛋白质，遇酸、碱、热、压易变形，不易清洗与保养 |

（三）不同材质地毯纤维的燃烧形态（见表11-3）。

**表 11-3　不同材质地毯纤维的燃烧形态**

| 材质种类 | 燃烧火焰 | 烟　雾 | 燃烧后形态 | 气　味 | 燃烧后颜色 | 捏　搓 |
|---|---|---|---|---|---|---|
| 纯羊毛 | 无 | 有 | 起泡 | 臭味 | 光泽、黑色 | 轻搓即碎 |
| 丙　纶 | 黄色 | 无 | 纤维卷缩、熔融、无灰烬，冷却后成硬块 | 无明显异味 | 略呈黑灰色 | 不易碎 |
| 腈　纶 | 纤维先软化熔融后燃烧 | 无 | 脆性小硬球 | 辛味 | 黑色 | 易碎 |
| 锦　纶 | 无 | 无 | 纤维卷缩，成胶状物 | 略呈芹菜味 | 冷却后呈褐色硬球 | 不易碎 |
| 涤　纶 | 黄白色，较亮，纤维先软化熔融后燃烧 | 无 | 不延燃，灰烬成硬块 | 无明显异味 | 黑色 | 易碎 |

### 三、地毯的背衬

**（一）初级背衬**

为增加地毯织物纤维绒圈的黏结强度，使面层纤维不易脱落，一般选用黄麻平织网布（340～400g/m²）或聚丙烯机织布、无纺布（113～170g/m²）做基层材料，并在其上做防松涂层。防松涂层多采用丁苯胶乳，涂刷在地毯的基层材料上，通过热风进行干燥形成初级背衬。丁苯胶乳分为两类：

1. 固含量高的一般丁苯乳胶：其含固量可达 65％～75％。

2. 羧基化丁苯乳胶：这种乳胶有较高的填料容限，干燥熟化简便。

**（二）次级背衬**

1. 聚丙烯背衬：采用聚丙烯机织布或无纺布代替黄麻做基层材料，涂刷聚酯涂层做初级背衬。并以无机聚丙烯涂刷在初级背衬上形成次级背衬。多用于拼块型地毯。

2. 丁苯胶乳与热塑性泡沫橡胶背衬：采用 80％的丁苯乳胶和 20％热塑性泡沫橡胶制成的板材，并粘贴于初级背衬上。多用于拼块型地毯。

3. 聚氯乙烯共聚型泡沫胶乳背衬：聚氯乙烯共聚型泡沫胶乳通过机械发泡，抗张拉强度、抗撕裂强度等性能较好；耐磨损、耐水、耐老化、抗霉菌衍生、耐燃性等均优于丁苯乳胶。

4. 聚氨酯泡沫乳胶背衬：聚氨酯泡沫乳胶能在常温下成型，不需要大型干燥加热设备，抗磨损，回弹性优越，但压缩变形性能差，生产过程中产生的毒性较强。

### 四、地毯的选用要点

**（一）注意绒头质量**

必须注意毯基上标明的单位面积绒头质量（g/m²），绒头质量越高，则绒头密度越高，弹性越好，越耐踩踏，表明该地毯舒适耐用。

**（二）注意耐燃性能**

地毯应通过燃烧性能的测试。

**（三）注意有害物质限量**

地毯分为 A 级与 B 级。A 级是绿色环保地毯，B 级是一般地毯。有害物质限量见后续内容。

**（四）注意外观质量**

毯面是否平整、有无瑕疵、有无色差、有无条痕、有无缺线、有无脱衬，均是注意重点。

### 五、地毯产品简介

**（一）地毯按使用场所分级**

地毯按所使用场所的不同，可分为以下六级：

1. 轻度家用级。铺设在不常使用的房间或部位。

2. 中度家用级或轻度专业使用级。

3. 一般家用级或中度专业使用级。

4. 一般专业使用级。

5. 重度专业使用级。它价格贵，用于特殊要求的场合。

6. 豪华级。用于高级别、有特殊要求的室内。

室内地面铺设的地毯，是根据建筑的等级、使用部位及使用功能等要求而选用的。总的来讲，要求高的选用纯毛地毯，装饰要求一般的则选用化纤地毯。

（二）纯毛地毯

纯毛地毯一般是指纯羊毛地毯，是传统的手工工艺品之一。具有历史悠久、图案优美、色彩鲜艳、质地厚实、经久耐用的特点。如中国绒毯、波斯绒毯等品种，都颇具代表性。用于铺地，人行其上感到柔软舒适，而且外观富丽堂皇，装饰效果极佳，被广泛用于宾馆、会堂、舞台及其他公共建筑物楼地面的高级装饰。

纯毛地毯一般由手工编织而成，手工编织地毯是自下而上垒织栽绒打结制成，每垒织打结完成一层称为一道，通常以1英尺高的毯面垒织的道数多少来表示栽绒密度，道数越多，栽绒密度越高，地毯质量越好，价格也就越贵。地毯档次与垒织道数呈正比关系。一般家用地毯为90~150道，高级的均在200道以上，个别处可达400道。

（三）化纤地毯

化纤地毯因机械化生产程度较高，性能优良，价格较廉，故很受人们的欢迎。目前，世界上化纤地毯的产量已占地毯总产量的80%。

根据化纤地毯的不同功能要求，可以用不同的化学纤维进行混纺，如尼龙与丙纶混纺、涤纶与尼龙混纺、腈纶与尼龙混纺等，以适应对地毯的不同要求。

1. 化纤地毯的组成

化纤地毯由面层、防松层、背衬三部分组成。

（1）面层

面层是以尼龙纤维（锦纶）、聚丙烯纤维（丙纶）、聚丙烯腈纤维（腈纶）、聚脂纤维（涤纶）等化学纤维为原料，经机织法、簇绒法等加工成的织物。面层织物大多以棉纱或丙纶扁丝作为初级背衬进行编织。

化纤地毯面层的绒毛可以是长绒、中长绒、短绒、起圈绒、卷曲线、高低圈绒等，也可以是中空异型等不同形式（见图11-2）。一般多采用中长绒制作面层，因为其绒毛不易脱落和起球，所以使用寿命长。另外，纤维的粗细也会直接影响地毯的弹性和脚感。

（2）防松涂层

防松涂层是指涂刷于面层织物背面初级背衬上的涂层。这种涂层材料是以化合乳液、增塑剂、增稠剂及填料等配制而成的一种水溶性涂料，涂刷后可增强地毯绒面纤维在初级背衬上的固着牢度，使之不易脱落。同时干燥成型后，在使用胶黏剂粘贴次级背衬时，能起到防止胶黏剂渗透到绒面层的作用；还可增加胶结强度，减少和控制胶黏剂的用量。

（3）背衬

化纤地毯的背衬材料一般为麻布，采用胶结力很强的丁苯胶乳、天然乳胶等水溶性橡胶作胶结剂，将麻布与已经在防松涂层处理过的初级背衬相黏结，形成次级背衬；然后再经过加热、加压、烘干等工序，即成卷材成品。次级背衬不仅保护了面层织物背面的针码，增强了地毯背面的耐磨性，同时也加强了地毯的厚实程度。

2. 化纤地毯的技术性能

（1）剥离强度

剥离强度是反映地毯面层与背衬间黏结能力大小的参数，通常以背衬剥离强度表示，化纤簇绒地毯要求剥离强度高于 25Pa。

（2）绒毛黏结力

绒毛黏结力是织物地毯绒毛固着于背衬上的牢度。簇绒地毯以簇绒拔出力来表示，要求平绒毯拔出力大于 12N，圈绒毯拔出力大于 20N。

（3）耐磨性

地毯的耐磨性是其使用耐久性的重要指标，通常是以地毯在固定压力下，摩擦至露出背衬时所需的摩擦次数来表示，耐磨次数越多，表示耐磨性越好。地毯的耐磨性优劣与所用面层材料、绒毛长度有关，如绒毛厚度为 6～10mm 的簇绒化纤地毯的耐磨次数可达 5000～10000 次，其耐磨性优于机织羊毛地毯。

（4）弹性

弹性即耐倒伏性，是反映地毯受压后，其厚度产生压缩变形的程度，这是地毯脚感舒适度的重要性能指标。地毯的弹性通常用动态负荷下（即周期性外加荷载撞击达到规定次数后）地毯厚度减少值及中等静负荷加压后地毯的厚度减少值来表示。我国生产的化纤地毯，一般受压后的厚度损失在 20%～40%，稍逊于国外同类产品水平。就弹性比较，纯毛地毯优于化纤地毯，腈纶地毯优于丙纶地毯。

（5）抗静电性

静电性是地毯带电和放电的性能。化纤地毯未经抗静电处理时，其导电性差，致使化纤地毯静电大、易吸尘、清扫灰尘比较困难。这是因为有机高分子材料受到摩擦后易产生静电，而本身又具绝缘性，使静电不容易放出所致。为此，在生产合成纤维时，常掺入一定量的抗静电剂，或采用增加其导电性等处理措施，以提高化纤地毯的抗静电性。化纤地毯的静电大小，常以其表面电阻和静电压来表示。

（6）耐燃性

耐燃性是指化纤地毯遇到火种时，在一定时间内可燃烧的程度。由于化纤地毯一般属易燃物，故在生产化学纤维时须加入阻燃剂，以使地毯具有自熄性和阻燃性。当化纤地毯在燃烧 12min 的时间内，其燃烧直径不大于 17.96cm 时，则认为其耐燃性合格。

（7）抗老化及抗菌性

化学纤维是有机物，有机物在大气环境的长期作用下，一定会逐渐产生老化。化纤地毯老化后，在受到摩擦时会产生粉末。

地毯作为地面覆盖材料，在使用过程中容易被虫、细菌等侵蚀而引起霉变。因此，地毯在使用过程中要经常做防霉、防菌等处理。一般而言，化纤地毯的抗菌性优于纯毛地毯。

3. 簇绒化纤地毯等级划分

簇绒地毯按其技术要求评定等级。技术要求分为内在质量和外观质量两个方面。按内在质量评定分合格与不合格两等，全部达标为合格产品，见表 11-4。如果有一项不达标，即为不合格产品。

簇绒地毯最终等级是在内在质量等各项指标全部达标的情况下，以外观质量所定的品质来划定该产品的等级。共分为优等品、一等品、合格品三个等级。簇绒地毯的外观质量评等规定见表 11-5。

表 11-4　簇绒地毯内在质量标准

| 序号 | 项目 | 单位 | 技术指标 | |
|---|---|---|---|---|
| | | | 平割绒 | 平圈绒 |
| 1 | 动态负荷下厚度减少（绒高 7mm） | mm | ≤3.5 | ≤2.2 |
| 2 | 中等负荷后厚度减少 | mm | ≤3 | ≤2 |
| 3 | 簇绒拔出力 | N | ≥12 | ≥20 |
| 4 | 绒头单位面积质量 | g/m² | ≥375 | ≥250 |
| 5 | 耐光色牢度（氙弧） | 级 | ≥4 | |
| 6 | 耐摩擦色牢度（干摩擦） | 级 | 纵向、横向 | ≥3～4 |
| 7 | 耐燃性（水平法） | mm | 试样中心至损毁边缘的距离≤75 | |
| 8 | 尺寸偏差 | mm | 宽度 | 在幅宽的±0.5 |
| | | | 长度 | 卷装：卷长不小于公称尺寸 块状：在 0.5mm 以内 |
| 9 | 背衬剥离强度 | N | 纵向、横向 | ≥25 |

表 11-5　簇绒地毯外观质量评等规定

| 序号 | 外观疵点 | 优等品 | 一等品 | 合格品 |
|---|---|---|---|---|
| 1 | 破损（破洞、撕裂、割伤） | 不允许 | 不允许 | 不允许 |
| 2 | 污渍（油污、色渍、胶渍） | 无 | 不明显 | 不明显 |
| 3 | 毯面褶皱 | 不允许 | 不允许 | 不允许 |
| 4 | 修补痕迹 | 不明显 | 不明显 | 较明显 |
| 5 | 胶衬（背衬黏结不良） | 无 | 不明显 | 不明显 |
| 6 | 纵、横向条痕 | 不明显 | 不明显 | 较明显 |
| 7 | 色条 | 不明显 | 较明显 | 较明显 |
| 8 | 毯边不平齐 | 无 | 不明显 | 较明显 |
| 9 | 渗胶过量 | 无 | 不明显 | 较明显 |

## 六、挂毯

挂毯又名艺术壁毯，是一种高雅美观的艺术品。它有吸声、吸热等实际作用，又能以特有的质感与纹理给人以亲切感。用艺术挂毯装饰室内，可以增加安逸、平和的气氛，还能反映其性格特征和主人的审美情趣。挂毯可以改善室内空间感，使用艺术挂毯装饰室内可以收到良好的艺术效果，给人以美的享受，深受人们青睐和欢迎。

挂毯的生产一般是采用高级纯毛地毯的制作方法进行编织。挂毯的规格各异，大的可达上百平方米，小的则不足一平方米。挂毯的图案题材十分广泛，从油画、国画、水彩画到一些成功的摄影作品，都可以作为表现的题材。我国将 6m×10m 的巨型挂毯"万里长城"赠挂于联合国大厦休息厅，它向全世界显示了中国人民的智慧和才干。

## 七、地毯及衬垫有害物质的限量

建筑工程室内用地毯及地毯衬垫中有害物质释放限量应符合表 11-6 的规定。

**表 11-6　地毯、地毯衬垫中有害物质释放限量**

| 名称 | 有害物质项目 | 限量［mg/(m²·h)）] | |
| --- | --- | --- | --- |
| | | A 级 | B 级 |
| 地毯 | 总挥发性有机化合物 | ≤0.50 | ≤0.60 |
| | 游离甲醛 | ≤0.05 | ≤0.05 |
| 地毯衬垫 | 总挥发性有机化合物 | ≤1.00 | ≤1.20 |
| | 游离甲醛 | ≤0.05 | ≤0.05 |

# 第三节　墙纸与墙布

## 一、墙纸

墙纸的类型很多，有纸基、化纤基、木基等。面层以塑料层为多。它是在塑料中掺入发泡剂，印花后再加热发泡，使纸面产生凹凸花纹，具有立体感并有吸声效果。常见的类型有以下几种。

（一）塑料墙纸（PVC 墙纸）

这种墙纸以纸为基层，聚氯乙烯（PVC）塑料薄膜为面层，经复合、印花、压花等工序制成，有普及型、发泡型、特种型等多种。这种墙纸表面不吸水，可以擦洗。

塑料墙纸的阻燃性能和有毒物质限量值，分别见表 11-7 和表 11-8。

**表 11-7　塑料墙纸的阻燃性能**

| 级　别 | 氧指数法 | 水平燃烧法 | 垂直燃烧法 |
| --- | --- | --- | --- |
| $B_1$ | ≥32 | 1 级 | 0 |
| $B_2$ | ≥27 | 1 级 | 1 级 |

（二）复合纸质墙纸

这种墙纸是采用表纸与底纸通过施胶、复压、复合在一起后，再经印刷、压花、涂布等工艺而制成的。这种墙纸无毒、无味，适用面较广。

（三）纺织纤维墙纸

这种墙纸用棉、毛、麻、丝等天然纤维及化纤制成各种色泽花式的粗细纱或织物，再与基层纸基贴合而成。还可以采用竹丝或麻条与棉线交织物同纸基贴合而成。它具有视觉效果好、无毒、吸声、透气并可以吸潮等特点。纺织纤维墙纸是近年来国际上流行的新型高级墙面装饰材料。

**表 11-8　塑料墙纸有毒物质限量值**（GB 18585—2001）

| 有毒物质名称 | | 限量值（mg/kg） |
| --- | --- | --- |
| 重金属（其他）元素 | 钡 | ≤1000 |
| | 镉 | ≤25 |
| | 铬 | ≤60 |
| | 砷 | ≤8 |
| | 铅 | ≤90 |
| | 汞 | ≤20 |
| | 硒 | ≤165 |
| | 锑 | ≤20 |
| 氯乙烯单体 | | ≤1.0 |
| 甲　醛 | | ≤120 |

（四）金属面墙纸

这种墙纸以铝箔为面层，纸为底层。面层也可以印花、压花。它具有不锈钢、黄铜等金属的质感与光泽，还具有寿命长、不老化、耐擦洗、耐污染等特性。

（五）天然材料面墙纸

天然材料面墙纸是用草、麻、木材、树叶等材质为面层，以纸为基底，经编织和复合加工而制成的墙面装饰材料。天然材料面墙纸具有自然、古朴、粗犷的大自然之美，给人以置身自然、回归自然的感觉。如木片墙纸，这种墙纸以薄的软性木面为面层，可弯曲贴于圆柱面上，表面可以涂清漆做保护。

（六）其他复合墙纸

防水、防火墙布：它是以丝绸、人造丝绵、麻等为原料制作，底层是泡沫塑料，具有高弹性、吸声、隔声、保温等功能。另外，使用寿命长（可达十年以上），更换方便，最适合于卧室使用。

高级墙纸：有丝光墙纸、金属墙纸、浮雕墙纸等，它们具有防水、防火、防静电、易清洗、不污染环境、对人体无害等特点。

## 二、墙布

（一）玻璃纤维墙布

这种墙布以中碱玻璃纤维为基材，表面涂以耐磨树脂，印上彩色图案而成。它具有防火、防潮、不褪色、不老化的特点，可用肥皂水擦洗。

（二）无纺贴墙布

无纺贴墙布是采用棉、麻等天然纤维或涤、腈等合成纤维，经无纺成型、上树脂、印花等工序而制成。其特点是挺括，富有弹性、耐久、无毒，可擦洗不褪色，还具有一定的透气性和防潮性，是一种高级的墙面装饰材料。

（三）装饰墙布

装饰墙布包括纯棉墙布、化纤墙布和锦缎墙布三大类。表面可印花或做涂层。它具有强度高、美观大方等特点，但造价较高。

（四）墙纸、墙布的规格尺寸

墙纸、墙布的规格尺寸详见表11-9。

（五）墙纸、墙布的选用

1. 从功能上考虑

（1）星级宾馆、饭店及防火要求较高的场所，应考虑选用氧指数在30％以上的阻燃型墙纸或墙布。

（2）计算机房等对静电有要求的场所，可选用抗静电的墙纸。

**表 11-9　墙纸、墙布规格尺寸**

| 产品名称 | 规格尺寸 |
|---|---|
| PVC塑料墙纸 | 宽：530mm　长：10m/卷 |
| 织物复合墙纸 | 宽：530mm　长：10m/卷 |
| 金属墙纸 | 宽：530mm　长：10m/卷 |
| 复合纸质墙纸 | 宽：530mm　长：10m/卷 |
| 玻璃纤维墙布 | 宽：530mm　长：17m或33.5m/卷 |
| 锦缎墙布 | 宽：720～900mm　长：20m/卷 |
| 装饰墙布 | 宽：820～840mm　长：50m/卷 |

（3）地下室等潮湿的场所，可选用防霉、防潮型墙纸。

2. 从装饰效果上考虑

（1）一般宾馆、饭店在选用墙纸时首先考虑群体的风俗习惯。如某些国家地区忌讳某种花卉图案。所以一般宾馆、饭店都选用比较中性的纺织物类图案的墙纸作为室内墙面的装饰材料。

（2）一般公共场所更换墙纸比较勤，对装饰材料强度要求高，一般应选用易施工、耐碰撞的布基墙纸。

（3）民用建筑墙纸要根据用户的文化层次、年龄、职业及所在地区等来选用。同时要考虑房间朝向，向阳房间宜选用冷色调墙纸；背阳房间宜选用暖色调墙纸；儿童房间宜选用卡通墙纸；较矮的房间宜选用竖条状墙纸。民用建筑还应注意经济适用的原则，选用耐磨损、擦洗性好的墙纸。

（六）各种墙纸、墙布的特性及应用范围

各种墙纸、墙布的品种、特点及应用范围详见表 11-10。

表 11-10　常用墙纸、墙布的品种、特点及应用范围

| 产品种类 | 特　点 | 适用范围 |
|---|---|---|
| 聚氯乙烯墙纸（PVC 塑料墙纸） | 以纸或布为基材，PVC 树脂为涂层，经复合印花、压花、发泡等工序制成。具有花色品种多样、耐磨、耐折、耐擦洗、可选性强等特点，是目前产量最大，应用最广泛的一种墙纸 | 各种建筑物的内墙面及顶棚 |
| 织物复合墙纸 | 将丝、棉、毛麻等天然纤维复合于纸基上制成。具有色彩柔和、透气、调湿、吸声、无毒、无味等特点，但价格偏高，不易清洗 | 饭店、酒吧等高级墙面点缀 |
| 金属墙纸 | 以纸为基材，涂复一层金属薄膜制成。具有金碧辉煌、华丽大方、不老化、耐擦洗、无毒、无味等特点 | 公共建筑的内墙面、柱面及局部点缀 |
| 复合纸质墙纸 | 将双层纸（表纸和底纸）施胶、层压、复合在一起，再经印刷、压花、表面涂胶制成。具有质感好、透气、价格较便宜等特点 | 各种建筑物的内墙面 |
| 玻璃纤维墙布 | 以石英为原料，经拉丝，织成网格状、人字状的玻璃纤维墙布。将这种墙布贴在墙上后，再涂刷各种色彩的乳胶漆，形成多种色彩和纹理的装饰效果。具有无毒、无味、耐擦洗、抗裂性好、寿命长等特点 | 各种建筑物的内墙面 |
| 锦缎墙布 | 华丽美观、无毒、无味、透气性好 | 高级宾馆、住宅内墙面 |
| 装饰墙布 | 强度高、无毒、无味、透气性好 | 招待所、会议室、餐厅等内墙面 |

（七）墙纸、墙布有害物质的限量

1. 民用建筑工程使用的壁布、帷幕等游离甲醛释放量不应大于 $0.12\mathrm{mg/m^3}$。

2. 民用建筑工程使用的壁纸中甲醛含量不应大于 120mg/kg。

# 复　习　题

1. 简述按使用部位划分的装饰织物种类及功能。

2. 装饰织物在应用中的主要特点有哪些？

3. 地毯按材质分类有哪些种？

4. 地毯的编织方法有哪几种？各有什么特点？

5. 哪些织物能用于墙壁装饰？使用中应考虑哪些因素？

# 参 考 文 献

（一）国家标准

[1]　中华人民共和国住房和城乡建设部. GB 50574—2010 墙体材料应用统一技术规范[S]. 北京：中国建筑工业出版社，2010.

[2]　中华人民共和国住房和城乡建设部. GB 50003—2011 砌体结构设计规范[S]. 北京：中国建筑工业出版社，2012.

[3]　中华人民共和国住房和城乡建设部. GB 50009—2012 建筑结构荷载规范[S]. 北京：中国建筑工业出版社，2012.

[4]　中华人民共和国住房和城乡建设部. GB 50222—2017 建筑内部装修设计防火规范[S]. 北京：中国建筑工业出版社，2017.

[5]　国家质量监督检验检疫总局. GB 15763.1—2009 建筑用安全玻璃　第1部分：防火玻璃[S]. 北京：中国标准出版社，2009.

[6]　中华人民共和国住房和城乡建设部. GB 50176—2016 民用建筑热工设计规范[S]. 北京：中国建筑工业出版社，2016.

[7]　中华人民共和国住房和城乡建设部. GB 50037—2013 建筑地面设计规范[S]. 北京：中国计划出版社，2013.

[8]　中华人民共和国住房和城乡建设部. GB 50325—2010（2013年版）民用建筑工程室内环境污染控制规范[S]. 北京：中国计划出版社，2011.

[9]　国家质量监督检验检疫总局. GB 6566—2010 建筑材料放射性核素限量[S]. 北京：中国标准出版社，2010.

[10]　中华人民共和国建设部. GB 50210—2018 建筑装饰装修工程质量验收规范[S]. 北京：中国建筑工业出版社，2018.

[11]　国家质量监督检验检疫总局. GB 8624—2012 建筑材料及制品燃烧性能分级[S]. 北京：中国标准出版社，2012.

（二）行业标准

[1]　中华人民共和国住房和城乡建设部. JGJ/T 191—2009 建筑材料术语标准[S]. 北京：中国建筑工业出版社，2010.

[2]　中华人民共和国住房和城乡建设部. JGJ/T 228—2010 植物纤维工业灰渣混凝土砌块建筑技术规程[S]. 北京：中国建筑工业出版社，2011.

[3]　中华人民共和国住房和城乡建设部. JGJ/T 175—2018 自流平地面工程技术标准[S]. 北京：中国建筑工业出版社，2018.

[4]　中华人民共和国住房和城乡建设部. JGJ 126—2015 外墙饰面砖工程施工及验收规程[S]. 北京：中国建筑工业出版社，2015.

[5]　中华人民共和国住房和城乡建设部. JGJ/T 29—2015 建筑涂饰工程施工及验收规程[S]. 北京：中国建筑工业出版社，2015.

[6]　中华人民共和国建设部. JGJ 102—2003 玻璃幕墙工程技术规范[S]. 北京：中国建筑工业出版社，2003.

[7] 中华人民共和国建设部. JGJ 133—2001 金属与石材幕墙工程技术规范[S]. 北京：中国建筑工业出版社，2001.

[8] 中华人民共和国住房和城乡建设部. JGJ/T 157—2014 建筑轻质条板隔墙技术规程[S]. 北京：中国建筑工业出版社，2014.

[9] 中华人民共和国住房和城乡建设部. JGJ/T 14—2011 混凝土小型空心砌块建筑技术规程[S]. 北京：中国建筑工业出版社，2011.

[10] 中华人民共和国住房和城乡建设部. JGJ/T 17—2008 蒸压加气混凝土建筑应用技术规程[S]. 北京：中国建筑工业出版社，2009.

[11] 中华人民共和国住房和城乡建设部. JGJ/T 220—2010 抹灰砂浆技术规程[S]. 北京：中国建筑工业出版社，2010.

[12] 中华人民共和国住房和城乡建设部. JGJ/T 223—2010 预拌砂浆应用技术规程[S]. 北京：中国建筑工业出版社，2010.

[13] 中华人民共和国住房和城乡建设部. JGJ/T 172—2012 建筑陶瓷薄板应用技术规程[S]. 北京：中国建筑工业出版社，2012.

[14] 中华人民共和国建设部. JGJ 51—2002 轻骨料混凝土技术规程[S]. 北京：中国建筑工业出版社，2002.

[15] 中华人民共和国住房和城乡建设部. JGJ/T 201—2010 石膏砌块砌体技术规程[S]. 北京：中国建筑工业出版社，2010.

[16] 中华人民共和国住房和城乡建设部. JGJ 214—2010 铝合金门窗工程技术规范[S]. 北京：中国建筑工业出版社，2011.

[17] 中华人民共和国住房和城乡建设部. JGJ 103—2008 塑料门窗工程技术规程[S]. 北京：中国建筑工业出版社，2008.

[18] 中华人民共和国住房和城乡建设部. JGJ 345—2014 公共建筑吊顶工程技术规程[S]. 北京：中国建筑工业出版社，2014.

[19] 中华人民共和国住房和城乡建设部. JGJ/T 377—2016 木丝水泥板应用技术规程[S]. 北京：中国建筑工业出版社，2016.

[20] 中华人民共和国住房和城乡建设部. JGJ 336—2016 人造板材幕墙工程技术规范[S]. 北京：中国建筑工业出版社，2016.

[21] 中华人民共和国住房和城乡建设部. JGJ 113—2015 建筑玻璃应用技术规程[S]. 北京：中国建筑工业出版社，2015.

[22] 中华人民共和国住房和城乡建设部. JGJ/T 436—2018 住宅建筑室内装修污染控制技术标准[S]. 北京：中国建筑工业出版社，2018.

[23] 中华人民共和国住房和城乡建设部. JGJ 367—2015 住宅室内装饰装修设计规范[S]. 北京：中国建筑工业出版社，2015.

[24] 中华人民共和国住房和城乡建设部. JGJ/T 220—2010 抹灰砂浆技术规程[S]. 北京：中国建筑工业出版社，2010.

[25] 中华人民共和国住房和城乡建设部. JGJ/T 341—2014 泡沫混凝土应用技术规程[S]. 北京：中国建筑工业出版社，2014.